"利群"品牌恩施烟区
烟叶原料保障体系研究与实践

高　林　申国明　王卫民　著

U0346985

中国农业科学技术出版社

图书在版编目（CIP）数据

"利群"品牌恩施烟区烟叶原料保障体系研究与实践／高林，申国明，王卫民著 . —北京：中国农业科学技术出版社，2019.5

ISBN 978-7-5116-4078-9

Ⅰ . ①利…　Ⅱ . ①高…②申…③王…　Ⅲ . ①烟叶-原料-保障体系-研究-恩施　Ⅳ . ①TS42

中国版本图书馆 CIP 数据核字（2019）第 050554 号

责任编辑　张孝安　陶　莲
责任校对　马广洋

出 版 者　中国农业科学技术出版社
　　　　　北京市中关村南大街 12 号　邮编：100081
电　　话　（010）82109705（编辑室）　　（010）82109702（发行部）
　　　　　（010）82109709（读者服务部）
传　　真　（010）82106650
网　　址　http://www.castp.cn
经 销 者　各地新华书店
印 刷 者　北京建宏印刷有限公司
开　　本　710mm×1 000mm　1/16
印　　张　25.25
字　　数　412 千字
版　　次　2019 年 5 月第 1 版　2019 年 5 月第 1 次印刷
定　　价　158.00 元

《"利群"品牌恩施烟区烟叶
原料保障体系研究与实践》
著者名单

主　著：高　林　申国明　王卫民

副主著：王　瑞　高加明　任晓红　张继光

参　著：(姓氏笔画排序)

丁才夫　邓建强　付秋娟　师　超　任　杰

刘艳华　刘新民　闫　宁　杜咏梅　李方明

李占杰　吴文昊　侣国涵　张怀宝　张洪博

张　鹏　陈国权　赵安民　侯小东　姜　芳

袁晓龙　顾俊杰　徐大兵　黄广华　彭　东

窦玉青　蔡长春　谭家能　樊　俊

前　言

烟叶是烟草行业发展的基础，烟叶质量的优劣直接影响着卷烟产品质量的稳定性，如何以卷烟品牌需求为导向构建完善的烟叶原料保障体系是实现我国中式卷烟品牌持续健康发展的关键所在。近年来，国家烟草专卖局针对中式卷烟原料逐步加强生产供应体系建设工作，各卷烟工业企业深度介入烟叶生产全过程，相继在产区建立了自己品牌的原料生产基地，根据卷烟品牌对烟叶质量风格的要求，有针对性的应用推广关键生产技术措施，进一步彰显烟叶品质特色，有效保障了特色优质烟叶原料的可持续供给，进一步满足了工业企业骨干卷烟品牌对烟叶原料的需求。

"利群"是浙江中烟一二类高档卷烟品牌，是国家烟草专卖局公布的 20 个全国重点骨干卷烟品牌之一。"利群"卷烟以"醇和、淡雅"的风格，创造了独特的"淡而有味，香而不腻"的浙产烟特色口味，获得众多消费者广泛的认可，赢得了广阔的卷烟市场。当前，随着"利群"卷烟品牌的不断发展，其对烟叶原料质量的要求越来越高，现有调拨的烟叶质量无法有效支撑"利群"品牌配方在结构上的持续提升，因此，如何进一步构建和完善"利群"卷烟烟叶原料保障体系，稳定和提高以"利群"卷烟品牌需求为导向的烟叶原料质量显得尤为重要。

恩施土家族苗族自治州（以下简称恩施州，全书同）位于湖北省西南部，地处云贵高原与东部低山丘陵的过渡区域，神奇的北纬 30°线贯穿其境。恩施州地理位置优越，气候适宜；境内山峦起伏，植被丰富，近 70%的森林覆盖率，生态类型多样；具有较高的土壤硒含量和丰富的硒矿资源，被誉为"世界硒都"。独特的生态条件形成了恩施"清江源"烟叶独有的风格特色，"清江源"烟叶"甜、雅、香"风格特征和"富硒低害、绿色生态"的质量特色已经得到各大卷烟工业企业的广泛认可。恩施烟区是浙江中烟"利群"品牌重要的原料基地，在"利群"配方中发挥着重要的作用，恩施"清江源"特色优质烟叶已经成为"利群"卷烟不可或缺的烟叶原料之一。"供应安全、质量稳定、特色鲜明"的平和恬淡类烟叶原料是"利群"品牌原料保障体系构建的原则，恩施"清江源"烟叶被浙江中烟确定为"利群"原料体系基石，其中流砥柱地位无可替代。自 2010 年以来，浙江中烟工业有限责任公司、恩施州烟草公司和中国农业科学院烟草研究所工商研三方密切合作，以"利群"品牌恩施烟区烟叶基地单元为载体，强化科技创新，进一步彰显恩施"清江源"烟叶质量风格特色，以工业需求为导向探索建立了"利群"品牌恩施烟区烟叶原料保障体系，并通过具体实践完成了"利群"品牌导向型优质烟叶原料基地建设，实现了工业卷烟品牌与烟叶品牌的有效对接。

本书系统介绍了"利群"品牌恩施烟区烟叶原料保障体系研究内容及建设思路，相关成果与经验可供其他卷烟工业企业以及烟草公司借鉴与参考。全书共分为八章，第一章"利群"品牌发展目标及原料需求；第二章 恩施烟区生态资源分析与评价；第三章 恩施烟区烟叶质量风格分析与评价；第四章"利群"品牌恩施烟区烟叶生产技术研究与应用；第五章"利群"品牌恩施烟区烟叶质量工业评价与利用；第六章"利群"品牌导向的特色优质烟叶生产技术规范；第七章"利群"品牌导向的特色优质烟叶生产示范区建设；第八章"利群"品牌恩施烟区特色优质烟叶生产体系建设。

本书在撰写过程中得到了浙江中烟工业有限责任公司、恩施州烟草公司、中国农业科学院烟草研究所，以及湖北省农业科学院植保土肥研究所相关领导和专家的大力支持，在此表示衷心的感谢！由于编者水平有限，书中所涉及的研究内容难免有不当之处，敬请大家批评指正，提出宝贵意见和建议。

作　者

2018 年 9 月

目　　录

第一章 "利群"品牌发展目标及原料需求

　　"利群"卷烟始创于 1960 年,是浙江中烟工业有限责任公司杭州卷烟厂的代表品牌,是浙江中烟一二类高档卷烟品牌。目前,按照产品吸味特点和规格区间,"利群"品牌发展成四大系列:休闲版,突出自然、高雅、甜润品质;阳光版,讲究甜美润泽、醇厚绵长;经典版,推崇醇和满足、细而不腻的风韵;原生版,注重烟草原味本香。作为"中国驰名商标""中国名牌产品"及国家商务部首批认定的"中华老字号"之一,利群品牌赢得了消费者的广泛喜爱,2017 年,公司共生产内销卷烟 341.8 万箱,实现境内商业批发销售 337.5 万箱,销售规模居行业第三位;境外销售突破 20 万箱,销售规模居行业第四位;主骨干品牌"利群"全年实现境内商业批发销量 298 万箱,批发销售额达到 1242 亿元,销量和市值在行业"双十五"品牌中分别处于第三位和第二位;实现自产税利 413.8 亿元,实现合作生产税利 206.3 亿元,自产税利总量居行业第六位,全口径税利总量居行业第四位。经过长期探索,浙江中烟在生产工序中确立了"利群"的特色工艺:在原料保障上,"利群"品牌烟叶基地建设以山地为主,采购优质原料,确保口味的丰富性;在叶组配方上,利用不同产地烟叶成分和特性的波谷和波峰值差异,以期吸味平衡协调、醇和饱满;在生产技术上,突出柔性加工和深度醇化,采用独特的工艺储运烟丝,确保加工过程中香气不流失,建设生物酶催化技术"醇化库",激发烟叶潜在特性。

第一节 "利群"品牌发展目标

一、品牌发展

　　到 2020 年,公司自有品牌内销规模力争达到 450 万箱,其中利群境内商业批发销量力争突破 400 万箱，品牌批发市值力争接近或达到 1800 亿元，规模和市值的竞争性排位争取前移。

二、结构调整

"十三五"期间，利群一类烟年均增幅争取高出品牌增幅 3 个百分点以上，高端烟年均增幅争取高出一类烟增幅 3 个百分点以上。到 2020 年，利群单箱销售收入争取达到或接近 4.5 万元。

三、境外拓展

到 2020 年，公司境外市场总销量确保突破 200 万件，其中利群境外销量力争突破 20 万件，实体化运作争取实现"一个大本营、三个生产点"的战略布局。

四、税利增长

"十三五"期间，企业全口径税利增长力争 8% 以上，其中自产税利年均增长力争 6% 以上。

第二节 "利群"品牌原料需求

一、原料需求特征

"利群"要做中式卷烟"醇和"口感的代表品牌，追求一种"淡淡的满足"。"淡"味道即不强烈不刺激；"满足"，是对分寸的把握，要回味悠长。此与低焦油低危害的卷烟生产大趋势一致。

二、原料需求原则

1. 平衡性原则
即强调基地单元平衡发展而不过分集中，多地区小比例配方，分散原料依赖风险。

2. 多样性原则

即强调原料质量类型的丰富性和多样性，基地生态多元化、多种香型兼备、烟叶品种丰富等。

3. 符合性原则

即强调原料与品牌发展的符合性，基地原料质量要满足品牌需求，特别是适应不断减害降焦发展的需要。

三、原料质量需求

"利群"原料整体质量需求特征为烟气较细腻、口腔舒适度好，除以上特征外，浙江中烟对烟叶质量需求特征还需强调"特色、优质、安全、稳定"的特征：

1. 特色

要体现个性，不同的生态类型决定了烟叶风格特色的丰富性。

2. 优质

要体现共性，包括物理特性好、化学成分协调、感官质量无明显缺陷等。

3. 安全

要体现低危害，包括低农残、低重金属、非转基因等。

4. 稳定

要体现年度间质量稳定性，包括品种替代、等级纯度、化学成分等稳定性。

第三节 "利群" 品牌原料质量控制

一、"利群" 品牌原料基地构成与控制关键点（图1-3-1）

二、"利群" 品牌原料基地生产过程监管与控制环节

1. 大田生产环节（表1-3-1）

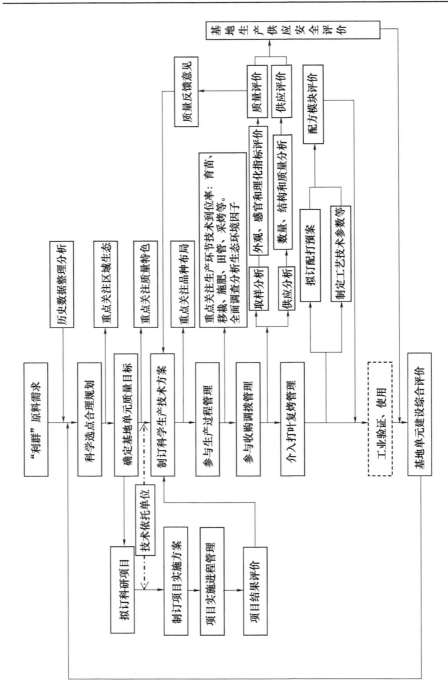

图1-3-1 "利群"品牌原料基地工作流程

表 1-3-1　大田生产环节过程控制

时间	工 作 内 容	表 现 形 式
生产前	传达工业需求，反馈上年度烟叶质量评价和改进意见	烟叶质量评价和改进意见
	建立基地单元基本信息档案	信息表格、档案表
	基地单元建设合同（协议）的签订	合同（协议）
	与产区公司和技术依托单位共同制定年度生产技术方案	生产技术方案
育苗	落实品种播种计划；调查育苗方式、烟苗长势、壮苗比例等，进行检查	育苗环节管理表、图片、检查记录等
移栽施肥	调查施肥量、肥料类型及比例、移栽时间与集中度、移栽规格及质量等，落实区域、品种和试验田块，移栽检查等	移栽环节管理表、图片等检查记录等
大田管理	调查揭膜培土、打顶留叶、病虫害防治等技术措施及药剂种类、成熟期烟株长势，关键环节检查、培训，科研项目实施等	大田环节管理表、图片、培训和检查记录、项目实施记载等
采收烘烤	调查烟叶采收成熟度、密集化烘烤程度、烘烤质量等	采烤环节管理表、图片、记录等
生产结束	单元烟叶年度产质量分析预测	产质量分析预测报告
	生产环节整体评价	评价表格及评价报告

2. 收购调拨环节（表 1-3-2）

表 1-3-2　收购调拨环节过程控制

时间	工 作 内 容	表 现 形 式
收购之前	制定收购调拨实物标样	实物样品、图片
收购环节	巡查收购站点，平衡眼光，把好收购质量关	烟叶收购质量抽查记录表
	单元当年烟叶质量情况摸底	质量摸底报告
调拨环节	原烟检验，按批次做好详细记载（包括数量、等级、合格率等）	烟叶工商交接质量抽查记录表
	单元当年调拨烟叶质量整体评价	质量评价报告
调拨后	单元当年调拨烟叶供应评价	供应评价报告

3. 复烤加工环节（表1-3-3）

表1-3-3　复烤加工环节过程控制

工作时间	工作内容	表现形式
复烤前	现场制订配方打叶方案	配方单
	挑选烟叶制样及过程指导	挑选记录表
	签（修）订烟叶加工技术协议	技术协议
加工环节	加工过程驻点监督指导与控制	记录表、工作日志
	片烟成品及附属品检验	记录表
复烤后	片烟成品和配方模块质量跟踪	质量评价报告
	复烤企业综合评价	评价报告

第四节　恩施烟叶在"利群"卷烟配方中的作用

恩施烟叶是浙江中烟原料体系的重要组成部分，恩施烟叶对塑造和强化产品风格、稳定产品质量发挥重要作用。浙江中烟使用恩施烟叶有比较长的历史，随着恩施烟叶质量水平的稳步提升，从"主要使用"到"着重使用"再到"重点特色使用"，目前，恩施烟叶已成为"利群"重点特色原料之一。恩施特色烟叶隶属湖北型质量生态类型的划分范畴，其整体烟叶质量特色定位是：该区域烟叶风格特色为"甜雅香"风格特色，具有"生态、富硒、低害"等显著特征，其烟叶质量特点是烟气顺畅、较柔、较细，有一定的骨架感，工业可用性较强。在卷烟配方中，彰显浙江中烟品牌卷烟淡雅的风格，赋予卷烟低害舒喉的特点，丰富协调烟气形态，增强配方骨架感，调节浓度劲头的适中性。

恩施烟叶在"利群"卷烟配方中的作用主要为：中部上等烟：在"利群"品牌作为主料烟使用（含部分高价产品），在"利群"品牌起到调节香气透发度及融合烟香作用；下部中等烟：作为"利群"的优质填充料烟使用，主要起到调和烟气及吃味的作用；上部上等烟，主要在浙江中烟非"利群"产品中使用，部分成熟度较好、烟碱适中的上部上等烟通过跨省配打进入"利群"品牌二类或低焦产品配方中使用。目前,恩施烟叶已成为"利群"重点特色原料之一,主要调拨利川、建始、宣恩、鹤峰和恩施等地烟叶。自 2009 年起,浙江中烟在恩施州逐步建立起利川汪营、恩施盛家坝、恩施城郊和鹤峰中营 4 个国家局现代烟草农业基地单元,利川元堡和建始茅田 2 个自建基地单元。

第五节 "利群"品牌对恩施烟叶的质量要求

一、外观质量要求

油分、身份、色度、残伤都以国家标准 GB 2635-92 及其修改版为基本依据,要求叶片成熟度好,颜色浅桔至橘黄(以金黄色为主),叶面与叶背颜色相近,叶尖部与叶基部色泽基本相似,叶面组织细致,叶片结构疏松,弹性好,叶片柔软,身份适中,色度强至浓,油分有至多。

二、常规化学指标要求

烟叶化学成分重点关注烟碱、还原糖含量以及糖碱比、氮碱比、两糖比、钾氯比等比值,其主要指标要求如表 1-5-1 所示。

表 1-5-1 烟叶常规化学成分指标

部位	烟碱	还原糖	钾	氯	总氮	两糖比	氮/碱	糖/碱	钾/氯
上部	2.9±0.3	20±3	>2.0	0.2~0.6	2.2~2.5	>0.90	0.8~1.1	8±2	>8
中部	2.5±0.3	22±3	>2.5	0.2~0.6	2.0~2.3	>0.90	0.8~1.1	10±2	>8
下部	1.8±0.2	24±2	>2.5	0.2~0.6	1.8~2.1	>0.90	0.8~1.1	12±2	>8

三、感官评吸质量要求

1. 上部叶(以 B2F 为例)

中间香型;香气较细腻、较透发、绵实感较好;香气量尚足至较足;烟气浓度中等至稍大、较成团、柔和性中等至尚好;杂气较轻,允许微有青杂气;

劲头中等至稍大；喉部允许稍有毛刺感、上颚刺激较小；余味尚纯净舒适，口腔无残留，无明显苦、涩感；燃速中等；灰色灰白；包灰较紧、持灰较长。

2. 中部叶（以 C3F 为例）

中间香型；香气较饱满、厚实、细腻，明亮度、透发性好，有较好的绵团感；烟气浓度中等、成团性好，较柔和、圆润感较好；允许微有生青气，醇化半年后减轻；劲头中等；喉部允许微有刺激，上颚、口腔无刺激；余味较干净舒适，口腔无残留、无明显干燥感；燃烧性较好、包灰紧持灰较长、灰色灰白。

3. 下部叶（以 X2F 为例）

中间香型；香气细腻、较厚实，明亮度、透发性较好，香气量稍有至尚充足；烟气浓度中等至较小，成团性较好、烟气细腻柔和、圆润感较好；杂气较轻；劲头中等至较小；基本无刺激感；余味纯净舒适，口腔无残留，无干燥感；燃烧性较好、包灰紧持灰较长、灰色灰白至白净。

四、安全性要求

烟田要严格执行《中国烟叶公司关于 2013 年度烟草农药使用推荐意见的通知》中烟叶生〔2013〕44 号文件烟草农药使用的推荐意见。不得使用高残留剧毒农药；控制烟叶有机氯残留量、有机磷残留量、烟草特有亚硝氨（TSNA）含量。推广应用高效低毒农药，规避土壤重金属背景值高的区域种植，提高烟叶安全性。严格按照国家局 123 种烟叶农药残留限量执行，其中重点监控指标限量标准如表 1-5-2 所示。

表 1-5-2 "利群"烟叶原料安全性重点指标限量标准　　（mg/kg）

序号	类 别	中文通用名	英文名称	指标
1	有机氯杀虫剂	六六六[a]	benzenehexachloride, BHC	≤0.07
2		滴滴涕[b]	dichlorodiphenyltrichloroethane, DDT	≤0.2
3	有机磷杀虫剂	甲胺磷	methamidophos	≤1.0
4		对硫磷	parathion	≤0.1
5		甲基对硫磷	parathion-methyl	≤0.1

（续表）

序号	类　别	中文通用名	英文名称	指标
6		涕灭威	aldicarb	≤0.5
7	氨基甲酸酯杀虫剂	克百威	carbofuran	≤0.1
8		灭多威	methomyl	≤1.0
9		氯氟氰菊酯	cyhalothrin	≤0.5
10	拟除虫菊酯杀虫剂	氯氰菊酯	cypermethrin	≤1.0
11		氰戊菊酯	fenvalerate	≤1.0
12		溴氰菊酯	deltamethrin	≤1.0
13	烟酰亚胺杀虫剂	吡虫啉	imidacloprid	≤5.0
14		双苯酰草胺	diphenamide	≤0.25
15	除草剂	异丙甲草胺	metolachlor	≤0.1
16		敌草胺	napropamide	≤0.1
17		甲霜灵	metalaxyl	≤2.0
18		菌核净	dimethachlon	≤5.0
19		二硫代氨基甲酸酯[c]	dithiocarbamates	≤5.0
20	杀菌剂	多菌灵	Carbendazim	≤2.0
21		甲基硫菌灵[d]	Thiophanate-methyl	≤2.0
22		三唑酮	Triadimefon	≤5.0
23		三唑醇[e]	Triadimenol	≤5.0
24		二甲戊灵	pendimethalin	≤5.0
25	抑芽剂	仲丁灵	butralin	≤5.0
26		氟节胺	flumetralin	≤5.0
27		砷（As）	arsenic	≤0.5
28	重金属	铅（Pb）	lead	≤5.0
29		镉（Cd）	cadmium	≤5.0
30		汞（Hg）	mercury	≤0.1
31	转基因	无任何可检测到的转基因成分		

[a] 六六六的检测结果以总量计

[a] 滴滴涕的检测结果以总量计

[c] 二硫代氨基甲酸酯的检测结果以 CS_2 计

[d] 甲基硫菌灵、多菌灵，以多菌灵计

[e] 三唑酮、三唑醇，以三唑酮计

五、工业使用要求

烟叶质量风格特色显著，配伍性好，配打后中部上等烟模块（以 C2、C3 为主）能进入"利群"品牌一类和高端卷烟产品配方中作主料烟使用，上部上等烟模块（以 B1、B2 为主）能进入"利群"品牌二类卷烟产品配方中作主料烟使用，中下部中等烟叶（以 C4、X2 为主）模块能进入利群品牌二类以上产品配方作优质填充料使用。

第六节 "利群"品牌恩施烟区基地建设及原料调拨

一、基地建设

"利群"原料体系计划在恩施烟区建设 6 个烤烟基地单元，基本规划面积 28.2 万亩，常年种烟面积 14 万亩①，计划产量 28.2 万担②。具体如表 1-6-1 所示。

表 1-6-1 "利群"品牌恩施烟区基地单元规划

基地单元	基本规划面积（万亩）	年种烟面积（万亩）	年产量（万担）
利川汪营	5	2.5	5
恩施盛家坝	5	2.2	5.2
恩施城郊	5	2.1	4
鹤峰中营	5	2.6	5
建始茅田	4	2.1	4
利川元堡	4.2	2.5	5
合计	28.2	14	28.2

二、原料调拨

浙江中烟近年来在恩施烟区的需求量和调拨量以及调拨结构保持相对稳定，总体适配率和一类适配率占比相对稳定（表 1-6-2）。

---

① 1 亩≈667m²，15 亩=1hm²，全书同

② 一担等于 50kg

表 1-6-2　2014—2017 年"利群"品牌恩施烟区烟叶原料调拨

产区	年度	调拨计划（万担）	实际采购量（万担）	中部上等烟调拨（%）	C1C2 调拨（%）	适配率	
						总体（%）	一类占比（%）
恩施州	2014	20	19.04	72.21	39.78	80.73	24.86
	2015	25	23.48	72.25	37.46	71.18	28.20
	2016	25	28.67	77.60	44.90	82.97	31.29
	2017	24	24.22	82.90	42.10	82.44	13.51

第二章　恩施烟区生态资源分析与评价

良好的生态环境是特色优质烟叶形成的基础，也是决定烟叶品质的最重要因素。恩施烟区具有丰富的生态资源，为特色优质烟叶的生产和发展提供了广阔前景。通过开展恩施烟区生态资源取样以及调查工作，从资料调查、取样分析两个层次进行研究，选择恩施烟区8个产烟县作为基本调查县，对主产烟区的地理、植被、土壤、光照、温度、水分等生态条件进行详查，并结合历史资料，综合分析与评价恩施烟区的自然生态资源现状。

第一节　地形地貌

恩施烟区地处恩施土家族苗族自治州，位于湖北省西南部，武陵山北部，长江三峡腹地。东连荆楚，南接潇湘，西临渝黔，北靠神农架。属于我国中部地区与西部地区的结合部的大武陵山区，云贵高原一部分。该地区地形地貌复杂，海拔高度跨度较大（图2-1-1）。恩施烟区中，绝大部分烟田均分布在山地地区，地形地貌是该地区烟叶风格特色形成的主要影响因素之一。烟区地形地貌的复杂空间分布格局，影响着该地区局部气候、土壤、地质和水文的形成和发展过程。恩施山地烟叶的种植区域及风格特色，与该地区的地形地貌特征密不可分。

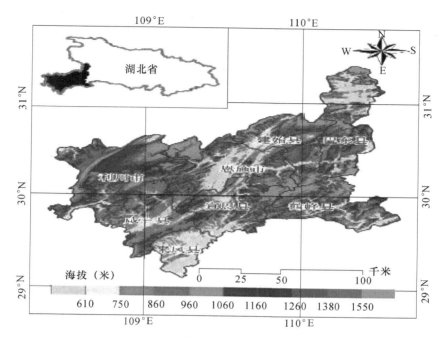

图 2-1-1 恩施烟区地理位置及地形地貌

第二节 气候资源

一、概况

恩施烟区属中纬度亚热带湿润气候，冬无严寒，夏无酷暑。境内山河交错，高低悬殊，导致光、热、水的再分配，构成了错综复杂的气候和丰富多彩的气候资源，呈现出垂直气候的分带性和局地气候的特殊性。主要特征是温度随地势的增高逐渐降低，湿度逐渐增大，气候与地势具有立体相关性。因此，恩施州的气候大致可划分为 6 个类型：海拔 500m 以下为冬暖湿润的平谷气候、500~800m 为温暖湿润的低山气候、800~1200m 为温和湿润的中山气候、1200~1500m 为温凉潮湿的中高山气候、1500~2300m 为寒温高湿的大高山气候、2300m 以上为高寒过湿的老高山气候。恩施烟叶主要种植在 600～1200m 的温和湿润的中山气候带和温暖湿润的低山气候向温和湿润中山气候过渡带。

恩施州全年平均气温 16℃ 左右（表 2-2-1），无霜期 282d，年日照时数 1300h，相对湿度 82%。年降水量 1400～1500mm，其中 66% 以上集中于 5—8 月，日降水量极值达 227.5 mm，7 月中旬至 8 月上旬常出现伏旱。

表 2-2-1　恩施烟区气候的基本情况

气候因子	1 月	2 月	3 月	4 月	5 月	6 月	7 月	8 月	9 月	10 月	11 月	12 月
均温（℃）	5.0	6.6	10.6	16.4	20.6	23.8	26.5	26.6	22.3	16.9	11.8	6.8
均最高温（℃）	8.3	10.4	14.8	21.6	25.9	28.8	31.6	32.5	27.2	21.6	15.9	10.4
极端高温（℃）	17.5	22.4	28.8	34.9	35.5	37.8	40.3	39.5	38.4	33.6	27.2	19.9
均最低温（℃）	2.6	4.0	7.5	12.5	16.8	20.2	22.9	22.6	18.8	13.9	9.0	4.3
极端低温（℃）	-12.3	-6.5	-1.1	1.1	9.2	13.6	15.7	16.5	11.6	5.2	-0.3	-4.7
平均降水（mm）	29.0	34.2	61.1	127.5	186.2	231.7	257.5	162.0	163.3	119.0	64.3	29.2
降水天数（d）	11.5	11.4	15.1	15.9	16.3	16.6	16.3	12.8	12.6	14.4	11.9	11.2
平均风速	0.4	0.5	0.6	0.7	0.6	0.5	0.7	0.7	0.6	0.4	0.4	0.4

二、大田期气候资源特征

优质烟叶生产的最适宜的温度一般是是 20～28℃，烟叶对温度的要求是前期较低、后期较高；移栽期日平均温度在 18℃ 以上能够满足烟株大田生长需要，旺长期日平均温度在 28℃ 左右最适，高温不超过 32℃；叶片成熟要求日均温度不低于 20℃，而在 20～24℃ 比较理想。

由表 2-2-2 可以看出，恩施烟区大田期平均温度在 19.2～25.0℃，基本处于烟草生长发育适宜温度范围之内，总体呈现先升后降的趋势，旺长期达到最高为 25.0℃，均低于 30℃，整个旺长期不会出现高温现象；成熟期的平均温度为 24.3℃，不会发生烟叶高温逼熟现象，整个温度曲线符合优质烟叶生产需求。

　　各时期平均温度年度间变异系数均较小，表明年度间各时期温度变化幅度较小；大田期总降水量在 358.6~1526.9 mm，变化范围较大，年度间降雨分布较不均匀，旺长期降水量最大值为最小值的 9.16 倍，变异系数最大，其次为成熟期降水量，变异系数为 40.46%；大田期日照时数在 436.6~1184.1h，光照适中，团棵期日照时数变化范围较大，最大值与最小值之间相差 5.6 倍，旺长期和成熟期日照时数变异也较高；大田期积温在 4202.3~3371.4℃，各时期积温变异系数较小。总体来看，恩施烟区主要气候因子年度间变化较大，变化幅度为降水量>日照时数>平均温度、积温。

表 2-2-2　恩施烟区大田生育期气候数据

气候因子	时期	平均值±标准差	最小值	最大值	年度间变异系数（%）
平均温度（℃）	团棵期	19.23±1.67	15.00	22.61	8.67
	旺长期	25.00±1.56	21.35	28.53	6.24
	成熟期	24.34±1.80	17.58	27.10	7.39
	大田期合计	22.86±1.45	19.68	26.01	6.35
降水量（mm）	团棵期	308.94±85.24	127.20	489.90	27.59
	旺长期	312.13±153.91	85.50	783.10	49.31
	成熟期	255.81±103.49	48.27	523.90	40.46
	大田期合计	879.18±263.11	358.57	1526.90	29.93
日照时间（h）	团棵期	218.39±78.03	122.00	684.10	35.73
	旺长期	258.28±82.62	70.00	383.70	31.99
	成熟期	256.97±70.99	96.10	371.00	27.63
	大田期合计	733.63±146.63	436.60	1184.10	19.99
积温（≥10℃）	团棵期	1065.58±96.00	884.72	1184.16	9.01
	旺长期	1502.25±90.24	1349.34	1628.72	6.01
	成熟期	1292.51±82.93	1137.30	1389.46	6.42
	大田期合计	3860.34±266.02	3371.36	4202.34	6.89

三、气候资源的区域分布

从大田期气温、日照时数及其区域分布来看（图2-2-1和图2-2-2），相对高海拔地区大田生育期的温度较低，而低海拔的恩施州中部、东北部及南部区域温度相对较高，特别是8月及9月，温度相对较高更利于烟草生长发育和充分田间成熟。从日照时数的空间分布来看，5—9月烟草生长季日照时数较高的区域主要分布在恩施州东北部，主要是巴东、建始及恩施市部分区域。日照条件对烟叶质量的影响较大，特别是生育前期充足的日照有利于烟叶干物质的积累和烟叶品质的提升。优质烟叶大田生长期日照时数要求达到500~700h，分析结果显示恩施烟叶大田生长期日照时数达到685~745h，完全满足优质烟叶生长对日照时数的要求。

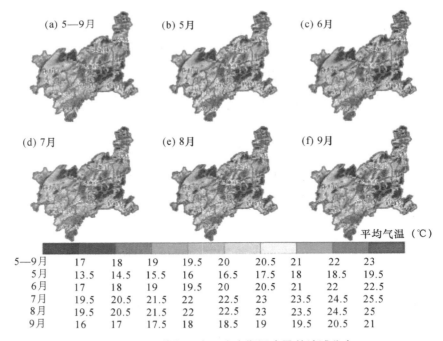

平均气温（℃）

5—9月	17	18	19	19.5	20	20.5	21	22	23
5月	13.5	14.5	15.5	16	16.5	17.5	18	18.5	19.5
6月	17	18	19	19.5	20	20.5	21	22	22.5
7月	19.5	20.5	21.5	22	22.5	23	23.5	24.5	25.5
8月	19.5	20.5	21.5	22	22.5	23	23.5	24.5	25
9月	16	17	17.5	18	18.5	19	19.5	20.5	21

图2-2-1 恩施烟区大田生育期温度及其地域分布

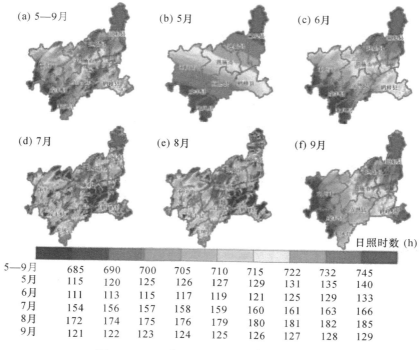

5—9月	685	690	700	705	710	715	722	732	745
5月	115	120	125	126	127	129	131	135	140
6月	111	113	115	117	119	121	125	129	133
7月	154	156	157	158	159	160	161	163	166
8月	172	174	175	176	179	180	181	182	185
9月	121	122	123	124	125	126	127	128	129

图 2-2-2　恩施烟区日照时数及其地域分布

第三节　生物资源

一、森林覆盖及其格局特征

恩施州森林覆盖率近70%，历史上素有"鄂西林海"之称，被称为"动植物黄金分割线"的北纬30°穿越恩施州腹地，同时受秦岭和大巴山阻隔，造就独特的森林及其林地景观。

烟区景观结构是烟叶风格特色形成与定义的重要生态内涵之一，森林景观结构是植烟区环境条件的评价与量化标准之一，不同的景观结构代表了不同的生态系统稳定性，是烟叶风格特色形成的环境特质的生态名片。基于Landsat TM 遥感数据，以遥感图像计算机人机交互直接判读技术为核心，选用了中国科学院资源环境数据中心的 1∶100 000 土地利用数据集对研究区森林覆盖率空间格局进行制图分析，形成了恩施烟区不同的植被覆盖分类体系（图 2-3-1），为烟区的种植区域规划与调整提供参考。

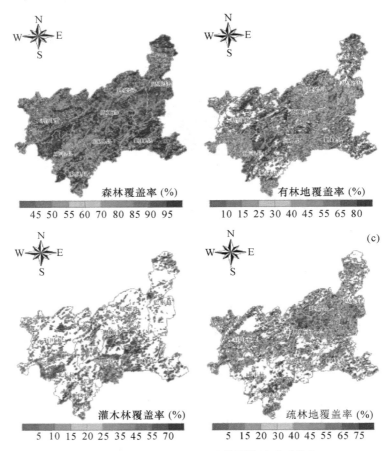

图 2-3-1 恩施烟区不同植被覆盖其地域分布

二、物种多样性特征

恩施州有"华中药库"之称，丰富的物种多样性使该地区成为华中地区重要的"动植物基因库"，同时也是我国生物多样性保存最好的区域之一。图 2-3-2 为物种多样性与地理条件的关系，从图 2-3-2 中可以看出，物种丰富度最高的区域主要集中在恩施州的中部及其南部区域，这些区域也是恩施烟叶的主要产区之一。可见，较高的森林覆盖率和丰富的物种多样性，为烟草生长提供了极佳的生境多样性环境，而且较高的森林覆盖率、丰富物种多样性能达到烟草病虫害的自然生态控制的良好效果，是恩施特色优质烟叶生产的得天独厚的自然生态条件。

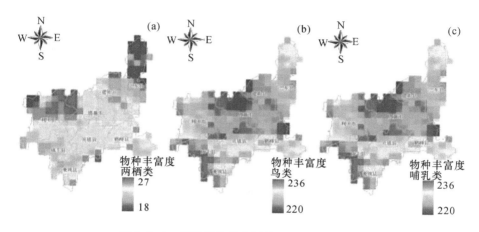

图 2-3-2　恩施州物种多样性与地理关系分析

第四节　水　资　源

一、降水分布特征

水分条件与烤烟的生长发育和产量及品质关系密切，烟草大田期降水量的多少与分布直接影响着烟叶的产量和品质，降水过多或过少对于优质烟叶的生产都是不利的。烤烟大田生长期间要求月平均降水量在 100~130mm 比较合适。从恩施州各地区的降水量分布情况（图 2-4-1）可以看出，烟区的降水特征为春夏多于秋季，夏季降水强度大，冬季雨量小。其中 1 月雨量最少，6 月或 7 月最多，雨量达 190~260mm。5—9 月降水量为 880~980mm，占全年降水量的 68% 左右。降水的季节分配比较协调，雨热同期的特征十分明显，这与一年中光、热资源的年内分配趋向一致，特别有利于优质烤烟生长对光、热、水的需求。在降水的地域分布特点上，呈南多北少，高山大于低山，长江河谷最少的分布格局，其中东南部（如鹤峰县）最多，降水最多的地区降水量与降水最少地区的雨量可相差一倍。

恩施州 8 个植烟县市的年平均降水量和大田期降水量存在区域差异（图 2-4-2），其中以鹤峰平均降水量最大，其大田期总降水量为 1321.24 mm，巴东县降水量整体最低，烤烟生长大田期总降水量为 856.56 mm，建始和恩施大田期总降水量较高，分别为 1064.35 mm 和 1048.35 mm。适宜的降水量为优质烟叶的田间生长提供适宜的水分条件，既有利于上部叶片正常的生长发育，又有利于中下部烟叶正常成熟落黄。

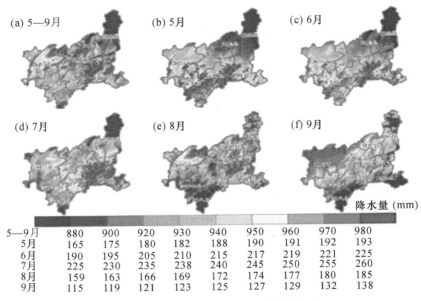

图 2-4-1　恩施烟区降水量及其地域分布

二、地表水分布特征

恩施州内地表水资源量主要随降水量的多少而变化，恩施地表水资源量的地域分布与降水量的地域分布基本一致（表 2-4-1）。总体来看，全州地表水资源量 182.7531 亿 m³，折合深度 763.3 mm。从地表水资源总量分析，来凤县

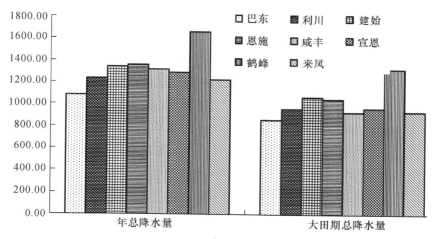

图 2-4-2　恩施烟区各县（市）的年总降水量及大田期降水量

最少，利川市最多，从地表水资源深度分析，巴东县最小，鹤峰县最大。全州人均水资源总量 4556 m³/人，亩均水资源总量 4714 m³/亩，均大于全省人均值（1248 m³/人），亩均值（1493 m³/亩）。恩施州水资源相对丰富，但利用率偏低；从恩施州 8 个植烟市（县）的地表水、地下水及人均占有量上看，地理分布不均，时空分布不均，年际变化较大。如何有效利用烟区丰富的水资源，是恩施烟叶可持续发展的重要前提。

表 2-4-1　恩施州主要河流降水量、年地表水资源量

水系	河名	集水面积 /km²	河长 /km	降水量		径流量		年平均流量 /m³·s⁻¹
				mm	10⁸/m³	10⁸³	mm	
乌江	唐岩河	2853	114	1423.8	40.62	23.03	807.2	73.0
长上干	沿渡河	1044	61	1105.4	11.54	7.00	670.7	23.3
长中干	清江	11036	276	1357.3	149.80	84.48	752.1	26.5
	忠建河	1811	121	1432.9	25.95	15.06	831.6	47.8
	马水河	1693	102	1366.2	23.13	12.38	731.4	39.3
洞庭湖	酉水	2676	176	1316.5	35.23	21.40	799.7	67.9
	娄水	2882	121	1657.8	47.78	25.40	847.4	79.9

资料来源：丁莉等，恩施州水资源开发及其可持续发展，2001

三、pH 值状况

分别采集了恩施州8个植烟县市的灌溉水和降水样品，对所有样品 pH 值进行了检测（图2-4-3），其中灌溉水 pH 值以巴东取样点最高，为8.44；其次为宣恩、建始和利川，灌溉水 pH 值均处于>8.00水平；恩施、鹤峰、来凤和咸丰取样点灌溉水 pH 值相对偏低，处于<8.00水平，其中鹤峰点最低为7.06。就各取样点降水样品检测结果分析，宣恩取样点降水 pH 值偏高，为8.42，其余各县市取样点降水 pH 值均<8.00，巴东最低为7.12。

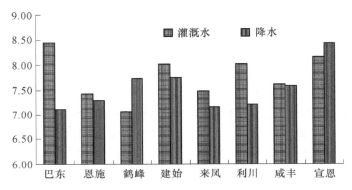

图 2-4-3　恩施烟区各县降水及灌溉水的 pH 值

四、硝态氮及氯离子含量状况

恩施州8个植烟县市灌溉水和降水样品硝态氮及氯离子含量差异较大（图2-4-4）。其中，来凤和咸丰两个县灌溉水和降水硝态氮含量明显较高，来凤灌溉水硝态氮含量为12.15 mg/L，降水硝态氮含量为11.68 mg/L，建始、利川和宣恩3个取样点灌溉水硝态氮含量差异较小，处在5.34~5.69 mg/L，巴东取样点灌溉水硝态氮含量最低为1.99 mg/L。与灌溉水相比，降水硝态氮含量总体偏低，除来凤和咸丰点外，其余各县降水硝态氮含量范围为1.32~3.10mg/L，建始取样点最低仅为0.39 mg/L。对各取样点水样氯离子含量分析表明，建始取样点灌溉水和雨水氯离子含量最高，分别为50.52 mg/L 和48.58 mg/L，其余各县市雨水氯离子含量相对差异较小，来凤点最低为5.06 mg/L。鹤峰、来凤和利川灌溉水氯离子含量相对偏低处于<10mg/L 水平，巴东、恩施、咸丰和宣恩处于>10mg/L 水平，来凤点最低其灌溉水含量为 6.76 mg/L。

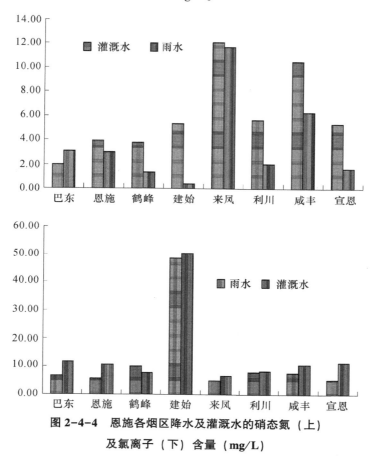

图 2-4-4　恩施各烟区降水及灌溉水的硝态氮（上）
及氯离子（下）含量（mg/L）

五、典型区域水资源质量评价

重点选择利川和宣恩两个典型植烟县市，对降水和灌溉水的质量进行了定点检测分析，从利川市的降水监测结果中可以看出（表 2-4-2），铅、镉、汞、氰化物和挥发酚的含量均低于最低检出限；而砷和总铬于 9 月取样中稍有检出，元堡乡东槽村取样点的砷和总铬及元堡乡政府和瑞坪村的取样点的总铬含量有检出，但均低于国家的相关质量标准。除 5 月外，降水的 pH 值随着距离城区的距离增加呈逐渐升高的趋势，其中市城区的降水 pH 值最低，均为 6.1；不同的取样时间和取样点之间高锰酸钾指数和全盐量变化无明显规律。

表 2-4-2　利川市主产烟区降水及灌溉水监测结果

类型	取样时间	取样地点	pH 值	高锰酸钾指数（mg/L）	全盐量（mg/L）	铅（mg/L）	镉（µg/L）	砷（µg/L）	总铬（µg/L）	汞（µg/L）	氰化物（µg/L）	挥发酚（µg/L）
降水	5月14日	利川市区	6.9	1.75	76.0	0.2L	50.0L	7.0L	4.0L	2.0L	4.0L	10.0L
		元堡乡政府所在地	6.8	2.42	22.0	0.2L	50.0L	7.0L	4.0L	2.0L	4.0L	10.0L
		元堡乡瑞坪村	6.8	0.65	36.0	0.2L	50.0L	7.0L	4.0L	2.0L	4.0L	10.0L
		元堡乡东槽村	6.8	1.00	62.0	0.2L	50.0L	7.0L	4.0L	2.0L	4.0L	10.0L
	7月23日	利川市区	6.1	1.90	9.0	0.2L	0.5L	1.0L	4.0L	1.0L	4.0L	0.3L
		元堡乡政府所在地	7.0	1.60	20.0	0.2L	0.5L	1.0L	4.0L	1.0L	4.0L	0.3L
		元堡乡瑞坪村	6.6	1.02	11.0	0.2L	0.5L	1.0L	4.0L	1.0L	4.0L	0.3L
		元堡乡东槽村	7.5	1.19	50.0	0.2L	0.5L	1.0L	4.0L	1.0L	4.0L	0.3L
	9月10日	利川市区	6.1	1.40	20.0	0.01L	0.5L	0.5L	0.5L	1.0L	4.0L	0.3L
		元堡乡政府所在地	6.2	2.79	12.0	0.01L	0.5L	0.5L	0.625	1.0L	4.0L	0.3L
		元堡乡瑞坪村	6.4	1.44	17.0	0.01L	0.5L	0.5L	1.323	1.0L	4.0L	0.3L
		元堡乡东槽村	6.9	3.87	90.0	0.01L	0.5L	0.742	1.313	1.0L	4.0L	0.3L
灌溉水	7月23日	市区清江河	7.6	1.42	277.0	0.2L	0.5L	3.74	10.00	1.0L	4.0L	0.3L
		元堡乡河水	7.8	1.84	172.0	0.2L	0.5L	1.63	4.0L	1.0L	4.0L	0.3L
		元堡乡瑞坪村池水	7.7	0.72	296.0	0.2L	0.5L	1.0L	4.0L	1.0L	4.0L	0.3L
		元堡乡东槽村池水	7.6	1.27	197.0	0.2L	0.5L	1.0L	4.0L	1.0L	4.0L	0.3L
	9月10日	市区清江河	7.5	1.92	248.0	0.01L	0.5L	0.5L	1.17	1.0L	4.0L	0.3L
		元堡乡河水	7.8	1.86	235.0	0.01L	0.5L	0.54	0.5L	1.0L	4.0L	0.3L
		元堡乡瑞坪村池水	7.7	0.71	320.0	0.01L	0.5L	3.74	0.5L	1.0L	4.0L	0.3L
		元堡乡东槽村池水	7.6	0.86	180.0	0.01L	0.5L	1.66	0.5L	1.0L	4.0L	0.3L

注："L"为低于检出限值

从利川地表水中检测结果可以看出，利川烟区地表水重金属污染物主要为砷和铬，河水受有机物及还原性无机物的污染风险要大于池水。但地表水中 pH 值、铅、镉、砷、氰化物和挥发酚的浓度值均未超过 GB 3838—2002《地表水环境质量标准》Ⅰ类标准限值，高锰酸钾指数和总铬的浓度值均未超过《地表水环境质量标准》Ⅱ类标准限值，总汞的浓度均未超过《地表水环境质量标准》Ⅳ类标准限值；除7月和9月的地表水个别pH值高于7.5外，总体均符合NY 852—2004《烟草产地环境技术条件》。

　　从宣恩县的降水监测结果中可以看出（表2-4-3），铅、镉、汞、氰化物和挥发酚的含量均低于最低检出限，而砷和总铬于9月椒园镇罗川组的取样中有检出，其砷和总铬含量极低分别为1.633μg/L和0.896μg/L。6月各监测点的降水样pH值差异不大，高锰酸指数和全盐量则有随着距县城距离增加呈逐渐增加的趋势；9月的降水监测结果中，降水的pH值和全盐量随着距离的增加呈逐渐增加的趋势，但均低于国家的相关质量标准。

表2-4-3　宣恩县主产烟区降水及灌溉水监测结果

种类	取样时间	取样地点	pH值	高锰酸钾指数（mg/L）	全盐量（mg/L）	铅（mg/L）	镉（μg/L）	砷（μg/L）	总铬（μg/L）	汞（μg/L）	氰化物（μg/L）	挥发酚（μg/L）
降水	6月20日	宣恩县城区	6.8	0.57	246.0	0.2L	50.0L	7.0L	4.0L	2.0L	4.0L	0.3L
		椒园镇政府所在地	6.8	0.76	250.0	0.2L	50.0L	7.0L	4.0L	2.0L	4.0L	0.3L
		椒园镇罗川	6.7	2.48	453.0	0.2L	50.0L	7.0L	4.0L	2.0L	4.0L	0.3L
		椒园镇荆竹坪	6.7	2.10	325.0	0.2L	50.0L	7.0L	4.0L	2.0L	4.0L	0.3L
	9月21日	宣恩县城区	6.0	0.90	33.0	0.01L	0.5L	0.5L	0.5L	1.0L	4.0L	0.3L
		椒园镇政府所在地	6.2	0.87	17.0	0.01L	0.5L	0.5L	0.5L	1.0L	4.0L	0.3L
		椒园镇罗川组	7.3	0.75	84.0	0.01L	0.5L	1.633	0.896	1.0L	4.0L	0.3L
		椒园镇荆竹坪	6.6	3.81	62.0	0.01L	0.5L	0.5L	0.5L	1.0L	4.0L	0.3L
灌溉水	9月21日	城地河水	7.6	1.28	164	0.01L	0.5L	0.5L	0.542	1.0L	4.0L	0.3L
		椒园镇池水	7.5	1.53	502	0.01L	0.5L	0.5L	0.5L	1.0L	4.0L	0.3L
		椒园镇罗川池水	6.9	1.68	246	0.01L	0.5L	0.5L	1.042	1.0L	4.0L	0.3L
		椒园镇荆竹坪池水	7.4	0.85	240	0.01L	0.5L	0.5L	0.875	1.0L	4.0L	0.3L

注："L"为低于检出限值

　　从宣恩地表水中检测结果可以看出，铅、砷、镉、汞、氰化物和挥发酚的含量均低于最低检出限；而总铬于9月的取样中有检出，pH值、铅、镉、砷、氰化物和挥发酚及高锰酸钾指数和总铬的浓度值均未超过 GB 3838—2002《地表水环境质量标准》Ⅰ类及Ⅱ类标准限值，地表水的检测结果均符合 NY 852—2004《烟草产地环境技术条件》。

第五节　大气质量

一、采样时间对烟区空气的影响

从环境空气监测结果来看，利川市各空气监测点的总悬浮颗粒物、铅及其化合物、氟化物、二氧化硫和氮氧化物的日均浓度值均未超过 GB 3095—2012《环境空气质量标准》二级标准限值，且符合 NY 852—2004《烟草产地环境技术条件》。

从表 2-5-1 可以看出，根据采样时间的不同，利川市烟叶烟区环境空气中的监测结果有所不同，于 9 月 10 日在不同监测点采集的空气中的总悬浮颗粒物、二氧化硫和氮氧化物的浓度值均高于 5 月 13 日和 7 月 20 日采集的空气分析结果，9 月 10 日空气中总悬浮颗粒物、二氧化硫和氮氧化物的浓度值较 5 月 13 日分别提高了 2.0%~56.9%、0%~45.0% 和 0%~45.7%，较 7 月 20 日分别提高了 10.9%~38.8%、0%~83.9% 和 5.3%~59.5%，这可能与后期烟叶烘烤燃烧煤炭或其他燃料后向空气中释放出气体有关；在 3 次取样时间中，空气中的氟化物含量均在 $0.9\mu g/m^3$ 的检出限以下；铅及其化合物除利川市区空气监测点外，均以 7 月 20 日采集的空气样品的含量最高，其次为 9 月 20 日，而以 5 月 13 日采集的结果最低。

二、采样地点对烟区空气的影响

根据利川市取样点的设置采取以主产烟区乡镇（或县城）为中心，向主要烟区辐射的方向，以 5km 的间距设置采样点，则元堡乡政府所在地距利川市区 5km 左右，瑞坪村距利川市区 10km 左右，东槽村距利川市区 10km 左右，但与瑞坪村相距 3km。从表 2-5-1 可以看出，随着距利川市城区距离的增加，环境空气中的总悬浮颗粒物、铅及其化合物、二氧化硫和氮氧化物均呈不同程度的降低，其中以利川市城区的各项指标的浓度值最高，利川市区的空气中总悬浮颗粒物、铅及其化合物、二氧化硫和氮氧化物的浓度值较元堡乡政府所在地监测点分别提高了 0%～27.3%、12.1%～93.7%、11.1%～87.5% 和 6.1%～36.4%、较距利川市区 10km 左右的监测点分别提高了 3.0%～68.7%、0%～94.2%、22.2%～71.8% 和 14.3%～61.2%。由此可见，环境空气的质量主要跟人口密集程度以及车辆的多寡有关。

表 2-5-1　利川市主产烟区空气监测结果

取样时间	取样地点	总悬浮颗粒物（mg/m³）	铅及其化合物（10^{-6}mg/m³）	氟化物（10^{-3}mg/m³）	二氧化硫（μg/m³）	氮氧化物（μg/m³）
2013/5/13	利川市城区	0.099	9.76	0.9L	0.039	0.030
	元堡乡政府	0.072	8.58	0.9L	0.016	0.025
	元堡乡瑞坪村	0.057	8.67	0.9L	0.016	0.023
	元堡乡东槽村	0.031	9.97	0.9L	0.011	0.019
2013/7/20	利川市城区	0.090	85.67	0.9L	0.009	0.033
	元堡乡政府	0.071	47.00	0.9L	0.008	0.021
	元堡乡瑞坪村	0.080	23.00	0.9L	0.007L	0.017
	元堡乡东槽村	0.054	31.33	0.9L	0.007L	0.018
2013/9/10	利川市城区	0.101	265.33	0.9L	0.056	0.049
	元堡乡政府	0.116	16.67	0.9L	0.007L	0.046
	元堡乡瑞坪村	0.098	15.33	0.9L	0.021	0.042
	元堡乡东槽村	0.072	24.23	0.9L	0.020	0.019

注："L"为低于检出限

第六节　土壤资源

一、土壤类型及其分布特征

恩施州有红壤、黄壤、黄棕壤、棕壤、暗棕壤、山地草甸土、山地沼泽土等地带性土壤和紫色土、石灰土、潮土、水稻土等非地带性土壤共 11 个土类、

24 个亚类、88 个土属、236 个土种。其中，黄棕壤占土地总面积的 55.12%。

山地土壤随海拔的升高，有规律地形成红壤（小于 500m）—黄壤（800m）—黄棕壤（1500m）—棕壤和山地草甸土—山地沼泽土（2200m）—暗棕壤（大于 2200m）的垂直地带分布。水平分布则因微地形、微地貌、土壤母质和地质结构及人为活动的影响，形成了多种结构形式的中域和微中域土壤组合。丰富的土壤资源为烟叶生产的发展提供了物质保障。

从恩施典型烟区所取的 10 个土壤剖面调查情况看出（表 2-6-1，图 2-6-1），烟区的土壤类型按照中国土壤系统分类的命名，土壤类型以湿润雏形土和湿润淋溶土为主，剖面构造以 Ap-C1-C2（C3）和 Ap1-Ap2-Ab-Bt 为主。较深厚的土体构造，疏松壤质的的耕作层，稍黏的淀积层和灰黑色的埋藏土层，是恩施典型植烟土壤的剖面特征，这些特征支撑和保障着恩施烟叶生产的可持续发展。

表 2-6-1　恩施烟区典型植烟区域土壤特征解剖地点

地点	取样编号	详细地点	北纬（N）	东经（E）	海拔（m）
咸丰	XF-01	咸丰黄金洞乡石仁坪村 12 组	29°52′9.027″	109°6′38.004″	888.0
	XF-02	咸丰尖山乡三角桩村 5 组	29°41′11.207″	108°57′47.399″	711.2
	XF-03	咸丰忠堡镇幸福村	29°39′31.175″	109°14′59.574″	771.0
	XF-04	咸丰高乐山乡小模村碗口坪组	29°38′12.589″	109°06′05.534″	817.0
	XF-05	咸丰丁寨乡土地坪村	29°34′20.065″	109°03′44.126″	1107.0
利川	LC-01	利川柏杨镇团圆村 13 组	30°28′35.801″	108°56′28.937″	1249.3
	LC-02	利川汪营镇白泥塘村 6 组	30°16′49.904″	108°44′1.488″	1115.0
	LC-03	利川凉雾乡老场村 11 组	30°16′46.228″	108°49′52.075″	1127.0
	LC-04	利川忠路镇龙塘村 6 组	30°03′11.811″	108°37′03.946″	1155.9
	LC-05	利川文斗乡青山村 6 组	29°58′49.266″	108°35′48.415″	1277.3

二、土壤基本性质分析

对恩施植烟土壤历年检测数据进行了分析，较以往相比恩施烟区土壤酸化区域扩大，土壤全氮、碱解氮、速效磷含量增加，但区域养分分布不均，恩施

图 2-6-1　恩施烟区典型植烟土壤剖面的结构特征

烟区土壤养分演变趋势与大宗农作物耕地的变化趋势有所不同，体现了与烟区施肥的密切相关性，需要在烟叶生产中适当控氮提钾、协调碳氮比，以确保恩施烟区土壤的永续利用及烟草营养的均衡供应。具体分析结果如表2-6-2所示。

表2-6-2　恩施烟区土壤理化性状及其分级组成

pH值		有机质（g/kg）		全氮（g/kg）		碱解氮（mg/kg）		有效磷（mg/kg）		速效钾（mg/kg）	
分级	比例	分级	比例	分级	比例	分级	比例	分级	比例	分级	比例
<5.0	16.2	<6.0	1.6	<0.5	0	<30.0	0	<3.0	0	<30.0	0
5.1~5.5	21.5	6.1~10.0	2.7	0.51~0.75	0	30.1~60.0	0.8	3.1~5.0	0.8	30.1~50.0	0
5.5~6.5	29.2	10.1~20.0	26.6	0.76~1.0	0.7	60.1~90.0	3.6	5.1~10.0	4.6	50.1~100.0	10.6
6.6~7.5	23.1	20.1~30.0	47.3	1.1~1.5	13.9	90.1~120.0	18.1	10.1~20.0	13.7	100.1~150.0	19.1
7.6~8.5	10.1	30.1~40.0	19.0	1.6~2.0	35.7	120.1~150.0	33.1	20.1~40.0	28.2	150.1~200.0	18.6
>8.5	0	>40.0	2.8	>2.0	49.7	>150.0	44.4	>40.0	52.7	>200.0	51.7

注：数据来源于赵书军等，中国土壤与肥料，2015

（一）土壤酸碱度（pH值）

从表2-6-3可以看出，恩施州土壤pH值平均为6.0，其中全州pH值5.0以下的强酸性土壤有100万亩，pH值5.0~5.5的酸性土壤有140万亩。各县市土壤pH值分布状况如表2-6-3所示。从各县（市）产区来看，土壤pH值平均值最低为恩施市（pH值为5.4），最高为巴东县（pH值6.8）。土壤pH值最高值为7.9（巴东县），最低值为3.9（恩施市）。各地平均pH值均在最适宜范围（5~7.5值）之内。

表2-6-3　恩施烟区各县市土壤pH值

土壤pH值	巴东县	恩施市	鹤峰县	建始县	来凤县	利川市	咸丰县	宣恩县
最大值	7.9	6.2	5.8	5.3	6.5	7.8	6.4	6.8
最小值	6.0	3.9	5.1	6.5	5	5	4.8	5.8
平均值	6.8	5.4	5.5	6.1	5.8	6.0	5.9	6.2

对恩施州烟区2002—2012年10年间的植烟土壤状况进行了调查分析（表

2-6-4），就土壤 pH 值分析，10 年以来恩施州植烟土壤最适宜区所占比例在下降，次适宜区和不适宜区所占比例出现了明显的升高趋势。与 2002 年相比，恩施州植烟土壤 pH 值最适宜区所占比例降低了 27.1%，其中 pH 值<5.5 的植烟土壤所占比例增幅较大，与 2002 年相比增加了 26.07%，总体来看恩施州烟区土壤酸化趋势明显。

表 2-6-4　2002—2012 年恩施烟区土壤 pH 值变化

分级	pH 值范围	2012 年所占比例（%）	2002 年所占比例（%）
最适宜	5.5~6.5	29.2	56.3
适宜	5.0~5.5	21.5	7.9
	6.5~7.5	23.1	29
	合计	44.6	36.9
次适宜	4.5~5.0	15.7	3.6
	7.5~8.5	10	3
	合计	25.73	6.6
不适宜	<4.5 或>8.5	0.47	0.1

（二）土壤有机质

土壤有机质平均含量为 23.66 g/kg，各县市土壤有机质分布状况如表 2-6-5 所示。不同县（市）平均有机质含量在 16.28~27.32 g/kg 适宜范围内，均高于 15 g/kg。巴东县和来凤县地区土壤最小有机质含量低于 15 g/kg。

表 2-6-5　恩施烟区各县市土壤有机质含量

土壤有机质（g/kg）	巴东县	恩施市	鹤峰县	建始县	来凤县	利川市	咸丰县	宣恩县
最大值	29.88	27.85	25.71	38.46	17.83	37.22	31.54	36.51
最小值	13.84	19.11	22.01	19.28	14.73	16.78	17.10	18.08
平均值	22.67	24.6	23.94	27.32	16.28	22.35	24.56	24.34

由表 2-6-6 所示，自 2002—2012 年恩施州烟区土壤的有机质含量主要分布在 15~45 g/kg 的最适宜或适宜水平，与 2002 年相比近 10 年来土壤有机质最

适宜区比例呈现降低的趋势，其中恩施州土壤的平均有机质含量较2002年降低了2.4 g/kg，过去的10年间，恩施州部分烟区土壤的有机质含量出现了不同程度的降低。

表2-6-6　2002—2012年"清江源"烟区土壤有机质含量变化

分级	含量范围（g/kg）	2012年所占比例（%）	2002年所占比例（%）
最适宜	20~30	40.1	46
适宜	15~20 或 30~45	49.9	45.5
次适宜	10~15 或 45~50	4.9	4.3
不适宜	<10 或 >50	4.9	4.2

（三）土壤氮

恩施州土壤全氮平均含量0.192%，主要地区土壤全氮及碱解氮分布状况如表2-6-7和表2-6-8所示。全氮含量由高到低依次为建始县>宜恩县>鹤峰县=恩施市>咸丰县>来凤县。土壤碱解氮平均含量为155.02 mg/kg，恩施市土壤碱解氮含量最高，巴东县含量最低。其他县市含量大小依次为：鹤峰县>咸丰县>宜恩县>利川市>建始县>来凤县。

表2-6-7　恩施烟区各县（市）土壤全氮含量

土壤全氮（%）	恩施市	鹤峰县	建始县	来凤县	咸丰县	宜恩县
最大值	0.241	0.232	0.254	0.151	0.236	0.271
最小值	0.16	0.174	0.210	0.144	0.132	0.14
平均值	0.19	0.19	0.23	0.15	0.18	0.198

表2-6-8　恩施烟区各县（市）土壤碱解氮含量

土壤碱解氮（mg/kg）	巴东县	恩施市	鹤峰县	建始县	来凤县	利川市
最大值	170.77	223.97	188.86	154.81	151.62	175.56
最小值	71.82	134.6	145.24	135.66	138.85	122.89
平均值	134.77	175.7	170.35	145.59	145.24	151.95

2002—2012 年，恩施州烟区土壤碱解氮含量整体处于 50~200mg/kg 的适宜或最适宜范围，与 2002 年相比碱解氮含量处于最适宜范围的土壤所占比例有所增加，其中土壤碱解氮含量处于 150~200mg/kg 的土壤面积达到了 22.1%（表 2-6-9）。

表 2-6-9　2002—2012 年"清江源"烟区土壤碱解氮含量变化

分级	含量范围（mg/kg）	2012 年所占比例（%）	2002 年所占比例（%）
最适宜	90~150	63.6	52.3
	50~90	11.2	3.1
适宜	150~200	22.1	37.2
	合计	33.3	40.3
	30~50	1	0.5
次适宜	200~250	2.2	6.7
	合计	3.2	7.2
不适宜	<30 或>250	0.4	0.2

（四）土壤速效磷

恩施州土壤速效磷平均含量为 31.15mg/kg，各县市分布状况如表 2-6-10 所示。巴东县、恩施市、鹤峰县、建始县、来凤县土壤速效磷平均含量高于 25mg/kg，利川市、咸丰县、宣恩县速效磷平均含量介于 10~25mg/kg，属于适宜范畴；但利川市、咸丰县土壤速效磷含量最小值低于 10mg/kg，说明有少部分土壤速效磷含量偏低或缺乏。

表 2-6-10　恩施烟区各县（市）土壤速效磷含量

土壤速效磷（mg/kg）	巴东县	恩施市	鹤峰县	建始县	来凤县	利川市	咸丰县	宣恩县
最大值	61.56	59.22	129.46	31.16	50.88	49.74	68.26	27.04
最小值	11.92	13.14	18.90	24.12	34.88	2.06	2.52	13.56
平均值	35.43	29.19	68.69	27.61	42.88	21.36	23.59	20.63

2002—2012 年，恩施州烟区土壤速效磷含量最适宜区域所占比例呈现增加趋势，其中速效磷含量>20mg/kg 的土壤面积达到了 80.9%。恩施州烟区土壤

速效磷含量>40mg/kg 面积较 2002 年增加了 50.9 个百分点，土壤的平均速效磷含量较 2002 年分别增加了 26.1mg/kg（表 2-6-11）。过去 10 年间，恩施州烟区土壤的速效磷含量出现了大幅的提高，这可能与在烟叶生产中长期重视大量施用磷肥有关，过多的磷素可能影响烟叶品质，同时磷素会随着地表径流流失，可能造成农业的面源污染。

表 2-6-11　2002—2012 年"清江源"烟区土壤速效磷含量变化

分级	含量范围（mg/kg）	2012 年所占比例（%）	2002 年所占比例（%）
	20~40	28.2	19.1
最适宜	>40	52.7	1.8
	合计	80.9	20.9
适宜	10~20	13.7	51.7
次适宜	5~10	4.6	22.5
不适宜	<5	0.8	4.9

（五）土壤速效钾

恩施烟区土壤速效钾平均含量为 171.22mg/kg，各地区土壤速效钾分布状况如表 2-6-12 所示。巴东、恩施、建施等县市速效钾平均含量较高(>190mg/kg)，利川市速效钾平均含量低于 120mg/kg，土壤缺钾。鹤峰县、来凤县、宣恩县速效钾含量介于 120~160mg/kg，土壤速效钾含量低，咸丰县速效钾含量介于 160~190mg/kg，速效钾含量较适宜，但最小速效钾含量低于 120mg/kg，有部分土壤缺钾。

表 2-6-12　恩施烟区各县（市）土壤速效钾含量

土壤速效钾（mg/kg）	巴东县	恩施市	鹤峰县	建始县	来凤县	利川市	咸丰县	宣恩县
最大值	317.50	396.90	220.73	226.8	170.10	217.50	372.60	257.18
最小值	87.50	127.58	81	125.55	101.25	56.70	60.75	66.83
平均值	219.58	218.12	153.09	191.03	135.68	112.87	179.21	155.06

2002—2012 年，恩施州烟区土壤速效钾含量呈现较大的增加趋势，2012 年恩施州烟区土壤的速效钾含量主要分布在>150mg/kg 的最适宜区域内，其占调查总面积的 70.3%，比 10 年前增加了 24.7%，处于适宜和次适宜范围内的

土壤面积均在下降，在所调查的范围内没有出现速效钾含量不适宜的土壤。2012年恩施州烟区土壤的速效钾含量较2002年增加了88.7mg/kg。过去的10年间，恩施州烟区土壤的速效钾含量出现了大幅的提高，这可能与在烟叶生产中长期大量施用钾肥有关，过多的施用钾肥不仅增加了生产成本，而且降低了肥料利用率（表2-6-13）。

表2-6-13　2002—2012年"清江源"烟区土壤速效钾含量变化

分级	含量范围（mg/kg）	2012年所占比例（%）	2002年所占比例（%）
最适宜	>150	70.3	45.6
适宜	100~150	19.1	31.5
次适宜	50~100	10.6	19.3
不适宜	<50	0	3.6

（六）土壤有效硼

恩施烟区土壤有效硼分布状况如表2-6-14所示。全州有效硼平均含量0.318mg/kg，建始县、利川市土壤有效硼含量低于0.2mg/kg，属于缺硼范畴。巴东县、恩施市、鹤峰县、来凤县、咸丰县、宣恩县有效硼含量介于0.2~0.5mg/kg，存在缺硼风险。各个产区土壤有效硼平均含量均低于0.5mg/kg，属潜在缺硼范畴。

表2-6-14　恩施烟区各县（市）土壤有效硼含量

土壤有效硼（mg/kg）	巴东县	恩施市	鹤峰县	建始县	来凤县	利川市	咸丰县	宣恩县
最大值	0.300	0.550	0.330	0.170	0.580	0.240	0.6	0.890
最小值	0.051	0.290	0.260	0.120	0.240	0.086	0.220	0.210
平均值	0.202	0.393	0.298	0.143	0.41	0.137	0.418	0.501

（七）土壤交换性镁

恩施烟区的土壤交换性镁分布状况如表2-6-15所示。全州平均交换性镁含量为0.261 cmol/kg，来凤县、利川市、恩施市、建始县、鹤峰县、咸丰县、宣恩县土壤交换性镁平均含量低于0.4 cmol/kg，属于镁缺乏范围，只有巴东土壤交换性镁平均含量介于 0.4~0.8 cmol/kg，存在缺镁风险。各个地区交换性镁含量从高到低依次是：巴东县>来凤县>鹤峰县>建始县>咸丰县>恩施市>利川市>宣恩县。

表 2-6-15　恩施烟区各县（市）土壤交换性镁含量

土壤交换性镁（cmol/kg）	巴东县	恩施市	鹤峰县	建始县	来凤县	利川市	咸丰县	宣恩县
最大值	1.029	0.420	0.387	0.336	0.380	0.373	0.438	0.475
最小值	0.131	0.097	0.078	0.140	0.228	0.140	0.033	0.076
平均值	0.454	0.224	0.270	0.252	0.304	0.221	0.230	0.199

（八）土壤有效锌

恩施烟区土壤有效锌分布状况如表 2-6-16 所示。恩施州土壤有效锌平均含量 1.525mg/kg。利川市有效锌含量最低，平均含量为 0.556mg/kg，处于缺乏水平；恩施、鹤峰、来凤、咸丰、宣恩五县（市）土壤有效锌含量均高于1mg/kg；处于适宜水平。各个地区有效锌含量从高到低依次是：咸丰县>来凤县>鹤峰县>宣恩县>恩施市>建始县>巴东县>利川市。

表 2-6-16　恩施烟区各县（市）土壤有效锌含量

土壤有效锌（mg/kg）	巴东县	恩施市	鹤峰县	建始县	来凤县	利川市	咸丰县	宣恩县
最大值	2.268	1.620	1.779	1.141	2.678	0.848	11.957	1.306
最小值	0.199	0.729	0.956	0.602	0.678	0.326	0.424	0.787
平均值	0.901	1.029	1.417	0.938	1.678	0.556	4.047	1.068

三、土壤安全性评价

恩施烟区土壤镉含量整体处于较低的水平（表 2-6-17），平均值为 0.148mg/kg，各植烟区域之间土壤镉含量差异较小，没有出现土壤镉污染的状况。

表 2-6-17　恩施烟区各县（市）土壤镉含量

土壤镉（mg/kg）	巴东县	恩施市	鹤峰县	建始县	来凤县	利川市	咸丰县	宣恩县
最大镉含量	0.17	0.15	0.18	0.14	0.17	0.19	0.14	0.18
最小镉含量	0.15	0.13	0.15	0.10	0.14	0.12	0.12	0.13
平均值	0.16	0.14	0.16	0.12	0.15	0.15	0.15	0.15

恩施烟区土壤汞含量平均值为 0.149mg/kg（表 2-6-18），巴东县和建始县土壤汞含量相对较低，来凤县土壤汞含量最高，整体处于适宜水平。

表 2-6-18　恩施烟区各县（市）土壤汞含量

土壤汞（mg/kg）	巴东县	恩施市	鹤峰县	建始县	来凤县	利川市	咸丰县	宣恩县
最大汞含量	0.082	0.15	0.20	0.12	0.54	0.17	0.35	0.23
最小汞含量	0.078	0.11	0.10	0.06	0.14	0.07	0.08	0.11
平均值	0.080	0.13	0.13	0.09	0.28	0.13	0.18	0.17

恩施烟区土壤砷含量整体处于较低的水平（表 2-6-19），平均值为 13.27 mg/kg，相对而言利川市和来凤县土壤砷含量较高，但均处于 < 25mg/kg 水平。

表 2-6-19　恩施烟区各县（市）土壤砷含量

土壤砷（mg/kg）	巴东县	恩施市	鹤峰县	建始县	来凤县	利川市	咸丰县	宣恩县
最大值	11.30	17.70	16.90	10.90	20.50	24.80	15.70	13.90
最小值	9.92	10.70	11.70	9.45	11.90	9.68	9.19	9.56
平均值	10.78	13.48	13.57	10.26	17.03	17.24	12.44	11.39

恩施烟区土壤铅含量整体处于较低的水平（表 2-6-20），平均值为 32.56mg/kg，来凤县和鹤峰县相对较高，整体处于适宜水平。

表 2-6-20　恩施烟区各县（市）土壤铅含量

土壤铅（mg/kg）	巴东县	恩施市	鹤峰县	建始县	来凤县	利川市	咸丰县	宣恩县
最大值	29.90	43.10	48.00	37.10	44.30	49.30	36.40	31.40
最小值	22.90	26.80	30.00	23.80	31.60	28.20	29.90	29.40
平均值	26.08	33.83	36.51	27.58	37.18	35.15	33.45	30.73

恩施烟区土壤铬含量平均值为 77.06mg/kg（表 2-6-21），其中巴东和宣恩较高，建始县土壤铬含量处于较低的水平。

表 2-6-21　恩施烟区各县（市）土壤铬含量

土壤铬（mg/kg）	巴东县	恩施市	鹤峰县	建始县	来凤县	利川市	咸丰县	宣恩县
最大值	93.40	87.90	105.00	59.80	91.60	101.00	101.00	98.80
最小值	79.50	50.00	63.40	52.30	63.80	61.30	51.00	76.20
平均值	84.42	72.67	83.30	56.87	78.05	80.71	76.43	84.10

对恩施州不同海拔植烟区域土壤重金属含量进行了分析（表 2-6-22），镉、汞、砷、铅、铬等 5 种重金属含量均低于限量标准，恩施州主要植烟土壤重金属含量安全，没有受到污染。

表 2-6-22　恩施烟区不同海拔植烟区域土壤重金属含量状况

种类 单位	镉（mg/kg）	汞（mg/kg）	砷（mg/kg）	铅（mg/kg）	铬（mg/kg）
<800m	0.16	0.13	13.58	35.14	81.16
800～1300m	0.15	0.14	13.43	33.50	75.73
>1300m	0.14	0.11	11.80	30.63	79.92
限量参考范围	<0.30	<0.30	<40	<250	<150

四、矿物硒与土壤硒

恩施州是全国最典型的富硒地区，在 2011 年正式被国际人与动物微量元素营养学会授予"世界硒都"的称号。恩施州土壤硒含量高，全州总面积 73% 的土壤都属于高硒区，而且土壤全硒资源分布呈条带状（图 2-6-2）。恩施州包括富硒烟叶在内的富硒农产品及硒资源的开发和应用目前是恩施州及湖北省的重大发展战略之一。

（一）富硒矿产资源

硒在不同沉积物中含量不同，其中页岩的硒含量较高，均值为 0.6mg/kg。目前发现全球的高硒（>5mg/kg）、足硒（>0.5mg/kg）土壤均是由页岩成土母质发育而来的，这些高硒地区也均分布在不同地质时期的黑色页岩上。硒矿

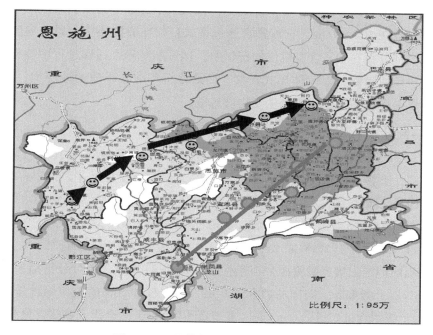

图 2-6-2 恩施烟区富硒土壤分布规律

是指碳质页岩（煤矸石）中硒的含量大于等于 800mg/kg，厚度大于等于 0.5m，规模大于 10 t，可用于工业开采的独立矿床，低于该标准的称为含硒碳质页岩（又称含硒煤矸石）。

恩施州硒资源丰富，存在举世瞩目的独立硒矿床。渔塘坝核心矿硒含量最高达 7000mg/kg 以上，是全球发现的唯一具有工业开采价值的独立硒矿床。目前已探明恩施市新塘乡渔塘坝村 0.88km² 范围有 3 个硒矿体，硒矿石量 27 502.2t，折硒金属（工业纯硒）45.7t，为小型工业硒矿床。其他恩施全州境内广泛出露的多是 800mg/kg 以下的含硒碳质页岩，不能称为硒矿，其中 30~300mg/kg 硒含量的碳质页岩主要分布在巴东、建始、利川、鹤峰、宣恩等 5 个县（市），品位不高，开采成本高，工业利用条件较差。300~800mg/kg 硒含量的碳质页岩主要分布在恩施市新塘、红土、沐抚、沙地一带，工业利用条件较好。

中国科学院地球化学研究所（2002）对双河硒矿中硒的赋存状态作了深入的研究，发现双河的硒矿石中除少量的硒矿物和硒黄铁矿外，大约 67% 赋存在有机质中，根据详细的电子显微镜观测，有机质中的硒主要以纳米级的单质硒存在，一般在 50~200nm，它被紧密地包裹或粘附在有机质中。恩施地区硒矿中的硒大部分存在于富含有机质的石煤中，这可能是硒在迁移过程中被粘土矿物或有机碳所吸附，以胶体形式迁移，而最终沉积在含碳质的地层中。因此，含硒石煤是恩施州内硒矿床的主要物质基础。

（二）富硒土壤资源

岩石中的硒经风化进入土壤和水体，恩施州以含硒岩系为母质的富硒土壤分布较为广泛，土壤含硒量均值达到 0.63mg/kg，远远高于全国的平均水平（0.08~0.1mg/kg）。富硒区域生产的粮食、饲草饲料、畜牧产品、中草药及山泉水中硒含量是国内其他地区的十几倍至几十倍，富硒农产品享誉中外。因此，2011 年召开的第十四届"国际人与动物微量元素"大会正式宣布恩施为"世界硒都"。

恩施州烟区土壤全硒资源分布现状如表 2-6-23 所示。统计分析结果表明，全州 98% 以上的烟区土壤样品硒含量充足，其中超过 50% 的土壤硒含量丰富，2.6% 的土壤硒含量超过 2.0mg/kg（有中毒风险）。虽然全州土壤硒含量高，但变异系数显示全州不同地点土壤硒含量差别较大，集中度不高。

表 2-6-23　主要植烟土壤全硒分布状况

全硒（mg/kg）	恩施	鹤峰	来凤	咸丰	宣恩	利川	建始	科技园	巴东	合计
缺　<0.125									3.33	0.37
少 0.125~0.175				2.50					10.00	1.47
足 0.175~0.450	22.45	35.29	75.00	40.00	23.81	50.00	78.95	54.55	56.67	44.12
富 0.450~2.00	73.47	55.88	25.00	57.50	66.67	50.00	21.05	45.45	30.00	51.47
高 2.000~3.000		8.82								1.10
过　>3.000	4.08				9.52					1.47
最大	5.614	2.27	0.881	1.140	3.449	1.912	0.889	0.886	0.748	5.614
最小	0.333	0.292	0.251	0.138	0.302	0.233	0.188	0.198	0.051	0.051
平均	0.898	0.766	0.460	0.518	0.915	0.647	0.391	0.439	0.342	0.626
标准差（S）	0.88	0.55	0.21	0.253	0.89	0.396	0.18	0.16	0.170	0.559
变异系数（CV%）	97.52	71.19	44.65	48.89	97.63	61.22	47.22	36.19	49.8	89.28
样本数（n）	49	34	8	40	21	38	19	33	30	272

注：引自卷烟品牌导向的恩施特色优质烟叶生产体系研究技术报告

各个产区平均土壤硒含量处于 0.34~0.92mg/kg，依次为宣恩（0.92）>恩施（0.90）>鹤峰（0.77）>利川（0.65）>咸丰（0.52）>来凤（0.46）>科技园（0.44）>建始（0.39）>巴东（0.34）。巴东有 13% 的土壤硒含量不足或者缺乏。来凤、利川、建始、巴东等产区 50% 以上土壤硒含量足够，恩施、鹤峰、咸丰、宣恩、利川等地 50% 以上的土壤硒含量富裕，宣恩土壤平均硒含量最高，达到 0.92mg/kg，巴东最低，为 0.34mg/kg。土壤硒含量高（2.00~3.00）和过（>3.00）的比例不足 10%，说明各个产区土壤硒含量丰富但引起中毒的可能性不大。

通过对土壤全硒高于 1mg/kg 的样品进行分析发现，富硒地带恩施市主要分布在红土大河、龙角，盛家坝安乐、东辽、石栏、桅杆，新塘下塘坝、前坪、保水、太山庙、下坝，板桥太村、新田村等地；鹤峰主要分布在中营乡中营村、红岩坪、岩屋冲、青岩河等；咸丰主要分布在甲马池乡甲马池村、老孔村、石板村、青岗岩坝，忠堡乡板桥、幸福村，丁寨乡黄泥圹、高坡村等；宣恩主要分布在椿木营甘竹坪、范家坪，晓关黄草坝、牛场等；利川主要分布在凉雾语天村、文斗三星村、沙溪建设村、柏杨团元寸、团堡官田村等地；建始硒含量高于 0.5mg/kg 的样点主要分布在官店红沙村、景阳丁家槽村、红岩刘家坪；巴东硒含量高于 0.5mg/kg 的样点主要分布在水布娅长岭村、僧坪村、蛇口山村，野三关鼓楼村，沿渡河界河村等地。

恩施州境内土壤硒含量高，但也存在不平衡性和有效性低等问题。中国科学院地理资源研究所（2008）对恩施市土壤取样调查，恩施市大部分土壤中含硒较高，但有部分区域硒含量并不高，不适宜农产品规模化种植。赵书军（2011）研究发现，恩施州土壤硒含量分布变异系数为 89.3%~148.3%，区域内分布严重不均匀。朱建明（2008）研究认为，恩施高硒土壤中硒结合态分布基本可以分为 4 种类型，或以有机结合态硒为主，或以元素态硒为主，或是有机结合态和元素态硒为主，抑或是有机结合态和硫化物/硒化物硒为主，可交换态和元素态硒次之，水溶态硒含量很低。本项目人员取样测定发现恩施州部分地区土壤水溶性硒仅占总硒含量的 0.2%~2.6%，说明恩施州虽然土壤硒含量高，但大多以无效态硒为主，有效态硒（水溶态硒和可交换态硒）含量较低，影响了植物对硒的吸收利用。另外，富硒土壤常年农作物硒迁出，对土壤硒可持续利用也有破坏性的影响。

第七节 小 结

1. 环境质量良好，生态基础条件优越

烟区水源清洁，地表水中 pH 值、铅、镉、砷、氰化物和挥发酚的浓度值均未超过 GB 3838—2002《地表水环境质量标准》Ⅰ类标准限值，高锰酸钾指数和总铬的浓度值均未超过《地表水环境质量标准》Ⅱ类标准限值，总汞的浓度均未超过《地表水环境质量标准》Ⅳ类标准限值。烟区空气清新，空气中总悬浮颗粒物、铅及其化合物、氟化物、二氧化硫和氮氧化物的日均浓度值均未超过 GB 3095—2012《环境空气质量标准》二级标准限值，且符合 NY 852—2004《烟草产地环境技术条件》。烟区土壤基本无污染，镉、汞、砷、铅、铬等 5 种重金属含量均低于限量标准。

2. 地形地貌复杂多样，垂直地带性明显

恩施烟叶产区地处湖北省西南部，北纬 30°线穿越恩施州腹地，境内地形地貌复杂多样，平均海拔 1000m 左右，山河交错，地势高低悬殊，导致光、热、水的再分配，呈现出极明显的垂直地域差异。主要特征是烟草生长季温度及 ≥20℃ 积温随地势的增高逐渐降低，降雨、湿度及日照时数逐渐增大，气候与地势具有立体相关性。

3. 森林覆盖率高，山地烟叶特色突出

恩施烟区生境类型多样，森林覆盖率达到近 70%，有"鄂西林海"之称，是我国生物多样性保存最好的区域之一。植烟区森林特征的景观结构及其物种多样性格局，构成了烟田生态系统稳定性的重要保障，森林镶嵌的山地特色是恩施烟叶风格形成的重要生态名片。

4. 气候温和湿润多，雨热同季变异大

烟区地处中纬度亚热带的湿润气候区，冬无严寒，夏无酷暑。年平均气温 16℃ 左右，无霜期 282d，年日照时数 1300h，相对湿度 82%。年降水量 1400~1500mm，其中 66% 以上集中于 5—8 月，恩施烟区主要气候因子变化幅度为降水量>日照时数>平均温度、积温。丰富而水热同季的降水资源分布为恩施地区物种的多样性及烟叶生产提供了充分保障。

5. 土壤类型多样化，剖面发育完善

烟区土壤类型多样，其中黄棕壤占总面积的 55.12%，山地土壤随海拔升高，有规律地形成红壤（<500m）—黄壤（800m）—黄棕壤（1500m）—棕壤和山地草甸土—山地沼泽土（2200m）—暗棕壤（大于2200m）的垂直地带分布。水平分布则因微地形、微地貌、土壤母质和地质结构及人为活动的影响，形成了多样性的土壤组合及其剖面土壤构型。丰富的土壤资源类型及剖面特征为恩施烟叶生产提供了充足物质保障。

6. 土壤硒和硒矿资源丰富

从恩施烟区土壤硒含量的调查结果看，烟区土壤硒含量高，恩施州各个产区平均土壤硒含量处于 0.34~0.92mg/kg，平均含量为 0.66mg/kg，属富硒土壤。整个烟区土壤全硒资源分布呈条带状，且土壤硒的垂直地理分布特性明显，随海拔高度的升高而极显著地增加。富硒矿物硒含量平均为 212.46mg/kg，以鱼塘坝核心矿区硒含量最高，是全球发现的唯一具有工业开采价值的独立硒矿床，有较大的开发利用价值。

第三章 恩施烟区烟叶质量风格分析与评价

第一节 烟叶质量分析

一、外观质量

从表 3-1-1 可以看出，恩施烟叶颜色以浅橘色和橘黄色为主，成熟度较好，身份适中，且均匀度好，色泽鲜亮，油分较多，烟叶纯净，富有弹性，山地优质烟叶特征明显。

表 3-1-1 恩施烟叶外观质量特征

部位	份数	颜色（%）				成熟度（%）	结构（%）		
		柠檬色	浅橘色	橘黄色	深橘色	成熟度	疏松	尚疏松	稍密
上部叶	75	0.00	17.33	62.67	20.00	100.00	0.00	77.33	22.67
中部叶	84	15.48	27.38	39.29	17.86	100.00	94.05	5.95	0.00
下部叶	75	0.00	53.33	46.67	0.00	100.00	100.00	0.00	0.00

部位	份数	身份（%）			色度（%）			油分（%）	
		稍厚	适中	稍薄	强	中	弱	有	稍有
上部叶	75	94.67	5.33	0.00	68.00	32.00	0.00	100.00	0.00
中部叶	84	0.00	75.00	25.00	0.00	100.00	0.00	90.48	9.52
下部叶	75	2.67	0.00	97.33	0.00	92.00	8.00	0.00	100.00

二、化学成分

（一）描述性统计分析

从表 3-1-2 可以看出，恩施烟叶还原糖和总糖含量均值分别为 27.55%

和 33.53%，含量均较高；总植物碱和总氮含量均值分别为 2.54% 和 1.92%，含量适中；钾含量均值为 2.29%，含量适宜；氯含量 0.18%，较低于适宜水平。从化学成分派生值来看，两糖差适宜；糖碱比 13.55，适中偏高；氮碱比 0.79，适中偏低；钾氯比为 15.38，高于适宜水平；两糖比 0.87，较适宜。各化学成分及其派生值均存在变异，其中两糖差的变异系数最高为 70.65，两糖比的变异系数最小为 8.9，各指标变异系数由高到第依次为：两糖差>钾氯比>氯离子>糖碱比>总植物碱>糖氮比>氮碱比>钾>总氮>总糖>还原糖>两糖比。

表 3-1-2　恩施烟区烟叶常规化学成分含量

指标	还原糖（%）	总糖（%）	总植物碱（%）	总氮（%）	K_2O（%）	Cl（%）
平均值	27.55	33.53	2.54	1.92	2.29	0.18
最大值	33.60	39.70	4.53	3.17	3.59	0.63
最小值	12.20	13.40	1.24	1.38	1.34	0.05
标准差	3.55	4.52	0.72	0.30	0.44	0.08
变异系数（%）	13.32	14.72	28.13	15.77	19.40	43.92

指标	两糖差	糖碱比	氮碱比	钾氯比	两糖比	糖氮比
平均值	4.05	13.35	0.79	15.37	0.87	16.57
最大值	14.40	30.31	1.31	48.00	0.99	26.52
最小值	0.30	2.96	0.54	3.79	0.61	4.23
标准差	2.86	4.89	0.16	7.35	0.08	4.14
变异系数（%）	70.65	36.60	19.73	47.81	8.93	24.97

（二）与国内其他产区烟叶的比较

通过对恩施烟叶与国内其他主产区烟叶主要化学成分含量进行比较分析（表 3-1-3）可以看出，恩施烟叶总糖和还原糖含量较高，高于山东和云南烟区烟叶。总植物碱含量高于贵州，低于云南和山东；烟叶钾含量最高，氯含量相对较低。综合分析表明，恩施烟叶化学成分含量具有较好的协调性，尤其是总糖和还原糖含量处在较高档次，从而形成了有别于其他烟区的较明显甜香风格特征。

表 3-1-3　恩施烟叶与国内其他产区烟叶主要化学成分比较分析

地区	还原糖（%）	总糖（%）	总植物碱（%）	总氮（%）	K_2O（%）	Cl（%）
恩施	27.55b	33.53a	2.51b	1.81b	2.12a	0.15b
贵州	30.85a	35.45a	2.10c	1.54c	1.89b	0.13b
山东	25.55c	28.30b	3.30a	1.94a	1.70b	0.25a
云南	27.20b	33.18a	2.59a	1.95a	1.85b	0.32a

注：同列中不同小写字母表示 0.05 的差异水平

三、感官质量

（一）中部烟叶

中部烟叶感官评吸得分平均为 74.11，其中来凤、恩施、巴东和建始等植烟区域得分处于较高水平，鹤峰最低（表 3-1-4 和表 3-1-5）。香气质、香气量、余味、杂气、刺激性、燃烧性以及灰色等指标的平均得分分别为 11.26、16.05、19.15、12.92、8.74、3.00 和 3.00，香气质和杂气的变异系数相对较大，其中建始和来凤各指标的得分均处于较高的水平（图 3-1-1）。

表 3-1-4　恩施州烟叶感官评吸指标得分统计（C3F）

指标	香气质	香气量	余味	杂气	刺激性	燃烧性	灰色	得分
平均值	11.26	16.05	19.15	12.92	8.74	3.00	3.00	74.11
最小值	10.50	15.40	18.50	12.10	8.40	3.00	3.00	71.10
最大值	11.80	16.50	19.70	13.40	8.90	3.00	3.00	76.10
标准差	0.28	0.24	0.30	0.28	0.12	0.00	0.00	1.12
变异系数（%）	2.48	1.48	1.58	2.16	1.39	0.00	0.00	1.51

表 3-1-5　不同植烟县（市）烟叶感官评吸指标得分（C3F）

县/市	香气质	香气量	余味	杂气	刺激性	燃烧性	灰色	得分
巴东	11.40	16.11	19.21	13.06	8.74	3.00	3.00	74.53
恩施	11.41	16.11	19.31	13.01	8.71	3.00	3.00	74.56
鹤峰	10.96	15.84	18.96	12.69	8.71	3.00	3.00	73.16

（续表）

县/市	香气质	香气量	余味	杂气	刺激性	燃烧性	灰色	得分
建始	11.45	16.05	19.25	13.08	8.73	3.00	3.00	74.55
来凤	11.40	16.35	19.40	13.00	8.80	3.00	3.00	74.95
利川	11.10	15.89	18.95	12.85	8.71	3.00	3.00	73.50
咸丰	11.26	16.14	19.14	12.84	8.71	3.00	3.00	74.10
宣恩	11.26	16.10	19.16	12.96	8.80	3.00	3.00	74.29

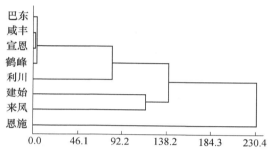

图 3-1-1 恩施州烟叶感官质量聚类分析 （C3F）

将恩施中部烟叶感官质量进行系统聚类分析，共划分为三种质量类型，来凤、建始为一类具有较高的感官评吸得分，香气质、香气量、余味、杂气、刺激性等指标均较好，恩施为一类具有中等感官评吸得分，其余县市区域划分为一类感官评吸质量处于相对较低水平（表 3-1-6）。

表 3-1-6 不同类型烟叶感官评吸指标得分分析 （C3F）

指标	一类（恩施）	二类（来凤、建始）	三类（巴东、咸丰、宣恩、鹤峰、利川）
香气质	11.35	11.43	11.19
香气量	16.02	16.15	16.02
余味	19.18	19.30	19.08
杂气	12.90	13.05	12.88
刺激性	8.70	8.75	8.74
燃烧性	3.00	3.00	3.00
灰色	3.00	3.00	3.00
得分	74.15	74.68	73.91

（二）上部烟叶

上部烟叶感官评吸得分平均为 72.68，其中巴东和利川的得分处于较高水平，香气质、香气量、余味、杂气、刺激性、燃烧性以及灰色等指标的平均得分分别为 10.95、16.01、18.83、12.49、8.47、3.00 和 3.00，香气质和杂气的变异系数相对较大，巴东上部烟叶各评吸指标综合表现最好（表 3-1-7、表 3-1-8 和图 3-1-2）。

表 3-1-7　恩施州烟叶感官评吸指标得分统计（B2F）

指标	香气质	香气量	余味	杂气	刺激性	燃烧性	灰色	得分
平均值	10.94	16.00	18.81	12.46	8.47	3.00	3.00	72.68
最小值	10.40	15.60	18.30	11.60	8.10	3.00	3.00	70.30
最大值	11.40	16.40	19.20	13.00	8.70	3.00	3.00	74.50
标准差	0.26	0.21	0.28	0.36	0.16	0.00	0.00	1.18
变异系数	2.39	1.29	1.48	2.87	1.92	0.00	0.00	1.62

表 3-1-8　不同植烟县市烟叶感官评吸指标得分（B2F）

县/市	香气质	香气量	余味	杂气	刺激性	燃烧性	灰色	得分
巴东	11.10	16.10	19.00	12.63	8.37	3.00	3.00	73.20
恩施	11.03	16.03	18.80	12.43	8.43	3.00	3.00	72.73
鹤峰	10.90	16.08	18.80	12.48	8.50	3.00	3.00	72.75
建始	10.90	15.97	18.67	12.37	8.50	3.00	3.00	72.40
来凤	10.40	15.70	18.40	11.60	8.20	3.00	3.00	70.30
利川	10.93	15.95	18.90	12.63	8.45	3.00	3.00	72.85
咸丰	10.88	16.03	18.75	12.43	8.48	3.00	3.00	72.55
宣恩	11.00	15.90	18.87	12.47	8.53	3.00	3.00	72.77

将恩施上部烟叶感官质量进行聚类分析，共划分为 3 种质量类型。鹤峰、利川、咸丰为一类，具有较高的感官评吸得分，在香气量以及杂气方面具有较

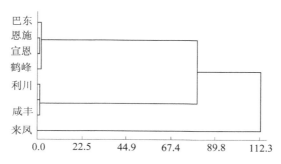

图 3-1-2　恩施州烟叶感官质量聚类分析（B2F）

明显的优势。巴东、恩施、宣恩以及建始为一类，感官评吸得分表现中等。来凤为一类，其感官评吸得分处于相对较低的水平（表3-1-9）。

表 3-1-9　不同类型烟叶感官评吸指标得分分析（B2F）

指标	一类（来凤）	二类（鹤峰、利川、咸丰）	三类（巴东、恩施、宣恩、建始）
香气质	10.40	10.93	11.01
香气量	15.70	16.05	16.00
余味	18.40	18.84	18.83
杂气	11.60	12.54	12.48
刺激性	8.20	8.49	8.46
燃烧性	3.00	3.00	3.00
灰色	3.00	3.00	3.00
得分	70.3	72.85	72.78

第二节　烟叶风格评价

一、风格特征分析

（一）香型

恩施烟叶整体香型可分为中间香、中偏浓和浓偏中三种，中部和上部烟叶均以中偏浓香型为主，中部叶中间香型其次，少部分具有浓偏中香型特征；上部烟叶浓偏中香型其次，少部分具有中间香型（图3-2-1）。

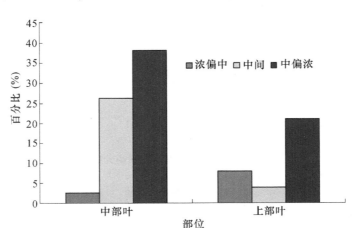

图 3-2-1　恩施州烟叶香型比例统计

不同香型风格烟叶的感官质量具有一定的差异，其中浓偏中烟叶的感官评吸得分最高，其次为中偏浓，中间香型烟叶的感官评吸得分最低（表3-2-1）。香气质、香气量、余味、杂气、刺激性等指标也具有类似的变化趋势。

表 3-2-1　恩施州不同香型烟叶感官评吸指标得分

指标		香气质	香气量	余味	杂气	刺激性	燃烧性	灰色	得分
中部叶	中间香	11.05	15.91	18.97	12.77	8.71	3.00	3.00	73.40
	中偏浓	11.37	16.13	19.24	13.00	8.74	3.00	3.00	74.49
	浓偏中	11.65	16.30	19.60	13.30	8.85	3.00	3.00	75.70
上部叶	中间香	10.83	15.83	18.60	12.23	8.33	3.00	3.00	71.83
	中偏浓	10.85	15.96	18.73	12.35	8.43	3.00	3.00	72.31
	浓偏中	11.20	16.17	19.13	12.85	8.60	3.00	3.00	73.95

（二）香韵

恩施烟叶香韵具有较明显的正甜香、甘草香、木香和坚果香特征，其得分处于较高水平，分别为3.12、2.68、1.45和1.40。其次为焦香和辛香，得分分别为0.76和0.87（图3-2-2和表3-2-2）。

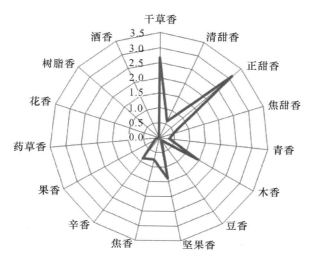

图 3-2-2 恩施州烟叶香韵得分统计（C3F）

表 3-2-2 不同植烟县市烟叶香韵分析（C3F）

县/市	干草香	清甜香	正甜香	焦甜香	青香	木香	豆香	坚果香	焦香	辛香	果香	药草香	花香	树脂香	酒香
巴东	2.36	0.29	2.93	0.14	0.21	1.36	0.07	1.36	0.79	0.79	0.00	0.14	0.00	0.00	0.00
恩施	2.95	1.30	3.55	0.10	0.40	1.55	0.10	1.95	0.50	1.05	0.05	0.00	0.00	0.00	0.00
鹤峰	2.43	0.52	2.76	0.43	0.29	1.38	0.10	1.05	0.76	0.76	0.24	0.00	0.00	0.00	0.00
建始	2.00	0.21	2.71	0.36	0.21	1.36	0.07	0.93	0.64	0.86	0.07	0.00	0.07	0.00	0.00
来凤	2.57	0.36	2.79	0.29	0.57	1.21	0.07	1.00	0.79	1.07	0.07	0.00	0.07	0.00	0.00
利川	3.10	0.20	3.40	0.45	0.30	1.50	0.10	1.55	1.00	1.00	0.10	0.00	0.00	0.00	0.00
咸丰	2.85	0.55	3.15	1.30	0.20	1.50	0.10	1.45	0.80	0.75	0.05	0.00	0.00	0.00	0.00
宣恩	2.58	0.90	3.10	0.46	0.51	1.51	0.27	1.35	0.76	0.69	0.37	0.00	0.04	0.00	0.00
最大值	3.40	2.00	4.00	2.20	0.60	1.80	0.50	2.00	1.40	1.20	0.60	0.29	0.14	0.00	0.00
最小值	1.71	0.00	2.57	0.00	0.14	1.14	0.00	0.86	0.20	0.40	0.00	0.00	0.00	0.00	0.00
平均值	2.68	0.60	3.12	0.48	0.34	1.45	0.12	1.40	0.76	0.87	0.13	0.01	0.01	0.00	0.00

（三）香气状态、烟气浓度和劲头

恩施烤烟香气状态以悬浮为主，稍有飘逸和沉溢，悬浮状态平均得分为

3.06，其中，宣恩烤烟得分最高，鹤峰烤烟得分最低。恩施烤烟烟气浓度平均得分为3.04，劲头平均得分为2.88，其中巴东烤烟的烟气浓度和劲头均处于较高水平，恩施烤烟的烟气浓度和劲头最低（图3-2-3和表3-2-3）。

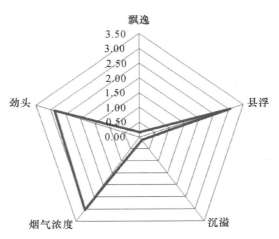

图 3-2-3　恩施州烟叶香气状态、烟气浓度
和劲头得分统计（C3F）

表 3-2-3　不同植烟县市烟叶香气状态、烟气浓度和劲头分析（C3F）

县/市	飘逸	悬浮	沉溢	烟气浓度	劲头
巴东	0.00	2.86	0.00	3.29	3.29
恩施	0.00	3.45	0.00	2.75	2.65
鹤峰	0.29	2.43	0.19	2.81	2.67
建始	0.14	2.79	0.00	2.93	2.93
来凤	0.21	2.57	0.00	2.86	2.86
利川	0.15	3.45	0.05	3.30	3.05
咸丰	0.05	2.80	0.40	3.30	2.90
宣恩	0.44	3.48	0.19	2.99	2.85
最大值	0.60	4.00	1.00	3.80	3.43
最小值	0.00	2.00	0.00	2.20	2.40
平均值	0.17	3.06	0.12	3.04	2.88

二、品质特征分析

（一）香气特性

恩施烤烟香气质、香气量和透发性得分均较高，平均得分分别为 3.41、3.15 和 3.38，其中咸丰烤烟香气质和香气量最高，建始烤烟香气质和香气量最低。烟叶的杂气分为青杂气、生青气、枯焦气、木质气、土腥气、松脂气、花粉气、药草气、金属气等（图 3-2-4）。恩施烤烟杂气以木质气、枯焦气、青杂气为主，平均得分分别为 1.07、0.54 和 0.53，少有土腥气和生青气，恩施烤烟木质气和青杂气得分最高，来凤烤烟枯焦气得分最高（表 3-2-4）。

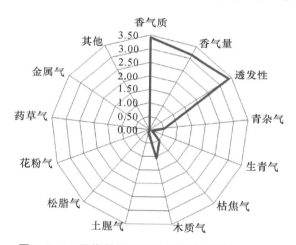

图 3-2-4　恩施州烟叶香气特性得分统计（C3F）

表 3-2-4　不同植烟县市烟叶香气特性分析（C3F）

县/市	香气质	香气量	透发性	青杂气	生青气	枯焦气	木质气	土腥气	松脂气	花粉气	药草气	金属气	其他
巴东	3.00	3.29	3.29	0.36	0.07	0.71	1.00	0.29	0.00	0.00	0.00	0.00	0.00
恩施	3.35	3.05	3.70	0.75	0.15	0.15	1.20	0.05	0.00	0.00	0.00	0.00	0.00
鹤峰	3.19	2.71	2.95	0.57	0.43	0.76	0.95	0.29	0.00	0.00	0.00	0.00	0.00
建始	2.79	2.50	2.71	0.43	0.07	0.50	1.00	0.07	0.00	0.00	0.00	0.00	0.14
来凤	2.79	2.71	3.00	0.71	0.00	1.00	1.07	0.71	0.00	0.07	0.00	0.00	0.00
利川	3.70	3.40	3.65	0.45	0.00	0.75	1.15	0.00	0.00	0.00	0.00	0.00	0.00

（续表）

县/市	香气质	香气量	透发性	青杂气	生青气	枯焦气	木质气	土腥气	松脂气	花粉气	药草气	金属气	其他
咸丰	3.90	3.65	3.65	0.35	0.05	0.60	1.05	0.00	0.00	0.00	0.00	0.00	0.00
宣恩	3.68	3.31	3.44	0.61	0.12	0.22	1.03	0.00	0.00	0.00	0.00	0.00	0.00
最大值	4.00	4.00	4.00	1.00	0.71	1.43	1.40	0.86	0.00	0.14	0.00	0.00	0.14
最小值	2.29	2.14	2.29	0.20	0.00	0.00	0.71	0.00	0.00	0.00	0.00	0.00	0.00
平均值	3.41	3.15	3.38	0.53	0.11	0.54	1.07	0.13	0.00	0.01	0.00	0.00	0.01

（二）烟气特性和口感特性

恩施烤烟烟气特性细腻程度、柔和程度以及圆润感平均得分分别为3.41、3.31和3.02，其中，咸丰烤烟细腻程度得分最高，宣恩烤烟柔和程度和圆润感得分最高（图3-2-5）。恩施烤烟口感特性余味、干燥感和刺激性的平均得分分别为3.49、1.48和1.43，其中巴东烤烟刺激性得分最高，来凤烤烟干燥性得分最高，恩施烤烟余味得分最高（表3-2-5）。

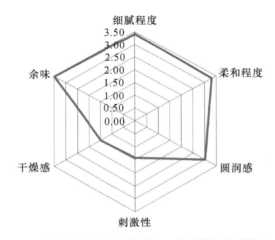

图 3-2-5　恩施州烟叶烟气特性和口感特性得分统计（C3F）

表 3-2-5　不同植烟县市烟叶烟气特性和口感特性分析（C3F）

县/市	细腻程度	柔和程度	圆润感	刺激性	干燥感	余味
巴东	2.86	2.86	2.79	1.93	1.93	3.14
恩施	3.35	3.30	3.10	1.30	1.20	3.80

（续表）

县/市	细腻程度	柔和程度	圆润感	刺激性	干燥感	余味
鹤峰	3.38	3.38	2.81	1.48	1.48	3.43
建始	3.00	2.86	2.57	1.64	1.86	3.00
来凤	2.79	2.71	2.57	1.79	2.14	2.79
利川	3.45	3.40	3.05	1.30	1.45	3.50
咸丰	3.90	3.60	3.20	1.25	1.20	3.75
宣恩	3.76	3.64	3.44	1.29	1.31	3.71
最大值	4.00	3.80	3.80	2.14	2.29	4.40
最小值	2.57	2.29	2.29	1.00	1.00	2.71
平均值	3.41	3.31	3.02	1.43	1.48	3.49

三、甜香风格分析

从图3-2-6可见，恩施烟区烟叶甜香档次以"较好"和"尚可"为主，甜香档次达到好的占6%，达到较好的占37%，达到"尚可"的占34%。

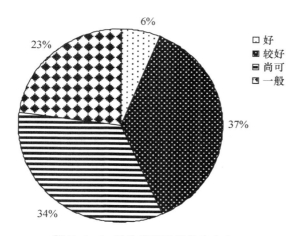

图3-2-6 恩施烤烟甜香档次分布图

（一）不同甜香档次烟叶分布特点分析

恩施烟区烟叶甜香档次以"较好"和"尚可"为主，甜香档次达到"尚可"以上的占总样品数的77%。其中，"较好"档次主要分布在巴东、鹤峰、利川和宣恩；"尚可"档次分布在建始、巴东、恩施、咸丰和来凤；"一般"档次主要分布在恩施、咸丰和来凤；不同烟区烟叶甜香特点具有一定的差异，宣恩烟叶香型档次以"好"为主；巴东、鹤峰和利川烟叶以"较好"档次为主；建始、恩施和咸丰烟叶档次以"尚可"为主；来凤烟区烟叶档次主要表现为"一般"和"尚可"（图3-2-7）。

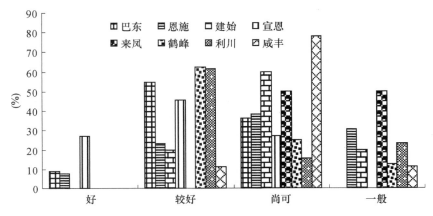

图 3-2-7　恩施烟区不同甜香档次烟叶分布

综合分析，恩施烟区甜香档次高的烟叶分布在海拔相对较高区域，甜香档次"好"和"较好"烟叶分布海拔平均值分别为 1102.00m 和 1160.53 m，且样品间变异系数较小，甜香风格分布相对稳定。甜香档次"一般"烟叶分布的海拔平均值为 1082.94 m，分布海拔相对较低（表3-2-6）。

表 3-2-6　不同甜香档次烟叶分布海拔统计

甜香档次	最小值（m）	最大值（m）	均值（m）	变异系数（%）
好	1000.00	1280.00	1102.00	10.63
较好	800.00	1468.00	1160.53	15.38
尚可	523.00	1729.00	1095.41	27.81
一般	608.00	1600.00	1082.94	26.27

（二）不同甜香档次烟叶化学成分分析

恩施烟叶还原糖含量平均值为 27.55%，总糖含量平均值为 33.53%，糖碱比为 11，均高于全国参考范围；总植物碱含量适宜（表3-2-7）。总糖及还原糖的较高含量是恩施烟叶甜香风格突出的原因之一。

表 3-2-7　恩施烟叶化学成分分析

指标	还原糖（%）	总糖（%）	总植物碱（%）	糖碱比
恩施	27.55	33.53	2.51	11.00
参考范围	18~22	18~24	1.5~3.5	8~12

不同甜香档次烟叶的总糖含量、总氮含量、总植物碱含量、蛋白质含量、糖碱比和施木克值均有显著差异，总氮和总植物碱含量对烟叶甜香档次影响较大，其在不同甜香档次烟叶间的差异达到极显著水平。甜香"较好"档次烟叶总糖含量最高，与甜香"尚可"和"一般"档次烟叶差异性达到显著水平（表 3-2-8）。甜香"一般"档次烟叶总氮和总植物碱含量最高，甜香"较好"档次烟叶最低，两者差异性达到显著水平。不同甜香档次烟叶化学成分含量差异较大，适宜的化学成分含量是保持恩施烟区烟叶甜香风格的关键。

表 3-2-8　不同甜香档次烟叶化学成分含量比较

甜香档次	总糖（%）	总植物碱（%）	总氮（%）	糖碱比	蛋白质（%）	施木克值
好	33.58ab	2.53ab	1.90a	11.15ab	9.12a	3.73ab
较好	34.58a	2.32b	1.74b	12.36a	8.35b	4.18a
尚可	33.12b	2.52b	1.79ab	10.94ab	8.45ab	3.98ab
一般	32.62b	2.72a	1.91a	10.51b	9.03ab	3.66b

注：同一列内小写字母代表 5% 显著水平

（三）不同甜香档次烟叶感官质量分析

不同甜香档次烟叶香气质、香气量、余味、杂气和得分差异性都达到极显著水平，刺激性和燃烧性差异性达到显著水平，香气质、香气量、余味等感官评吸指标对烟叶甜香档次有较大影响。甜香"好"和"较好"档次的烟叶香气质、香气量、余味等感官评吸指标均较高，且与其余 2 个甜香档次烟叶有显著差异。就不同甜香档次烟叶感官评吸综合得分来看，甜香"好"得分最高为 76.30，其次为甜香"较好"档次，甜香"尚可"和"一般"档次烟叶得分相对较低，分别为 74.21 和 74.28（表 3-2-9）。

表 3-2-9 不同甜香档次烟叶感官质量比较

甜香档次	香气质 15	香气量 20	余味 25	杂气 18	刺激性 12	燃烧性 5	得分 100
好	11.62A	16.24A	19.82A	13.48A	8.88a	3.28a	76.30A
较好	11.52A	16.09AB	19.65A	13.45A	8.81ab	3.15b	75.65A
尚可	11.23B	15.94B	19.28B	13.03B	8.64b	3.11b	74.21B
一般	11.25B	16.06B	19.14B	12.99B	8.69b	3.22ab	74.28B

注：同一列内小写字母代表5%显著水平，大写字母代表1%极显著水平

四、香型风格分析

（一）不同香型烟叶感官评吸质量的差异

由表 3-2-10 可以看出，不同香型的各项感官评价指标的变异系数存在差异，浓偏中香型各指标的变异系数的大小顺序为：燃烧性>香气质>刺激性>杂气>余味>香气量>灰色；浓透清香型变异系数大小顺序为：燃烧性>刺激性>香气质>杂气>余味>香气量>灰色；中偏浓香型变异系数大小顺序：燃烧性>香气质>刺激性>杂气>香气量>余味>灰色。说明浓偏中和中偏浓香型烟叶的燃烧性和香气质稳定性较差，而浓透清和浓偏中香型灰色和香气量稳定性较好。

表 3-2-10 恩施烟叶不同香型烟叶感官质量变异分析

指标	浓偏中			浓透清			中偏浓		
	均值	变幅	变异系数	均值	变幅	变异系数	均值	变幅	变异系数
香气质	11.31	11.90~10.70	2.76	11.57	11.90~11.00	1.89	11.04	11.50~10.60	2.18
香气量	16.02	16.40~15.70	1.22	16.11	16.40~15.80	1.20	15.95	16.30~15.50	1.61
余味	19.32	20.00~18.60	1.77	19.70	20.20~19.10	1.31	19.01	19.50~18.60	1.33
杂气	13.10	13.60~12.50	2.57	13.49	13.90~13.00	1.68	12.82	13.30~12.60	1.76
刺激性	8.72	9.10~8.30	2.67	8.83	9.10~8.30	2.27	8.53	8.80~8.20	2.08
燃烧性	3.16	3.40~3.00	4.58	3.15	3.40~3.00	4.63	3.18	3.3~3.00	4.48
灰色	2.99	3.00~2.90	0.76	2.99	3.00~2.90	1.01	2.99	3.00~2.90	1.22
得分	74.58	76.70~72.00	1.82	75.80	77.30~73.40	1.31	73.51	75.60~71.60	1.43

对 3 种香型烟叶感官质量进行方差分析结果表明：劲头、香气质、香气量、杂气、刺激性、燃烧性、灰色、得分、质量档次差异性都达到极显著水平；典型性和余味差异性达到显著水平；浓度和透发性差异性没有达到显著水平。进一步用 duncan 法对差异达到极显著和显著水平的感官质量指标进行多重比较分析（表 3-2-11）：中偏浓香型烟叶典型性得分最高，与浓透清没有差异，与浓偏中有显著差异；三香型烟叶劲头得分是中偏浓最高，都达到显著差异性；香气质和香气量都是浓偏中得分最高，与浓透清没有差异，与中偏浓有显著差异；余味和杂气得分也是浓透清和浓偏中没有差异，与中偏浓有显著性差异；刺激性和燃烧性在三种香型之间都达到显著差异性，都是浓偏中得分最高；总得分是浓偏中和浓透清得分最高，与中偏浓差异显著；质量档次与总得分一致。从不同香型烟叶的感官评吸看出，香气质、香气量、余味、杂气等指标对烟叶香型影响较大。浓透清和浓偏中香型之间差异性不显著，二者与中偏浓差异性达到显著水平。

表 3-2-11　不同香型烟叶感官质量差异性检验（α=0.05）

香型	典型性	劲头	香气质	香气量	余味	杂气	刺激性	燃烧性	灰色	得分	质量档次
浓偏中	3.48b	3.04c	11.51a	16.11a	19.46a	13.30a	8.87a	3.25a	2.98b	75.43a	3.53a
中偏浓	3.62a	3.21a	10.99b	15.82b	19.15b	12.91b	8.51c	3.00c	3.00a	73.39b	3.33b
浓透清	3.55ab	3.12b	11.35a	16.05a	19.48a	13.22a	8.67b	3.12b	3.00a	74.88a	3.50a

（二）不同香型烟叶外观质量特征

从不同香型烟叶外观质量分析（表 3-2-12）可以看出：不同香型烟叶的外观质量存在差异，3 种香型烟叶颜色都以橘色—浅橘为主，但浓偏中香型烟叶颜色以橘色为主，其余为浅橘和柠色；浓透清以浅橘色占主要地位，且在 3 种香型中，其柠色占的比例最大；中偏浓以橘色为主，其柠色比例非常少，在采集的样品中没有出现。可见，恩施烟区烟叶外观颜色应该以浅橘色和柠色为主，避免生产深橘色烟叶。

表 3-2-12 恩施烟区不同香型烟叶外观质量评价结果

香型	成熟度	颜色（%）			结构（%）	身份（%）		
		浅橘	橘色	柠色		中等	中等	薄
浓偏中	成熟度	26.32	60.53	13.16	疏松	52.63	26.32	21.05
浓透清	成熟度	41.94	29.03	29.03	疏松	35.48	25.81	38.71
中偏浓	成熟度	28.57	71.43	0.00	疏松	57.14	28.57	14.29

（三）不同香型风格烟叶物理结构特征

从表 3-2-13 可以看出，浓偏中、浓透清和中偏浓香型烟叶物理特性基本统计量。3 种香型烟叶平衡含水率变幅分别为 11.9%～15.1%、11.8%～15.4% 和 12%～15%。单叶重变幅分别为 7.52～13.9g、8.39～13.3g 和 8.73～11.7g。含梗率变幅分别为 29.2%～37.6%、29.9%～38.65% 和 30.4%～38.2%。填充值变幅分别为 $2.91 \sim 4.91 cm^3 \cdot g^{-1}$、$3.11 \sim 5.11 cm^3 \cdot g^{-1}$ 和 $2.89 \sim 4.72 cm^3 \cdot g^{-1}$。

表 3-2-13 不同香型烟叶物理特性描述性统计

香型	统计量	平衡含水率（%）	厚度（mm）	叶面密度（$g \cdot m^{-2}$）	单叶重（g）	含梗率（%）	叶长（cm）	叶宽（cm）	填充值（$cm^3 \cdot g^{-1}$）
浓偏中	最小值	11.90	0.07	46.70	7.52	29.20	64.20	19.60	2.91
	最大值	15.10	0.12	67.70	13.90	37.60	74.50	26.60	4.91
	均值	14.00	0.10	56.46	9.85	32.56	68.27	22.18	4.16
	变异系数	6.16	11.81	11.27	13.91	7.61	3.97	8.23	12.97
浓透清	最小值	11.80	0.08	46.00	8.39	29.90	67.70	19.80	3.11
	最大值	15.40	0.11	62.50	13.30	38.60	72.90	25.40	5.11
	均值	13.71	0.09	53.63	9.98	33.80	69.77	22.33	3.99
	变异系数	6.46	11.06	9.94	12.38	8.38	1.88	7.31	12.89
中偏浓	最小值	12.00	0.08	47.40	8.73	30.40	67.90	19.20	2.89
	最大值	15.00	0.13	63.50	11.70	38.20	70.50	25.40	4.72
	均值	13.64	0.10	56.10	10.15	34.32	69.42	21.72	3.95
	变异系数	6.71	13.18	11.61	10.92	9.19	1.11	8.49	15.70

从表3-2-14可知，三种类型烟叶物理特性之间差异均未达到显著水平。

表3-2-14　不同香型烟叶物理特性方差分析

香型	平衡含水率（%）	厚度（mm）	叶面密度（g·m^{-2}）	单叶重（g）	含梗率（%）	叶长（cm）	叶宽（cm）	填充值（cm^3·g^{-1}）
浓偏中	14.00a	0.10a	56.46a	9.85a	32.56a	68.27a	22.18a	4.16a
浓透清	13.71a	0.09a	53.63a	9.98a	33.80a	69.77a	22.33a	3.99a
中偏浓	13.64a	0.10a	56.10a	10.15a	34.32a	69.42a	21.72a	3.95a

（四）不同香型烟叶常规化学成分特征

从表3-2-15可以看出，浓偏中、浓透清和中偏浓香型烟叶还原糖含量变幅分别在24%～32.4%、22%～31.9%和21.2%～31%，中偏浓的变异系数较大；还原糖含量变幅分别为27.9%～33.547%、29.6%～34.528%和24%～34.5%；总植物碱含量变幅分别为1.73%～3.39%、1.31%～3.38%和2.01%～3.45%，中偏浓的变异系数较大；总氮含量的变幅为1.38%～2.24%、1.53%～2.07%和1.71%～2.31%，钾含量的变幅为1.34%～2.56%、1.44%～2.74%和1.67%～2.56%；氯含量的变幅为0.07%～0.26%、0.09%～0.44%和0.09%～0.2%，浓透清的变异系数较大。

表3-2-15　不同香型烟叶化学成分基本统计

香型	统计量	还原糖	总糖	总植物碱	总氮	钾	氯
浓偏中	最小值	24.000	27.900	1.730	1.380	1.340	0.070
	最大值	32.400	38.100	3.390	2.240	2.560	0.260
	均值	27.845	33.547	2.499	1.799	2.156	0.139
	变异系数	7.637	7.322	14.265	9.186	12.645	26.321
浓透清	最小值	22.800	29.600	1.310	1.530	1.440	0.090
	最大值	31.900	39.700	3.380	2.070	2.740	0.440
	均值	27.463	34.528	2.366	1.752	2.076	0.157
	变异系数	7.650	7.204	16.854	9.055	13.494	46.784

（续表）

香型	统计量	还原糖	总糖	总植物碱	总氮	钾	氯
中偏浓	最小值	21.200	24.000	2.010	1.710	1.670	0.090
	最大值	31.000	34.500	3.450	2.310	2.560	0.200
	均值	27.029	31.464	2.755	1.933	2.132	0.143
	变异系数	10.519	8.783	13.583	8.446	12.748	23.687

香型	统计量	糖碱比	氮碱比	钾氯比	蛋白质	施木克值
浓偏中	最小值	7.345	0.602	7.846	6.445	2.890
	最大值	15.145	1.110	34.000	10.535	5.679
	均值	11.397	0.729	16.309	8.544	3.978
	变异系数	17.727	13.026	26.791	9.979	15.054
浓透清	最小值	7.633	0.536	4.818	7.263	3.131
	最大值	20.458	1.168	24.889	10.347	4.927
	均值	11.950	0.757	14.885	8.396	4.156
	变异系数	19.742	15.258	31.058	9.632	13.172
中偏浓	最小值	7.275	0.588	8.450	7.654	2.338
	最大值	14.328	0.866	20.833	11.113	4.086
	均值	10.034	0.710	15.648	9.107	3.496
	变异系数	20.464	11.162	22.999	9.348	14.929

　　浓透清、浓偏中、中偏浓三种香型间烟叶化学成分方差分析表明总糖、总植物碱、总氮、施木克值在三种香型间的差异性都达到极显著水平；氯和蛋白质含量差异性达到显著水平。其他烟叶化学成分指标差异性没有达到显著水平。进一步用duncan法对差异达到极显著和显著水平的化学成分进行多重比较分析（表3-2-16），结果表明：浓透清香型烟叶总糖含量最高，与中偏浓总糖含量差异达到显著水平；总植物碱是中偏浓香型烟叶含量最高，达到2.76%，与浓透清和浓偏中差异达显著水平；总氮含量也是中偏浓香型烟叶最高，达到1.93%；糖碱比值是浓透清最大，与浓偏中差异不显著，与中偏

浓差异性达到显著水平；蛋白质含量是中偏浓最高，与浓透清和浓偏中差异达到显著水平；施木克值是浓透清大，与浓偏中差异不显著，与中偏浓差异性达到显著水平。从三种香型的化学成分总体看，总糖、总植物碱、总氮等化学成分含量对烟叶香型影响较大。浓透清与浓偏中的化学成分差异不显著，与中偏浓差异显著。

表 3-2-16　不同香型间烟叶化学成分差异性检验（α=0.05）

香型	总糖（%）	总植物碱(%)	总氮（%）	糖碱比	蛋白质	施木克值
浓透清	34.53a	2.37b	1.75b	11.95a	8.40b	4.16a
浓偏中	33.55a	2.50b	1.80b	11.40a	8.54b	3.98a
中偏浓	31.46b	2.76a	1.93a	10.03b	9.11a	3.50b

（五）不同香型风格烟叶致香成分特征

1. 不同香型烟叶间致香物质含量描述性统计分析（表 3-2-17）

表 3-2-17　不同香型烟叶致香物质含量描述性统计

香型	统计量	新绿原酸（mg·g^{-1}）	绿原酸（mg·g^{-1}）	咖啡酸（mg·g^{-1}）	隐绿原酸（mg·g^{-1}）	莨菪亭（mg·g^{-1}）	芸香苷（mg·g^{-1}）
浓偏中	最小值	2.67	13.64	0.036	3.63	0.09	10.27
	最大值	3.53	19.37	0.20	4.58	0.37	16.11
	均值	2.96	16.85	0.08	3.95	0.15	13.66
	变异系数	8.86	11.44	60.20	7.67	48.02	13.24
浓透清	最小值	2.45	14.40	0.02	3.04	0.09	11.19
	最大值	3.65	20.03	0.24	4.88	0.18	20.90
	均值	2.94	17.16	0.06	3.99	0.13	14.75
	变异系数	10.70	11.49	79.33	13.20	17.62	15.73
中偏浓	最小值	2.81	15.65	0.06	3.58	0.17	11.18
	最大值	2.84	16.07	0.12	3.70	0.21	13.37
	均值	2.82	15.86	0.09	3.64	0.19	12.27
	变异系数	0.88	1.85	46.63	2.32	12.42	12.58

（续表）

香型	统计量	2-甲基四氢呋喃	环己酮	2-甲基-2-庚烯-6-酮	沉香醇（氧化）-1	糠醛	苯甲醛
浓偏中	最小值	0.742	0.056	0.147	0.146	7.877	0.139
	最大值	1.603	0.105	0.381	0.344	14.648	0.394
	均值	1.065	0.076	0.259	0.229	11.788	0.260
	变异系数	24.200	19.464	29.348	28.341	16.433	36.001
浓透清	最小值	0.794	0.043	0.138	0.170	8.588	0.126
	最大值	1.499	0.096	0.394	0.352	14.046	0.317
	均值	1.065	0.075	0.243	0.243	11.845	0.213
	变异系数	20.891	18.182	28.542	21.514	13.576	24.370
中偏浓	最小值	0.795	0.069	0.233	0.246	12.782	0.259
	最大值	0.901	0.094	0.326	0.283	15.412	0.259
	均值	0.848	0.082	0.279	0.264	14.097	0.259
	变异系数	8.830	22.489	23.426	9.887	13.191	0.121

香型	统计量	芳樟醇	5-甲基糠醛	异佛尔酮	丁酸	2-乙酰基-5-甲基呋喃	gamma-丁内酯
浓偏中	最小值	0.382	0.252	0.546	0.131	0.205	0.249
	最大值	0.908	0.802	1.376	0.318	0.902	0.948
	均值	0.601	0.497	0.920	0.223	0.427	0.611
	变异系数	24.809	28.054	27.262	28.331	46.442	35.673
浓透清	最小值	0.415	0.290	0.631	0.126	0.154	0.240
	最大值	0.759	0.721	1.175	0.330	0.853	1.102
	均值	0.596	0.484	0.874	0.206	0.365	0.635
	变异系数	17.882	20.530	16.464	25.523	47.134	36.647
中偏浓	最小值	0.731	0.547	0.806	0.225	0.393	0.428
	最大值	0.796	0.701	0.931	0.306	0.496	0.634
	均值	0.764	0.624	0.868	0.266	0.445	0.531
	变异系数	6.062	17.552	10.228	21.595	16.493	27.349

（续表）

香型	统计量	糠醇	异戊酸	alpha-松酯醇	香芹酮	戊酸	3-甲基戊酸
浓偏中	最小值	1.368	0.078	0.053	0.056	0.139	0.079
	最大值	3.708	0.708	0.150	0.579	0.508	0.244
	均值	2.500	0.351	0.084	0.224	0.290	0.157
	变异系数	27.582	63.154	35.566	63.154	36.625	35.911
浓透清	最小值	1.636	0.076	0.061	0.035	0.117	0.103
	最大值	4.060	0.488	0.127	0.412	0.411	0.316
	均值	2.590	0.242	0.086	0.178	0.249	0.179
	变异系数	22.863	55.687	22.716	58.477	39.105	39.585
中偏浓	最小值	2.697	0.224	0.105	0.148	0.256	0.155
	最大值	3.056	0.666	0.124	0.340	0.333	0.274
	均值	2.876	0.445	0.115	0.244	0.295	0.215
	变异系数	8.817	70.203	12.147	55.808	18.645	39.400

香型	统计量	beta-大马酮	2-乙酸苯乙酯	香叶醇	香叶基丙酮	苯甲醇	苯乙醇
浓偏中	最小值	0.431	8.302	0.211	1.226	6.377	1.705
	最大值	0.710	16.168	0.541	2.577	14.167	3.576
	均值	0.568	12.286	0.382	1.835	10.153	2.538
	变异系数	15.545	19.021	27.251	22.767	26.935	24.430
浓透清	最小值	0.477	7.758	0.222	1.145	6.996	1.676
	最大值	0.797	14.135	0.605	2.151	20.317	4.132
	均值	0.596	11.288	0.365	1.755	11.317	2.667
	变异系数	13.029	14.844	24.091	13.815	33.857	26.393
中偏浓	最小值	0.599	13.087	0.416	2.065	9.415	2.701
	最大值	0.645	14.843	0.571	2.237	20.867	5.525
	均值	0.622	13.965	0.493	2.151	15.141	4.113
	变异系数	5.214	8.892	22.317	5.656	53.480	48.537

（续表）

香型	统计量	beta-紫罗兰酮	棕榈酸甲酯	二氢猕猴桃内酯	苯甲酸	邻苯二甲酸二丁酯
浓偏中	最小值	0.285	0.655	1.273	0.147	0.219
	最大值	0.535	1.318	3.262	0.346	1.448
	均值	0.414	0.989	2.300	0.227	0.776
	变异系数	20.649	20.844	28.695	29.138	45.926
浓透清	最小值	0.261	0.731	1.638	0.117	0.217
	最大值	0.561	1.166	4.033	0.350	2.375
	均值	0.416	0.913	2.390	0.260	1.048
	变异系数	16.222	14.181	27.513	26.551	54.279
中偏浓	最小值	0.462	0.911	2.171	0.192	0.513
	最大值	0.518	1.073	2.179	0.217	0.523
	均值	0.490	0.992	2.175	0.205	0.518
	变异系数	8.175	11.546	0.283	8.701	1.402

香型	统计量	巨豆三烯酮-A	巨豆三烯酮-B	巨豆三烯酮-C	巨豆三烯酮-D	新植二烯
浓偏中	最小值	0.807	6.621	0.846	3.579	483.530
	最大值	1.744	12.321	1.604	7.380	903.651
	均值	1.230	8.833	1.102	5.227	680.875
	变异系数	23.934	20.683	20.310	22.840	20.508
浓透清	最小值	0.618	5.443	0.924	3.982	389.983
	最大值	1.598	11.068	1.698	7.910	773.322
	均值	1.204	8.463	1.174	5.469	604.905
	变异系数	22.185	18.493	19.871	22.121	16.636
中偏浓	最小值	1.730	10.845	1.470	5.912	725.153
	最大值	2.309	15.422	2.019	10.369	771.690
	均值	2.019	13.134	1.744	8.141	748.421
	变异系数	20.266	24.642	22.281	38.713	4.397

2. 不同类型烟叶致香成分差异性分析

不同质量风格香型烟叶致香物质成分含量有着很大的差异，其中苯乙醇、巨豆三烯酮-A 和巨豆三烯酮-D 含量在各香型烟叶之间差异达到显著水平，巨豆三烯酮-A 和巨豆三烯酮-C 在各香型烟叶之间差异性达极显著水平。用 duncan 法对差异达到极显著和显著水平的致香物质含量进行多重比较（表3-2-18），结果表明：苯乙醇、巨豆三烯酮-A、巨豆三烯酮-B 和巨豆三烯酮-D 含量都是中偏浓香型烟叶最高，且都与浓透清和浓偏中香型烟叶含量差异性达显著水平。浓透清香型烟叶巨豆三烯酮-C 含量最高，与其他两种香型类型相比有显著差异。说明这几种致香物质含量对烟叶香型影响大，浓透清和浓偏中香型烟叶含量都较中偏浓香型烟叶含量低。

表 3-2-18 不同香型烟叶致香物质含量差异性检验（α=0.05）

	苯乙醇 （μg·g⁻¹）	巨豆三烯酮-A （μg·g⁻¹）	巨豆三烯酮-B （μg·g⁻¹）	巨豆三烯酮-C （μg·g⁻¹）	巨豆三烯酮-D （μg·g⁻¹）
浓透清	2.67b	1.20b	8.46b	1.17a	5.47b
浓偏中	2.54b	1.23b	8.83b	1.10b	5.23b
中偏浓	4.11a	2.02a	13.13a	1.74b	8.14a

第三节 烟叶质量区域划分

不同海拔高度烤烟甜香风格特点区划：800~1300m 海拔范围是典型甜香风格烟叶分布区，香型以浓透清和浓偏中为主；>1300m 海拔范围是次级典型甜香风格烟叶分布区，香型以浓透清为主；<800m 是 3 级典型甜香风格烟叶分布区，香型以浓偏中、中偏浓为主，如表 3-3-1 所示。

表 3-3-1 恩施烟区烟叶质量区域划分

质量风格特色	海拔高度（分布区域）	生态特征	烟叶品质特征		
			外观质量	化学成分	感官质量
具有富硒特色和甜雅香风格	≤800m（来凤全县、咸丰尖山和朝阳、巴东沿渡河等区域）	无霜期长（270d 以上），≥10℃的活动积温在 4500℃ 以上，烟叶大田生长期和成熟采收阶段温度较适宜；日照时数在 1250h 以上，可以满足优质烟叶生长的需求；年降水在 1300mm 以上，降水量可完全满足烟叶生长需求	成熟，橘色为主，部分浅桔，结构疏松，身份中等为主，油份有，色度中-中⁺，综合评价一般	总糖和还原糖含量稍高，蛋白质、总氮和总植物碱含量适中，糖碱比和施木克值稍高	香气质中等、香气量尚足，余味尚舒适，有杂气，刺激性略大，燃烧性中等，灰色灰白，综合得分中。香型以浓偏中、中偏浓为主

（续表）

质量风格特色	海拔高度（分布区域）	生态特征	烟叶品质特征		
			外观质量	化学成分	感官质量
具有典型富硒特色和甜雅香风格	800~1300m（宣恩大部分乡镇、咸丰大部分乡镇、利中盆地、恩施市部分乡镇、鹤峰部分乡镇、建始长梁、巴东茶店）	无霜期长（230d以上），≥10℃的活动积温在3600℃以上，烟叶大田生长期平均气温超过20℃，成熟期温度较高，有利于形成优质烟叶；日照时数在1250h以上，可以满足优质烟叶生长的需求；年降雨在1300mm以上，降水量可完全满足烟叶生长需求	成熟，橘色为主，部分浅橘和柠檬色；结构疏松，身份中等，油分有-有+，色度中-中+，综合评价较高—一般	总糖和还原糖含量高，蛋白质、总氮和总植物碱含量低，糖碱比和施木克值高	香气质中等、香气量较足，余味尚舒适，杂气较轻，有刺激性，燃烧性中等，灰色灰白，综合得分高。香型以浓透清和浓偏中为主
具有典型富硒特色和明显甜雅香风格	≥1300m（巴东野三关、大支坪、绿葱坡，建始龙坪、茅田，恩施市红土、石窑、沐抚前山，宣恩椿木营，鹤峰中营，利川市除利川中盆地区域）	无霜期较短（220d左右），中高山气候特征明显，气温相对较低，全年≥10℃的活动积温稍低于3600℃，降水量丰富，后期上部烟叶不易成熟	成熟，浅橘色为主，部分橘色和柠色；结构疏松，身份中等-中+，部分偏薄，油分有-有+，色度中-中+，综合评价较高—一般	总糖和还原糖含量较高，蛋白质、总氮和总植物碱含量较低，糖碱比和施木克值较高	香气质较好，香气量较足，余味较舒适，杂气较轻，有刺激性，燃烧性中等，灰色灰白，综合得分较高。香型以浓透清为主

第四节 小 结

（1）恩施州烤烟中部烟叶感官评吸得分平均为74.11，其中来凤、恩施、巴东和建始得分处于较高水平，恩施州烤烟上部烟叶感官评吸得分平均为72.68，其中巴东和利川得分处于较高水平。恩施州烤烟中部和上部烟叶感官质量均可划分为3类，不同类型间烟叶香气质、香气量、余味、杂气、刺激性等感官指标具有明显差异。

（2）恩施州烤烟整体香型以中间香型为主，少部分具有浓香型特征，可细分为中间香、中偏浓和浓偏中三种。不同植烟区域烟叶香型以鹤峰得分最高，恩施得分最低，不同香型风格烟叶以浓偏中烟叶的感官评吸得分最高。

（3）恩施州烤烟香韵具有较明显的正甜香、甘草香、木香和坚果香特征，另外稍有焦香和辛香。恩施州烤烟香气状态以悬浮为主，稍有飘逸和沉溢。恩施州烤烟杂气以木质气、枯焦气、青杂气为主，少有土腥气和生青气。恩施州烤烟烟气特性以宣恩和咸丰得分较高，口感特性以巴东表现最好。

（4）恩施州特色优质烤烟具有"甜雅香"风格特征。首先是甜润生津（甜），即甜感突出，富有甜润，无干燥感；具有较明显的甜香风格特点。其次是清雅飘溢（雅），即香味飘溢，口感细腻，成团性好。第三是留香绵长（香），即基本香型包括浓透清、浓偏中和中偏浓3种，以浓透清和浓偏中香气类型为主，香味浓馥，香味沉溢半浓，芬芳优美，厚而留长。

第四章 "利群"品牌恩施烟区烟叶
生产技术研究与应用

第一节 基地单元特色烤烟品种筛选

采用大区对比种植方式，即试验品种与对照品种相邻种植的方式，进行烤烟特色品种生产示范，考察特色品种在恩施烟区"利群"基地单元的植物学性状、农艺性状以及经济性状的表现，并通过进行烟叶质量评价，筛选出适合当地烟草生产种植的特色烤烟品种。

一、材料与方法

(一) 试验品种

利川：云烟 87、K326；恩施：云烟 87、云烟 85、云烟 97、云烟 98 和 K326。

(二) 试验地点

利川市凉雾乡诸天村 4 组，田块土壤质地疏松，土层较厚，肥力中等均匀，地势平坦，排灌便利，冬闲土，海拔 1100m。

恩施市盛家坝乡桅杆堡村大槽组，试验地前茬为白地，地势平整，阳光充足，排灌方便。

(三) 试验设计

利川试验设 2 个处理，恩施试验设 5 个处理；利川试验面积 K326 品种 5.5 亩，云烟 87 品种 5 亩；恩施每个品种种植面积为 1.2 亩，试验田面积共计 6 亩。

（四）观察记载

1. 主要生育期记载

观察记载各品种烟株团棵期、现蕾期、打顶期、平顶期。

2. 主要农艺性状调查

分别在团棵期每区调查 10 株，测定株高、有效叶数、最大叶长、宽及叶色、生长势、田间整齐度。平顶期测定株高、有效叶数、茎围、节距、下二棚、腰叶、上二棚叶片长宽。

3. 调查各区主要病害发病率以及主要虫害发生情况

4. 统计分析

调制结束后，统一按 42 级烤烟国家分级标准（价格按国家统一价格，不含地方性补贴）分级，统计全部调制后未经储藏的原烟（包括样品）的等级、重量和金额，生产示范试验分品种计算出亩产量、亩产值、均价、上等烟比率、中等烟比率和单叶重等，配套技术试验按处理计算出亩产量、亩产值、均价、上等烟比率、中等烟比率等。

二、结果与分析

（一）利川

1. 主要农事操作记载

试验为大棚漂湿育苗，分别于 4 月 27 日、5 月 1 日剪叶 2 次，4 月 5 日整地，4 月 26 日起垄，5 月 19 日追施提苗肥，6 月 13 日完成中耕除草、追钾肥、培土上厢。

病虫害防治记载，移栽时用"密达"和 2.5%高效氟氯氰菊酯防治害虫，用氨基寡糖素、8%宁南霉素防花叶病；58%甲霜灵锰锌 600~800 倍液防根部病害；烟叶成熟期分别 3 次用 40%菌核净 700 倍液防治赤星病，用 20%粉锈宁 1000 倍液防白粉病。

2. 施肥及田间管理措施

亩施纯氮 7 kg，$N：P_2O_5：K_2O = 1：1.3：2.5$，行株距 1.2×0.60（m），如表 4-1-1 所示。

表 4-1-1　处理肥料施用量表　　　　　　　　　（单位：kg）

底　肥						追　肥
复合肥 （10：10：20）	磷肥（12%）	镁肥	饼肥	有机肥	氯化钾	硝酸钾 （N14%、K44%）
40	42.5	5	20	50	4	14.5
底肥施用方法			起垄后条施			

①栽后 15d 左右，追肥要求化水浇施于穴中。

②各处理覆膜方式根据试验要求进行，各项农事操作供试烟田要求及时一致。

③试验田整地、施肥以及田间栽培管理等措施均按照当地优质烟生产技术规范统一执行。

3. 不同处理生育期调查

通过生育期结果比较，大田生育期时间为 130d 左右，与云烟 87 品种相比，K326 品种大田生育期时间相对较短（表 4-1-2）。

表 4-1-2　主要生育期记载表

品种	播种期 （日/月）	出苗期 （日/月）	成苗期 （日/月）	移栽期 （日/月）	现蕾期 （日/月）	中心花 （日/月）	脚叶成熟 （日/月）	顶叶成熟 （日/月）	大田生 育期（d）
K326	14/3	1/4	7/5	7/5	3/7	12/7	25/7	17/9	133
云烟 87	17/3	3/4	7/5	7/5	1/7	10/7	22/7	20/9	136

4. 烟株农艺性状分析

通过对打顶后农艺性状分析（表 4-1-3），K326 品种株高表现相对较矮，上、中、下 3 个部位的叶面积较小，综合分析 2 个品种的表现，K326 品种田间农艺性状表现没有云烟 87 品种好。

表 4-1-3　打顶后主要农艺性状记载

品种	株高 （cm）	留叶数	茎围 （cm）	节距 （cm）	下部叶（cm）		中部叶（cm）		上部叶（cm）	
					长	宽	长	宽	长	宽
K326	77.25	19	9.24	3.2	61.52	27.16	59.95	20.07	46.63	11.86
云烟 87	106.75	20	9.67	4.7	63.51	29.63	71.05	23.95	51.73	13.22

5. 不同处理病害调查

试验田烟株发病率以气候斑为主，2个品种发病率均较高，其中K326品种气候斑和普通花叶病发病率都比云烟87品种高，但赤星病比云烟87品种低，（表4-1-4）。

表4-1-4 病害调查表

品种	气候斑		普通花叶病		赤星病	
	发病率（%）	病情指数	发病率（%）	病情指数	发病率（%）	病情指数
K326	49.5	17.8	8	2.1	14	1.4
云烟87	45.8	14.3	5	1.6	22	2.0

6. 经济性状分析

K326品种亩产量比云烟87品种低4.66 kg；亩产值少245.05元；均价低1.21元/kg；上等烟比例少7.3%；上中等烟比例提高4.58%。综合分析，K326品种经济性状表现相对较差（表4-1-5）。

表4-1-5 烤后烟叶经济性状统计

品种	亩产量（kg）	亩产值（元）	均价（元/kg）	上等烟率（%）	上中等烟率（%）
K326	109.08	2534.37	23.23	48.16	89.52
云烟87	113.74	2779.42	24.44	55.46	94.10

7. 化学成分分析

对K326品种烤后烟叶化学成分进行了检测（表4-1-6），总糖和还原糖含量相对偏低，两糖比基本处于适宜范围，烟叶总植物碱含量偏高，糖碱比和氮碱比整体偏低，烟叶钾氯比处于适宜范围之内。

表4-1-6 烤后烟叶化学成分（K326）

等级	总糖（%）	总植物碱（%）	还原糖（%）	氯（%）	钾（%）	总氮（%）	两糖比	糖氮比	糖碱比	氮碱比	钾氯比
B2F	17.62	4.35	15.26	0.30	2.02	2.72	0.87	5.61	3.51	0.63	6.73
C2F	25.29	3.30	21.08	0.28	1.82	2.26	0.83	9.33	6.39	0.68	6.50

8. 感官质量分析

K326 品种中部烟叶烟香丰富性尚好，甜香略显，稍显刺激性，稍显涩口，上部烟叶略显枯焦气，余味稍差，透发性中等，综合感官得分 C2F68.5 以及 B2F61.5（表 4-1-7）。

表 4-1-7　烤后烟叶感官质量得分（K326）

等级	香气质	香气量	透发性	杂气	细腻度	柔和度	圆润感	刺激性	干燥感	余味	总分	香型	烟气浓度	劲头
C2F	14.0	13.0	4.5	5.5	5.0	4.5	5.0	5.5	5.5	6.0	68.5	中	中	中+
B2F	12.5	12.5	4.0	5.0	4.0	4.0	4.5	5.0	5.0	5.0	61.5	中	中+	稍大

（二）恩施

1. 土壤理化性状及烟草生育期间的气温和降水量调查（表 4-1-8 和表 4-1-9）

表 4-1-8　土壤理化性状及测土配方

	测试项目	测试值	养分水平评价		
			偏低	适宜	偏高
土壤测试数据	碱解氮（mg/kg）	131.5		中	
	有效磷（mg/kg）	9.10	低		
	速效钾（mg/kg）	211.6			高
	有机质（g/kg）	19.5	缺		
	pH 值	6.61		偏中性	
施肥方案	肥料配方	用量 kg/亩	施肥时间	施肥方式	施肥方法
基肥	复合肥（8-12-24）	70	起垄时	条施	起垄时按氮磷钾配比，各种肥料称取相应重量均匀条施起垄
	磷肥	5	起垄时	条施	
	饼肥	50	起垄时	条施	
	锌肥	1	起垄时	条施	
	硫酸钾	3	起垄时	条施	
	硼肥	0.5	起垄时	条施	
追肥	硝酸钾	2	移栽后 10~15d	对水淋施	围蔸封井进行淋施
备注	N：P：K=1:1.4:2.8 亩施纯氮 7 kg、纯磷 10 kg、纯钾 19.8 kg。				

表 4-1-9　生育期间气温和降水量

项目	1 月	2 月	3 月	4 月	5 月	6 月	7 月	8 月	9 月	10 月
平均气温（℃）	6.5	8.5	13.1	18.8	21.7	24.8	28.4	28.4	24.2	19.1
月降水量（mm）	23.4	42	128.5	174.8	197.3	302.1	477.7	88.1	158.6	102.3

2. 主要农艺性状

5 个品种均是 3 月 7 日在高千坝育苗基地播种入池，且安放于同一苗池，云烟 87、云烟 85 和云烟 97 3 个品种 3 月 24 日 50% 破胸出苗，K326 和云烟 98 品种 3 月 26 日破胸露白。云烟 85 从移栽至打顶 61d，大田生育期 105d，云烟 87 和云烟 97 2 个品种大田生育期均为 106d，K326 大田生育期 112d，云烟 98 大田生育期 115d（表 4-1-10）。

表 4-1-10　主要生育时期

品种	播种期（日/月）	出苗期（日/月）	成苗期（日/月）	移栽期（日/月）	团棵期（日/月）	现蕾期（日/月）	打顶期（日/月）	平顶期（日/月）	大田生育期（d）
云烟 85	7/3	24/3	1/5	5/5	18/6	30/6	5/7	15/7	105
云烟 87	7/3	24/3	1/5	5/5	19/6	1/7	6/7	16/7	106
K326	7/3	24/3	1/5	5/5	20/6	2/7	7/7	17/7	112
云烟 97	7/3	24/3	1/5	5/5	19/6	1/7	6/7	16/7	106
云烟 98	7/3	25/3	2/5	5/5	20/6	3/7	9/7	19/7	115

从表 4-1-11 可以看出，移栽到团棵期，各品种株型均为塔形；叶形云烟 85、云烟 87、云烟 97 和云烟 98 为长椭圆，K326 为宽椭圆型；叶色云烟 85 为浅绿色、K326 为深绿色，其余 3 个品种为绿；茎叶角度、主脉粗细均为中等；田间整齐度 K326、云烟 97 和云烟 98 为整齐，云烟 85 及云烟 87 较整齐；生长势云烟 85、云烟 97 和云烟 98 强，云烟 87 和 K326 生长势中等。

从表 4-1-12 中可以看出，移栽至平顶期，云烟 98 在株高、有效叶数和上下二棚烟叶长宽上都优于其他 4 个品种，K326 至平顶期后叶片开片程度不如其他 3 个品种。

表 4-1-11　团棵期主要农艺性状

品种	株高（cm）	叶数（片）	最大叶长（cm）	最大叶宽（cm）	生长势	叶色	田间整齐度
云烟 85	41.9	13.4	53.6	27.1	强	浅绿	较齐
云烟 87	36.1	12.8	48	25.1	中	绿	较齐
K326	34.5	12.6	44.7	24	中	深绿	整齐
云烟 97	37.8	12.9	49.9	25.5	强	绿	整齐
云烟 98	36.4	12.9	46.4	25.3	强	绿	整齐

表 4-1-12　平顶期主要农艺性状

品种	株高（cm）	有效叶数	茎围（cm）	节距（cm）	下二棚叶（cm）		腰叶（cm）		上二棚叶（cm）	
					长	宽	长	宽	长	宽
云烟 85	97.33	16.44	10.67	5.92	73.67	34.11	85.33	33.67	79.67	30.67
云烟 87	93.00	15.78	9.92	5.89	74.89	30.78	79.56	29.78	76.22	24.78
K326	82.44	15.00	9.11	5.50	58.33	30.00	61.44	25.78	55.89	19.44
云烟 97	98.10	16.00	10.20	6.13	77.50	34.50	80.50	27.50	71.20	24.30
云烟 98	102.20	16.00	9.90	6.39	76.10	37.30	77.30	28.80	76.80	27.10

3. 主要病害发病率以及虫害发生情况

从表 4-1-13 中可以看出，云烟 87 青枯病发生率 0.3%，K326 黑胫病发病率 0.22%，但云烟 85、云烟 97 和云烟 98 3 个品种对根茎部病害的抗性明显比云烟 87 和 K326 强；云烟 87 和云烟 97 2 个品种的花叶病发病率高于其他 3 个品种。从整个大田生长过程来看，云烟 98 综合抗病性较强，其次为云烟 85，对照云烟 87 综合抗病能力稍差。

表 4-1-13　病虫害发生情况

品种	发病率（%）							虫害	
	花叶病	黑胫病	赤星病	青枯病	气候斑	根结线虫	野火病	名称	发生程度
云烟 85	0.54	0	0	0	0	0	0	野蛞蝓	2 级
云烟 87	1.75	0	0	0.3	0	0	0	野蛞蝓	1 级
K326	0	0.22	0	0	0	0	0	野蛞蝓	2 级
云烟 97	1.3	0	0	0	0	0	0	野蛞蝓	1 级
云烟 98	0.25	0	0	0	0	0	0	野蛞蝓	1 级

4. 经济性状分析

表 4-1-14 显示，从各品种产量产值对比可知：云烟 98 的产量产值明显高于其他 3 个品种，K326 的产量、产值低于其他品种。云烟 98 平均亩产值比对照云烟 87 的高 487.81 元，云烟 97 的上等烟比例在 4 个品种中表现最优，比对照云烟 87 的高 4.4%，较亩产值最高的云烟 98 的上等烟比例高 8.7 个百分点。

表 4-1-14　各品种产量、产值对比

品种	亩产量（kg）	均价（元/kg）	亩产值（元）	上等烟比例（%）	中等烟比例（%）	单叶重（g）
云烟 85	118.52	26.86	3183.45	68.26	31.74	11.1
云烟 87	109.71	28.30	3104.79	74.87	25.13	10.9
云烟 97	120.83	28.65	3461.78	79.31	20.69	11.5
云烟 98	131.79	27.26	3592.60	70.58	29.42	12.3
K326	104.60	28.72	3004.11	65.11	34.89	11.2

5. 化学成分分析

表 4-1-15 显示，K326 上部叶的总糖和还原糖含量较高，烟碱含量较低。中部烟叶以云烟 87 烟碱含量最低，钾含量最高，云烟 85 中部烟叶的总糖和还原糖含量处于相对较低水平。

表 4-1-15　化学成分检测数据

等级	品种	指标										
		总糖（%）	总植物碱（%）	还原糖（%）	氯（%）	钾（%）	总氮（%）	两糖比	糖氮比	糖碱比	氮碱比	钾氯比
B1F	云 87	30.26	2.90	27.07	0.49	2.08	2.27	0.89	11.92	9.35	0.78	4.27
B1F	云 97	29.54	4.10	27.06	0.43	1.63	2.31	0.92	11.69	6.59	0.56	3.82
B1F	K326	33.33	2.66	29.53	0.40	1.85	2.00	0.89	14.76	11.11	0.75	4.60
C2F	云 98	35.72	2.34	32.79	0.42	2.19	1.92	0.92	17.10	14.01	0.82	5.24
C2F	云 97	36.12	2.24	33.18	0.34	2.24	1.89	0.92	17.56	14.82	0.84	6.59
C2F	云 87	36.74	1.94	32.24	0.19	2.32	1.72	0.88	18.75	16.59	0.88	12.30
C2F	云 85	34.77	2.09	31.46	0.30	2.04	1.87	0.90	16.81	15.06	0.90	6.74

6. 感官质量分析

综合几个品种的感官评吸质量，首先，以云烟87和云烟85表现较好，其上部和中部两个等级烟叶感官评吸得分处于相对较高水平，C2F等级烟叶整体香气尚透发，满足感尚好，口腔偏干，稍显生青。B1F等级烟叶劲头中上，烟香尚透发，烟气柔和度、细腻度中等偏上，余味略涩口，整体平衡感尚好。其次，云烟98和云烟85烟叶感官评吸质量也具有一定的优势，云烟97相对稍差（表4-1-16）。

表4-1-16 感官质量评吸数据

品种	等级	香气特性				烟气特性			口感特性			风格特征			总分
		香气质	香气量	透发性	杂气	细腻程度	柔和程度	圆润感	刺激性	干燥感	余味	香型	烟气浓度	劲头	
云87	C2F	12.5	12	5	5.5	5	4.5	4.5	5.5	5.5	6	中	中	中	66
云97	C2F	12	11.5	4.5	5	4.5	5	4.5	5.5	5.5	5.5	中	中	中	63.5
云98	C2F	12.5	11.5	4.5	5.5	5	5	4.5	5.5	5.5	6	中	中	中	65.5
云85	C2F	12	12.5	5	5.5	5	5	4.5	5.5	5.5	6	中	中	中	66.5
K326	C2F	11.5	12	4.5	5.5	4.5	4.5	4.5	5.5	5.5	6	中	中	中	64
云87	B1F	12	12.5	5	5	4.5	4.5	5	5		5.5	中	中+	中+	63.5
K326	B1F	11.5	12	4.5	4.5	4	4	4	5		5	中	中+	中+	59.5
云97	B1F	11.5	11.5	4.5	4.5	4	4	4	5		5	中	中+	中+	59
云85	B1F	12	12.5	5	5	4.5	4.5	5	5		5.5	中	中+	中+	63.5
云98	B1F	12	12	4.5	5	4.5	4.5	4.5	5	5.5	5.5	中	中+	中+	63

三、小结

在利川市区域K326品种大田生育期时间略有缩短，但K326品种的农艺性状表现没有云烟87品种好，影响下部烟叶的光照。针对气斑病和普通花叶病抗病能力K326品种没有云烟87品种强。K326品种烘烤特性没有云烟87好，烤后烟叶经济性状总体表现稍差，云烟87品种经济效益较好。K326品种烤后烟叶总植物碱含量偏高，烟叶钾氯比处于适宜范围之内。K326品种感官评吸综合得分 C2F68.5，B2F61.5。

在恩施市区域烤烟品种云烟 97、云烟 98 的农艺性状明显优于主栽品种云烟 87，五个品种烟叶在烘烤前期变黄基本同步，但到变黄后期，定色前期，云烟 98 支脉变黄速度较慢，易烤成青筋。云烟 97、98 的产量和产值优于主栽品种云烟 87 和其他品种。综合考虑云烟 97、云烟 98 在 "利群"品牌恩施烟区示范基地表现出一定的适生优势。

第二节 小苗 "井窖式" 移栽技术

随着社会经济的发展，农村劳动力资源日益紧缺，用工成本逐年上升，制约了烟叶可持续发展。围绕 "节本降耗、提质增效"目标，在立足 "井窖式"移栽技术的基础上，结合恩施烟区生态气候特点，按照 "引进-吸收-再创新"的思路，开展小苗移栽优化和配套栽培技术研究，集成了节本省工、优质高效的轻简栽培技术体系。

一、适宜烟苗标准研究

（一）材料与方法

本试验共设置 4 个处理：T_1，3~4 片真叶移栽；T_2，4~5 片真叶移栽；T_3，5~6 片真叶移栽；T_4，6~7 片真叶移栽；试验采用随机区组设计，3 次重复，每个处理移栽 180 株，施肥水平参照当地施肥标准进行，井窖式移栽，其他主要栽培技术按照烟叶标准生产技术规程执行。

（二）结果与分析

1. 对烟株农艺性状的影响

表 4-2-1 表明，在团棵期，烟株叶数和株高以 5~6 片和 6~7 片两个处理最好，显著好于 3~4 片处理；叶面积在处理间无显著差异。表 4-2-2 表明，在成熟期，叶数以 6~7 片处理最好，株高以 4~5 片处理最好，其他农艺性状指标在处理间无显著差异。

表 4-2-1　各处理对烟株农艺性状的影响（团棵期）

处理	叶数（片）	株高（cm）	叶面积（cm²）
T_1	9.15b	14.20b	209.10a
T_2	10.15ab	17.50ab	278.60a
T_3	11.20a	20.70a	328.70a
T_4	10.50a	18.65ab	285.10a

表 4-2-2　各处理对烟株农艺性状的影响（成熟期）

处理	叶数（片）	株高（cm）	茎围（cm）	腰叶面积（cm²）	顶叶面积（cm²）
T_1	19.2b	103.8ab	8.8a	918.6a	432.3a
T_2	20.4ab	111.1a	8.9a	833.7a	481.8a
T_3	18.9b	96.9b	8.0a	683.0a	393.3a
T_4	20.9a	100.6ab	8.1a	694.3a	411.5a

2. 对病毒病发生情况的影响

表 4-2-3 表明，病毒病发病率在 2.72%~6.26%，病情指数在 1.05~1.84；大田期病毒病发生情况处理间无差异，这表明烟苗大小与大田病毒病发生无明显关联。

表 4-2-3　不同处理在大田期病毒病发生情况

处理	发病率（%）	病情指数
T_1	2.72a	0.76a
T_2	3.26a	1.04a
T_3	3.89a	1.05a
T_4	4.43a	1.34a

3. 对经济性状的影响

从表 4-2-4 可以看出，烟叶产量以 4~5 片和 5~6 片两个处理最好，显著高于其他两个处理。亩产值以 4~5 片处理最好，显著高于 3~4 片和 6~7 片两个处理。均价在各处理之间无显著差异。总体看来，烟苗在 4~5 片叶时进行小苗移栽为最佳。

表4-2-4 不同处理对烟叶经济效益的影响

处理	亩产量（kg）	亩产值（元）	均价（元）
T_1	107.01b	2553.06b	23.53a
T_2	163.98a	3373.81a	22.55a
T_3	137.06a	3042.41ab	21.46a
T_4	101.46b	2223.99b	20.61a

4. 用工成本分析

从表4-2-5可以看出，烟苗越小用工成本越低，T1分别比T2、T3和T4减少育苗劳动成本14.4元/亩、20.8元/亩和28元/亩。按照最优的4~5片烟苗大小为标准，较5~6片和6~7片两个处理分别减少了6.4元/亩和13.6元/亩。

表4-2-5 不同处理育苗用工及成本

处理	劳动用工（个/亩）				合计	用工成本	
	温湿度管理	肥水管理	剪叶	炼苗		单价（元/个·d）	成本（元/亩）
T1	0.02	0.03	0	0	0.05	80	4
T2	0.05	0.03	0.15	0	0.23	80	18.4
T3	0.08	0.05	0.18	0	0.31	80	24.8
T4	0.1	0.05	0.2	0.05	0.4	80	32

二、适宜育苗密度研究

（一）材料与方法

1. 供试材料

试验地点选在恩施烟草恩施科技园—望城坡片区，该地海拔950m，供试品种为云烟87，供试育苗温室大棚规格32 m×24 m，育苗池规格为2.06 m×15 m。

2. 试验设计

本试验设育苗盘育规格为 68 cm×34 cm×5 cm，T1：153 孔；T2：200 孔；T3：288 孔；T4：500 孔 4 种密度，育苗阶段每处理 3 次重复，每次重复 4 盘，共 12 盘，随机区组排列，烟苗达到真叶数以 4~5 叶 1 心时进行大田移栽，3 次重复，随机区组排列，每小区种烟 60 株，株行距 50 cm× 120 cm。其他主要栽培技术参照"优质烤烟栽培技术规程"执行。

（二）结果与分析

1. 对出苗率与生育期的影响

从表 4-2-6 可知，各处理从播种到成苗期时间完全一致，出苗率处理无差异，表明育苗盘的密度与出苗率和苗龄无明显差异。

表 4-2-6　不同苗盘处理出苗率及生育时期

处理	播种期（月／日）	出苗期（月／日）	小十字期（月／日）	大十字期（月／日）	成苗期（月／日）	出苗率（%）
T₁	3 月 5 日	3 月 20 日	4 月 5 日	4 月 17 日	4 月 28 日	93.32a
T₂	3 月 5 日	3 月 20 日	4 月 5 日	4 月 17 日	4 月 28 日	93.34a
T₃	3 月 5 日	3 月 20 日	4 月 5 日	4 月 17 日	4 月 28 日	93.34a
T₄	3 月 5 日	3 月 20 日	4 月 5 日	4 月 17 日	4 月 28 日	93.32a

2. 对成苗农艺性状性状影响

从表 4-2-7 可知，288 孔和 500 孔处理的苗高显著高于 153 孔和 200 孔，288 孔与 500 孔处理、153 孔与 200 孔之间无明显差异；叶片数和叶片大小各处理间无显著差异。

表 4-2-7　不同处理的烟苗主要农艺性状

处理	苗高（cm）	叶数（片）	叶片大小（cm²）
T₁	2.4b	4.67a	24.51a
T₂	2.07b	4.83a	24.33a
T₃	3.11a	4.83a	26.6a
T₄	3.11a	4.83a	24.98a

3. 对烟苗干物质积累的影响

从表4-2-8可知，烟苗生物量与育苗盘密度之间关系密切。其中，根系体积在1.21~1.63 mL/株，根系鲜重在1.65~2.01 g/株，根系干重在0.49~0.72 g/株，茎叶干重在0.05~0.08 g/株，均表现为随着孔密度的增加生物量积累减少。由此说明，育苗盘密度是影响烟苗生物量的关键因子。

表4-2-8　育苗盘密度对烟苗物质积累的影响

处理	根体积（ml/株）	根鲜重（g/株）	茎叶鲜重（g/株）	根干重（g/株）	茎叶干重（g/株）
T_1	1.63a	2.01a	11.43a	0.72a	0.08a
T_2	1.5a	1.77a	10.08a	0.58a	0.07a
T_3	1.25a	1.8a	13a	0.52a	0.06a
T_4	1.21a	1.65a	12.21a	0.49a	0.05a

4. 对烟苗光合特性的影响

从表4-2-9可知，随着育苗盘密度的增加烟苗的光合速率减弱趋势，但差异不显著；气孔导度随着苗盘密度的增加呈先增加后减小的趋势，在T3处理达最大值，为3.52mmol/（$m^2·s$），T4为最小，差异达到显著水平；胞间CO_2浓度随着苗盘密度的增加呈先增加后减小的趋势，在T3处理达最大值，为428.11mmol/（$m^2·s$），T4为最小，差异达到显著水平；T3蒸腾速率最大，T4最小，差异达到显著水平。由此说明153孔、200孔和288孔3个处理间烟苗光合特性无差异，均与500孔的烟苗差异达到显著水平。过大增加育苗盘的密度对烟苗光合特性有较大的影响，会导致烟苗素质由"小壮苗"转变成"小弱苗"。

表4-2-9　育苗盘密度对烟苗光合特性的影响

处理	光合速率 [mmol/（$m^2·s$）]	气孔导度 [mmol/（$m^2·s$）]	胞间CO^2浓度 [mmol/（$m^2·s$）]	蒸腾速率 [mmol/（$m^2·s$）]
T_1	15.06a	2.11ab	420.37ab	7.86a
T_2	15.01a	2.36ab	423.42a	7.34ab
T_3	14.46a	3.52a	428.11a	8.36a
T_4	13.79a	0.95b	407.06b	6.31b

5. 对烟苗根系活力的影响

图4-2-1可知，153孔处理达最大值，为969.53μg／（g·h），以T4最小，但处理间无明显差异。

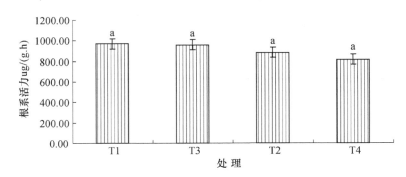

图4-2-1　育苗盘密度对烟苗根系活力的影响

6. 对大田烟株主要农艺性状的影响

从表4-2-10可知，在团棵期，株高和叶数指标在各处理间没有显著差异，但最大叶面积指标以153孔处理最高。在成熟期，叶数、株高、茎围指标在各处理间没有明显差异，最大叶片面积以200孔处理最大，显著高于153孔处理。

表4-2-10　不同处理对烟株农艺性状的影响

处理	团棵期				成熟期		
	株高（cm）	叶数（片）	最大叶片面积（cm²）	叶数（片）	株高（cm）	最大叶片面积（cm²）	茎围（cm）
T_1	31.11a	8.22a	239.95a	20.56a	115.56a	1285.92b	10.16a
T_2	29.44a	8.67a	200.78b	20.78a	123.22a	1472.39a	9.78a
T_3	30.72a	8.00a	207.01b	20.78a	119.22a	1394.30ab	10.00a
T_4	29.94a	7.78a	200.78b	21.22a	117.78a	1373.43ab	10.00a

7. 对烟叶经济性状的影响

从表4-2-11可以看出，不同处理烟叶的经济性状无显著差异，产量方面：以T3处理最高，T4最低；产值方面：以T1最高，T4最低；均价方面：以T1最高，T3最低；上中等烟率方面以T2最高，T4最低。从以上结果分析来看，不同密度的育苗盘育出的烟苗在大田期间的主要经济性状没有明显差异。

表 4-2-11 不同处理对烟叶经济性状的影响

处理	产量（kg/亩）	产值（元/亩）	均价（kg/元）	上中等烟比例（%）
T_1	139.95a	2996.30a	21.41a	82.76a
T_2	138.40a	2941.00a	21.25a	87.47a
T_3	141.86a	2987.57a	21.06a	84.96a
T_4	130.73a	2767.55a	21.17a	82.32a

8. 对综合效益的影响

从表 4-2-12 可知，亩平生产投入以 500 孔处理最少，分别比 T1、T2 和 T3 减少 7.49%、4.74% 和 1.98% 的生产投入；亩平纯收入以 T3 最高，分别比 T1、T2 和 T4 增收 36.5 元/亩、71.12 元/亩和 203.82 元/亩。综合看来，采用 288 孔和 200 孔的育苗浮盘具有减工降本、提高效益的作用。

表 4-2-12 不同处理对经济效益的影响

处理	生产投入（元/亩）	毛收入（元/亩）	纯收入（元/亩）
T_1	881.07	2996.30	2115.23
T_2	860.39	2941.00	2080.61
T_3	835.84	2987.57	2151.73
T_4	819.64	2767.55	1947.91

三、苗期气候资源利用研究

烟叶播种期确定主要决定于本地区最佳移栽期和苗期气候条件。由于不同播种期使烟苗各阶段处于不同温度条件下，给烟种萌发、烟苗生长和成苗素质等带来差异。本部分系统分析了不同播种期烟苗生育期、农艺性状差异及其形成原因，并通过构建不同气候下烟苗生长发育模型推论了恩施州不同海拔下适宜播种期，为恩施州小壮苗培育技术提供理论参考和技术支撑。

（一）材料与方法

1. 试验设计

试验地点选在恩施烟草恩施科技园—望城坡片区，海拔 950m，供试品种为云烟87，供试育苗棚为温室规格32 m×24 m，漂浮育苗盘153孔标准盘，育苗池采用硬黑色聚氯乙烯压制为1.16m×0.56m。

设置4个处理：①2月10日播种；②2月20日播种；③3月1日播种；④3月10日播种。每个处理育4盘，其他主要育苗技术措施按"烤烟漂湿育苗规程"执行。

2. 测定项目

从2月10日至4月30日结束，每日定点监测8：00、14：00和18：00的棚外温度、棚内温度、基质温度和苗池水体温度；每5天调查1次苗高、茎围、叶数、主根系长，方法按烟草农艺性状调查标准方法（YC/T 142—1998）执行。

3. 最佳移栽期确定

根据恩施州生态条件，结合"三先"技术，在正常年景下低山地区（<800m）在4月20—25日为最佳移栽期；二高山地区（海拔<1200m）在4月25日至5月5日为最佳移栽期；高山地区（>1200m）在5月15日为最佳移栽期。

4. 统计分析方法

数据库建立和统计分析均采用Excel2007、DPS6.55和SPSS12.0软件进行。

（二）结果与分析

1. 不同播种期对烟苗生育期的影响

对不同处理烟苗生育期情况的统计（表4-2-13）可知：①随着播种时间推迟，烟苗各生育期均表现出不同程度推迟。但即使最晚3月10日播种的，也在4月21日左右达到成苗，这对于海拔900m区域来说，并不会影响大田移栽。②随着播种时间推迟，从播种到成苗时间表现出不同程度的缩短，但各处理从出苗到成苗的时间基本相近，差异主要表现在从播种到出苗时间方面。2月10日播种处理从播种到出苗时间达到40d，占整个育苗时间的61.5%；而3月10日播种处理的仅为17d，占整个育苗时间的41.5%。播种过早会引起从播种到出苗的时间太长，这一方面增加苗期用工成本，另一方面烟种胚乳养分消耗过多而影响后期烟苗素质。

表4-2-13 不同播种时期的烟苗生育期统计表

处理	播种时间（月/日）	出苗期（月/日）	小十字（月/日）	大十字（月/日）	成苗期（月/日）	苗龄（d）	育苗期（d）	出苗期占育苗期比例（%）
处理1	2/10	3/20	3/24	4/1	4/15	25	65	61.5
处理2	2/20	3/22	3/27	4/5	4/19	27	59	47.5
处理3	3/1	3/25	3/29	4/7	4/20	25	49	49.0
处理4	3/10	3/27	4/1	4/10	4/21	24	43	41.5

2. 不同播种期对成苗期农艺性状的影响

从不同播种期处理烟苗成苗期农艺性状情况（表4-2-14）可知，随着播种时间的推迟，最大叶叶面积逐步增大，各处理间差异达到显著水平；而茎围表现出下降趋势，2月10日和2月20日处理明显高于3月1日和3月10日处理。2月10日处理叶数显著少于其他三个处理。各处理茎长之间没有明显差异。主根长和根体积以2月20日和3月1日处理较高，显著高于其他两个处理。总体来看，在海拔900m区域，2月20日和3月1日播种具有较好的成苗素质。

表4-2-14 成苗后烟苗农艺性状的比较

播种时期	叶片大小（cm²）	主根长（cm）	叶数（片）	茎长（cm）	茎围（cm）	根体积（cm²）
2月10日	12.1d	15.2ab	3.8b	3.6a	0.64a	1.03a
2月20日	25.3c	21.4a	4.6a	3.7a	0.61ab	1.65a
3月1日	34.1b	22.4a	4.6a	3.3a	0.51b	1.61a
3月10日	49.4a	21.9a	4.6a	3.0a	0.51b	0.73a

注：①最大叶面积＝长×宽×0.6345；②同列数值后不同字母表示差异性达5%显著水平

3. 不同播种期烟苗各阶段温度差异性分析

（1）播种至出苗。从播种至出苗时期基质温度统计情况（表4-2-15）可以看出：①随着播种期的推迟，总积温量不断地下降，其中3月10日和3月1日相差近50℃。但有效积温和平均温度表现出增加趋势。说明总积温量可以影响烟苗出苗的早迟，但决定从播种到出苗时间长短的主要因素是有效积温和平均温度。②2月10日播种从播种到出苗天数长达40d，但有效积温日数只有14天，而后3个处理的有效积温天数均达到18d。说明播种期过早，其无效天数过多，会引起冻害、出苗不齐、用工成本上升等问题。

（2）出苗至大十字期。对小十字至大十字期基质温度统计分析（表4-2-15）可知：2月20日、3月1日以及3月10日播种3个处理的各指标间差异性不明显，各指标均比较稳定，其平均温度为16.0℃左右，有效积温天数约为13d，有效积温约为85℃。

表4-2-15　基质温度统计分析

时期	播种时间	总积温（℃）	有效积温（℃）	发育天数（d）	有效积温天数（d）	平均温度（℃）
播种至出苗	2月10日	377.3	52.3	40	14	9.4
	2月20日	349.7	60.0	32	18	10.9
	3月1日	295.3	65.6	25	18	11.8
	3月10日	246.2	66.2	18	18	13.7
出苗至大十字期	2月10日	162.9	42.2	12	11	13.6
	2月20日	234.0	94.0	14	14	16.7
	3月1日	207.9	77.9	13	13	16.0
	3月10日	223.8	83.8	14	14	16.0
大十字至成苗	2月10日	309.76	159.8	15	15	17.6
	2月20日	349.69	182.8	14	14	18.7
	3月1日	331.24	171.8	13	13	18.2
	3月10日	334.89	166.0	11	11	18.3
全生育期	2月10日	500	255.0	65	40	12.5
	2月20日	817.6	336.8	59	46	14.6
	3月1日	660	315.3	49	44	15.0
	3月10日	676.2	316.0	43	42	16.1

（3）大十字至成苗期。对大十字期和成苗温度统计分析可知：各处理在大十字期之后盘面温度保持在11℃之上，此阶段烟苗的发育天数较为稳定约为11d，大十字至成苗期该段有效积温较为稳定约在170℃，变异系数仅为6%，

远低于前几阶段有效积温的变异系数值，说明不同播种期对烟苗大十字至成苗期发育天数无影响，这与 4 月温度迅速攀升，即使播种期相差 1 个月，温度条件也很容易达到成苗期条件要求有关。

（4）全育苗期。对烟苗全育苗期角度分析可知，育苗期的平均温度和烟苗发育天数有一定的关系，一定范围内，平均温度越高、发育天数越短。但从有效积温和有效积温天数来判断，除 2 月 10 日播种处理外，其他处理的有效积温和有效积温天数，变化不大，有效积温平均在 320℃ 左右，有效积温天数在 42d 左右，说明在满足此有效积温条件，烟苗才能较为正常成苗。

4. 烟苗生长发育建模与分析

（1）模型建立。种子在萌发过程中发生形态组织、生理生化等方面的一系列变化。而早在 1973 年，Temay Ching 已对种子萌发过程细胞水平、生化水平上的有关变化进行了定性描述，之后 1984 年，Richter 等探明了植物生长遵循的 S 形生长规律，相继有很多描述植物生长的模型报道。但是，烟叶生产烟苗期只是烟株生长的前期阶段，通过统计发现难以用植物生长全生育期模型模拟烟苗苗期生长状况，本实验发现基本能用指数方程来定量描述烟苗各指标的发育状况。表 4-2-16 为不同播种期间的烟苗各生长指标与发育天数的回归方程，各回归方程中相关参数均通过统计检验，回归方程可靠有效，且方程绝对系数（R^2）均大于 0.95。

表 4-2-16　不同播种期烟苗生长回归方程

播种时期	根系长（cm）		叶数（片）		最大叶面积（cm²）	
	回归方程	R^2	回归方程	R^2	回归方程	R^2
2 月 10 日	$y = 0.1224e^{0.0663x}$	0.954	$y = 1.0447e^{0.0277x}$	0.971	$y = 4*10^{-7}*e^{0.2456x}$	0.997
2 月 20 日	$y = 0.132e^{0.0743x}$	0.936	$y = 0.5145e^{0.0414x}$	0.944	$y = 2*10^{-6}*e^{0.2465x}$	0.992
3 月 1 日	$y = 0.1764e^{0.0773x}$	0.954	$y = 0.8495e^{0.0386x}$	0.967	$y = 7*10^{-6}*e^{0.2583x}$	0.994
3 月 10 日	$y = 0.2525e^{0.0813x}$	0.963	$y = 0.8502e^{0.046x}$	0.963	$y = 6*10^{-5}*e^{0.259x}$	0.998

注：x 为发育天数，y 为对应烟苗各指标数据

（2）模型分析。对以上各回归方程求导可得不同播种期烟苗发育增长速率，生长发育速率散点图如图 4-2-2 所示。根据该图可知，不同播种时间下各烟苗指标在发育前期的发育增长速率相差较小，中后期的差距显著增大。为了

分析方便，以烟苗不同发育阶段为时间段，统计不同处理间烟苗各指标发育的平均速度，统计结果如表4-2-17所示。

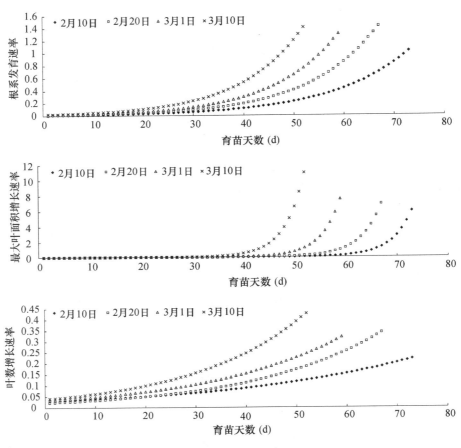

图 4-2-2　不同播种期烟苗生长发育速率对比

从主根发育速率来看（表4-2-17），不同播种期对出苗前主根生长速率的影响较小，从出苗后开始根系生长速率差异性逐步增大，2月20日的根系生长速率高于其他处理，而2月10日的根系生长速率最低，说明播种期的选择与烟苗主根生长速率由一定关系，出苗前期温度较低会降低出苗后主根的生长速率。但是较晚播种的处理主根发育速率也低于2月20日，说明育苗期平均温度较高也不会提高主根系的发育速度，所以合理选择育苗期对促进主根的发育有一定意义。

表4-2-17　不同阶段烟苗平均生长发育速率统计表

播种时期	根系长				叶面积				叶数			
	出苗-小十字	小十字-大十字	大十字-小耳	小耳-成苗	出苗-小十字	小十字-大十字	大十字-小耳	小耳-成苗	出苗-小十字	小十字-大十字	大十字-小耳	小耳-成苗
2月10日	0.14	0.20	0.43	0.85	0.00	0.02	0.34	3.23	0.09	0.11	0.15	0.20
2月20日	0.13	0.23	0.55	1.15	0.00	0.02	0.39	3.71	0.09	0.12	0.20	0.30
3月1日	0.11	0.19	0.46	1.01	0.00	0.01	0.31	3.61	0.09	0.12	0.19	0.28
3月10日	0.11	0.20	0.47	1.04	0.00	0.03	0.40	4.82	0.10	0.14	0.23	0.36

从叶面积增长速率分析来看：①叶片面积的发育速率在大十字期后出现一定差异，成苗期达到最大，3月10日播种的约是其他处理的1.5倍，说明育苗后期是叶面积增长的关键时期，其温度较高可快速提高烟苗叶片的增长速度；②从烟苗地上部分与地下部分速度比值来看，2月10日、2月20日、3月1日和3月10日的值分别为1.9、1.7、2.0和2.8，随着播种时间的推迟该比值先减后增，说明推迟播种期有利于地上部分的发育，但地下部分相对相对滞后，容易造成烟苗的吸收无机养分的能力低于植物需求，干物质积累能力受到抑制，成苗后水分含量偏高，烟苗抗逆能力差等问题，只有选择适当的时间点才会促进地下部分的生长，带动烟苗地上地下各组织器官协调发育。

对整个育苗期的有效叶数增长速率上分析来看，有效叶数增长速率随着播种时期推迟而增加，3月10日播种的处理是2月10日的1.6倍左右，以上情况与有效叶数增长速度与育苗期的平均温度有直接的关系，温度越高有效叶片数的增长速度越快。

5. 低山和高山区播种时期确定

（1）常规估算方法。根据不同播种期的温度差异分析中的相关论述和烟苗有效积温统计（表4-2-18），结合实际观察估算可知：烟苗整个生育期有效积温需达到320℃之上，有效天数大于40d才能保证成苗，其中播种—出苗的最低有效积温约为 60℃、有效天数约为 18d，出苗—大十字期有效积温约为 90℃、有效天数约为 13d，大十字—成苗期有效积温约为 170℃、有效天数约为 11d，才能保证成苗。根据此常规规律对低山和高山区播种期进行讨论。

表 4-2-18　不同播种期烟苗有效积温情况统计表

处　理	播种—出苗		出苗—小十字		小十字—大十字		大十字—成苗		育苗期	
	有效积温（℃）	有效天数（d）	有效积温（℃）	有效天数（d）	有效积温（℃）	有效天数（d）	有效积温（℃）	有效天数（d）	有效积温（℃）	有效天数（d）
2月10日	52.3	14	5.7	3	37.2	8	159.8	15	255.0	40
2月20日	60.0	18	33.0	5	61.0	9	182.8	14	336.8	46
3月1日	65.6	18	18.7	4	59.2	9	171.8	13	315.3	44
3月10日	66.2	18	27	5	56.8	9	166	11	316.0	42

根据对低山区有效积温统计（表 4-2-19）可知：①低山区 2 月中旬和下旬的有效积温值基本相当，但约为 2 月上旬的两倍，说明 2 月上旬的温度偏低，即使在 2 月上旬播种，有效积温的累积量也微乎其微，且低温条件下播种，对烟

表 4-2-19　低山和高山有效积温统计

类　别			2月			3月			4月			5月		
			上旬	中旬	下旬	上旬	中旬	下旬	上旬	中旬	下旬	上旬	中旬	下旬
低山	有效积温（℃）	值	9.3	17.6	19.9	32.8	52.4	71.4	87.8	104.5	121	135.3	141.7	173.3
		Cv.	95%	73%	67%	43%	34%	27%	18%	17%	14%	12%	11%	9%
	有效天数（d）	值	5.2	6.8	6.9	9	9.6	10.8	9.9	10	10	10	10	11
		Cv.	52%	43%	36%	16%	9%	5%	3%	0%	0%	0%	0%	0%
高山	有效积温（℃）	值	1.3	2.7	3.7	7.1	17.6	28.1	45.2	61.5	77.9	90.1	98.5	125.4
		Cv.	130%	90%	89%	78%	67%	58%	38%	30%	26%	26%	20%	18%
	有效天数（d）	值	1.5	2.4	3.2	3.7	6.2	8.2	9.3	9.7	9.8	9.8	9.9	10.9
		Cv.	56%	51%	53%	54%	41%	32%	16%	12%	10%	14%	11%	10%

注：外界有效积温统计的起始温度为 6℃

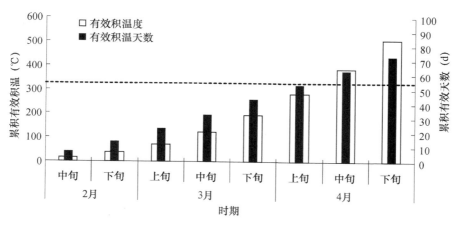

图4-2-3 低山区累积有效积温、有效天数统计

苗后期的生长速率有抑制作用，低山区的播种期应在2月上旬之后；②结合低山区累积有效积温统计图4-2-3发现，育苗如从2月中旬开始，到低山区4月中旬即能满足烟苗发育所需的有效积温条件，且此时间正是该区域的最佳移栽阶段，此结论与模拟情况相关，所以低山区在2月中旬播种较为适宜。

根据对高山区有效积温统计（表4-2-19，图4-2-4）可知：①高山区2

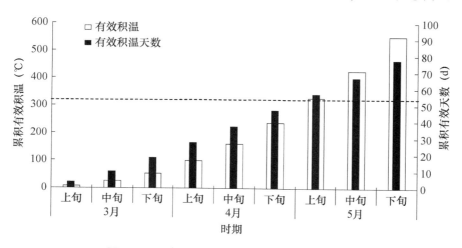

图4-2-4 高山区累积有效积温、有效天数统计

月有效积温量比较低，其总量只为3月上旬的有效积温量，说明2月的温度条件极不利与烟叶种子萌发，即使萌发、对烟叶后期的生长也会产生较大的影响，所以高山区的播种时间应选择在3月10日左右；②结合高山区累积有效积温统计图4-2-4发现，如高山区在3月15日左右播种，到5月上旬初步能满足烟苗发育所需的有效积温条件，此时段也是高山区的常规移栽期，此结论与模拟情况相关，综合考虑高山区3月上旬育苗棚内盘面温度略低于10℃，建议高山区在3月中旬播种，但需加强出苗前期育苗棚的保温措施，有条件地区可采取一定的增温措施，以优化育苗环境。

（2）建模判定方法。由上述论证分析可知，烟苗的生长发育受到有效积温的影响较大，且各阶段有效积温的稳定性较强，加之，烟苗根系、叶面积、叶数和发育天数有一定关系，以此二因素为自变量建立烟苗的生长发育模型具有较高的物理意义。

通过表4-2-20相关性分析和图4-2-5散点图可知，基质有效积温和发育天数与各指标均有显著的正相关性，说明通过二者是反应烟苗生长过程中根系长，叶数和单叶面积变化的重要因素。通过表4-2-21描述性统计可知根系长、叶面积、基质有效积温的峰度和偏度较高，通过自然对数变换后P-P图（图4-2-6）显示可近似为具有正态分布特点，建模数学意义较为明确，达到建立随机生长模型的基本要求。

表4-2-20 相关性分析

类别	根系长	叶数	单叶面积	盘面有效积温	发育天数
根系长	1				
叶数	0.82**	1			
单叶面积	0.87**	0.81**	1		
盘面有效积温	0.90**	0.87**	0.87**	1	
发育天数	0.79**	0.79**	0.74**	0.87**	1

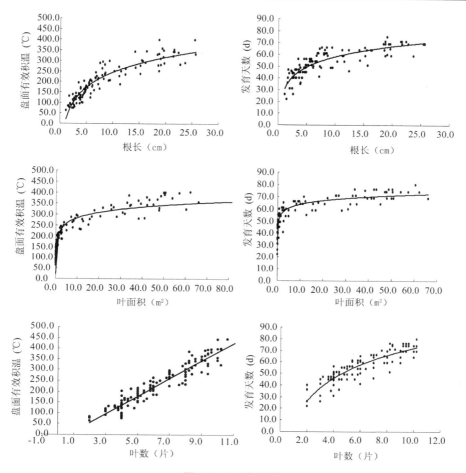

图 4-2-5 散点图

表 4-2-21 描述性统计

项目	根系长（cm）	叶数（片）	叶面积（cm²）	盘面有效积温（℃）	发育天数（d）
平均	8.8	6.2	13.3	223.1	55.6
标准差	6.6	2.4	19.0	98.1	12.5
峰度	-0.3	0.5	0.3	-0.9	-0.5
偏度	1.0	0.6	1.3	0.3	-0.2
最小值	1.2	2.0	0.0	63.0	22.0
最大值	25.7	16.0	65.9	445.8	80.0
观测数	133.0	133.0	133.0	133.0	133.0

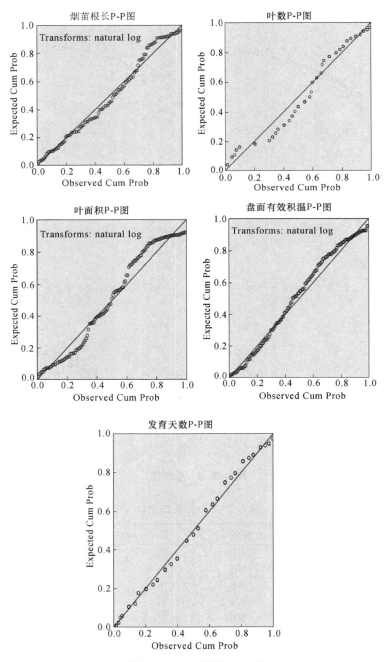

图 4-2-6　各指标 P-P 图

（3）建模结果。在 APSS16.0 平台下，以基质有效积温和发育天数为自变量，因变量分别为烟苗根长、最大叶叶面积和叶片数，建立烟叶育苗期间烟苗各指标的生长发育模型。

根据散点图及 P-P 图的特征，结合烟苗各指标发育特点，其各指标与有效积温（GDD）、发育天数（D）回归模型如表 4-2-22 所示。主根长、叶面积和叶数回归模型的 R^2 分别为 0.721、0.612 和 0.739，通过表 4-2-23、表 4-2-24 和表 4-2-25 可知各模型中参数均通过统计检验，可有效的描述烟苗生长发育过程。

表 4-2-22　二因素苗期生长模型

指　标	模　型
主根长	$y=-46.434+9.062\times\ln（GDD）+0.150\times D$
叶面积	$y=-121.550+21.057\times\ln（GDD）+0.417\times D$
叶数	$y=-14.026+3.397\times\ln（GDD）+0.040\times D$

注：育苗期间叶数回归模型最低有效模拟叶片数 4，模拟基础温度条件应 0~35

其中，$GDD = \sum\limits_{i=1}^{D} \begin{cases} 0 & T_i \leq T_b \\ (T_i - T_b) & T_i > T_b \end{cases}$，$T_i$ 为每日育苗基质平均温度，T_b 为烟苗生长发育起始温度，一般 T_b 为 10℃。

表 4-2-23　主根生长发育模型参数检验

	B	Std. Error	t	Sig.	R^2
常数项	−46.434	5.152	−9.013	0.000	
温度	9.062	1.452	6.240	0.000	0.721
发育天数	0.150	0.058	2.572	0.011	

表 4-2-24　叶面积生长发育模型参数检验

	B	Std. Error	t	Sig.	R^2
常数项	−121.550	15.874	−7.657	0.000	
温度	21.057	4.405	4.780	0.000	0.612
发育天数	0.417	0.169	2.462	0.015	

表 4-2-25　叶数生长发育模型参数检验

	B	Std. Error	t	Sig.	R²
常数项	−14.026	1.656	−8.468	0.000	
温度	3.397	0.460	7.390	0.000	0.739
发育天数	0.040	0.018	2.252	0.026	

（4）建模分析。根据二因素的烟苗生长发育模型基模型，结合盘温和棚外空气温度的回归方程，以低山和高山实测气象数据为基础，仅仅考虑温度和发育时间，模拟在此区域烟苗发育生长状况。收集整理 2014 年气象数据，低山区和高山区分别以 2 月 1 日和 3 月 1 日开始，以 2 月 20 日和 3 月 20 日结束时期，间隔 5 日对烟苗主根长、叶片大小、叶数进行模拟分析，并以根系长大于15cm、叶面积大于 25cm² 及真叶数大于 4 片作为成苗期标准推断成苗时间。

根据以上所述，对低山和高山区不同播种期烟苗生长进行模拟，各指标模拟情况见图 4-2-7，结合此模型模拟的成苗期标准，判定相应成苗期见表

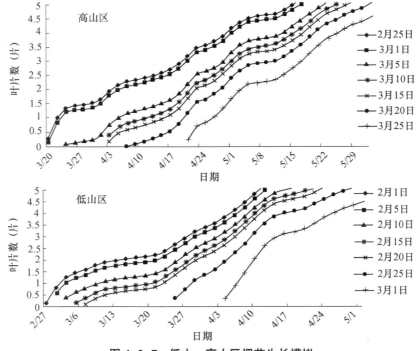

图 4-2-7　低山、高山区烟苗生长模拟

4-2-26。通过该表可知：低山区、高山区播种期分别从2月1日和2月20日起，每推迟5天，成苗期推迟1天至3天；低山区、高山区分别2月上旬和2月下旬播种的，其成苗期仅相差一天，可能与该段时期播种前期低温推迟成苗有关；结合模拟结果判定低山区、二高山区和高山区最佳播种期分别为2月中旬、3月上旬和3月中旬。

表4-2-26 低山、高山区成苗期模拟判定

| 区域 | 处理 | 模拟成苗期农艺性状 | | | 可移栽期 | 育苗天数 |
		根长（cm）	叶数（片）	叶面积（cm²）		（d）
低山区	2月1日	15.1	4.9	26	4月9日	61
	2月5日	15.4	5.1	26.7	4月10日	58
	2月10日	15.1	5	25.9	4月13日	56
	2月15日	15.1	5.1	25.6	4月16日	54
	2月20日	15.2	5.1	25.5	4月18日	51
	2月25日	15	5.1	25	4月20日	48
	3月1日	14.9	5.1	24.6	4月23日	46
高山区	2月20日	15.5	5	27.5	5月4日	66
	2月25日	15.6	5.1	27.4	5月5日	63
	3月1日	15.4	5	26.9	5月8日	61
	3月5日	15.4	5.1	26.7	5月10日	59
	3月10日	15.1	5.1	25.8	5月11日	55
	3月15日	15.2	5.1	25.8	5月14日	53
	3月20日	15.2	5.1	25.7	5月17日	51

（5）气温偏低下模拟结果。恩施州育苗期平均气温值最高与最低值相差2℃，且根据气象预测育苗期气温有可能继续走低，模拟分析低温胁迫下烟苗生长状况和成苗期具有实际意义。本段以2010年高山区气象数据为基础，假设气温分别降低0.5℃、1.0℃、1.5℃和2.0℃的条件下，模拟分析烟苗生长发育情况，并以已有的成苗标准判定成苗时间。

根据图4-2-8可推定，随着温度的较低，烟苗的出苗期逐步推迟，烟苗生长发育受到了不同程度的抑制。对气温偏低条件下对成苗天数影响（表4-2-

27）可知，温度下降越低影响越大，下降 0.5℃、1.0℃、1.5℃和 2.0℃分别推迟 2d、5d、8d 和 12d（表 4-2-27）。低温条件下对可移栽期（表 4-2-28）分析，低山区移栽期最长会推迟至 5 月上旬，二高山最长会推迟至 5 月中旬，高山海拔 1200m 处可能推迟至 5 月底，高山海拔 1300m 以上区域将进一步推迟，1600m 处可能推至 6 月 10 日（表 4-2-29）。说明低温条件对烟苗的可移栽期具有很较强的推后作用，且极端气候一般在育苗前期温度降低幅度较大，实际对成苗期推迟状况可能比模拟结果对烟叶生产危害性更大，湖北烟区小苗移栽技术具有实际意义。

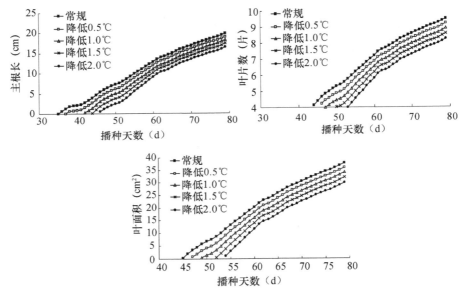

图 4-2-8　低温条件下烟苗生长模拟分析

表 4-2-27　低温条件下对成苗天数的影响

	模拟成苗期农艺性状成苗			成苗天数（d）
	根长（cm）	叶数（片）	叶面积（cm²）	
常规	15.44	5.1	26.74	46
降低 0.5℃	15.43	5.07	26.85	48
降低 1.0℃	15.59	5.07	27.43	51
降低 1.5℃	15.7	5.06	27.89	54
降低 2.0℃	16.88	5.1	28.78	58

表 4-2-28　低温条件下对可移栽期的影响

	低山区（2月15日播种）		低山区（2月20日播种）		高山区（3月5日播种）	
	成苗期	可移栽期	成苗期	可移栽期	成苗期	可移栽期
常规	4月16日	4月23日	4月26日	5月3日	5月10日	5月17日
降低0.5℃	4月18日	4月25日	4月28日	5月5日	5月12日	5月19日
降低1.0℃	4月21日	4月28日	5月1日	5月8日	5月15日	5月22日
降低1.5℃	4月24日	5月1日	5月4日	5月11日	5月18日	5月25日
降低2.0℃	4月28日	5月5日	5月8日	5月15日	5月22日	5月29日

表 4-2-29　低温条件下对高山区移栽期影响

	1200m	1300m	1400m	1500m	1600m
常规	5月17日	5月19日	5月22日	5月25日	5月29日
降低0.5℃	5月19日	5月21日	5月24日	5月27日	5月31日
降低1.0℃	5月22日	5月24日	5月27日	5月30日	6月3日
降低1.5℃	5月25日	5月27日	5月30日	6月2日	6月6日
降低2.0℃	5月29日	5月31日	6月3日	6月6日	6月10日

四、小苗"井窖式"移栽应用效果

（一）材料与方法

1. 试验地点

试验地选设在湖北省利川市凉雾乡水源村10组，海拔1115m。黄棕壤，土壤肥力均匀，排灌方便。种烟农户有多年的种烟经验、调制设备完备。

2. 试验设计

本试验共设置2个处理：即 T_1，常规地膜移栽；T_2，小苗井窖式移栽。采用随机区组设计，3次重复，种植密度为株行距 1.20m×0.55m，每个处理移栽180株，亩施纯氮 6.75 kg，$N:P_2O_5:K_2O=1:1.6:2.5$，其他主要栽培技术按照烟叶标准生产技术规程执行。

（二）结果与分析

1. 对烟株农艺性状的影响

表4-2-30表明，团棵期，小苗井窖式移栽处理的株高与常规移栽达到显

著差异，高 2.0cm，最大叶片面积达到显著差异，较常规移栽大 255.19cm²；成熟期，小苗井窖式移栽处理的株高、最大叶片面积和茎围与常规移栽达到显著差异，较常规移栽分别高 7cm、大 323.2cm²；和 1.35cm，从烟株的主要农艺性状来看，小苗井窖式移栽田间长势好于常规移栽。

表 4-2-30　不同处理主要农艺性状比较

处理	团棵期			成熟期			
	叶数（片）	株高（cm）	最大叶片面积（cm²）	叶数（片）	株高（cm）	最大叶片面积（cm²）	茎围（cm）
T₁	12.05a	45.45b	751.18 b	21.4a	100.8b	1315.3b	9.85b
T₂	11.4a	47.45a	906.37a	20.7a	107.8a	1638.5a	11.2a

2. 对主要病害的影响

从表 4-2-31 可以看出，T1 和 T2 处理赤星病发生情况差异达到显著，T2 发病率比 T1 低 4%，病情指数低 0.5；病毒病发生情况处理间无显著差异，但 T2 发病率比 T1 小 0.54%，病情指数小 0.29；表明小苗井窖式移栽烟株的抗逆性好于常规移栽。

表 4-2-31　不同处理主要病害比较

处理	赤星病		病毒病	
	发病率%	病情指数	发病率%	病情指数
T₁	8.2a	1.2a	4.43a	1.34a
T₂	4.2b	0.7b	3.89a	1.05a

3. 对经济性状的影响

从表 4-2-32 可以看出，产量方面无差异，产值、均价和上中烟率方面达到显著差异，T2 的亩产值为 3291.31 元/亩、均价 22.12 元/kg、上等烟率 42.54%，与 T1 达到显著差异，较 T1 分别高 159.01 元/亩、0.98 元/kg 和 8.35%；分别提高 5.08 个百分点、4.64 个百分点和 24.24 个百分点；主要经济性状结果表明，井窖式移栽的主要经济性状要优于常规移栽的烟叶。

表 4-2-32 不同处理主要经济性状比较

处理	亩产量（kg/亩）	亩产值（元/亩）	均价（元/kg）	上等烟率（%）	上中等烟率（%）
T_1	148.7a	3132.3b	21.14b	34.19b	85.21b
T_2	148.13a	3291.31a	22.12a	42.54a	87.06a

4. 用工成本比较

从表 4-2-33 可以看出，T2 比 T1 可减少劳动用工 0.72 个/亩，按当年劳动用工价格 80 元/（个工·天）计算，可降低生产用工成本 57.6 元/亩。

表 4-2-33 不同移栽方式用工及成本

处理	劳动用工（个/亩）			合计	用工成本	
	打孔	带水	带土		单价（元/个/天）	成本（元/亩）
TI	0.25	0.5	0.5	1.25	80	100
T2	0.13	0.2	0.2	0.53	80	42.4

五、小结

（1）小苗移栽为烟苗生长创造了适宜的气温条件，促进了烟苗早生快发，提高了烟株抗逆性，亩产值增加 159.01 元，劳动用工量减少 0.72 个/亩，降低生产成本 57.6 元/亩。由此可以看出，小苗"井窖式"移栽是一项适合恩施烟区的轻简化移栽技术。

（2）烟苗主根系长、叶数和最大叶面积随播种后天数、温度的变化情况可分别用 $y=-46.434+9.062\times\ln(GDD)+0.150\times D$、$y=-14.026+3.397\times\ln(GDD)+0.040\times D$、$y=-121.550+21.057\times\ln(GDD)+0.417\times D$ 3 个方程进行模拟。结合小壮苗标准和移栽时期，通过该方程推论得出低山地区（<800m）最佳播种为 2 月 20—25 日，二高山区（800~1200m）最佳播种期为 3 月 5—10 日，高山区（>1200m）最佳播种期在 3 月 15—20 日。

（3）通过开展不同苗盘密度对烟苗生长发育及烟叶产质量的影响，并分析了育苗成本和烟叶经济效益。结果表明：288孔育苗盘所育烟苗农艺性状、成苗率和综合生理生化指标与153孔和200孔所育烟苗无差异，但优于500孔育苗盘所育烟苗。使用288孔育苗盘的成本每亩可减少10元左右直接成本，劳动用工量减少0.5个/亩。

第三节　植烟土壤健康调控技术

一、酸化土壤改良技术研究

土壤酸化是土壤退化的主要表现形式，治理土壤酸化、维持土壤适宜pH值是调控土壤健康的重要手段之一。中国农业大学张福锁及其同事将20世纪80年代全国土壤普查的结果与过去十年进行的调查结果进行对比，中国几乎所有土壤类型的pH值下降了0.13~0.80个单位，即使是抗酸化的土壤类型，也显示其pH值下降，由此表明土壤酸化问题已成为制约我国农业可持续发展重要瓶颈。植烟土壤酸化引起土壤生产力下降、病害加重、烟叶产量降低和质量变劣等严重问题。本研究在全面分析恩施烟区土壤酸化现状的基础上，以施用生石灰为重点，开展治理酸化植烟土壤的关键技术研究与应用工作，取得了良好效果。

（一）植烟土壤酸化机理研究

1. 烟区降水酸碱状况及评价

（1）材料与方法。选择恩施州宣恩县、咸丰县和利川市进行。利川市取样点的设置采取以主产烟区乡镇（或县城）为中心，向主要烟区辐射的方向辐射，以5km的间距设置采样点，元堡乡烟草站距利川市城区5km左右，瑞坪村距利川市城区10km左右，东槽村距利川市城区10km左右，但与瑞坪村相距3km。宣恩县取样点的设置采取以主产烟区乡镇（或县城）为中心，向主要烟区辐射的方向辐射开，以5km的间距设置采样点，椒园镇烟草站距宣恩城区5km左右，椒园镇罗川收购组距宣恩县城10km左右，椒园镇荆竹坪收购组距宣恩城区15km左右。咸丰县取样点的设置采取以主产烟区乡镇（或县城）为中心，向主要烟区辐射的方向辐射，以10km的间距设置采样点，则高乐山镇小模村距县城 2km 左右，高乐山镇杉树园村距县城 10km 左右，咸丰县忠堡乡距县城约 20km 左右。

采样时间为利川市 7 月和 9 月，咸丰县 5 月和 7 月，宣恩县 9 月，共采集降水样 36 个，监测项目和分析方法按照《水和废水监测分析方法》所规定的采样和分析方法执行。

（2）结果与分析。利川市烟叶主产区的降水监测结果见表 4-3-1，利川市烟区降水的 pH 值 7 月为 6.1~7.5，9 月为 6.1~6.9；7 月和 9 月降水的 pH 值均随着离城区的距离增加呈逐渐升高的趋势，以利川市城区的降水 pH 值最低，均为 6.1，在元堡乡瑞坪村和东槽村的降水 pH 值基本在中性范围内。

表 4-3-1 利川市主产烟区降水监测结果

取样地点	2013 年 7 月 23 日	2013 年 9 月 10 日
利川市城区	6.1	6.1
利川元堡乡烟站	7.0	6.2
利川元堡乡瑞坪村	6.6	6.4
利川元堡乡东槽村	7.5	6.9

宣恩县烟叶主产区的降水监测结果见表 4-3-2，宣恩县烟区降水的 pH 值 9 月为 6.0~7.3，降水的 pH 值随着离城区的距离增加呈逐渐升高的趋势，其中以宣恩城区的降水 pH 值最低，达到 6.0，而在椒园镇罗川和荆竹坪收购组的降水 pH 值分别为 7.3 和 6.6，均在中性范围内。

表 4-3-2 宣恩县主产烟区降水监测结果

取样时间	取样地点	pH 值
2013 年 9 月 21 日	宣恩县城区	6.0
	宣恩县椒园镇烟草站	6.2
	宣恩县椒园镇罗川组	7.3
	宣恩县椒园镇荆竹坪	6.6

咸丰县烟叶主产区的降水监测结果见表 4-3-3，咸丰县烟区降水的 pH 值 5

月为 5.1~7.3，7 月为 5.5~6.7；在 5 月和 7 月的调查中，均以距离县城最近的小模村的降水 pH 值最低，分别为 5.1 和 5.5，而在烟区（忠堡乡和高乐山杉树园村）的降水 pH 值为 6.7~7.3，处于中性范围内。

表 4-3-3　咸丰县主产烟区降水监测结果

取样地点	2013 年 5 月 22 日	2013 年 7 月 2 日
咸丰县忠堡乡	6.7	6.7
咸丰高乐山杉树园村	7.3	6.7
咸丰高乐山镇小模村	5.1	5.5

通过对恩施州利川市、宣恩县和咸丰县的降水进行监测表明，恩施州降水的 pH 值以县城城区降水的 pH 值最低，利川市、宣恩县和咸丰县城区的降水平均 pH 值分别为 6.1、6.0 和 5.3，达到弱酸性至酸性范围，而在烟区降水的 pH 值在 6.4~7.5 范围内，基本属于中性范围，由此可见恩施烟区酸雨状况基本较少。

2. 连作对植烟土壤 pH 值影响状况分析

（1）材料与方法。在烟叶生长的成熟期，在相对集中的某一烟区分别选取连作年限为 0 年（种植其他作物）、1~2 年（轻度连作），3~5 年（中度连作），6~10 年和 10 年以上（重度连作）的烟田，各连作程度的田块均选择 3 块，每个调查点取土壤样品 0.5 kg 左右，在室内分析土壤 pH 值，阐明不同的烟叶连作程度与土壤 pH 值的关系。

（2）结果与分析。从图 4-3-1 可以看出，不同连作年限对烟区土壤的 pH 值影响没有明显变化。在宣恩点，随着烟叶连作年限的增加，土壤的 pH 值出现先降低后增加的趋势，其中以未种植烟草的 pH 值最高，平均 pH 值达到 5.5；而在种植 1~10 年的植烟土壤 pH 值的变化幅度为 4.8~5.0，在连作 10 年以上的植烟土壤中，土壤的 pH 值则出现升高的趋势。在咸丰点，随着烟叶连作年限的增加，土壤的 pH 值呈逐渐增加的趋势，其中以连作 10 年以上的土壤 pH 值最高，其平均 pH 值达到 5.8。

综合宣恩点和咸丰点的调查结果来看，不同烟叶连作年限对土壤的 pH 值没有明显影响。在本研究结果中，连作 10 年以上的植烟土壤的 pH 值均出现升高的趋势，这与娄翼来等的研究不一致，可能是由于长期连作导致烟叶病害高发，而烟农具有通过施用石灰对土壤消毒的习惯有关。

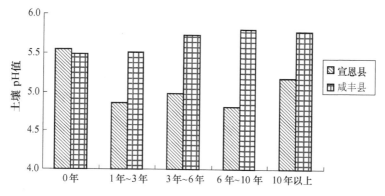

图 4-3-1 不同连作年限烟田土壤的 pH 值

3. 不同地势植烟土壤的 pH 值状况分析

在恩施州宣恩县和咸丰县的烟叶主产区，按照垄底、垄中和垄顶三个部位分别进行取样。由图 4-3-2 可知，咸丰县三角庄、梅坪和宣恩县水井坳三个调查点的土壤 pH 值变幅分别为 5.2~4.7、6.4~5.2 和 5.8~4.9，在三个调查点中均表现出随着地势由高到低，土壤的 pH 值呈逐渐降低的趋势，即垄顶的植烟土壤 pH 最高，垄中次之，而垄底的 pH 值最低，这可能由于土壤母质均为碳酸岩，地形不同致使土壤发育程度和钙镁的淋溶程度有关。

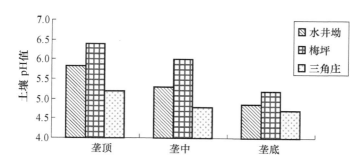

图 4-3-2 不同地势植烟土壤的 pH 值结果

4. 作物种类及其施肥量对土壤酸化的影响

（1）材料与方法。在恩施市分别选择果树、茶树、蔬菜（1 年 2 季或 1

季)、玉米-大豆、玉米-土豆、烟叶(1年1季)等种植作物(或模式)作为研究对象，2012年播种面积分别占恩施市旱地作物播种面积的2.6%、12.2%、19.4%、4.3%、17.0%和6.9%，累计占62.4%。

农户调查和土壤取样：全市共调查农户242份，其中种植果树6户，种植茶树52户，种植蔬菜36户，种植玉米-大豆70户，种植玉米-土豆105户，种植烟叶66户；共取土壤样品614份，其中果园22份，茶园98份，蔬菜地43份，玉米-土豆地349份，玉米-大豆地47份，烟叶地55份。

(2) 结果与分析。

①不同作物的施肥状况。从表4-3-4可以看出，不同作物施肥量存在很大差异。施氮量从高到低的顺序是茶树>玉米-土豆>蔬菜>玉米-大豆>烟叶>果树，茶树施氮量是其他作物(模式)的1.86~5.88倍，玉米-土豆模式年度施氮量虽然较高，但单季施氮量(统计表明玉米为21.5 kg/亩，土豆为9.5 kg/亩)低于蔬菜和茶叶；施磷量从高到低的顺序是蔬菜>烟叶>果树>玉米-土豆>茶树>玉米-大豆，蔬菜施磷量明显高于其他作物(模式)，种植玉米-大豆和茶叶的农户投入的磷肥最少；施钾量从高到低的顺序是烟叶>蔬菜>茶树>玉米-大豆>玉米-土豆，烟叶施钾量是其他作物(模式)的1.38~11.10倍。茶树、果树、蔬菜、玉米-土豆、玉米-大豆、烟叶的氮磷钾施肥配比分别为1：0.09：0.07、1：0.84：0.17、1：0.56：0.57、1：0.2：0.11、1：0.22：0.18、1：0.61：1.32，以种植茶叶施肥中投入的磷肥和钾肥比例最低，这表明在茶

表4-3-4　不同旱地作物施肥状况　　　　　　　　　　(kg/亩)

模式\施肥量	氮 (N)			磷 (P_2O_5)			钾 (K_2O)		
	平均值	范围	变异系数	平均值	范围	变异系数	平均值	范围	变异系数
茶园	55.7	8.5~138.6	0.5	5.30	0~18.8	1.15	4.00	0~30.0	1.72
果园	9.47	0~17.0	0.82	7.97	0~13.0	0.72	1.63	0~7.3	1.85
蔬菜	22.8	7.5~38.2	0.3	12.9	3.8~22.5	0.4	13.1	3.8~33.8	0.5
玉米-土豆	30.0	8.5~59.0	0.4	6.6	0~26.3	0.7	3.4	0~15.0	0.9
玉米-大豆	19.4	2.3~42.0	0.5	4.3	0.8~8.6	0.5	3.6	0~9.8	0.6
烟叶(烤烟和白肋烟)	13.7	5~32.5	0.5	8.4	3.0~20	0.4	18.1	4.5~40.0	0.4

树种植中磷肥和钾肥严重投入不足。农户在种植茶叶的过程中不仅施氮量高，而且氮磷钾肥施用量的变异大，这表明茶树施肥的随意性很大。不同作物（模式）中以烟叶和蔬菜施肥的变异最小，这与烟叶和蔬菜（多为高山蔬菜）的产业化程度高，技术指导到位有关。玉米-大豆和玉米-土豆的施氮量部分区域偏高，磷钾用量偏低。不同作物（模式）的施肥存在很大的差异，除了作物本身的养分特性差异外，农民的施肥习惯以及技术普及程度同样影响较大，这也往往是施肥不合理的重要原因。

②种植不同作物土壤 pH 值及与施肥的关系。从表 4-3-5 可以看出，本区域旱地土壤以酸性或者弱酸性为主。不同旱地作物（模式）土壤 pH 值以茶园最低（平均为 5.0），其中强酸性土壤（pH 值 <5.0）样点占整个样点的58.2%，酸性土壤（pH 值 <6.5）样点占整个样点的 80.6%，这表明茶园土壤酸化严重；其次为菜田和种植烟叶土壤（平均为 5.5），强酸性土壤（pH 值 <5.0）样点分别占整个样点的 25.6% 和 16.1%，酸性土壤分别占 63.6% 和56.4%；种植玉米-土豆和玉米-大豆的土壤 pH 值基本相当（pH 值分别为 5.7和 5.8）；果园土壤的 pH 值最高（平均为 6.0），其中中性以上的样点占 31.8%。

表 4-3-5　不同旱地作物的土壤 pH 值

统计	茶园	果园	蔬菜	烟叶	玉米-土豆	玉米-大豆
平均值	5.0	6.0	5.5	5.5	5.7	5.9
范围	3.8~6.7	4.7~8.1	3.9~7.9	3.8~7.4	3.1~8.2	4.5~8.0
变异系数	0.12	0.19	0.15	0.11	0.14	0.17

旱地土壤施氮量与土壤 pH 值呈现显著的负相关关系（r = -0.849，当 n = 6，$r_{0.05}$ = 0.75，$r_{0.01}$ = 0.87），而与施钾量和施磷量相关性不显著。施肥和利用方式会对土壤特性产生明显的影响，特别是不合理的施肥对土壤及环境造成负面影响。比较本区域几种作物和模式的施肥可以发现本区域茶园土壤的 pH 值明显低于其他作物（模式）土壤，这与茶园施氮量明显高于其他作物（模式）显著相关。林允钦等研究表明，茶树的适宜施氮量在 15 kg/亩左右，恩施市茶树施肥量远远高于前人的研究结果；蔬菜施氮量明显高于玉米（单季）及果园

的施氮量，相应的蔬菜土壤 pH 值也处于较低的水平，而果园土壤 pH 值则是所有作物（模式）土壤中最高的。这表明施氮量与土壤的 pH 值呈现显著的负相关关系，研究结论与张福锁等的研究结论一致。

5. 不同形态氮肥对山地黄棕壤致酸作用

（1）材料与方法。复合肥为烟草专用复合肥，其养分含量为 N：P_2O_5：K_2O = 10：10：20。每个处理设置 15 个重复，按照容重为 1.1g/cm^3，土层深度为 15cm 的方式进行设计，见表 4-3-6。

表 4-3-6　处理施肥设置表　　（1mL 加样量，单位 g/L）

处理	复合肥（10%N）	尿素（46%N）	硝酸钾（14%N）
CK（不施任何肥料）	0	0	0
施尿素 10kg N/亩		2.37	
施尿素 30kg N/亩		7.11	
施尿素 60kg N/亩		14.23	
施复合肥 10kg N/亩	10.91		
施复合肥 30kg N/亩	32.73		
施复合肥 60kg N/亩	65.45		
施硝酸钾 10kg N/亩			7.79
施硝酸钾 30kg N/亩			23.38
施硝酸钾 60kg N/亩			46.75

称取过 2mm 筛的相当于 12 g 烘干土的风干土 12.3 g（含水量为 2.3%）供试土壤 150 份，分别放入 100ml 离心管中，加 6ml 去离子水至田间持水量 60%，管口盖上封口膜，均匀的扎 3 个小孔透气，置于 25℃培养箱中培养。每两天打开培养箱门透气 1 小时，定期补充土壤损失的水分。预培养一周后按照表 4-3-6 中的加入量分别加入 1ml 相应浓度的溶液，并保持田间持水量 80%。分别在 3d、7d、14d、21d、28d 时测定，随机取出 3 份离心管加去 CO_2 蒸馏水 30mL（水土比 2.5：1），振荡 30min，用电极测 pH 值。

（2）结果与分析。

①尿素对土壤 pH 值的影响。由图 4-3-3 可知，随着培养时间的延长，施

用尿素处理的 pH 值呈先增加后降低的趋势，这可能是由于在培养初期由于尿素的水解作用，即 CO（NH_2）$_2$ 每水解成 1mol NH_4^+，需要消耗 1molH^+，土壤 pH 值升高，但是随着亚硝化和硝化细菌的作用，1mol NH_4^+ 氧化为 NO_3^-，则向环境中释放 2molH^+，整个过程净增加 1molH^+，土壤 pH 值降低。尿素在培养初期的 3~7d 时，土壤 pH 值达到最大值，这与佟德利等人的研究一致，土壤的 pH 值较 CK 处理提高了 0.3~1.0 个 pH 值单位；随后在培养后 28d 时，土壤的 pH 值较 CK 降低了 0~0.3 个 pH 值单位。在不同尿素施用量处理中，在培养初期，随着施用尿素量的增加，土壤 pH 值呈逐渐升高的趋势，但是在培养后期，土壤的 pH 值呈下降趋势，其中以施用 60kg N/亩处理的 pH 值下降幅度最大。

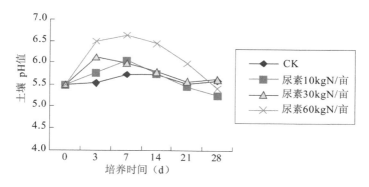

图 4-3-3 不同尿素施用量对土壤 pH 值的影响

②复合肥对土壤 pH 的影响。由图 4-3-4 可知，在整个培养过程中，施用复合肥处理的土壤 pH 值顺序为：复合肥 60kgN/亩>30kgN/亩>10kgN/亩，且在培养的 0~21d 内，施用 60kgN/亩处理的土壤 pH 值高于 CK 处理，这可能由于烟草专用复合肥中存在酰胺态氮和铵态氮，酰胺态氮通过水解作用可以吸收 H^+，而铵态氮硝化作用释放出 H^+，因此在施用高量复合肥时，由于酰胺态氮水解吸收的 H^+ 大于铵态氮硝化作用释放的 H^+，在培养的 21d 内，土壤 pH 值大于 CK 处理。在培养第 28 天时，施用复合肥处理的土壤 pH 值较 CK 处理降低了 0.2~0.6 个 pH 值单位。

③硝酸钾施用对土壤 pH 值的影响。由图 4-3-5 可知，当施用硝酸钾的量

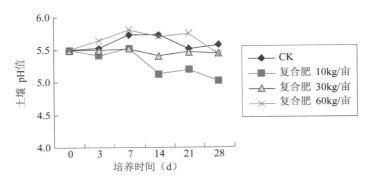

图 4-3-4 不同复合肥施用量对土壤 pH 值的影响

在 10~30kg/亩时，土壤 pH 值与 CK 处理差异不大，但是当施用硝酸钾的量在 60kg/亩时，在培养的 0~28d 内，土壤 pH 值均小于 CK 处理。

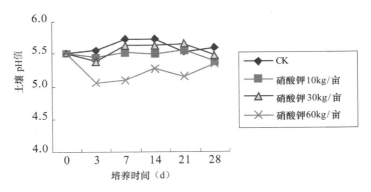

图 4-3-5 不同硝酸钾施用量对土壤 pH 值的影响

④三种形态的氮肥对土壤 pH 值影响的比较分析。选择尿素、复合肥和硝酸钾，按照 10kgN/亩的标准进行培养后土壤的 pH 值情况见图 4-3-6。在培养初期，施用尿素处理的土壤 pH 在 0~14d 内大于 CK 处理，但是随着培养时间的延长，土壤 pH 值呈大幅下降趋势；复合肥处理在培养 0~7d 内与施用硝酸钾处理无明显差异，但是随着培养时间的延长，土壤 pH 值呈逐渐下降趋势；硝酸钾在培养期间土壤的 pH 值变化不大；在培养第 28 天时，施用氮肥的土壤 pH 值均小于 CK 处理，土壤的 pH 值为施用硝酸钾>施用尿素>复合肥，且其土壤 pH 值较 CK 处理分别降低了 0.2、0.3 和 0.6 个 pH 值单位。

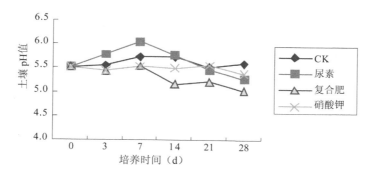

图 4-3-6 三种形态氮肥对土壤 pH 值影响的比较

6. 不同肥料配施对植烟土壤致酸效果的模拟实验

（1）材料与方法。

实验共设计 10 个处理：

①不施任何肥料（CK）。

②常规施肥（复合肥+硫酸钾+普钙）（ZS-1）。

③复合肥+硫酸钾+磷矿粉，即不足 P_2O_5 用磷矿粉补充（ZS-2）。

④复合肥+硫酸钾+钙镁磷肥，即不足 P_2O_5 用钙镁磷肥补充（ZS-3）。

⑤复合肥+硝酸钾+普钙（ZS-4）。

⑥复合肥+硝酸钾+磷矿粉，注：不足 P_2O_5 用磷矿粉补充（ZS-5）。

⑦复合肥+硝酸钾+钙镁磷肥，注：不足 P_2O_5 用钙镁磷肥补充（ZS-6）。

⑧尿素+硫酸钾+普钙（ZS-7）。

⑨尿素+硫酸钾+磷矿粉（ZS-8）。

⑩尿素+硫酸钾+钙镁磷肥（ZS-9）。

采用模拟降雨土柱淋洗方法，淋洗柱用白色 PVC 塑料管，直径 10cm，高度为 70cm，每盆装风干土 4kg。用双层尼龙网（孔径为 1mm）将管底包裹固定，确保尼龙网不脱落，铺 2 层筛网（孔径为 0.15mm）于管底，装风干磨碎后的供试土壤（土柱高 12cm）。铺平压实后再铺 1 层筛网（孔径为 0.15mm），将剩余土壤与肥料搅拌均匀填柱（该层土柱高 40cm），铺上 1 层孔径为 1mm 的尼龙网，最后覆盖 1cm 厚的石英砂（粒径为 5~6mm），调节土柱含水量到田间最大持水量。土柱安装在 PVC 管架上，下方用直径为 15cm 的托盘承接淋溶液体。施肥模式同田间常规操作，为了达到室内模拟试验的致酸效果，氮磷钾的用量增加至田间实际用量的 3 倍，即氮肥用量为 21kg/亩（即 0.56g/pot），N：P_2O_5：K_2O 配比为 1：1.2：3。

（2）结果与分析。

①对植烟土壤 pH 值/H_2O 值的影响。土壤 pH 值/H_2O 值是用无二氧化碳的蒸馏水，以水土比为 2.5：1 进行浸提后测定的结果，土壤 pH 值/H_2O 值表示土壤酸性强度。2012 年分析（图 4-3-7）表明，随着时间的推进，植烟土壤 pH 值/H_2O 值出现升高趋势，这可能是由于淋溶导致交换性酸离子的淋失所致。不同肥料配施对植烟土壤 pH 值/H_2O 值的影响不同，就复合肥和尿素的致

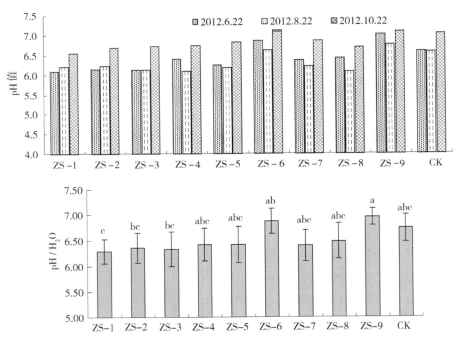

图 4-3-7　不同肥料配施对植烟土壤 pH/H_2O 值的影响

（上图为 2012、下图为 2013 年结果）

注：ZS-1：复合肥+硫酸钾+普钙；ZS-2：复合肥+硫酸钾+磷矿粉；ZS-3：复合肥+硫酸钾+钙镁磷肥；ZS-4：复合肥+硝酸钾+普钙；ZS-5：复合肥+硝酸钾+磷矿粉；ZS-6：复合肥+硝酸钾+钙镁磷肥；ZS-7：尿素+硫酸钾+普钙；ZS-8：尿素+硫酸钾+磷矿粉；ZS-9：尿素+硫酸钾+钙镁磷肥；CK：对照（不施肥）

酸效果而言，在 2012 年 6 月 22 日、8 月 22 日和 10 月 22 日 3 次取样中，施用尿素处理的植烟土壤 pH 值/H_2O 值较复合肥处理平均提高了 0.48、0.16 和 0.22 个单位，施用硝酸钾处理的植烟土壤 pH 值/H_2O 值比硫酸钾处理平均提高了 0.38、0.11 和 0.24；对于磷肥而言，施用普钙、磷矿粉和钙镁磷肥处理的植烟土壤 pH 值/H_2O 大小为钙镁磷肥>磷矿粉>普钙。

在 2013 年取样中，ZS-6 处理（复合肥+硝酸钾+钙镁磷肥）和 ZS-9（尿素+硫酸钾+钙镁磷肥）土壤 pH 值/H_2O 分别比不施肥的 CK 增加了 0.14 和 0.22 个 pH 值单位。与 CK 相比，ZS-1、ZS-2、ZS-3、ZS-4、ZS-5、ZS-7 和 ZS-8 土壤 pH 值/H_2O 值分别下降了 0.44、0.38、0.41、0.32、0.32、0.34 和 0.25 个 pH 值单位。

②对植烟土壤 pH 值/KCl 值的影响。pH 值/KCl 值（1.0mol/L 氯化钾溶液浸提）反映土壤中自由扩散于溶液中的 H^+ 和土壤胶体上吸附的部分可交换 H^+ 的浓度大小，表征土壤中酸的容量。由图 4-3-8 可知，ZS-6 处理（复合肥+硝酸钾+钙镁磷肥）和 ZS-9（尿素+硫酸钾+钙镁磷肥）土壤 pH 值/KCl 值显著高于其他处理，其土壤 pH/KCl 值较不施肥的 CK 处理分别提高了 0.14 和 0.15 个单位，这可能与钙镁磷肥性质和施用量有关，由于钙镁磷肥是化学碱性肥

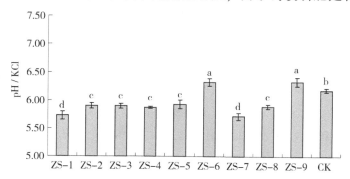

图 4-3-8 不同肥料配施对植烟土壤 pH/KCl 值的影响（2013 年）

注：ZS-1：复合肥+硫酸钾+普钙；ZS-2：复合肥+硫酸钾+磷矿粉；
ZS-3：复合肥+硫酸钾+钙镁磷肥；ZS-4：复合肥+硝酸钾+普钙；
ZS-5：复合肥+硝酸钾+磷矿粉；ZS-6：复合肥+硝酸钾+钙镁磷肥；
ZS-7：尿素+硫酸钾+普钙；ZS-8：尿素+硫酸钾+磷矿粉；ZS-9：
尿素+硫酸钾+钙镁磷肥；CK：对照（不施肥）

料，水溶液呈碱性（pH 值 9.60），通常用来改良酸性土壤。ZS-1（复合肥+硫酸钾+普钙）和 ZS-7（尿素+硫酸钾+普钙）的 pH 值/KCl 值显著低于其他处理，可见硫酸钾+普钙组合的致酸效果最强，这与硫酸钾和普钙（pH 值为2.50）是生理酸性和化学酸性肥料有关。

③对植烟土壤交换性盐基离子含量和盐基饱和度的影响。不同肥料配施对植烟土壤交换性盐基离子含量影响见表 4-3-7。就 Ca^{2+} 而言，ZS-6 和 ZS-9 与 CK 间差异较小，而 ZS-1、ZS-2、ZS-3、ZS-4、ZS-5、ZS-7 和 ZS-8 分别比 CK 降低了 17.0%、12.7%、23.5%、20.4%、21.7%、16.5%和 14.7%，且差异达到显著水平（$P<0.05$）。ZS-6 和 ZS-9 土壤 Mg^{2+} 含量最高，分别比 ZS-1、ZS-2、ZS-3、ZS-4、ZS-5、ZS-7、ZS-8、CK 增加了 27.3%和 33.9%、28.0%和 34.3%、23.9%和 30.3%、56.6%和 64.8%、52.8%和 60.7%、61.5%和69.9%、52.9%和60.9%、42.8%和50.3%，且处理间差异显著。CK 土壤 K^+ 含量显著低于其他处理，分别比 ZS-1、ZS-2、ZS-3、ZS-4、ZS-5、ZS-6、ZS-7、ZS-8 和 ZS-9 减少了 76.1%、76.1%、76.0%、75.8%、77.4%、78.4%、76.1%、73.1%和 69.2%。ZS-3 阳离子交换量显著低于 ZS-1、ZS-2、ZS-4、ZS-5、ZS-6、ZS-7、ZS-8、ZS-9 和 CK，且分别降低了 9.6%、9.3%、8.9%、10.0%、11.3%、7.8%、11.1%和 10.5%。交换性盐基总量的变化趋势和交换性 Ca^{2+} 相似，ZS-6 和 ZS-9 分别比 CK 增加了 6.5%和 11.1%，而 ZS-1、ZS-2、ZS-4、ZS-5、ZS-7 和 ZS-8 分别比 CK 减少了 8.2%、4.7%、12.5%、12.5%、13.4%、10.1%和 9.1%。CK 土壤的 BS 分别比 ZS-6 和 ZS-9 减少了 6.3%和 11.8%，而比 ZS-1、ZS-2、ZS-3、ZS-4、ZS-5、ZS-7 和 ZS-8 分别增加了 7.2%、2.8%、1.4%、11.7%、14.0%、7.4%和 10.2%，且 ZS-5 与 CK 间存在显著差异。

由上可知，长期施用化肥且经过降雨淋溶导致土壤中交换性盐基离子（Ca^{2+}、Mg^{2+}、K^+、Na^+ 等）的淋失，从而进一步加速土壤酸化。在本试验中，除了 K^+ 含量增加外，与不施肥相比，所有施肥处理土壤的交换性 Ca^{2+}、Mg^{2+} 和 Na^+ 均有不同程度的减少。而 ZS-6 处理（复合肥+硝酸钾+钙镁磷肥）和 ZS-9（尿素+硫酸钾+钙镁磷肥）处理土壤的交换性 Ca^{2+} 和 Mg^{2+} 含量却都增加，这可能是由于施用了较多的钙镁磷肥所致。交换性盐基离子含量变化

趋势为 $Ca^{2+}>Mg^{2+}\approx K^+>Na^+$。研究结果表明交换性 Ca^{2+} 是主要的交换性盐基离子，其次为交换性 Mg^{2+} 和交换性 K^+，这可能是由于本试验中所用钾肥较多，且未被植物吸收所致。本试验中，除了复合肥+硝酸钾+钙镁磷肥和尿素+硫酸钾+钙镁磷肥处理外，其他施肥处理均降低了植烟土壤的交换性盐基离子总量。

表 4-3-7　不同肥料配施对植烟土壤交换性盐基离子含量的影响　　　　　（cmol/kg）

处理	Ca^{2+}	Mg^{2+}	K^+	Na^+	交换性盐基总量	阳离子交换量	盐基饱和度
ZS-1	6.48±0.05c	0.90±0.19b	0.92±0.13a	0.23±0.06c	8.53±0.33 cd	11.36±0.32 a	75.17±4.03cd
ZS-2	6.82±0.77bc	0.90±0.12b	0.92±0.15a	0.23±0.02c	8.87±0.56 cd	11.32±0.29 a	78.44±7.08bcd
ZS-3	5.98±0.39c	0.93±0.17b	0.92±0.18a	0.31±0.06abc	8.14±0.31d	10.27±0.95 b	79.53±4.48bcd
ZS-4	6.22±0.42c	0.73±0.08b	0.91±0.14a	0.27±0.06bc	8.14±0.51d	11.28±0.52 a	72.14±2.00cd
ZS-5	6.11±0.34c	0.75±0.08b	0.97±0.13a	0.22±0.04c	8.06±0.16d	11.41±0.24 a	70.68±2.82d
ZS-6	7.51±0.55ab	1.15±0.09a	1.02±0.12a	0.23±0.02c	9.90±0.39 ab	11.58±0.34 a	85.64±5.22ab
ZS-7	6.52±0.32c	0.71±0.08b	0.92±0.18a	0.20±0.02c	8.36±0.58 cd	11.13±0.73 a	75.06±0.40cd
ZS-8	6.67±0.38c	0.75±0.10b	0.82±0.12a	0.23±0.04c	8.45±0.27 cd	11.55±0.37 a	73.16±1.89cd
ZS-9	8.00±0.68a	1.21±0.18a	0.71±0.48a	0.41±0.23ab	10.33±1.09 a	11.47±0.31 a	91.54±7.24a
CK	7.81±0.19a	0.81±0.10b	0.22±0.04b	0.47±0.05a	9.30±0.10 bc	11.54±0.15 a	80.60±1.36bc

注：ZS-1：复合肥+硫酸钾+普钙；ZS-2：复合肥+硫酸钾+磷矿粉；ZS-3：复合肥+硫酸钾+钙镁磷肥；ZS-4：复合肥+硝酸钾+普钙；ZS-5：复合肥+硝酸钾+磷矿粉；ZS-6：复合肥+硝酸钾+钙镁磷肥；ZS-7：尿素+硫酸钾+普钙；ZS-8：尿素+硫酸钾+磷矿粉；ZS-9：尿素+硫酸钾+钙镁磷肥；CK：对照（不施肥）。注：每纵列数值后标不同字母表示在5%水平差异显著，下同

④对植烟土壤酸碱缓冲能力的影响。土壤具有一定的酸碱缓冲性能，这种性能是土壤环境的基本性质之一，体现了土壤抵御酸化或碱化的能力，分析土壤酸碱缓冲能力的变化，可以在一定程度上预测土壤酸化趋势。由于土壤酸碱滴定曲线在pH值突跃范围内，所以可以近似地视为直线，即加酸、碱的量与土壤pH值呈线性相关，斜率b值表示加入单位量的酸、碱引起土壤pH值的变化量（$b=\Delta pH/\Delta C$），即为平均变化率，b的绝对值越大，表明土壤缓冲能力越差，因此以b的倒数表征土壤的酸碱缓冲能力。不同施肥处理土壤酸碱滴定曲线及其直线拟合如图4-3-9所示。

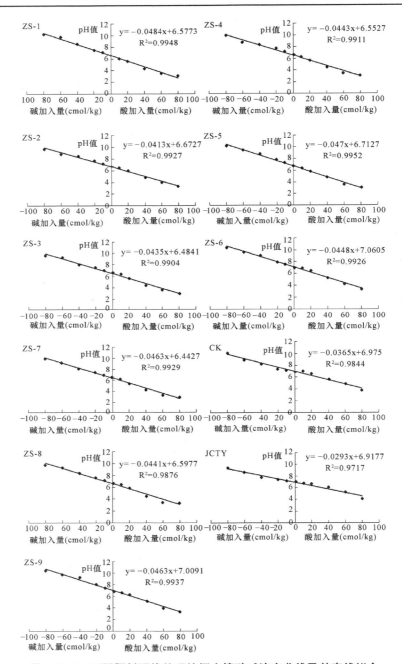

图 4-3-9　不同肥料配施处理植烟土壤酸碱滴定曲线及其直线拟合

通过对土壤酸碱滴定曲线进行直线拟合可以看出,与基础土壤相比,供试处理 b 值的绝对值均有不同程度的增加。统计分析结果(表 4-3-8)表明,各施肥处理土壤的酸碱滴定曲线均与土壤 pH 值呈显著的直线负相关,其决定系数(R^2)均大于 0.97,说明此方法对测定土壤的酸碱缓冲容量具有可行性。与 CK 相比,各施肥处理 b 值的绝对值也均有不同程度的增加。与不施肥相比,不同肥料配施在一定程度上均能降低植烟土壤酸碱缓冲容量,且降低比例达到 16.1%~24.4%。ZS-2、ZS-3、ZS-4、ZS-5、ZS-6、ZS-7、ZS-8 和 ZS-9 处理土壤酸碱缓冲容量分别比 ZS-1(复合肥+硫酸钾+普钙)提高了 16.1%、11.0%、8.4%、2.4%、7.3%、4.3%、9.2% 和 9.7%。复合肥与尿素,硫酸钾与硝酸钾,普钙、钙镁磷肥和磷矿粉对植烟土壤酸碱缓冲容量的影响差异不明显。

表 4-3-8 不同施肥处理土壤酸碱滴定曲线的直线拟合结果及其酸碱缓冲容量

处理	$Y = a + bX$		R^2	酸碱缓冲容量 (cmol/kg) /pH 单位
	a	b		
JCTY	6.9177	−0.0293	0.9717	34.14±0.99 a
ZS-1	6.5773	−0.0484	0.9948	20.88±2.90 c
ZS-2	6.7270	−0.0413	0.9927	24.24±0.04 bc
ZS-3	6.4841	−0.0435	0.9904	23.11±2.68 bc
ZS-4	6.5527	−0.0443	0.9911	22.63±1.91 bc
ZS-5	6.7127	−0.0470	0.9952	21.38±2.28 c
ZS-6	7.0605	−0.0448	0.9926	22.39±2.08 bc
ZS-7	6.4427	−0.0463	0.9929	21.77±2.73 bc
ZS-8	6.5977	−0.0441	0.9876	22.81±2.67 bc
ZS-9	7.0091	−0.0463	0.9937	22.91±3.31 bc
CK	6.9750	−0.0365	0.9844	27.63±3.27 b

⑤交换性盐基离子含量与植烟土壤 pH 值的关系。通径分析即在多元回归的基础上将相关系数分解为直接通径系数和间接通径系数。在本研究中,Ca^{2+}

含量与 pH 值的相关系数 = Ca^{2+} 含量与 pH 值的直接通径系数 + Ca^{2+} 通过其他交换性盐基离子对 pH 值的间接通径系数（Ca^{2+} 与 Mg^{2+} 的相关系数×Mg^{2+} 的直接通径系数 + Ca^{2+} 与 K^+ 的相关系数×K^+ 的直接通径系数 + Ca^{2+} 与 Na^+ 的相关系数×Na^+ 的直接通径系数）。从表 4-3-9 可以看出，pH 值/H_2O 值与 Ca^{2+} 含量具有极显著的正相关（$P = 0.000$）。Ca^{2+} 和 K^+ 含量对 pH 值/H_2O 值的直接影响（正相关）达到了显著水平（$P=0.000$，$P=0.042$），而 Mg^{2+} 含量的直接影响（负相关）也达到了显著水平（$P= 0.012$）。同时还可以看出，Ca^{2+} 通过对其他盐基离子 pH/H_2O 值的间接影响也都较大。Ca^{2+}、Mg^{2+} 和 Na^+ 含量与 pH 值/KCl 值均具有显著的正相关性（$P= 0.022$，$P=0.007$，$P=0.013$）。对于通径系数而言，Ca^{2+} 和 Mg^{2+} 含量对 pH 值/KCl 值的直接影响（正相关）达到了显著水平（$P=0.028$，$P=0.029$）。

表 4-3-9　交换性盐基离子含量与 pH/H_2O 值和 pH/KCl 值相关性

相互关系		pH/H_2O				pH/KCl			
		Ca^{2+}	Mg^{2+}	K^+	Na^+	Ca^{2+}	Mg^{2+}	K^+	Na^+
相关系数		0.719**	0.117	-0.284	0.273	0.674**	0.694**	-0.118	0.404*
通径系数		0.928**	-0.527*	0.482*	0.330	0.389*	0.513**	-0.030	0.203
间接通径系数	Ca^{2+}		0.389	-0.353	0.266		0.163	-0.148	0.112
	Mg^{2+}	-0.221		-0.182	-0.074	0.163		0.178	0.072
	K^+	-0.147	0.167		-0.279	0.011	-0.010		0.017
	Na^+	0.158	0.046	-0.191		0.058	0.028	-0.118	
	Total	-0.209	0.602	-0.727	-0.087	0.233	0.181	-0.088	0.201

注：**表示差异达到极显著水平（$P<0.01$），*表示差异达到显著水平（$P<0.05$），下同

⑥基于土壤交换性盐基离子含量与 pH 值的聚类分析。由于影响土壤 pH/H_2O 值和 pH/KCl 值的交换性盐基离子的因素很多，因此很难用某一个指标来评价不同肥料配施处理后植烟土壤 pH 值和交换性盐基离子的变化情况。分层聚类把诸多因素指标值最相似的聚为一类，能够达到全面地评价不同肥料配施效果。从图 4-3-10 可以看出，ZS-1、ZS-7、ZS-8、ZS-2、ZS-3、ZS-4 和 ZS-5 比较接近，而 ZS-6 和 ZS-9 也比较接近，而 CK 单独分为一类。

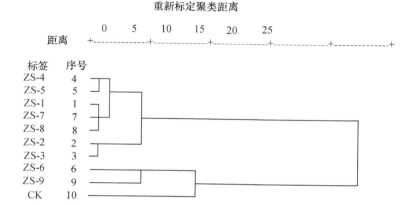

图 4-3-10 不同施肥处理分层聚类分析

（二）强酸植烟土壤治理技术研究

1. 酸化治理效果模拟实验

（1）材料与方法。模拟实验共设计 10 个处理，具体实验处理设置如下：

①不施石灰，对照处理（CK）。

②石灰 50kg/亩（SH-1）。

③石灰 100kg/亩（SH-2）。

④石灰 150kg/亩（SH-3）。

⑤石灰 200kg/亩（SH-4）。

⑥石灰 50kg/亩+白云石粉 100kg/亩（SH-5）。

⑦石灰 50kg/亩+白云石粉 150kg/亩（SH-6）。

⑧石灰 50kg/亩+白云石粉 200kg/亩（SH-7）。

⑨石灰 100kg/亩+有机肥 100kg/亩（SH-8）。

⑩石灰 100kg/亩+有机肥 200kg/亩（SH-9）。

采用模拟降雨土柱淋洗方法，淋洗柱用白色 PVC 塑料管，直径 10cm，高度为 70cm，每盆装风干土 4kg。用双层尼龙网（孔径为 1mm）将管底包裹固定，确保尼龙网不脱落，铺 2 层筛网（孔径为 0.15mm）于管底，装风干磨碎后的供试土壤（土柱高 12cm）。铺平压实后再铺 1 层筛网（孔径为 0.15mm），将剩余土壤与肥料搅拌均匀填柱（该层土柱高40cm），铺上1层孔径为1mm的尼龙网，最后覆盖1cm厚的石英砂（粒径为5~6mm），调节土柱含水量到田间最大持水量。土柱安装在PVC管架上，下方用直径为15cm的托盘承接淋溶液体。施肥模式同田间常规操作，为了达到室内模拟试验的致酸效果，氮磷钾的用量增加至田间实际用量的3倍，即氮肥用量为21kg/亩，$N : P_2O_5 : K_2O$ 配比为 $1 : 1.2 : 3$。

（2）结果与分析。

①对土壤pH值的影响。从图4-3-11可以看出，石灰施用30天时（6月22号取样），随着石灰用量的增加，土壤pH值逐渐增加，施用石灰50kg/亩、100kg/亩、150kg/亩和200kg/亩处理的土壤pH值分别比CK提高了0.2、0.6、1.2和1.3个单位。对于石灰与白云石粉配施而言，随着白云石粉用量的增加，土壤pH值也逐渐增加，配施白云石粉100kg/亩、150kg/亩和200kg/亩处理的土壤pH值分别比单施石灰处理（石灰用量50kg/亩）提高了0.45、0.59和0.67个单位。同时，在施用100kg/亩石灰的基础上，增加有机肥料的用量也能提高土壤pH值。

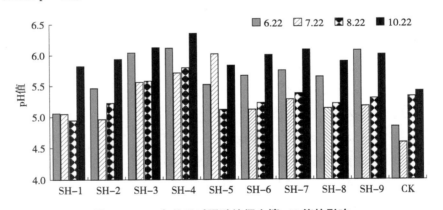

图4-3-11　各处理对强酸植烟土壤pH值的影响

注：SH-1：石灰50kg/亩；SH-2：石灰100kg/亩；SH-3：石灰150kg/亩；SH-4：石灰200kg/亩；SH-5：石灰50kg/亩+白云石粉100kg/亩；SH-6：石灰50kg/亩+白云石粉150kg/亩；SH-7：石灰50kg/亩+白云石粉200kg/亩；SH-8：石灰100kg/亩+有机肥100kg/亩；SH-9：石灰100kg/亩+有机肥200kg/亩；CK：对照（不施肥）

石灰施用60d时（7月22号取样），土壤pH值均出现下降。石灰施用90天（8月22号取样）时，土壤pH值维持在一个相对稳定的水平。此时仅施用石灰150kg/亩和200kg/亩处理比对照土壤pH值分别升高0.25和0.46个单位。石灰施用150天时（10月22号取样），各处理土壤pH值均有较大程度地升高，可能是由于随着淋溶的进行，土壤中交换性酸不断地淋失所致。此时施用石灰50kg/亩、100kg/亩、150kg/亩和200kg/亩处理分别比CK增加了7.6%、9.6%、13.1%和17.4%。石灰配施白云石粉和有机肥的处理较纯施石灰处理对提高土壤pH值作用并不明显。

总体看来，在整个试验时期，石灰用量介于50~200kg/亩时，能够使土壤pH值提高0.18~0.95个单位；与SH-1（单施50kg/亩石灰）相比，增施不同量的白云石粉能够使土壤pH值提高0.28~0.40个单位；而在施用100kg/亩的石灰基础上增施不同量的有机肥使土壤pH值增加作用并不明显。

②对土壤交换性酸的影响。从图4-3-12和图4-3-13可以看出，各处理土壤pH值和交换性酸总量呈相反的趋势。施用30d（6月22号取样）时，CK处理的pH值最低，只有4.60左右，而其交换性酸总量达到1.74cmol·kg^{-1}，显著高于其他处理。在施用30d时，随着石灰施用量的增加，土壤交换性酸总量逐渐降低，处理间差异达到显著水平（$P<0.05$）。施用60d（7月22号取

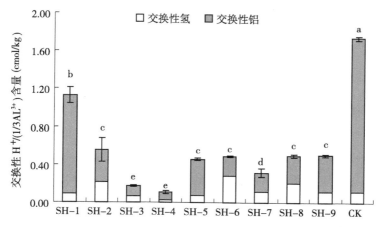

图4-3-12 各处理对强酸植烟土壤交换性酸的影响（6月22日取样）

注：图中不同字母表示交换性酸总量差异显著，下同

样）时，施用石灰 200kg/亩、150kg/亩、100kg/亩处理土壤交换性酸总量分别比施用 50kg/亩处理降低了 88.5%、69.2%和 7.7%。对于石灰与白云石粉配施而言，施用 30d（6 月 22 号取样）时，配施白云石粉 100kg/亩、150kg/亩和 200kg/亩处理的土壤交换性酸总量分别比 SH-1（石灰用量为 50kg/亩）降低了 59.3%、56.6%和 71.7%；而至施用 60 时（7 月 22 号取样）后，配施白云石粉 100kg/亩、150kg/亩和 200kg/亩处理的土壤交换性酸总量分别比 SH-1 降低了 69.2%、46.2%和 15.4%。对于石灰与有机肥配施而言，与 SH-2（石灰用量为 100kg/亩）相比，配施有机肥 100kg/亩和 200kg/亩处理土壤交换性酸总量于施用 30 天时分别降低了 55.8%和 55.8%，于施用 60 天时分别降低了 15.4%和 11.5%。

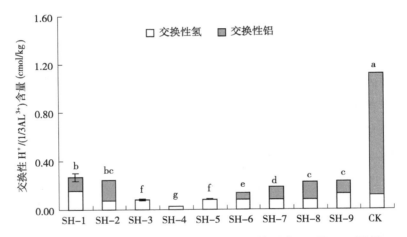

图 4-3-13　各处理对强酸植烟土壤交换性酸的影响（7 月 22 日取样）

③对土壤交换性盐基离子含量的影响。由表 4-3-10 可知的，各处理的土壤交换性钙含量均高于 CK，其中施用石灰 200kg/亩、150kg/亩、100kg/亩处理与对照之间的差异达到显著水平。各处理的土壤交换性镁含量均显著高于 CK。各处理对土壤交换性钾和钠含量的影响较小。各处理均显著增加了土壤交换性盐基总量，施用石灰 50kg/亩、100kg/亩、150kg/亩和 200kg/亩处理分别比 CK 增加了 31.1%、57.4%、52.7%和 74.4%。较纯施石灰而言，配施有机肥和白云石粉对提高土壤交换性钙、镁、钾钠以及土壤交换性盐基总量的影响不大。

表 4-3-10　各处理对强酸植烟土壤交换性盐基离子含量的影响（cmol/kg）

处　理	交换性钙	交换性镁	交换性钾	交换性钠	交换性盐基总量
JCTY	1.44	1.95	0.66	0.22	2.71
SH-1	3.27±0.92abc	0.58±0.11c	0.48±0.09a	0.22±0b	4.55±0.84b
SH-2	3.93±0.96ab	0.79±0.16b	0.49±0.08a	0.25±0.02b	5.46±0.95ab
SH-3	3.86±0.31ab	0.74±0.02bc	0.49±0.09a	0.21±0.02b	5.30±0.20ab
SH-4	4.52±0.60a	0.83±0.14b	0.48±0.09a	0.23±0.02b	6.05±0.41a
SH-5	3.27±0.96abc	0.74±0.02bc	0.46±0.10a	0.22±0a	4.68±0.89b
SH-6	3.11±0.69bc	0.85±0.07b	0.46±0.10a	0.20±0.03a	4.63±0.55b
SH-7	3.34±0.60abc	1.01±0.11a	0.45±0.09a	0.20±0.03a	5.01±0.41ab
SH-8	3.47±0.78abc	0.71±0.03bc	0.46±0.10a	0.20±0.03a	4.84±0.65b
SH-9	3.66±0.38abc	0.72±0.01bc	0.46±0.10a	0.20±0.03a	5.05±0.28ab
CK	2.33±0.59c	0.43±0.04d	0.48±0.14a	0.24±0.09a	3.47±0.48c

从图 4-3-14 可以看出，各处理对植烟土壤阳离子交换量的影响较小。对于盐基饱和度而言，不同改良措施都能在不同程度上增加植烟土壤的盐基饱和度。与 CK 相比，施用石灰 50kg/亩、100kg/亩、150kg/亩和 200kg/亩处理的土壤盐基饱和度分别增加了 29.3%、56.1%、54.9%和 74.8%，且差异均达到显著水平（P<0.05）。较纯施石灰而言，配施有机肥和白云石粉对提高土壤交换性钙、镁、钾钠以及土壤交换性盐基总量的影响不大。

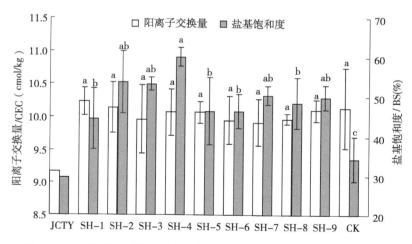

图 4-3-14　各处理对强酸植烟土壤阳离子交换量和盐基饱和度的影响

④土壤 pH 值与交换性盐基离子相互关系。由 pH 值与交换性盐基离子的相关性（图 4-3-15）可知，土壤中交换性钙、交换性钠和交换性盐基总量均与 pH 值呈显著相关，说明生石灰对土壤 pH 值的改良效果主要是通过增加交换性盐基总量，特别是交换性钙的含量，即使交换性钠与 pH 值呈负相关性，由于其浓度较小，所以不能改变交换性钙含量和交换性盐基总量的正相关性。

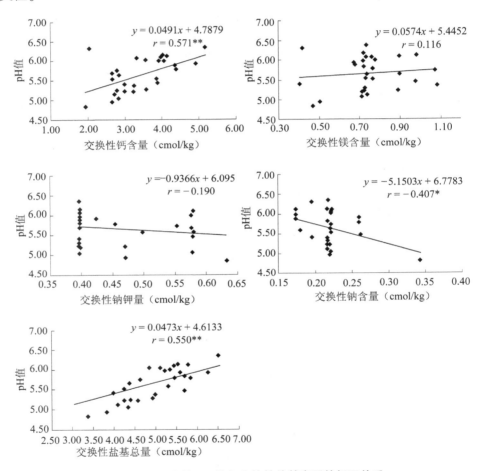

图 4-3-15　土壤 pH 值与交换性盐基离子的相互关系

2. 酸化治理的大田试验研究

（1）材料与方法。基础土壤的理化性状为：pH 值 4.7，属于强酸性，有机质 27.7 g/kg，碱解氮 180.6mg/kg，速效磷 69.2mg/kg，速效钾 325.7mg/kg。共设置 6 个处理（如下），各处理定位连续三年（2012—2014 年）施用。

常规施肥（F）；常规施肥+复配土壤改良剂（石灰 50kg/亩，白云石粉 100kg/亩）（FLM1+DO）；常规施肥+50kg/亩石灰（FLM1）；常规施肥+75kg/亩石灰（FLM2）；常规施肥+100kg/亩石灰（FLM3）；常规施肥+125kg/亩石灰（FLM4）。

（2）结果与分析。

①对土壤 pH 值的影响。从表 4-3-11 可知，施用石灰处理提高了土壤的 pH 值，相对于不施石灰处理（F），2012 年土壤 pH 值提高了 0.4~1.0 个单位、2013 年提高了 0.5~1.4 个单位、2014 年提高了 0.4~1.6 个单位。2012 年石灰+白云石粉处理（FLM1+DO）的 pH 值与纯施石灰处理的差异不大，但是在 2013 年和 2014 年，石灰+白云石粉处理（FLM1+DO）的 pH 值显著高于 FLM1 处理，分别提高了 0.8 和 1.2 个单位，这说明施用白云石粉在短期内对土壤 pH 值的提升有限，而随着连续施用年限的增加，白云石粉对土壤 pH 值的提升作用开始显现。

表 4-3-11　不同石灰施用量对土壤 pH 值的影响

处理编码	2012		2013		2014	
	pH	△pH	pH	△pH	pH	△pH
F	5.0	—	4.7c	—	4.3c	—
FLM1+DO	5.4	0.4	6.0a	1.3	5.9a	1.6
FLM1	5.6	0.6	5.2b	0.5	4.7b	0.4
FLM2	5.4	0.4	6.1a	1.4	5.3ab	1.0
FLM3	6.0	1.0	6.1a	1.4	5.4ab	1.1
FLM4	5.7	0.7	6.0a	1.3	5.9a	1.6

注：△pH 指较 F 处理提高的 pH 值单位

②对土壤交换性盐基离子的影响。从表 4-3-12 可知，施用石灰等碱性物质主要增加了土壤中交换性钙和交换性镁含量，但对土壤中交换性钾和交换性钠含量影响不大；施用石灰后，土壤中钙离子、镁离子含量、盐基总量和盐基

饱和度均呈不同程度的增加趋势，且均以施用石灰100kg/亩和125kg/亩两个处理最高，2012年、2013年和2014年土壤的盐基总量较不施石灰处理（F）分别提高了71.6%和189.9%、38.2%和128.1%、116.11%和137.3%，盐基饱和度较不施石灰处理（F）分别提高了21.1~50.8、12.2~44.2和46.7~53.2个百分点；石灰+白云石处理（FLM1+DO）的土壤交换性镁含量于2013年和2014年较不施石灰处理（F）分别提高了120.6%和182.9%。

表4-3-12　不同石灰施用量对土壤交换性盐基及盐基饱和度的影响

（coml/kg）

	处理编码	1/2Ca^{2+}	1/2Mg^{2+}	K$^+$	Na$^+$	盐基总量	阳离子交换性量	盐基饱和度（%）
2012年	F	1.22	0.33	0.92	0.1	2.57	10.35	24.89
	FLM1+DO	2.82	0.68	1.0	0.11	4.62	10.04	45.98
	FLM1	3.48	0.75	0.58	0.11	4.93	9.82	50.21
	FLM2	3.05	0.6	0.6	0.16	4.41	9.57	46.12
	FLM3	4.99	0.91	0.74	0.14	6.77	10.21	66.29
	FLM4	5.46	0.91	0.97	0.11	7.45	9.85	75.66
2013年	F	1.63c	0.63b	0.8a	0.11a	3.17c	9.46a	33.61 c
	FLM1+DO	4.12ab	1.39a	0.71a	0.16a	6.39ab	9.84a	64.95ab
	FLM1	2.7b	0.74b	0.83a	0.11a	4.38b	9.57a	45.76b
	FLM2	5.41a	1.07ab	0.71a	0.12a	7.31a	9.57a	76.40a
	FLM3	5.54a	1.06ab	0.57a	0.09a	7.23a	9.29a	77.83a
	FLM4	4.98ab	1.04ab	0.8a	0.22a	7.04a	9.33a	76.05a
2014年	F	2.07	0.76	0.79	0.29	3.91	10.10	38.67
	FLM1+DO	6.33	2.15	0.77	0.33	9.57	10.80	88.64
	FLM1	6.47	1.20	0.64	0.24	8.55	9.75	87.27
	FLM2	5.86	1.35	0.86	0.38	8.45	9.93	85.37
	FLM3	6.35	1.21	0.78	0.22	8.55	9.95	86.37
	FLM4	6.69	1.38	0.93	0.28	9.28	10.06	91.85

　　由上可知，施用石灰等碱性物质增加了土壤中交换性钙和交换性镁的含量，提高了土壤的盐基总量和盐基饱和度，而石灰配施白云石粉明显提高了土壤中交换性镁的含量，避免了单施石灰引起的钙镁比例失调。长期连续 3 年施用石灰等碱性物质，土壤中的盐基饱和度达到了 85.4% ~ 91.9%，可见连续施用 3 年石灰已达到预期修复目的，可暂缓 1~2 年施用石灰。

　　③对土壤微生物区系的影响。从表 4-3-13，施用石灰等碱性物质增加了土壤中放线菌的数量，在施用石灰后 60d 时，2012 年、2013 年和 2014 年的土壤放线菌数量较不施石灰处理（F）分别提高了 20.0% ~ 88.8%、33.3% ~ 50.0% 和 44.1% ~ 118.0%，这可能是由于在强酸性土壤中输入石灰等碱性物质后，提高了土壤的 pH 值，改善了放线菌生长的酸碱度，从而刺激了放线菌的生长。施用石灰等碱性物质对土壤中真菌的影响不大；土壤中细菌以及微生物总量在连续施用 3 年后较不施石灰处理（F）处理有升高的趋势，但细菌的数量随着施用石灰量的增加呈降低的趋势。

表 4-3-13　不同石灰施用量对土壤微生物区系的影响　　（cfu/g）

处理编码	2012 年				2013 年				2014 年			
	细菌 $\times 10^6$	真菌 $\times 10^4$	放线菌 $\times 10^5$	总量 $\times 10^6$	细菌 $\times 10^6$	真菌 $\times 10^4$	放线菌 $\times 10^5$	总量 $\times 10^6$	细菌 $\times 10^6$	真菌 $\times 10^4$	放线菌 $\times 10^5$	总量 $\times 10^6$
F	9.5	13.9	8.0	10.4	21.9	9.0	18.0	23.8	15.1	5.5	22.2	17.4
FLM1+DO	5.6	12.9	13.5	7.1	18.5	8.6	24.0	21.0	18.8	6.0	40.3	22.9
FLM1	8.0	15.8	9.6	9.1	26.4	9.2	27.0	29.2	18.8	5.1	48.4	23.6
FLM2	14.7	13.4	15.1	16.3	20.3	11.5	24.0	22.8	12.3	4.9	32.0	15.5
FLM3	12.8	14.5	13.6	14.3	17.2	4.5	26.0	19.8	17.1	5.6	38.9	21.0
FLM4	10.9	12.6	13.4	12.4	16.2	9.5	24.0	18.7	16.6	4.3	43.1	20.9

　　④对烟株生长的影响。从表 4-3-14，施用石灰及白云石粉等酸性改良剂的烟株株高、有效叶数、茎围、最大叶长和最大叶宽较不施石灰处理（F）均有不同程度的提高。在施用石灰处理中，2012—2013 年，不同施用石灰量处理的烟株各项农艺性状差异不大，但是在 2014 年调查结果表明，随着石灰用量的提高，各相关农艺性状指标均呈逐渐增加的趋势。

表 4-3-14　石灰施用量对强酸性土壤中烟叶农艺性状的影响（旺长期）

年份	处理	株高（cm）	茎围（cm）	最大叶长（cm）	最大叶宽（cm）	有效叶片数（片）
2012 年	F	80.3	10.7	60.3	25.7	20.6
	FLM1+DO	81.7	10.6	62.1	27.3	21.8
	FLM1	90.9	11.2	62.6	27.8	21.2
	FLM2	85.7	10.7	61.5	25.3	21.7
	FLM3	86.9	10.9	61.4	26.1	22.2
	FLM4	86.0	11.1	60.1	24.9	22.0
2013 年	F	62.1	6.2	51.6	21	11.9
	FLM1+DO	72.7	6.7	52	23.2	13.2
	FLM1	73.7	6.3	54.2	22.1	14.1
	FLM2	71.5	6.3	55.3	22.3	14.5
	FLM3	78.5	6.5	54.9	22.1	14.1
	FLM4	70.8	6.6	53.2	21.5	13.8
2014 年	F	95.4	–	74.2	28.2	21.3
	FLM1+DO	91.5	–	74.6	27.9	23.5
	FLM1	93.3	–	72.9	28.9	22.7
	FLM2	96.1	–	74.4	30.0	22.7
	FLM3	99.1	–	76.6	30.1	22.5
	FLM4	102.7	–	76.3	30.7	22.2

　　⑤对烟草根茎部病害的影响。从表 4-3-15 可知，施用石灰能降低了根茎部病害的发病率和发病指数。特别是在成熟期时，随着施用石灰量的增加，烟株的发病率和发病指数呈下降的趋势，施用 100kg/亩和 125kg/亩石灰两个处理的发病率和发病指数要显著低于对照。

　　⑥对经济性状的影响。由表 4-3-16 可知，由于试验田块根茎部病害的发病率较高，2012 年的发病率在 57.9%～89.5%，2013 的发病率在 88.2%～100.0%，2014 年增加了施肥量，同时加强了根茎部病害的防治工作，烟叶的产量和产值有较大的提高。2012 年时不同处理间的烟叶产量未达到显著差异，

表 4-3-15 不同石灰施用量对烟叶根茎部病害的影响

	旺长期		成熟期	
	发病率（%）	病指	发病率（%）	病指
F	38.4	–	82.8±14.9a	48.3±14.5a
FLM1+DO	23.2	–	66.7±10.1a	36.0±0.5ab
FLM1	42.4	–	81.8±18.4a	46.1±12.5ab
FLM2	17.2	–	68.7±16.7a	31.6±5.0ab
FLM3	17.2	–	59.6±9.7a	26.8±2.6b
FLM4	18.2	–	57.6±6.1a	27.0±4.5b

而于 2013—2014 年，当施用石灰量达到 75kg/亩、100kg/亩、125kg/亩时的产量和产值均显著高于不施石灰处理（F），且表现出随着施用石灰量的增加而增加趋势。石灰+白云石配施处理（FLM1+DO）的烟叶产量和产值于 2014 年才显著高于不施石灰处理（F）。可见白云石粉和石灰配施对当季的作物增产有限，这可能是由于白云石粉属缓效的矿物类改良剂，随着时间的延长，其降酸补镁的效果方才显现。

表 4-3-16 不同石灰施用量对烟叶产量产值的影响

处理编号	2012 年			2013 年			2014 年		
	产量（kg/亩）	产值（元/亩）	均价（元/kg）	产量（kg/亩）	产值（元/亩）	均价（元/kg）	产量（kg/亩）	产值（元/亩）	均价（元/kg）
F	63.3a	1122.1b	17.8	43.0b	404.9b	9.4	100.5c	1320.6c	13.1
FLMDO	67.4a	1120.0b	16.9	32.7b	375.8b	11.5	130.4ab	2160.0a	16.6
FLM1	65.3a	1107.9b	16.7	34.2b	332.2b	9.7	110.1b	1641.0b	14.9
FLM2	69.5a	1331.6ab	19.4	55.7a	757.1a	13.6	120.0ab	2000.6ab	16.7
FLM3	72.5a	1425.0ab	19.7	61.4a	814.2a	13.3	118.8ab	1962.7ab	16.5
FLM4	78.7a	1621.6a	20.5	55.7a	648.5a	11.6	140.0a	2312.4a	16.5

（三）小结

（1）烟区降水的 pH 值在 6.4~7.5 范围内，基本属于中性范围，酸雨不是导致恩施烟区土壤酸化的主要因子；不同连作年限对烟区土壤的 pH 值影响没有明显变化，在恩施烟区耕作条件下，烟草连作也可能不是土壤酸化的主要因子；就地势来看，随着地势由高到低，土壤的 pH 值呈逐渐降低的趋势。

（2）不同旱地作物施氮量与 pH 值之间呈现显著的负相关，施氮量最高的茶园土壤 pH 值最低，其次为蔬菜和烟叶。大量施用化学肥料特别是氮肥是导致恩施烟区土壤酸化的主要因子。不同形态氮肥对土壤的致酸作用有差异，硝态氮的影响最小。随着复合肥和尿素的施用量增加，土壤酸化程度愈加严重，而不同硝酸钾施用量对土壤 pH 值影响并不大。酸化后土壤中交换性 Ca^{2+}、Mg^{2+}、K^+ 含量以及 Ca^{2+} 饱和度是直接影响酸强度的主要因素，而交换性 Ca^{2+} 和 Mg^{2+} 含量与饱和度是直接影响酸容量的主要因素。

（3）总体来看，施用等量元素的情况下，肥料种类的致酸强度为：复合肥>尿素、硫酸钾>硝酸钾、普钙>磷矿粉>钙镁磷肥。在不同肥料种类配施处理中，以复合肥+硫酸钾+过磷酸钙和尿素+硫酸钾+过磷酸钙配施处理致酸效果最强；复合肥+硝酸钾+钙镁磷肥和尿素+硫酸钾+钙镁磷肥配施处理对土壤致酸的影响不大。

（4）施用石灰、白云石粉等碱性改良剂均能够提高土壤 pH 值，其中以施用生石灰效果最好。改良剂对酸化土壤的修复主要是通过降低交换性酸含量和增加交换性盐基（特别是交换性钙）总量，而引起土壤盐基饱和度和土壤对酸的缓冲能力的增加。

（5）在强酸性土壤中，施用石灰及白云石粉等碱性物质明显促进了烟叶的生长，明显地降低了根茎部病害的发病率和发病指数，烟叶的产量和产值增加。连续 3 年施用石灰等碱性物质，土壤中的盐基饱和度达到了 85.4% ~ 91.9%，基本达到预期修复目的，应暂缓 1~2 年施用石灰。

二、绿肥施用技术研究

在诸多生产要素中，气候、土壤等生态是影响烟叶风格特征的第一因子，降雨、光照等气候生态因子是难于调控的，而土壤肥力、土壤物理、生物学性质等生态因子会随着生产周期的延长而发生变化，也会由于不科学的利用而导致土壤健康失调。烟叶长期连作导致的土壤连作障碍一直是大家十分关注的问题。烟草长期连作会引起土壤养分失调、微生物区系失调、病害发生加重、烟株生长发育失调等问题，因为连作障碍而导致的烟叶质量下降、产量降低、生育状况变差是全国大部分烟区面临的共性问题。如何解决或减轻烟草的连作障碍，对烟区土壤的健康状况进行调控和还原，保持烟区生态条件和烟叶质量的稳定性，研究者们提出了一些建议，广大烟区也开展了一些尝试。施用有机肥和种植绿肥是公认的有效调控措施，但随着农村劳动力的逐渐减少、机械化普及程度的提高，农家肥的资源越来越少，农民施用的农家肥的数量已经远不及过去，因此希望通过施用农家肥改良土壤已经不现实。自 2006 年以来全国一些烟区开展了烟草-绿肥模式的探索，应用面积也越来越大，但对绿肥的翻压量、翻压时期以及绿肥与化肥的配合等一系列关键技术问题并没有充分的研究予以支撑，土壤健康调控的效果、克服连作障碍的机理也没有充分的验证，本研究旨在通过试验探索烟草-绿肥模式对烟区土壤健康调控和生态还原的效果以及关键技术。

（一）材料与方法

1. 绿肥最佳翻压量研究

试验布置在湖北恩施恩施现代烟草农业科技园。设 9 个处理，三次重复，随机区组排列。小区面积 27m²。不同处理施肥量及方法见表 4-3-17。2009 年绿肥翻压日期为 4 月 28 日，烟叶移栽日期为 5 月 18 日；2010 年绿肥的翻压日期为 4 月 27 日，烟叶移栽日期为 5 月 21 日。

表 4-3-17 不同处理的施肥设计

处理名称	施肥方法
1.85% 化肥 + 绿肥量 1（F1GM1）	翻压 7500kg·hm⁻² 绿肥，化肥施用量为处理 9 的 85%，施肥方式同处理 9。
2.85% 化肥 + 绿肥量 2（F1GM2）	翻压 15 000kg·hm⁻² 绿肥，化肥施用量为处理 9 的 85%，施肥方式同处理 9。
3.85% 化肥 + 绿肥量 3（F1GM3）	翻压 22 500kg·hm⁻² 绿肥，化肥施用量为处理 9 的 85%，施肥方式同处理 9。
4.85% 化肥 + 绿肥量 4（F1GM4）	翻压 30 000kg·hm⁻² 绿肥，化肥施用量为处理 9 的 85%，施肥方式同处理 9。

（续表）

处理名称	施肥方法
5. 70%化肥+绿肥量1（F2GM1）	翻压7500kg·hm⁻²绿肥，化肥施用量为处理9的70%，施肥方式同处理9。
6. 70%化肥+绿肥量2（F2GM2）	翻压15 000kg·hm⁻²绿肥，化肥施用量为处理9的70%，施肥方式同处理9。
7. 70%化肥+绿肥量3（F2GM3）	翻压22 500kg·hm⁻²绿肥，化肥施用量为处理9的70%，施肥方式同处理9。
8. 70%化肥+绿肥量4（F2GM4）	翻压30 000kg·hm⁻²绿肥，化肥施用量为处理9的70%，施肥方式同处理9。
9. 当地常规施肥（F）	100%施用化肥，$N:P_2O_5:K_2O=N:P_2O_5:K_2O=1:1.2:3$，施氮7kg·667m⁻²；磷肥作为基肥一次性施入，氮肥和钾肥基：追=7:3。氮肥在烟草移栽后的7~10d追施，钾肥在移栽后30d左右结合培土追施。

注：绿肥作为基肥一次性翻压，绿肥鲜草含N约0.5%，P_2O_5约0.12%，K_2O约0.47%。基肥养分不足部分用化肥补充

2. 绿肥最佳翻压时期研究

试验布置在湖北恩施恩施现代烟草农业科技园。试验设4个处理，三次重复，随即区组排列。小区面积25.9m²。

处理1（简称FDP1）、处理2（简称FDP2）和处理3（简称FDP3）分别设计为移栽前30d、20d和10d翻压绿肥。2009年处理1在4月9日翻压，处理2在4月19日，处理3在4月29日，计划5月8日移栽。由于天气和烟苗原因，烟叶移栽时间推迟到5月17日。移栽期均推迟了9天，即FDP1、FDP2和FDP3分别为移栽前39d、29d和19d翻压绿肥；常规施肥处理施肥时间为移栽前19d。2010年同样根据天气情况分别调整为提前34d、24d和14d翻压；常规施肥处理施肥时间为烟叶移栽前14d。

绿肥的翻压量为15 000kg·hm⁻²。本地常规施肥量为氮105kg·hm⁻²，本试验化肥用量为85%的常规施肥量，氮、磷、钾的比例为1:1.2:3。

3. 翻压绿肥对土壤化学和生物性质的影响

试验布置在湖北恩施恩施现代烟草农业科技园；试验处理见"翻压量试验"和"翻压期试验"。在团棵期、旺长期、成熟期采烤采取土样，进行土壤微生物区系、微生物量碳、土壤酶活性、土壤活性有机质以及土壤速效养分测定。

土壤 pH 值、有机质、碱解氮、速效磷、速效钾、全氮、全磷、全钾、缓效钾测定方法见《土壤农化分析》；土壤微生物区系采用平板涂布法；微生物量碳采用氯仿熏蒸培养法；土壤活性有机质用 333mmol·L^{-1} KMnO$_4$氧化法测定，土壤脲酶采用苯酚-次氯酸钠比色法；磷酸酶采用磷酸苯二钠比色法；过氧化氢酶采用高锰酸钾滴定法。

（二）结果分析

1. 绿肥最佳翻压量研究

（1）不同绿肥翻压量对烟株生长发育的影响。施肥处理烟株农艺性状明显好于不施肥的对照（CK）处理；与全部施用化肥相比，在 85% 化肥用量和 70% 化肥用量下，翻压绿肥后对农艺性状影响不大，仅有 70% 化肥用量下绿肥翻压量为 7500kg·hm^{-2} 处理株高、叶长、叶宽等指标稍低，这说明 7500kg·hm^{-2} 的绿肥翻压量太低，营养供应不能满足烟株生长的需要。总体来说除翻压量为 750kg·hm^{-2} 的处理外不同的绿肥翻压量对烟株的农艺性状没有显著的影响（图 4-3-16）。

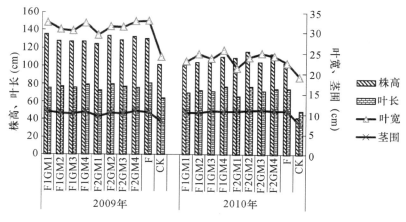

图 4-3-16　不同处理对烟株农艺性状影响

（2）对烟株干物质累积的影响。在团棵期，翻压绿肥有助于烟株根茎叶的生长，其根茎叶的生物量均高于单施化肥处理，根、茎、叶的生物量比 100% 化肥处理分别提高了 10.3% ~ 43.5%、18.2% ~ 64.7%、20.2% ~ 43.1%，烟株生物量最大的为 70% 化肥条件下翻压量为 15 000kg·hm^{-2} 和 22 500kg·hm^{-2} 的

2个处理（F2GM2和F2GM3），在翻压绿肥处理中，施用70%化肥处理的生物量均高于施用85%化肥的处理。在旺长期，烟株生物量的表现趋势与团棵期一致，翻压绿肥处理除F2GM1外，根茎叶的生物量均高于单施化肥处理，在施用70%化肥的处理中，随着翻压绿肥量的增加，烟株根茎叶的生物量逐渐增加；在施用85%的化肥处理中，翻压绿肥量与烟株的生物量无明显规律，其中以翻压30 000 kg·hm^{-2}的处理（F1GM4）的根茎叶的生物量最大。在成熟期，以翻压绿肥7500kg·hm^{-2}的处理（F1GM1）的生物量明显低于单施化肥处理，在施用70%化肥的处理中，翻压绿肥量的增加能明显地促进烟株根茎叶的生长；而在施用85%化肥的处理中，以翻压15 000kg·hm^{-2}的处理（F1GM2）的根茎叶生物量最高（表4-3-18）。

表4-3-18 不同处理烟株干重 (g·株$^{-1}$)

处理编号	团棵期				旺长期				下部叶成熟期			
	根	茎	叶	总重	根	茎	叶	总重	根	茎	叶	总重
F1GM1	4.80	4.73	24.29	33.82	9.64	19.11	59.44	88.19	67.29	114.53	203.59	385.41
F1GM2	4.08	4.42	23.18	31.69	8.27	17.98	66.18	92.43	80.11	119.12	256.65	455.88
F1GM3	4.22	4.73	23.84	32.79	8.44	16.87	58.92	84.23	64.91	112.05	185.59	362.55
F1GM4	4.33	4.79	24.56	33.68	9.65	22.79	68.44	100.88	71.27	115.65	221.67	408.59
F2GM1	4.58	4.71	24.23	33.52	6.25	16.50	46.63	69.38	58.22	111.17	189.04	358.43
F2GM2	5.26	6.16	28.24	39.66	9.06	20.76	65.58	95.40	69.22	128.37	208.88	406.47
F2GM3	5.31	5.17	26.73	37.21	10.57	23.41	73.70	107.68	76.71	122.70	221.80	421.21
F2GM4	5.21	5.22	26.50	36.93	12.02	24.65	81.16	117.82	82.82	137.15	244.89	464.85
F	3.70	3.74	19.74	27.17	8.43	16.56	57.29	82.27	72.02	114.99	207.27	394.29
CK	1.15	1.75	7.11	10.01	1.74	3.13	13.92	18.79	16.79	21.85	69.71	108.35

从以上的分析可以看出，翻压绿肥有促进烟株干物质累积的作用，施用70%化肥的处理中，以翻压30 000kg·hm^{-2}的处理（F2GM4）生物量最高；施用85%化肥的处理中，以翻压15 000kg·hm^{-2}的处理（F1GM2）生物量最高，这说明在化肥施用量少的情况下，绿肥对烟株生长的促进作用明显，而在化肥施用量高的情况下，绿肥的促进作用不明显，这在一定程度上说明绿肥可以替

代部分的化肥。

（3）对烟株养分吸收的影响。所有翻压绿肥处理烟株氮素吸收量均大于100%化肥处理，表明翻压绿肥可以提高土壤的供氮能力，促进烟株对氮素的吸收，氮素累积量增加5.2~62.0%，平均增加35.5%。氮素累积量最大的为施用85%化肥翻压15 000kg·hm^{-2}的处理（F1GM2），而翻压量最低的为施用70%化肥翻压7500kg·hm^{-2}的处理（F2GM1），总体看烟株氮素累积量有随绿肥翻压量的增加而增加的趋势，施用85%化肥2组处理烟株氮素累积量高于施用70%化肥的一组。

烟株磷素累积量与翻压绿肥的量和化肥的施用量关系密切，翻压量为7500kg·hm^{-2}时，无论是70%还是85%化肥烟株的磷素累积量均低于常规施肥处理，翻压量达到15 000kg·hm^{-2}以上时烟株磷素的累积量大于常规施肥处理，增加幅度为1.5~19.7%，平均为6.7%；施用85%化肥一组处理烟株磷素累积量稍高于施用70%化肥的一组。

烟株钾素累积量表现出与磷素相似的规律。仅F2GM4、F1GM4、F1GM2三个翻压绿肥处理钾素累积量高于常规施肥处理，其他处理均低于常规施肥处理，表明在翻压绿肥降低化肥用量的条件下，烟株的钾素累积量有降低的趋势；施用70%化肥的一组处理烟株钾素的累积量明显低于施用85%化肥的一组处理，施用70%化肥的一组处理除翻压量为30 000kg·hm^{-2}的处理外钾素累积量均低于常规施肥处理，特别是施用70%化肥翻压7500kg·hm^{-2}的处理（F2GM1）钾素累积量较常规施肥处理降低了19.0%；烟株钾素的累积量有随绿肥翻压量增加而增加的趋势（表4-3-19）。

表4-3-19 下部叶成熟期烟株氮、磷、钾累积量　（g·株$^{-1}$）

处理编号	氮累积量				磷累积量				钾累积量			
	根	茎	叶	全株	根	茎	叶	全株	根	茎	叶	全株
F1GM1	0.74	1.53	4.65	6.93	0.09	0.15	0.33	0.56	0.26	1.15	2.45	3.85
F1GM2	0.99	1.67	5.94	8.59	0.11	0.18	0.45	0.74	0.26	1.20	2.96	4.43
F1GM3	0.78	1.54	3.71	6.03	0.11	0.29	0.38	0.78	0.25	0.97	2.16	3.39
F1GM4	0.88	1.61	5.33	7.82	0.11	0.15	0.41	0.67	0.30	1.12	2.88	4.30
F2GM1	0.54	1.18	3.86	5.58	0.08	0.14	0.40	0.62	0.23	0.86	2.10	3.18

（续表）

处理 编号	氮累积量				磷累积量				钾累积量			
	根	茎	叶	全株	根	茎	叶	全株	根	茎	叶	全株
F2GM2	0.71	1.66	4.61	6.97	0.10	0.19	0.39	0.68	0.26	1.17	2.36	3.79
F2GM3	0.81	1.93	4.62	7.36	0.10	0.18	0.37	0.65	0.30	1.18	2.40	3.87
F2GM4	1.02	1.95	5.19	8.16	0.14	0.25	0.40	0.79	0.31	1.49	2.68	4.48
F	0.81	1.16	3.33	5.30	0.11	0.20	0.35	0.66	0.27	1.14	2.52	3.93
CK	0.17	0.17	0.91	1.24	0.03	0.05	0.21	0.29	0.07	0.15	0.63	0.85

综上所述，翻压绿肥后烟株氮素累积量有明显增加的趋势，表明翻压绿肥可以提高土壤的供氮能力，促进烟株对氮素的吸收；但磷和钾素的累积量与化肥的用量和绿肥的翻压量有关，在减少化肥用量至70%的情况下，烟株磷素和钾素的累积量有降低的趋势；这表明翻压绿肥对土壤供氮能力的贡献最大，而对供磷和钾能力的贡献较小，将化肥的用量减少至70%时会明显减少烟株对磷和钾的吸收累积，而将化肥的用量减少至85%时对烟株磷和钾的吸收累积量影响很小。

（4）不同绿肥翻压量对烟叶产量产值的影响。2009年各翻压绿肥处理产量、产值均低于100%化肥处理（F），但除F1GM4和F2GM1两个处理显著低于100%化肥处理外，其他翻压绿肥处理与100%化肥处理在产量方面差异不显著；在施用85%化肥的一组处理中，随着绿肥翻压量的增加烟叶产量、产值呈降低的趋势，而在施用70%化肥的一组处理中，随着绿肥翻压量的增加烟叶产量、产值呈增加的趋势；施用70%化肥的一组处理烟叶产量、产值明显高于85%化肥的一组处理。

2010年产量结果显示，除F1GM1和F1GM3两个处理烟叶产量低于100%化肥处理外，其他处理产量高于100%化肥处理，其中F2GM3和F2GM4与100%化肥处理相比较达到显著水平；比较不同处理的产值结果，以F2GM3处理明显高于其他处理；与2009年结果相似，施用70%化肥的一组处理烟叶产量、产值明显高于85%化肥的一组处理。

综合2年的研究结果，施用70%化肥的一组处理烟叶产量、产值明显高于85%化肥的一组处理；在施用85%化肥的条件下，随着绿肥翻压量的增加烟叶产量、产值呈降低的趋势，而在施用 70% 化肥的条件下，随着绿肥翻压量的增加烟叶产量、产值呈增加的趋势。这可能与本试验施氮水平偏高有一定的关系（表 4-3-20）。

表 4-3-20 不同绿肥翻压量下烤烟产量产值

处理	产量（kg·hm⁻²）		产值（元.hm⁻²）	
	2009 年	2010 年	2009 年	2010 年
F1GM1	3 072.15 abc	1 791.0d	34 559.10 ab	24 259.5d
F1GM2	2 709.75 abcd	2 059.5 bc	33 460.20 ab	28 990.5 abc
F1GM3	2 799.30 abcd	1 729.5 e	34 216.35 ab	24 780.0d
F1GM4	2 524.05 bcd	1 938.0 cd	27 889.35 b	25 608.0 cd
F2GM1	2 460.75 bcd	1 990.5 c	37 306.20 ab	29 397.0 ab
F2GM2	3 201.90 abc	2 016.0 bc	43 822.80 a	26 683.5 bcd
F2GM3	3 234.15 ab	2 253.0 a	42 098.55 a	31 959.0 a
F2GM4	3 241.65 ab	2 188.5 ab	37 934.40 a	26 809.5 bcd
F	3 342.75 a	1 962.0 cd	42 982.05 a	28 402.5 bc
CK	1 961.58d		26 269.95 b	

对照前面的烟株干物质累积结果分析，翻压绿肥的各个处理烟株干物质累积量均大于 100% 施用化肥的处理，与烟叶产量、产值有一定的差异，这可能与翻压绿肥后土壤的供氮能力过强，影响了烟叶的成熟落黄，烟叶生物产量没有很好的转化成经济产量有很大的关系。这从施用 70% 化肥一组处理产量、产值高于施用 85% 化肥一组处理也可以得到证明。

（5）不同绿肥翻压量对烟叶化学成分的影响。翻压绿肥后上部叶烟碱有较明显的增加，而中下部叶变化趋势不明显；在施用 85% 化肥的一组处理中以翻压 7500kg·hm⁻² 的处理烟碱最低，同样在施用 70% 化肥的一组处理中也以翻压 7500kg·hm⁻² 处理烟碱最低，可见烟叶烟碱含量有随绿肥翻压量的增加而增加的趋势；降低化肥用量烟叶烟碱含量没有发生明显规律性的变化。

总体来看 2 年的分析结果烟叶还原糖含量均偏低，可能与烟叶采收时成熟度不够有很大的关系。翻压绿肥后烟叶还原糖含量明显降低，且有随着翻压量的增加而降低的趋势。

对上部叶和中部叶而言，翻压绿肥后烟叶总氮含量明显增加，但下部叶变化趋势不明显；翻压绿肥后中上部烟叶钾含量有增加的趋势，而下部叶变化趋势不明显；在不同绿肥翻压量处理中以 7500kg·hm^{-2} 处理的烟叶钾含量最低，其他说明翻压量处理差异不大；翻压绿肥有降低烟叶氯含量的趋势。

不同施肥处理中以 F1GM2、F1GM3 和 F2GM2 3 个处理烟叶的氮碱比最为协调，明显优于 100% 施用化肥的处理和其他处理，这说明适量翻压绿肥可以改善烟叶内在化学成分的协调性（表 4-3-21）。

表 4-3-21　不同绿肥翻压量对烟叶化学成分的影响

处理	部位	烟碱（%）		还原糖（%）		全氮（%）		全钾（%）		氯（%）
		2009 年	2010 年	2009 年	2010 年	2009 年	2010 年	2009 年	2010 年	2010 年
F1GM1	上	3.44	3.21	16.03	27.64	2.01	2.15	1.47	1.51	0.10
	中	2.56	3.10	14.93	10.66	1.53	2.61	1.55	1.83	0.39
	下	2.17	1.61	10.42	21	1.85	1.88	2.24	1.92	0.14
F1GM2	上	4.9	4.17	4.94	9.65	2.73	2.66	1.46	1.86	0.28
	中	3.01	2.74	15.38	13.32	1.87	2.41	1.55	1.69	0.24
	下	2.27	2.98	15.27	10.42	1.53	2.53	1.81	1.77	0.20
F1GM3	上	2.7	4.20	12.98	14.67	1.68	2.43	1.90	1.70	0.21
	中	2.4	2.79	14.06	16.48	1.86	2.28	1.56	1.60	0.14
	下	1.93	2.46	17.14	12.18	1.39	2.33	1.85	1.63	0.21
F1GM4	上	4.24	4.07	5.26	10.72	2.46	2.63	1.56	1.84	0.37
	中	2.14	2.91	14.88	16.9	1.69	2.24	1.52	1.57	0.16
	下	1.61	2.68	19.96	6.04	1.31	3.05	1.74	2.14	0.26
F2GM1	上	2.9	3.65	16.93	17.88	1.66	2.3	1.45	1.61	0.32
	中	2.63	2.44	17.49	17.82	1.49	2.31	1.40	1.62	0.15
	下	2.26	1.53	16.13	15.84	1.41	2.08	1.95	1.46	0.12
F2GM2	上	2.82	4.40	16.12	9.66	1.57	2.93	1.83	2.05	0.36
	中	2.36	3.19	13.9	2.74	1.58	2.88	1.62	2.02	0.30
	下	2.03	2.73	11.87	13.28	1.65	2.46	1.95	1.72	0.17

（续表）

处理	部位	烟碱（%）		还原糖（%）		全氮（%）		全钾（%）		氯（%）
		2009 年	2010 年	2009 年	2010 年	2009 年	2010 年	2009 年	2010 年	2010 年
F2GM3	上	3.1	3.77	5.62	14.95	2.14	2.53	1.43	1.77	0.17
	中	3.0	3.43	14.47	11.34	1.74	2.72	1.56	1.90	0.16
	下	2.24	1.90	11.3	9.83	1.92	2.56	1.86	1.79	0.24
F2GM4	上	3.54	3.91	13.72	19.23	1.93	2.35	1.67	1.65	0.19
	中	2.59	3.27	12.18	19.89	1.81	2.27	1.76	1.59	0.13
	下	2.3	2.98	9.78	4.97	1.83	3.33	1.97	2.33	0.45
F	上	3.01	3.11	15.32	20.07	1.87	2.11	1.40	1.48	0.42
	中	3.05	2.54	11.39	17.75	2.17	2.06	1.55	1.44	0.46
	下	1.96	2.06	14.85	26.46	1.44	1.68	2.18	1.18	0.22
CK	上	2.6	3.36	16.3	15.22	1.41	2.44	1.70	1.71	0.12
	中	2.02	2.76	18.1	17.87	1.46	2.04	1.42	1.43	0.08
	下	1.57	3.06	21.18	27.19	1.38	1.78	1.55	1.25	0.48

2. 绿肥最佳翻压时期研究

（1）不同绿肥翻压时期对烟株农艺性状的影响。2009 年和 2010 年结果均显示，不论哪个时期翻压绿肥，对烟株农艺性状影响不大（图 4-3-17）。

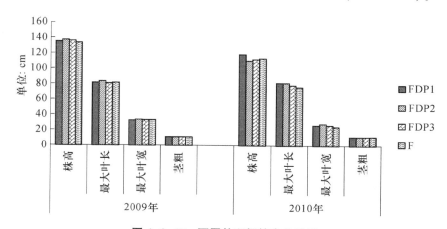

图 4-3-17 不同处理烟株农艺性状

（2）不同绿肥翻压时期对烟株生物量和养分累积的影响。在化肥施用量相同的条件下翻压绿肥后烟株的生物累积量均明显增加，增加幅度为5.4%～17.3%，平均为12.0%；在烟株生长的团棵期，烟株的生物累积量以提前24d翻压的处理最高，以提前14d翻压的处理最低；而在烟株生长基本定型后（烟叶下部叶成熟期），烟株的生物累积量以提前14d翻压的处理最高，以提前24d翻压的处理最低，提前14d翻压绿肥处理叶和全株生物累积量比常规施肥处理提高了19.4%、14.8%。这说明提前24～34d翻压绿肥有利于烟株的前期生长，而提前14～24d翻压有利于烟株后期的生长（表4-3-22）。

表4-3-22　不同翻压期处理对烟株生物积累量的影响　　（g·株⁻¹）

烟株生长时期	处理号	根	茎	叶	全株
团棵期	F	3.53	2.44	17.06	23.02
	FDP1	3.06	2.74	19.2	25.0
	FDP2	3.43	3.06	19.49	25.98
	FDP3	2.93	2.75	18.6	24.28
采烤前期	F	60.32	118.58	182.58	361.47
	FDP1	72.08	125.12	221.12	418.31
	FDP2	74.38	126.18	204.66	405.21
	FDP3	64.6	129.61	230.15	424.36

在化肥施用量相同的条件下，翻压绿肥后烟株氮、磷、钾的累积量较常规施肥处理明显增加，分别平均增加33.8%、17.7%和32.9%，增加幅度最大的为氮素；随着翻压绿肥时间的延长，烟株的氮、磷、钾的累积量呈现降低的趋势，这与生物量的变化基本一致；提前14d翻压绿肥的处理氮、磷、钾累积比常规施肥处理分别提高37.6%、24.2%和47.2%（表4-3-23）。

综上所述，在化肥施用量相同的条件下翻压绿肥明显增加了烟株的生物量，不同翻压期处理平均增加12%；提前24～34d翻压绿肥有利于烟株的前期生长，而提前14～24d翻压有利于烟株后期的生长；翻压绿肥后烟株氮、磷、钾的累积量较常规施肥处理分别平均增加33.8%、17.7%和32.9%，增加幅度最大的为氮素；随着翻压绿肥时间的延长，烟株的氮、磷、钾的累积量呈现降低。

表 4-3-23　下部叶成熟期烟株氮、磷、钾养分积累量　　　（g. 株⁻¹）

养分累积量	处理编号	根	茎	叶	全株
N 素积累	F	1.17	1.57	3.06	5.79
	FDP1	0.81	1.91	4.71	7.44
	FDP2	0.81	1.89	5.13	7.83
	FDP3	1.25	1.09	5.63	7.97
P 素积累	F	0.09	0.18	0.35	0.62
	FDP1	0.12	0.21	0.40	0.73
	FDP2	0.11	0.21	0.37	0.69
	FDP3	0.10	0.26	0.41	0.77
K 素积累	F	0.17	0.67	1.47	2.31
	FDP1	0.18	0.81	1.85	2.85
	FDP2	0.22	0.85	1.88	2.96
	FDP3	0.16	0.94	2.30	3.40

（3）不同绿肥翻压期对烟叶产量产值的影响。各个处理之间以提前 19d 翻压最高，产值以提前 29d 翻压最高，说明提前 19~29d 翻压比较合理，但各个处理之间差异不显著；2010 年结果显示产量和产值均以提前 14d 翻压最高，提前 24d 翻压次之，说明提前 15~25d 翻压比较合理，结合两年结果看，翻压绿肥应该为 15~30d 比较合理（表 4-3-24）。

表 4-3-24　绿肥不同翻压时期对烟叶产量产值的影响

处理	产量（kg·hm⁻²）		产值（元·hm⁻²）	
	2009 年	2010 年	2009 年	2010 年
F	3377.2 a	1971.0 a	37 103.6 a	26 403.6 b
FDP1	2807.1 a	1780.5 b	28 871.1 a	26 155.5 b
FDP2	3401.3 a	1923.0 a	40 407.6 a	26 636.4 ab
FDP3	3429.2 a	2185.5 a	36 735.0a	30 625.4 a

（4）不同绿肥翻压期对烟叶化学成分的影响。由表4-3-25中2009年结果显示，与常规施肥相比，翻压绿肥使上部叶烟碱含量降低（降幅为11.7%～43%），中部叶烟碱含量升高（升幅为6.5%～37.6%），下部叶烟碱含量基本持平；同时翻压绿肥可降低上部叶全氮含量；翻压绿肥有增加烟叶还原糖的趋势；从几个不同翻压时期看，各个翻压期烟叶化学成分含量均在适宜范围之内，且FDP3各项指标最优。

表4-3-25　绿肥不同翻压时期对烟叶化学成分的影响

处理	部位	烟碱（%）		还原糖（%）		全氮（%）		全钾（%）		氯（%）
		2009年	2010年	2009年	2010年	2009年	2010年	2009年	2010年	2010年
FDP1	上	2.31	3.96	15.8	14.5	1.63	2.59	1.50	1.25	0.36
	中	2.41	2.88	12.5	14.6	1.99	2.57	2.15	1.92	0.33
	下	1.81	2.54	11.3	17.0	2.32	2.7	1.98	1.88	0.35
FDP2	上	3.38	3.34	7.2	16.2	2.23	2.86	2.11	1.96	0.45
	中	2.93	3.00	15.5	10.5	1.67	2.84	1.48	1.47	0.27
	下	1.86	2.11	11.0	4.7	1.7	2.99	2.15	3.18	0.55
FDP3	上	2.48	3.32	15.1	18.1	1.86	2.38	1.77	1.34	0.31
	中	2.30	2.67	15.8	14.1	1.67	2.86	1.66	1.58	0.28
	下	1.82	2.04	9.4	3.1	1.67	3.22	1.93	3.69	0.56
F	上	3.83	3.13	7.0	15.8	2.67	2.44	1.64	1.66	0.47
	中	2.16	3.05	15.1	7.5	1.88	2.67	1.99	2.13	0.73
	下	1.89	2.12	9.5	17.9	1.88	2.24	2.36	1.75	0.47

2010年的结果显示，翻压绿肥有增加上部叶烟碱和降低中部叶烟碱的趋势，增加幅度最大的提前14d翻压处理；翻压绿肥后下部、中部、上部叶全氮含量也有一定幅度的增加；除下部叶外还原糖也表现为升高的趋势；烟叶钾含量中下部叶表现为降低的趋势，而上部叶表现为增加的趋势；翻压绿肥后烟叶氯含量有降低的趋势，这可能与降低了化肥的施用量有关。

3. 翻压绿肥对土壤化学和生物性质的影响

（1）翻压绿肥对土壤生物性状的影响。

①不同绿肥翻压量对微生物区系的影响。土壤中的细菌数量在整个烟株生

育期呈先增加后下降的趋势。在团棵期，细菌的数量均出现不同程度的上升，其中以施用85%化肥翻压15 000kg·hm^{-2}和施用85%化肥翻压30 000kg·hm^{-2}处理上升幅度最大。旺长期，除施用85%化肥翻压30 000kg·hm^{-2}处理和100%化肥处理的细菌数量出现下降外，其他处理均出现不同程度的上升，其中以施用85%化肥翻压15 000kg·hm^{-2}处理的数量最多。成熟期，除施用85%化肥翻压7500kg·hm^{-2}和施用85%化肥翻压15 000kg·hm^{-2}处理出现下降外，其他处理均出现不同程度的上升，其中以施用85%化肥翻压22 500kg·hm^{-2}和施用85%化肥翻压30 000kg·hm^{-2}处理上升幅度最大。烤后期，除施用85%化肥翻压15 000kg·hm^{-2}处理外，其他处理细菌数量均出现下降趋势。在整个生育期翻压绿肥处理细菌数量有随着翻压量的增加而增加的趋势。总体来看，在烟株生长的中后期，翻压绿肥处理土壤细菌数量较100%施用化肥处理的高（图4-3-18）。

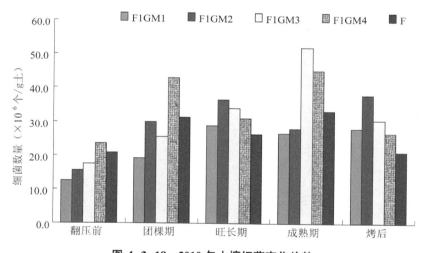

图 4-3-18 2010 年土壤细菌变化趋势

由于培养的细菌大部分为氨化细菌，细菌数量与土壤中的氮素呈正相关。因此细菌数量的增加反映了土壤供氮能力的增加；同时在成熟期，由于过多细菌数量所转化的氮素不利于烟叶的正常成熟落黄，因此翻压绿肥会对烟株后期的氮素供应有一定的影响，因此应该控制绿肥的翻压量和氮肥的施用量。

由图4-3-19中2009年结果显示，绿肥翻压后至烟叶生长的团棵前，在施

85%常规用量化肥的基础上，翻压绿肥后真菌有增加的趋势，但烟叶生长进入团棵期以后，翻压绿肥处理和100%化肥处理真菌数量的差异明显缩小。烟叶生长前期以翻压 30 000kg·hm^{-2}（F1GM4）的处理真菌数量最多，中期以翻压 22 500kg·hm^{-2}（F1GM3）处理最多，后期以翻压 15 000kg·hm^{-2}（F1GM2）和 22 500kg·hm^{-2}（F1GM3）最高。

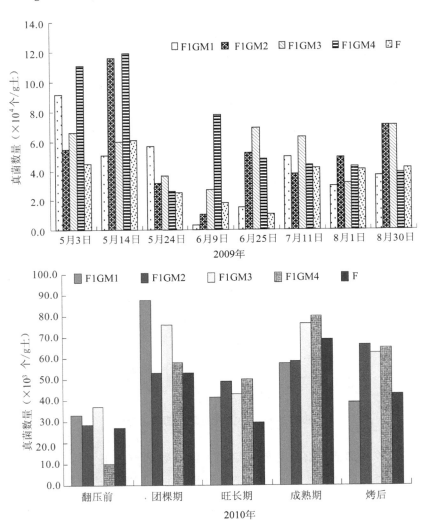

图4-3-19　土壤真菌动态变化

2010年结果显示，绿肥翻压后明显了增加了烟株生长中前期土壤中真菌的数量。团棵期以翻压绿肥 7500kg·hm^{-2}（F1GM1）和 22 500kg·hm^{-2}（F1GM3）的处理数量最高，翻压绿肥 15 000kg·hm^{-2}（F1GM2）和单施化肥处理（F）的数量最低。在旺长期真菌的数量均出现不同程度的下降趋势，其中以翻压绿肥 7500kg·hm^{-2}（F1GM1）下降的幅度最大，单施化肥处理（F）的真菌数量小于绿肥翻压处理。在成熟期，各处理的真菌数量出现不同程度的上升，其中单施化肥处理（F）的上升幅度最大，处理 F1GM1 和处理 F1GM2 的数量最低，翻压绿肥处理和 100% 化肥处理真菌数量的差异进一步缩小。

真菌主要参与土壤中有机质的分解，比如纤维素及其类似物质、含氮化合物等物质的转化，因此真菌的数量大小能够反应绿肥在土壤中的分解进度。在绿肥翻压量低（500kg/亩）的情况下，土壤中的真菌在烟株生长的团棵期即达到高峰；而翻压量为 1500kg/亩和 2000kg/亩的处理真菌数量出现的高峰期推迟到成熟期。

分析细菌和真菌的变化趋势，可以发现翻压绿肥后土壤有从真菌型土壤向细菌型土壤转化的趋势，这对烟区土壤修复具有积极意义。

由图 4-3-20 中 2009 年结果显示，绿肥翻压后至烟叶采烤前，土壤放线菌数量出现了两个高峰期，第一次出现在绿肥翻压 15d 左右，第二次出现在烟叶旺长中前期。在第一次高峰前后，在施 85% 常规用量化肥的基础上，翻压绿肥能明显增加土壤中放线菌数量，并有随绿肥翻压量增加而放线菌数量增加的趋势。在第二次高峰期间，翻压绿肥有增加土壤中放线菌数量的趋势，但差异不如前次高峰期。在第二次高峰前后，翻压 22 500kg·hm^{-2}（F1GM3）绿肥处理的土壤放线菌数量相对较多。

2010年结果显示，放线菌的数量在烟株的不同生育期变化波动不大，主要呈先上升后下降趋势。在团棵期，处理 F1GM3 的放线菌数量最少，而其他各处理数量差别不大。在旺长期，单施化肥处理（F）的放线菌数量最低，其次是处理 F1GM1，其余各处理放线菌的数量相差不大，其中以处理（F）的下降幅度最大；在成熟期，各处理的放线菌数量均出现少量的下降，但同样表现为翻压绿肥处理高于 100% 化肥处理的趋势；在烤后期，绿肥翻压处理均出现不同幅度的下降，其中以处理 F1GM1 和处理 F1GM2 下降幅度最大。在烟株生长

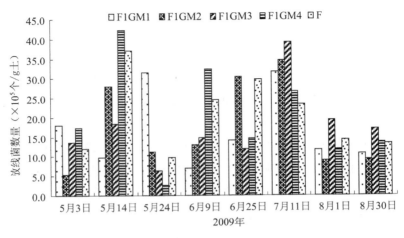

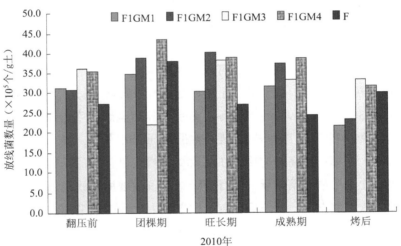

图4-3-20　不同翻压量对土壤放线菌的影响

的中后期绿肥翻压处理的放线菌数量明显高于单施化肥处理；放线菌对有机残体腐解有一定作用，但产生抗生素是其主要功能之一，翻压绿肥有利于提高土壤的抗土传病害的能力。

②翻压绿肥对土壤微生物量碳的影响。由图4-3-21中2009年结果显示，随着时间的推移（烟株的生长），土壤微生物量碳先降低后升高，呈现出"V"形变化趋势；整体看，翻压绿肥处理土壤微生物量碳高于对照处理，特

别是在翻压绿肥后的 20~40d，在烟叶生长的后期不同处理之间差异很小。绿肥不同翻压量之间土壤微生物量碳有所差异，规律性不明显。

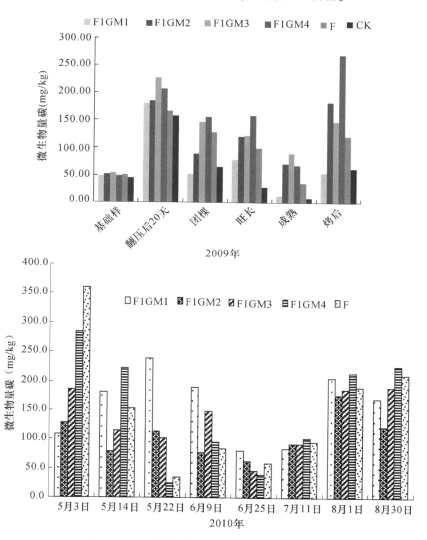

图 4-3-21 翻压绿肥对土壤微生物量碳的影响

2010 年结果显示，翻压后 20d 土壤微生物量碳显著高于基础值。从翻压后 20d 开始，土壤微生物量碳呈现先降低后升高趋势，和 2009 年土壤微生物量碳变化趋势相比走势一致但时间后移。从处理之间看出，翻压绿肥明显提高土壤微生物量碳，且随翻压量提高土壤微生物量碳呈现增加趋势。

综合两年结果显示，翻压绿肥可以提高土壤微生物量碳；随绿肥翻压量增加，土壤微生物量碳呈增加的趋势；通过比较2009年和2010年的结果可以发现种植绿肥的年限越长对土壤微生物量碳提高的效果越明显。

③翻压绿肥对土壤酶活性的影响。85%化肥用量下，不同绿肥翻压量对土壤脲酶活性影响不一致，不论是2009年还是2010年，85%化肥+绿肥30 000kg·hm^{-2}处理土壤脲酶活性一直高于100%化肥处理，且该处理土壤脲酶活性基本稳定，不同年度之间变化不大；其他翻压绿肥处理土壤脲酶活性在不同年度之间变化较大，其翻压7500kg·hm^{-2}和15 000kg·hm^{-2}绿肥两个处理酶活性与100%化肥相比较稍低或持平（表4-3-22）。

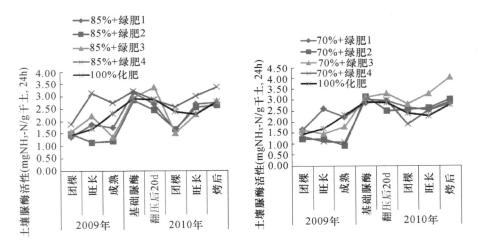

图4-3-22　不同处理对土壤脲酶活性的影响

70%化肥用量下，土壤脲酶活性变化趋势不同于85%化肥用量，2009年气候条件下以绿肥1土壤脲酶活性最高，其他绿肥处理均低于100%化肥处理，2010年气候条件下绿肥3土壤脲酶活性最高，其他绿肥处理则与100%化肥处理基本持平。

综合上面的结果，不同年度之间由于气候不同土壤脲酶的变化趋势不同，但总的来看翻压绿肥有提高土壤脲酶的趋势。

图4-3-23反映了翻压绿肥对土壤过氧化氢酶活性的影响。结果显示，

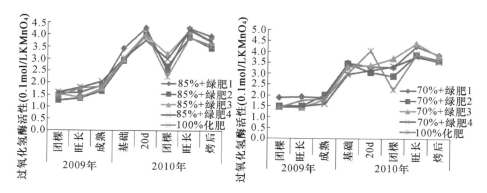

图 4-3-23 不同处理对土壤过氧化氢酶活性的影响

2009 年土壤过氧化酶活活性明显低于 2010 年,从 2009 年到 2010 年的整体变化趋势看,土壤过氧化氢酶活性在不同处理之间有一定的差异,翻压绿肥后土壤过氧化氢酶活性有提高的趋势。

图 4-3-24 反映了翻压绿肥对土壤酸性磷酸酶活性的变化。结果表明,2010 年酸性磷酸酶活性变化趋势与 2009 年不同,2009 年整体呈降低趋势,2010 年则呈升高趋势,且 2010 年酶活性明显高于 2009 年,这很可能是不同年限的降雨和温度不同造成的。

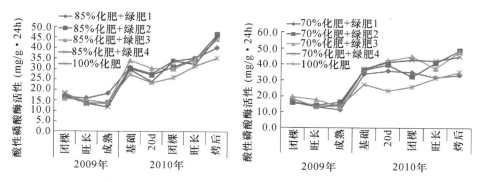

图 4-3-24 不同处理对土壤酸性磷酸酶活性的影响

比较 85% 化肥与 100% 化肥一组的 5 个处理可以看出,2009 年以翻压绿肥 7500kg · hm^{-2} 处理较高,且其他绿肥处理与 100% 化肥处理基本一致,2010 年所有翻压绿肥处理磷酸酶活性均高于 100% 化肥处理,且以翻压 1500kg · hm^{-2}

和 22 500kg·hm^{-2}绿肥变化趋势平稳；比较 70%化肥与 100%化肥一组的 5 个处理可以看出，2009 年以翻压 22 500kg·hm^{-2}绿肥较高且其他绿肥处理与 100%化肥处理基本一致，2010 年则翻压绿肥处理明显高于 100%化肥处理，且以翻压 30 000kg·hm^{-2}和 22 500kg·hm^{-2}绿肥表现较好。

分析 2 年的结果，土壤酸性磷酸酶活性在不同年度之间差异较大，连续翻压绿肥两年后，土壤磷酸酶活性明显高于 100%化肥处理。

（2）翻压绿肥对土壤化学性质的影响。

翻压绿肥 1 年后土壤的 pH 值基本保持稳定；土壤有机质含量明显增加，除 F1GM2 和 F2GM1 处理外其他翻压绿肥处理均明显高于 100%施用化肥的处理，以翻压量为 3000kg·hm^{-2}的 2 个处理土壤有机质增加的幅度最大；土壤碱解氮含量有不同程度的增加，且以翻压量为 30 000kg·hm^{-2}的 2 个处理增加的幅度最大；与 100%施用化肥的处理相比，翻压绿肥后土壤速效磷和速效钾的变化趋势不明显，但土壤速效磷有随着翻压量的增加而增加的趋势；翻压绿肥后土壤全氮、全钾有增加的趋势，但全磷的变化规律不明显；在施用 85%化肥的条件下，翻压绿肥后土壤缓效钾有增加的趋势，但降低化肥用量至 70%时，缓效钾含量则有降低的趋势（表 4-3-26）。

表 4-3-26　翻压绿肥 1 年后土壤主要理化性状的变化

处理	pH 值	有机质（%）	碱解氮（mg·kg^{-1}）	速效磷（mg·kg^{-1}）	速效钾（mg·kg^{-1}）	全氮（%）	全磷（%）	全钾（%）	缓效钾（%）
F1GM1	7.1	22.21	146.3	15.2	134.2	0.198	0.024	2.29	253.3
F1GM2	7.0	21.49	147.2	20.3	156.7	0.194	0.025	2.26	264.2
F1GM3	7.1	22.54	145.8	22.5	90.2	0.198	0.028	2.29	230.6
F1GM4	7.0	24.55	161.4	39.8	112.5	0.202	0.033	2.22	258.3
F2GM1	7.1	21.85	144.3	18.0	93.5	0.198	0.025	2.10	244.0
F2GM2	7.1	22.17	149.8	15.6	96.8	0.191	0.025	2.18	224.0
F2GM3	7.1	22.90	151.5	26.4	92.7	0.194	0.029	2.11	236.5
F2GM4	7.1	23.33	154.2	24.3	116.8	0.199	0.026	2.18	233.2
F	7.1	21.46	140.8	26.1	116.8	0.194	0.027	2.15	245.7
CK	7.0	21.82	144.9	16.2	175	0.196	0.024	2.24	258.3

总体来看，翻压绿肥对土壤主要理化性状具有明显的后效，主要表现在增加了土壤的有机质、全氮、全钾及碱解氮的含量，且有随着翻压量的增加而增加的趋势，在减少化肥用量30%的前提下对土壤速效钾和速效磷的提升作用不明显，但土壤速效磷含量有随绿肥翻压量的增加而增加的趋势。

（3）翻压绿肥对土壤活性有机碳的影响。

①不同绿肥翻压量对土壤活性有机碳的影响。图4-3-25反映了在施用85%化肥条件下翻压绿肥对土壤活性有机碳的影响。在烟草整个生育期所有处理土壤活性有机碳含量呈现出逐步降低趋势。2009结果显示，85%的化肥施用量下翻压绿肥可以较为明显的提高土壤活性有机碳含量，以100%化肥处理土壤活性有机碳始终最低，以85%化肥+绿肥2（15 000kg·hm^{-2}）在旺长期土壤活性有机碳最高。在采烤后翻压绿肥各个处理土壤活性有机碳趋于一致，但明显低于翻压绿肥的处理。

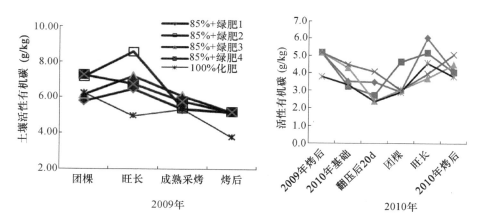

图4-3-25 85%化肥用量下不同处理对土壤活性有机碳的影响

2010年结果显示，和2009年采烤结束后的土壤活性有机碳相比较，2010年基础土样土壤活性有机碳降低，但仍然以翻压22 500kg·hm^{-2}和30 000kg·hm^{-2}的两个处理最高，这映应了翻压绿肥的后效；绿肥翻压后20d时活性有机碳降至最低，随后开始增加至旺长期达到最高，旺长期到采烤结束又有所降低；虽然在整个生育期内，各处理的变化趋势不明显，但总体看翻压绿肥后土壤活性有机碳呈增加的趋势。

图 4-3-26 反映了在施用 70%化肥条件下土壤活性有机碳的变化。2009 年结果显示，与 100%化肥处理的比较看出，除 70%化肥+绿肥 2（15 000kg·hm⁻²）在团棵期土壤活性有机碳较高外，其他时期土壤活性有机碳和 100%化肥处理基本一致；70%化肥处理的活性有机碳含量明显低于 85%化肥处理，这表明降低化肥的施用量也降低了土壤活性有机碳的含量。

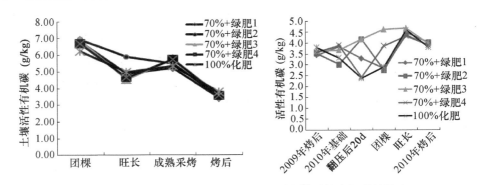

图 4-3-26　70%化肥用量下不同处理对土壤活性有机碳的影响

2010 年结果显示，从 2009 年烤后一直到 2010 翻压绿肥之前（基础样），各处理除"70%化肥+绿肥 2"降低外，其他翻压绿肥处理均高于 100%化肥处理，这同样反映了翻压绿肥的后效。翻压绿肥后各个处理之间表现差异较大，但总体看翻压绿肥处理高于 100%化肥处理，且 70%化肥处理的活性有机碳含量明显低于 85%化肥处理。

从以上分析看出，不论 85%或者 70%化肥用量，翻压绿肥有提高烟叶种植当季土壤活性有机碳趋势，而且可以提高第二年土壤活性有机碳的含量，具有明显的后效。但降低化肥用量同样降低了土壤活性有机碳的量。

②不同绿肥翻压期对土壤活性有机碳的影响。由图 4-3-27 中 2009 年土壤活性有机碳测定结果显示，不同时期翻压绿肥对土壤活性有机碳的影响不同。团棵期到旺长期翻压绿肥处理土壤活性有机碳均高于全部施用化肥处理；旺长到成熟期则只有提前 19d 翻压处理高于全部施用化肥处理，其他处理则和全部施用化肥处理基本一致；成熟采烤到烤后，除提前 19d 翻压绿肥处理外，其他处理土壤活性有机碳均有所提高，可以看出，提前 39d 和 29d 翻压绿肥后，土壤活性有机碳在烟叶整个生育期内基本和化肥处理一致，而当提前 19d 翻压绿

肥时,则土壤活性有机碳从团棵到成熟采烤期一直较高。

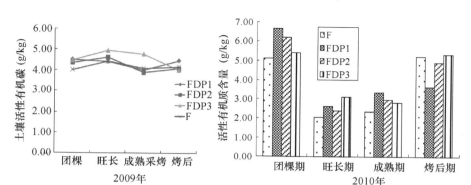

图4-3-27 不同时期翻压绿肥对土壤活性有机碳的影响

2010年结果显示,整体上团棵到烤后土壤活性有机碳呈现出先降低后升高趋势。在团棵期以提前34d翻压绿肥的处理最高,而以100%化肥处理最低;旺长期以提前14d翻压绿肥的为最高,以100%化肥处理最低;成熟期翻压绿肥处理均高于100%化肥处理;采烤结束后以提前34d翻压的为最低,其他处理基本一致。

两年结果显示,翻压绿肥可以提高土壤活性有机碳,不同翻压时期在不同年度之间有所差异。

(4)不同绿肥翻压量对当季土壤速效养分的影响。

①对土壤碱解氮的影响。由图4-3-28中2009年的结果显示,无论是85%化肥还是70%化肥条件下,在烟草生长的团棵期和旺长期土壤碱解氮含量有随绿肥翻压量增加而增加的趋势,其中绿肥3和绿肥4处理土壤碱解氮含量高于100%化肥处理;至烟株生长的成熟期,除85%化肥+绿肥4处理外,其他处理土壤碱解氮含量均低于100%化肥处理。

2010年的结果显示与2009年不一样的规律性,但总体看,除翻压量为7500kg·hm^{-2}的处理外,其他翻压绿肥处理均高于100%化肥处理;在烟株生长的团棵期85%化肥一组处理土壤碱解氮含量明显高于70%化肥一组处理,但至旺长期则相反,这可能主要是旺长期烟株对氮的吸收量不一致造成的;烟叶采烤完后,所有翻压绿肥处理土壤碱解氮含量均高于100%化肥处理(个别处理除外),这说明了翻压绿肥对土壤氮的后效作用。

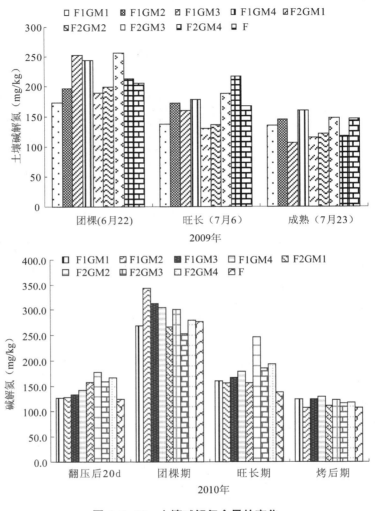

图4-3-28 土壤碱解氮含量的变化

②对土壤速效磷的影响。图4-3-29反映了在翻压绿肥的条件下土壤速效磷含量的变化。2009年结果显示，在烟叶生长的团棵期，土壤速效磷含量以常规施肥处理最高，翻压绿肥处理均较低（2009年F2GM3除外）；在烟叶生长的旺长期，大部分翻压绿肥处理土壤速效磷含量高于100%化肥处理；至烟叶的成熟期，不同处理之间的差异明显缩小，但翻压量为30 000kg·hm⁻²的处理明

显高于100%处理。

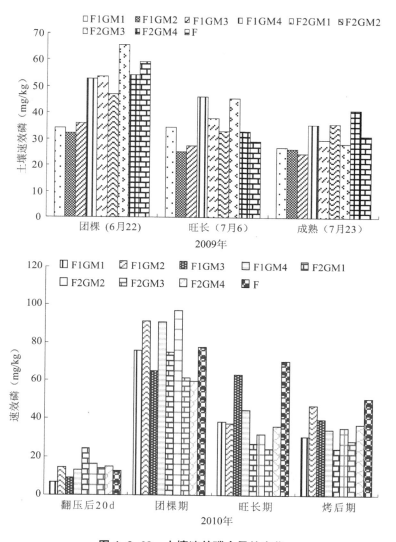

图4-3-29 土壤速效磷含量的变化

2010年土壤速效磷含量变化与2009年有较大差异。在烟叶生长的团棵期，85%化肥一组处理均高于100%化肥处理，而70%化肥一组处理均低于100%化肥处理，在烟叶生长的中后期也有相似的变化规律；在烟叶生长的中后期所有翻压绿肥处理土壤速效磷含量均低于100%化肥处理。与前面的土壤碱解氮变化规律进行对比表明，绿肥对土壤供磷的影响小于供氮，磷肥的用量减少过多会影响土壤的供磷能力。

③土壤速效钾的影响。由图4-3-30中2009年结果显示，在烟叶整个生育期内，土壤速效钾含量有随着绿肥翻压量的增加而增加的趋势，特别在团棵期

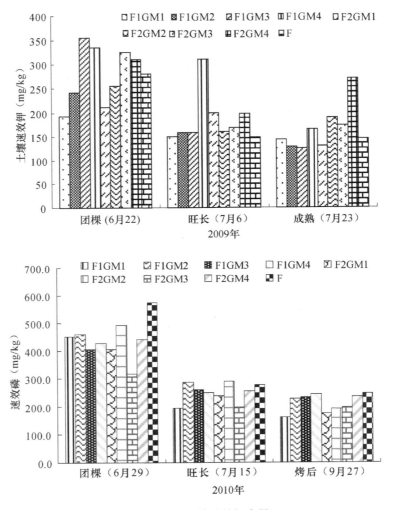

图4-3-30 土壤速效钾含量

这种趋势更加明显；在烟株生长的团棵期无论85%化肥还是70%的化肥均表现出绿肥3和绿肥4土壤速效钾含量明显高于100%的化肥和绿肥1和绿肥2处理；至烟株旺长期两个翻压30 000kg·hm^{-2}绿肥处理（F1GM4、F2GM4）土壤速效钾最高。

2010年结果显示，团棵期所有翻压绿肥处理土壤速效钾均低于100%化肥处理；旺长期则翻压绿肥处理和100%化肥处理基本一致或稍低；至烟叶采烤结束后，所有翻压绿肥处理土壤速效钾含量均低于100%化肥处理，特别是70%化肥一组处理更低，这与土壤速效磷的变化趋势一致，这同样表明钾肥用量减少过多会影响土壤的供钾能力。

（三）结论

1. 烤烟-绿肥模式对土壤生物、化学性状的影响

（1）对微生物区系和微生物量碳的影响。翻压绿肥后土壤细菌、真菌、放线菌数量明显高于100%施用化肥的常规施肥，且有随着绿肥翻压量增加而增加的趋势。细菌数量的增加反映了土壤供氮能力的增加；真菌数量的增加有利于绿肥等有机质在土壤中的分解；放线菌的增加对有机残体腐解有一定作用，同时有利于提高土壤的其抗土传病害的能力，检测结果也表明翻压绿肥后土壤中的青枯病病原菌有明显减少的趋势。

土壤微生物量碳的变化反映了土壤微生物群落总量的变化。翻压绿肥可以提高土壤微生物量碳；且随绿肥翻压量增加，土壤微生物量碳呈增加的趋势。翻压绿肥后土壤微生物量碳的增加说明土壤微生物总量的增加。

（2）对土壤酶活性的影响。虽然不同年度之间由于气候不同土壤脲酶、过氧化氢酶、酸性磷酸酶的变化趋势不同，但总的来看翻压绿肥有提高土壤脲酶、过氧化氢酶、酸性磷酸酶的趋势，并且在种植绿肥的第二年明显高于第一年，这表明种植绿肥具有明显的后效。土壤酶是衡量土壤肥力高低的重要指标之一，因此在翻压绿肥的条件下土壤脲酶、过氧化氢酶、酸性磷酸酶的提高反映了土壤肥力的提高。

2. 对土壤化学性状的影响

（1）对土壤活性有机质的影响。活性有机质是土壤有机质中最敏感的组分，可以反映出短期内土壤有机质的变化，翻压绿肥不仅可以提高当季植烟土

壤的活性有机质的含量，还可以提高第二季土壤活性有机质的含量。

（2）翻压绿肥对土壤养分的后效作用。翻压绿肥1年后，土壤中的有机质、全氮、全钾及碱解氮含量明显增加，且有随着翻压量的增加而增加的趋势，在减少化肥用量的前提下对土壤速效钾和速效磷的提升作用不明显，但土壤速效磷含量有随绿肥翻压量的增加而增加的趋势。这也表明翻压绿肥对土壤主要理化性状的影响具有明显的后效。

（3）翻压绿肥后当季土壤速效养分的变化。在烟草生长的团棵期和旺长期土壤碱解氮含量有随绿肥翻压量增加而增加的趋势；烟叶采烤完后，所有翻压绿肥处理土壤碱解氮含量均高于100%化肥处理，这说明翻压绿肥后土壤的供氮能力增强。因此烤烟-绿肥模式要控制绿肥翻压量和施氮量，以防止供氮过剩，影响烟叶的正常成熟和烟叶品质。

在翻压绿肥并减少磷、钾施入量的条件下，土壤速效磷和速效钾有降低的趋势，这与土壤碱解氮的变化趋势不一致，这表明绿肥对土壤磷、钾的贡献小于氮，磷钾的减少量不应该与氮同比例减少。

综合以上的分析，翻压绿肥不仅改善了土壤的微生物群落、微生物区系的分布以及酶活性等生物学性状，对改善土壤的微生态环境，抑制土壤中病原菌具有一定的效果；同时可以明显提高土壤有机质、活性有机质以及速效养分的含量，对提高土壤肥力作用明显。因此在烟草种植中引进绿肥对克服烟草连作障碍、修复土壤环境具有十分积极的意义。

3. 翻压绿肥对烟株干物质累积的影响

翻压绿肥有促进烟株干物质累积的作用，在化肥施用量相同的条件下翻压绿肥明显增加了烟株的生物量，平均增加12%左右；随着翻压绿肥量的增加，烟株根茎叶的生物量有逐渐增加的趋势；提前24~34d翻压绿肥有利于烟株的前期生长，而提前14~24d翻压有利于烟株后期的生长。

施用70%化肥的一组处理烟株干物质累积量大于施用85%化肥的一组处理，这说明在化肥施用量少的情况下，绿肥对烟株生长的促进作用明显，而在化肥施用量高的情况下，绿肥的促进作用不明显，这在一定程度上说明绿肥可以替代部分的化肥。

4. 翻压绿肥对烟株氮、磷、钾养分累积的影响

在化肥施用量相同的条件下，翻压绿肥处理烟株氮、磷、钾的累积量较常规施肥处理平均增加33.8%、17.7%和32.9%，增加幅度最大的为氮素。

与常规施肥相比，在减少化肥用量至85%或者70%的条件下，翻压绿肥后烟株氮素累积量仍然有明显增加的趋势，表明翻压绿肥可以提高土壤的供氮能力，促进烟株对氮素的吸收；但磷和钾素的累积量与化肥的用量和绿肥的翻压量有关，在减少化肥用量至70%的情况下，与常规施肥相比烟株磷素和钾素的累积量有降低的趋势；这表明翻压绿肥对土壤供氮能力的贡献最大，而对供磷和钾能力的贡献较小，将化肥的用量减少至70%时会明显减少烟株对磷和钾的吸收累积，对烟株的生长可能造成不利的影响。

因此在烟叶生产实际中，在翻压绿肥的条件下，氮肥的施用量可以降低至常规施肥的70%，但磷、钾的施用量则仅应该降低至常规施肥的85%左右，如果减少至常规施肥的70%，可能对烟株的养分吸收和生长造成不利的影响。

5. 翻压绿肥对烟叶产量、产值的影响

在本试验条件下，翻压绿肥后施用85%化肥的一组处理烟叶产量、产值低于70%化肥的一组处理，70%化肥的一组处理烟叶产量、产量基本与100%化肥处理相当，或者稍高。这说明在本试验条件下，在翻压绿肥的条件下化肥的用量可以减少15%~30%而不会明显降低烟叶的产量。

烟叶产量、产值的变化与烟株干物质累积量的变化有一定的差异，表现为烟叶累积的干物质没有完全转化成烟叶经济产量和产值，这可能与翻压绿肥后土壤的供氮能力过强，影响了烟叶的成熟落黄，烟叶干物质损失较大有一定的关系。这从施用70%化肥一组处理产量、产值高于施用85%化肥一组处理也可以得到证明。

6. 烟草-绿肥模式下合理的绿肥翻压量及翻压时期

无论是70%的化肥还是85%的化肥，7500kg·hm^{-2}的绿肥翻压量均不能满足烟株生长的要求，因此绿肥在翻压时的生物量是决定种植绿肥改良土壤效果的关键；结合烟株干物质累积和烟叶产量、产值分析，在85%化肥的条件下绿肥的合理翻压量为15 000kg·hm^{-2}左右，而在70%化肥条件下绿肥的合理翻压

量为 22 500~30 000kg·hm^{-2}。

综合考虑烟叶的产量、产值，在本试验条件下，翻压绿肥以在移栽前 15~30d 较为合理。

7. 翻压绿肥对烟叶内在化学成分的影响

翻压绿肥后上部叶烟碱有明增加的趋势，而中下部叶变化趋势不明显；烟叶烟碱含量有随绿肥翻压量的增加而增加的趋势；降低化肥用量烟叶烟碱含量没有发生明显规律性的变化；翻压绿肥后中上部烟叶钾含量有增加的趋势，而下部叶变化趋势不明显；适量翻压绿肥可以改善烟叶内在化学成分的协调性。

翻压绿肥后烟叶氯含量有降低的趋势，这可能与降低了化肥的施用量从而降低了"氯"的投入有关。

三、生物质炭施用技术研究

恩施烟区大部分烟草种植采取长期连作方式，同时在烟叶生产中普遍存在大量施用化学肥料的现象，近年来，大部分烟叶产区植烟土壤生态逐渐遭到破坏，植烟土壤健康受到严重威胁，导致烟叶产量和质量下降，成为制约烟草农业可持续发展的关键问题。生物炭由于其良好的特性已经日益受到国内外研究学者的广泛关注，生物炭是指农林废弃物等生物质材料在完全或部分缺氧的条件下，经高温热解炭化产生的一类高度芳香化难熔性固态物质。生物炭含碳量丰富，具有较大的比表面积和发达的孔隙结构，吸附能力强，在自然条件下较稳定通常呈碱性。生物炭所具有的优良结构和特性能够对土壤的理化性质产生重要影响。生物炭施入土壤后能够改善土壤的通气性和保水能力，并能够增加土壤养分的吸持能力，进而提高土壤养分的有效性，便于作物吸收利用。因此将生物炭作为土壤改良剂或肥料增效载体使用，能够促进作物的增产，降低肥料损失，提高肥料的利用效率，同时可以减少土壤肥料养分损失给环境带来的危害。本部分内容系统研究了生物炭在烤烟生产上的施用技术，分析了对烤烟生长发育以及烟叶品质的影响，为生物炭在烟叶生产中的进一步应用奠定了基础。

（一）烟田撒施生物炭的土壤改良技术研究

1. 材料与方法

（1）试验设计。

对照：当地习惯施肥；

处理1：当地习惯施肥+亩施生物炭150kg；

处理2：当地习惯施肥+亩施生物炭300kg。

生物炭施用方法：均匀撒施于土壤然后翻入土壤。每个处理4行，每行栽烟20株，重复三次。

（2）土壤采集。

①整地移栽前采集耕层土壤样品1.5kg左右。

②每个小区烟田烤烟采收完毕后，分别在笼体上两株烟之间，采集0～20cm土壤样品，采用多点取样法，每一个样品取10钻进行混合、编号，样品放于-20℃冰箱保存。

（3）烟株样品采集。移栽后第45天（团棵期）和平顶期每个小区采集代表性烟株2株，分为根、茎、叶（打顶期还有花序）烘干，称重。

（4）田间调查与分析。

①移栽、施肥等农事操作；主要生育时期。

②分别在团棵、平顶期，每个小区调查10株烟株，测定株高、茎围、节距、叶数、团棵期最大叶长、宽，平顶期上、中、下3个部位叶长、宽等农艺性状指标。

③调查各处理小区烟叶病虫害发生情况。

④经济性状调查：全小区单收单采，烘烤后进行经济性状计算。

⑤烟叶样品分析：各处理取X2F、C3F、B2F各一份约1.5kg，进行化学成分检测。

2. 结果与分析

（1）农艺性状分析。试验田烟株在团棵期的农艺性状如表4-3-27所示，前期长势整体较好，其中以T1处理（亩施生物炭150kg）株高以及最大叶面积数值表现最好，均优于常规对照。T2处理（亩施生物炭300kg）烟株团棵期农艺性状没有表现出较好的优势。

烟株平顶期的农艺性状如表4-3-28所示，平顶期T1处理的株高整体表现较好，施用生物炭处理后3个部位叶片面积具有一定的优势，其中以上部叶片表现较为明显，T2处理的烟株茎围最大。综合以上分析，在烟株生长后期，施用生物炭处理能够促进烟株的生长发育。

表4-3-27 团棵期农艺性状统计

处理	株高（cm）	最大叶长（cm）	最大叶宽（cm）	有效叶数（片）
CK	44.93±1.17a	48.43±1.96ab	21.47±1.76a	12.63±0.19a
T1	46.10±1.50a	49.47±1.37a	22.10±0.63a	12.97±0.36a
T2	43.77±1.15a	46.63±0.54b	21.87±1.65a	12.60±0.15a

表4-3-28 平顶期农艺性状统计

处理	株高（cm）	中部叶		上部叶		节距（cm）	茎围（cm）	有效叶数（cm）
		长（cm）	宽（cm）	长（cm）	宽（cm）			
CK	119.00±5.39a	80.07±3.08a	25.73±3.04a	68.20±1.82a	17.53±0.81a	30.09±1.36a	10.83±0.49a	19.87±0.21a
T1	124.07±0.55a	79.53±3.75a	26.27±3.47a	65.87±7.51a	16.80±2.06a	31.78±0.84a	10.70±0.50a	19.60±0.47a
T2	118.24±4.44a	79.74±2.98a	26.83±1.34a	71.34±3.45a	19.44±1.28a	29.97±1.05a	11.08±0.38a	19.79±0.34a

（2）烟株生物量分析。对烟株在团棵期和平顶期不同器官的生物量进行了测定（表4-3-29和表4-3-30），与对照相比，施用生物炭后烟株的根、茎、叶的干物质重量均呈现一定的增加趋势，以T2处理（亩施生物炭300kg）表现最好。就烟株根部的生物量来看，施用生物炭300kg/亩取得了较好的促进根系发育的效果。

表4-3-29 团棵期生物量统计

处理	根（g）	茎（g）	叶（g）
CK	3.91±1.51a	4.97±1.58a	16.84±4.58a
T1	3.91±0.54a	5.43±1.34a	18.55±3.96a
T2	5.02±1.36a	6.35±1.10a	21.45±3.22a

表4-3-30 平顶期生物量统计

处理	根（g）	茎（g）	上部叶（g）	中部叶（g）	下部叶（g）
CK	22.55±13.96a	35.36±18.46a	17.05±6.40a	32.63±13.74a	19.06±5.20a
T1	23.61±10.28a	41.01±6.41a	15.90±2.74a	34.19±3.65a	21.56±3.05a
T2	31.88±28.26a	45.04±33.35a	18.89±14.17a	36.16±23.75a	20.76±16.47a

（3）烟叶化学成分分析。施用生物炭处理后，烤烟3个部位烟叶总氮和烟碱含量呈现一定的下降趋势，对于中部和上部烟叶以T2表现较好。施用生物炭中部烟叶总糖和还原糖含量高于对照，中部和下部烟叶总钾含量以生物碳施用量300kg/亩表现最好，上部烟叶总钾含量各处理间差异不大。各处理上部烟叶总氯含量最高，下部烟叶总氯含量最低。烟叶pH值差异不大，整体范围为5.29~5.55（表4-3-31）。

表4-3-31 各处理烟叶化学成分分析

处理	等级	烟碱（％）	总糖（％）	还原糖（％）	总氮（％）	总钾（％）	总氯（％）	pH值
CK	X2F	2.66	30.93	26.53	2.15	1.55	0.45	5.51
T1	X2F	1.91	29.86	24.2	1.96	1.71	0.43	5.55
T2	X2F	2.01	29.07	23.55	2.05	1.93	0.45	5.53
CK	C3F	3.43	24.16	20.51	2.56	1.57	0.55	5.42
T1	C3F	3.47	25.23	22.32	2.43	1.45	0.56	5.43
T2	C3F	2.99	28.7	24.12	2.34	1.87	0.51	5.47
CK	B2F	5.21	11.71	11.84	3.2	1.12	0.79	5.38
T1	B2F	5.05	10.62	10.56	3.18	1.12	0.69	5.37
T2	B2F	4.65	16.62	16	3.11	1.1	0.73	5.29

（4）烟田土壤养分分析。施用生物炭后烟田土壤的养分指标如表4-3-22所示，其中土壤的pH值与对照相比呈上升趋势，T1和T2两个处理烟田土壤全氮含量和全钾含量均呈现增加趋势，但土壤碱解氮含量均低于对照，在烤烟生长期间，施用生物炭处理能够提高土壤养分的有效性，一定程度上促进了烟

株对氮素养分的吸收利用。施用生物炭处理后烟田土壤速效磷、速效钾和有机质含量具有一定的上升趋势，两个处理均高于对照。

表 4-3-32　各处理的土壤养分分析

处理	pH 值	CEC	全氮 （%）	全磷 （%）	全钾 （%）	碱解氮 mg/kg	速效磷 mg/kg	速效钾 mg/kg	有机质 g/kg
CK	7.09	6.63	0.150	0.109	1.547	112.00	93.65	272.23	24.01
T1	7.17	7.25	0.163	0.097	1.752	100.33	101.97	333.15	33.18
T2	7.12	7.50	0.175	0.112	1.921	100.92	112.15	326.86	28.72

3. 小结

（1）在烟株生长后期，施用生物炭处理能够促进烟株的生长发育。亩施生物炭 300kg 烟株根部生长发育最好，其生物量最高。

（2）施用生物炭处理后，烤烟 3 个部位烟叶总氮和烟碱含量呈现一定的下降趋势，生物碳施用量 300kg/亩的烟叶总钾含量表现较好。

（3）施用生物碳处理后烟田土壤全氮、速效磷和有机质含量具有一定的上升趋势，提高了烟株对土壤中氮素的吸收利用。

（二）根区穴施生物炭对烤烟生长及养分吸收的影响

1. 材料与方法

（1）试验材料。供试烤烟品种为云烟 87。于 2015 年 4 月至 9 月在湖北省恩施市白果乡茅坝槽村进行大田试验。土壤类型为黄棕壤，耕层土壤 pH 值为 6.7，有机质含量 20.7g/kg，碱解氮含量 69.8mg/kg，速效磷含量 57.4mg/kg，速效钾含量 194.7mg/kg。供试生物炭由水稻秸秆炭化而得，其 pH 值为 9.2，总碳为 630.0g/kg，总氮为 13.5g/kg，全磷为 4.5g/kg，全钾为 21.5g/kg。

（2）试验方法。根据穴施生物炭用量共设计 4 个处理，分别为：不施用生物炭（CK）；根区穴施生物炭 0.1kg/株（T1）；根区穴施生物炭 0.2kg/株（T2）；根区穴施生物炭 0.3kg/株（T3）。每个处理 3 次重复，试验田共 12 个小区，随机区组排列，小区面积为 100m²，栽烟 150 株。

生物炭施用方法：烟苗移栽后 15d 左右，在围兜封口时分别将不同用量的生物炭与营养土混合后在烟苗四周施用，使生物炭与烟苗根茎部自然贴合，随后用田间本土进行覆盖。

试验田按照当地常规施肥方式统一进行施肥，各处理所用肥料用量保持一致，纯氮用量为 120kg/hm²，m（N）：m（P₂O₅）：m（K₂O）= 1：1.5：3，70%的氮肥和钾肥及 100%磷肥施于底肥，30%氮肥和钾肥用于移栽后 30d 左右结合培土进行追肥。各处理烟苗采用井窖式移栽方式统一进行移栽，其他田间管理措施均按照当地优质烟叶生产技术标准进行。

（3）样品采集。

①烟株样品。分别在烤烟生长团棵期和平顶期，在每个处理小区内选择代表性烟株 1 株，用铁锹将其连根挖出，分开根、茎、叶（平顶期时分上、中、下三个部位）在 105℃杀青 15min，在 60℃下烘干，烘干后进行称重。

②土壤样品。在烟株生长平顶期，分别在每个小区两株烟之间的笼体土壤上采集 0~20cm 土壤样品，采用多点取样法，每一个样品取 10 钻进行混合，统一带回室内自然风干，用于测定土壤养分等基本理化性状。

③样品检测。烟株根、茎、叶样品测定全氮、全磷、全钾含量，全氮用凯氏定氮法测定，全钾用硫酸-双氧水消煮-火焰光度法测定，全磷用硫酸-双氧水消煮-钒钼黄比色法测定；具体方法参考文献。

土壤样品测定 pH 值、全氮、全磷、全钾、碱解氮、速效磷、速效钾、有机质、CEC 等指标，其中 pH 值用水浸提法（水：土＝2.5：1）；CEC 用 EDTA-铵盐快速法；有机质用重铬酸钾外加热法；全氮用半微量开氏法；全磷用 H₂SO₄-HClO₄消煮钼锑抗比色法；全钾用 H₂SO₄-HClO₄火焰光度法；速效氮用碱解扩散法；速效磷用碳酸氢钠浸提比色法；速效钾用醋酸铵浸提火焰光度法。

2. 结果与分析

（1）农艺性状分析。在烤烟生长团棵期和平顶期，根区穴施生物炭处理烟株株高、叶片面积等农艺性状数值与对照相比均有一定的优势，但是随着生物炭施用量的增加烟株生长发育也受到了一定程度的抑制，相对而言以每株烟穴施 0.2kg 生物炭效果表现最好，对烤烟田间长势具有较好的促进作用（表 4-3-33 和表 4-3-34）。

表 4-3-33 团棵期不同处理烟株农艺性状

处理	株高（cm）	最大叶长（cm）	最大叶宽（cm）	有效叶数（片）
T1	31.08a	38.53a	19.01b	10.53a
T2	32.38a	39.74a	21.43a	12.63a
T3	30.54a	38.95a	20.33a	12.67a
CK	28.64b	38.62a	19.12b	11.62a

注：同列不同小写字母表示在 0.05 水平下差异显著，下同

表 4-3-34 平顶期不同处理烟株农艺性状

处理	株高（cm）	节距（cm）	茎围（cm）	下部叶 长（cm）	下部叶 宽（cm）	中部叶 长（cm）	中部叶 宽（cm）	上部叶 长（cm）	上部叶 宽（cm）	有效叶数（片）
T1	124.87b	3.27b	10.27b	75.80b	29.60a	80.80b	24.93a	68.00a	17.93a	20.08a
T2	131.73a	3.40a	11.13a	79.20a	31.60a	84.60a	25.13a	69.07a	17.73a	21.15a
T3	130.27a	3.42a	10.77b	77.40b	30.60a	83.00a	25.87a	68.93a	17.87a	20.07a
CK	124.33b	3.22b	10.50b	77.30b	29.50a	82.20b	24.13a	65.40b	16.53b	19.25a

（2）烟株生物量分析。根区穴施生物炭增加了烟株的生物量，在烤烟生长团棵期处理 T2 和处理 T3 烟株根、茎和叶的干重表现较好，均优于对照。在平顶期 3 个施用生物炭处理烟株根、茎、中部和下部叶片的干重均表现较好。与烟株田间农艺性状表现相似，每株烟穴施 0.2kg 生物炭能够在烤烟生长前期和后期均能够取得较好的生物量，并且在平顶期随着生物炭用量的增加烟株根、茎以及中部叶干重均呈现上升趋势（图 4-3-31）。

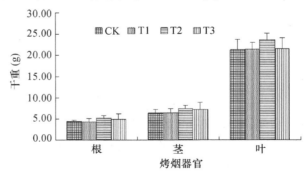

图 4-3-31a 团棵期不同处理烟株各器官生物量

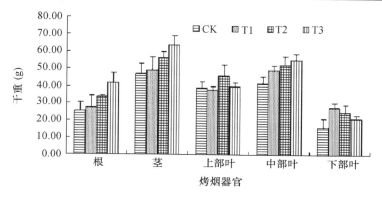

图 4-3-31b　平顶期不同处理烟株各器官生物量

（3）烟株养分分析。根区穴施生物炭能够较好的促进烟株对钾元素的吸收，根、茎和叶 3 个部位钾含量均高于对照，随着生物炭用量的增加烟株根中钾的含量具有一定的下降趋势。施用生物炭后促进了烟株根、茎和叶中磷的吸收累积，以处理 T2 表现最好。施用生物炭 T1 和 T2 两个处理促进了烟株叶片对氮的吸收累积，但较高的生物炭施用量（T3）烟株叶片氮的含量呈现出了一定的下降趋势，低生物炭用量（T1）烟株根和茎的氮含量处于相对较高水平（表 4-3-35 至表 4-3-37）。

表 4-3-35　不同处理烤烟根、茎、叶中氮含量

处理	根（%）	茎（%）	上部叶（%）	中部叶（%）	下部叶（%）
T1	1.02a	1.35a	2.79a	2.18a	2.10a
T2	0.68b	1.25a	3.02a	2.31a	2.03a
T3	0.62b	0.91b	2.31b	1.82b	1.65b
CK	0.73b	1.31a	2.85a	2.15a	1.78b

表 4-3-36　不同处理烤烟根、茎、叶中磷含量

处理	根（%）	茎（%）	上部叶（%）	中部叶（%）	下部叶（%）
T1	0.241a	0.226b	0.338a	0.161b	0.198a
T2	0.254a	0.251a	0.364a	0.183a	0.234a
T3	0.238a	0.243a	0.246b	0.159b	0.215a
CK	0.236a	0.227b	0.206b	0.131c	0.208a

表 4-3-37　不同处理烤烟根、茎、叶中钾含量

处理	根（%）	茎（%）	上部叶（%）	中部叶（%）	下部叶（%）
T1	2.18a	2.84b	3.15a	3.30a	3.52ab
T2	1.98b	2.95a	3.14a	3.25a	3.73a
T3	1.88b	2.92a	3.20a	3.14b	3.56a
CK	1.85b	2.78b	3.01b	3.08b	3.26b

（4）烟田土壤养分分析。穴施生物炭后，烟株根区土壤 pH 值以及 CEC 具有升高趋势并且烟田土壤有机质含量增加；施用生物炭 3 个处理烟田土壤全氮和全钾含量均高于对照，全磷含量呈现下降趋势。在烤烟生长平顶期，穴施生物炭提高了烟田土壤的速效磷和速效钾等养分的含量，但随着穴施生物炭量的增加，土壤速效氮含量呈现了下降趋势（表4-3-38）。

表 4-3-38　不同处理烟田土壤养分含量

处理	pH	CEC	全氮（%）	全磷（%）	全钾（%）	速效氮（mg/kg）	速效磷（mg/kg）	速效钾（mg/kg）	有机质（g/kg）
T1	6.46a	7.25c	0.133a	0.068a	1.98a	125.42a	90.08b	221.24b	20.98a
T2	6.55a	8.33b	0.138a	0.071a	1.81a	114.33a	112.27a	239.45a	21.08a
T3	6.42a	9.00a	0.132a	0.065 a	2.06a	96.25b	106.05a	260.82a	21.00a
CK	6.06b	7.33c	0.127b	0.099a	1.59b	115.50a	88.71b	212.35b	20.25a

3. 讨论

生物炭具有良好的空隙结构同时自身含有的灰分元素较为丰富，生物炭施入土壤可以直接带入营养元素同时还能够促进土壤中养分的持留。因此施用生物炭能一定程度上改善土壤营养环境，有利于促进作物生长发育。近年来，有关利用生物炭提高作物产量和增加作物生产力的研究越来越多。刘世杰等研究发现生物炭能够促进玉米苗期的生长，株高和茎粗分别比对照增加了 4.31～13.13cm 和 0.04～0.18cm。张伟明等研究指出生物炭延缓了水稻后期叶片的衰老，对水稻茎、叶干物质积累具有比较明显的促进作用，尤其较低的施炭量对茎秆干物质积累作用相对明显。本研究通过利用根区穴施生物炭的方式促进了

烟株的生长发育,增加了烟株根、茎和叶等器官的生物量,但在较高的生物炭用量下烟株的田间长势受到一定的抑制作用,这与刘卉等的研究结果一致,生物炭施用量并非越多越好,当施炭量达 $4500kg/hm^2$ 时,烤烟的生长发育速度低于常规不施用生物炭处理,因此,高量施用生物炭能够对烤烟的生长产生一定的抑制作用。

生物炭本身具有的理化性质,使其可以作为土壤改良剂,生物炭施入土壤后能够改善土壤的理化性质,调节植物对 N、P、K 化学肥料的反应。已有研究结果表明:生物炭可以提高酸性土壤的 pH 值、增加土壤的阳离子交换量、提高土壤有机质的含量,同时能够贮存土壤养分、提高土壤肥力。本研究得到了相似的结果,穴施生物炭后,烟株根区土壤 pH 值以及 CEC 具有升高趋势并且烟田土壤有机质含量增加,施生物炭提高了烟田土壤的速效磷和速效钾等养分的含量,但随着穴施生物炭量的增加,土壤碱解氮含量呈现了下降趋势。有研究表明,尽管生物炭能够降低土壤氨氮和硝氮的淋出,但是同时也降低土壤中可交换氮的含量,其原因可能是生物炭含有的高挥发性物质刺激了微生物活动,出现了 N 固定。施用生物炭有利于促进作物组织器官中氮、磷、钾等养分的吸收,在本试验条件下根区穴施生物炭后烟株根、茎和叶中氮、磷、钾含量具有上升趋势,但较高的生物炭施用量(T3)烟株叶片氮的含量呈现出了一定的下降趋势。已有研究表明,生物炭对土壤性质、作物生长等方面有积极的影响,但过量施用会出现负面效应。生物炭在作物对养分吸收方面的影响与生物炭的种类、施用方式以及土壤中养分含量密切相关。因此,在生物炭的实际应用中,需要结合不同的环境条件,针对生物炭的施用技术以及影响机理系统开展相关研究工作,进而为生物炭的合理利用奠定基础。

4. 结论

(1)根区穴施生物炭促进了烟株的生长发育,能够增加烟株的生物量,但在生物炭用量较高的条件下,烟株生长发育受到了一定程度的抑制,以每株烟穴施 0.2kg 生物炭较为适宜。

(2)根区穴施生物炭后土壤 pH 值以及 CEC 具有升高趋势,增加了土壤中有机质、速效磷以及速效钾等养分的含量,但随着穴施生物炭量的增加,土壤碱解氮含量呈现出了下降趋势。根区穴施生物炭能够促进烟株对氮、磷、钾养分的吸收，烟株根、茎和叶中氮、磷、钾含量具有上升趋势，在本试验条件下较高的生物炭施用量（0.3kg/株）烟株叶片氮的含量呈现出了下降趋势。

（三）生物炭与化肥混施对烤烟氮磷钾养分吸收累积的影响

1. 材料和方法

（1）基本情况。试验在湖北省恩施市恩施现代烟草农业科技园区茅坝槽村（30°21′N，109°27′E）进行。该区域海拔1230.0m，试验田土壤类型为黄棕壤，耕层土壤pH值为6.88，有机质含量23.98g·kg^{-1}，碱解氮含量147.87mg·kg^{-1}，速效磷含量34.70mg·kg^{-1}，速效钾含量188.81mg·kg^{-1}。

供试烤烟品种为云烟87。生物炭由水稻秸秆炭化而得，其pH值为9.20，总碳为630g·kg^{-1}，总氮为13.5g·kg^{-1}，全磷为4.50g·kg^{-1}，全钾为21.5g·kg^{-1}。

（2）试验方法。根据生物炭用量共设计4个处理，分别为：0kg·hm^{-2}（CK），750kg·hm^{-2}（T1），1500kg·hm^{-2}（T2）和3000kg·hm^{-2}（T3）。每个处理3次重复，试验田共12个小区，随机区组排列，小区面积为100m^2，栽烟150株。

按照小区面积计算出每个处理的生物炭用量，将生物炭与化学肥料混合后作为基肥一次性施入土壤。对照不添加生物炭。

试验田按照当地常规施肥方式统一进行施肥，各处理所用肥料用量保持一致，纯氮用量为120kg·hm^{-2}，m(N)：m(P$_2$O$_5$)：m(K$_2$O)=1：1.5：3，70%的氮肥和钾肥及100%磷肥施于底肥，30%氮肥和钾肥用于移栽后30d左右结合培土进行追肥。各处理烟苗采用井窖式移栽方式统一进行移栽，其他田间管理措施均按照当地优质烟叶生产技术标准进行。

（3）样品采集。分别在烤烟生长团棵期、旺长期、现蕾期和平顶期，在每个处理小区内选择代表性烟株1株，用铁锹将其连根挖出，具体方法如下：

先用铁锹分别在选定的烟株周围两株烟和两行烟正中垂直深挖至根系密集层深度，然后挖去样方四周的土壤，再水平铲起土样和整个烟株。带回实验室用淘洗的方法进行根土分离，将挖取的烟株根系浸在盛有清水的桶中，不断搅动,反复清洗去除泥水,直至根土分离,随后将烟株分开根、茎、叶在105℃杀青15min,在60℃下烘干,烘干后进行称重,统一磨样后保存备用。

(4)样品检测。取处理好的根、茎、叶样品测定全量氮磷钾含量,全氮用凯氏定氮法测定,全钾用硫酸-双氧水消煮-火焰光度法测定,全磷用硫酸-双氧水消煮-钒钼黄比色法测定。

2. 结果与分析

(1)生物学产量分析。在烟株生长团棵期,施用生物炭处理的烟株根、茎、叶等器官发育均较好,三个不同生物炭用量烟株的根、茎、叶的干物质重均高于对照。在烟株生长后期,与对照处理烟株相比,生物炭用量较高处理,烟株的根、茎、叶干物质重反而出现了一定的下降趋势。综合分析,施用生物炭750kg·hm^{-2}(T1处理)的烟株生物学产量表现较好,对烤烟的生长发育起到了一定的促进作用,提高了烟株根、茎和叶的发育程度(表4-3-39)。

表4-3-39 不同处理烟株根、茎、叶干物质重量

处理	团棵期(g·株$^{-1}$)			旺长期(g·株$^{-1}$)			现蕾期(g·株$^{-1}$)			平顶期(g·株$^{-1}$)		
	根	茎	叶	根	茎	叶	根	茎	叶	根	茎	叶
CK	1.83c	4.72b	25.62b	19.12a	41.02a	88.02a	53.42c	82.62b	196.37b	103.20b	138.24a	217.64a
T1	1.92bc	5.84b	28.86b	18.30a	41.74a	78.73b	89.12a	110.62a	198.38b	135.57a	144.66a	219.84a
T2	2.76a	8.96a	35.10a	15.00b	38.24b	75.24b	51.69c	87.72b	175.18c	95.59bc	118.56b	199.76b
T3	2.10b	4.72b	25.74b	14.80b	37.29b	76.69b	71.50b	99.85ab	207.60a	89.39c	107.79b	216.65a

注:同列不同小写字母表示在0.05水平下差异显著,下同

(2)烤烟不同器官氮磷钾含量分析。

①氮含量。在整个生育期内,各处理烟株根和茎中氮含量呈现明显下降趋势,叶中的氮含量在旺长期最高,在烟株生长后期呈下降趋势。随着生物炭用量的增加团棵期烟株根中氮的含量下降,进入旺长期后具有一定的上升趋势。在烤烟生长的不同时期,高用量的生物炭(3000kg·hm^{-2})均增加了烟株茎中氮的含量,在平顶期T3处理(3000kg·hm^{-2}生物炭)的烟株根、茎和叶中的氮含量均表现最高,显著高于未施用生物炭处理(CK)(表4-3-40)。

表4-3-40　不同生育期各处理烤烟根、茎、叶中氮含量

| 处理 | 团棵期（g·株$^{-1}$） | | | 旺长期（g·株$^{-1}$） | | | 现蕾期（g·株$^{-1}$） | | | 平顶期（g·株$^{-1}$） | | |
	根	茎	叶	根	茎	叶	根	茎	叶	根	茎	叶
CK	2.33a	2.80a	3.24b	1.51b	1.98b	3.74b	0.86b	0.91b	2.30a	0.85b	0.78b	1.85b
T1	2.29a	2.77ab	3.55a	1.61a	2.17a	3.66b	1.04a	0.85b	1.85b	1.01a	0.68b	1.69b
T2	2.15a	2.65b	3.31b	1.63a	2.19a	3.83b	1.07a	1.10a	2.42a	0.80b	0.65b	1.60b
T3	2.18a	2.92a	3.34b	1.66a	2.21a	4.10a	1.07a	1.12a	1.93b	1.04a	0.97a	2.25a

②磷含量。如表4-3-41所示，烟株根系中磷含量随着烤烟的生长呈现上升趋势，施用生物炭后增加了生长后期烟株根系中磷的含量；在烤烟生长前期施用生物炭增加了烟株茎中磷含量，且随着生物炭用量的增加烟株茎中磷的含量也呈现一定的增加趋势。但在平顶期，施用生物炭后烟株茎中磷含量呈现出降低的趋势，3个生物炭处理的烟株茎中磷含量均显著低于对照（CK）；在烤烟生长期间叶片中磷含量整体呈现下降趋势，至烤烟生长平顶期施用生物炭的烟株叶片中磷含量显著低于对照，且随着生物炭用量的增加呈现下降的趋势。

表4-3-41　不同生育期各处理烤烟根、茎、叶中磷含量

| 处理 | 团棵期（g·株$^{-1}$） | | | 旺长期（g·株$^{-1}$） | | | 现蕾期（g·株$^{-1}$） | | | 平顶期（g·株$^{-1}$） | | |
	根	茎	叶	根	茎	叶	根	茎	叶	根	茎	叶
CK	0.10a	0.19b	0.40a	0.21a	0.23a	0.36a	0.15a	0.27a	0.29a	0.22a	0.23a	0.15a
T1	0.10a	0.25b	0.40a	0.18a	0.23a	0.35a	0.17a	0.17a	0.26a	0.23a	0.17b	0.13ab
T2	0.08a	0.38a	0.36a	0.17a	0.28a	0.36a	0.19a	0.21a	0.29a	0.26a	0.13bc	0.10b
T3	0.10a	0.45a	0.37a	0.16a	0.29a	0.35a	0.20a	0.26a	0.22a	0.25a	0.10c	0.09b

③钾含量。如表4-3-42所示，烟株根中钾的含量随着烤烟的生长总体呈现下降趋势，在团棵期施用生物炭处理烟株根中钾含量下降，进入旺长期逐渐呈现增加趋势；施用生物炭后能够增加烟株茎中钾含量，在烤烟平顶期随着生物炭用量的增加，烟株茎中钾的含量呈现上升趋势；在团棵期各处理烟株叶片中钾的含量差异不大，进入旺长期施用生物炭提高了烟株叶片钾含量，在烤烟平顶期随着生物炭用量的增加，烟株叶片中钾含量也呈现出上升趋势，并且在

高生物炭用量（3000kg·hm^{-2}）下烟株根、茎和叶片中的钾含量均显著高于对照。

表4-3-42 不同生育期各处理烤烟根、茎、叶中钾含量

处理	团棵期（g·株$^{-1}$）			旺长期（g·株$^{-1}$）			现蕾期（g·株$^{-1}$）			平顶期（g·株$^{-1}$）		
	根	茎	叶	根	茎	叶	根	茎	叶	根	茎	叶
CK	5.90a	9.63b	8.21a	4.28b	9.60a	8.34b	2.55a	5.36b	5.68b	1.22c	2.48b	3.29c
T1	5.98a	9.85b	8.04a	4.58a	9.96a	9.10a	2.76a	5.14b	6.63a	1.57ab	2.70b	3.25c
T2	5.24b	9.77b	7.98a	4.48a	9.55a	8.79b	3.00a	6.27a	5.95b	1.47b	3.24a	3.94b
T3	5.21b	10.48a	8.15a	4.27b	9.77a	9.18a	2.54a	5.43b	6.59a	1.72a	3.54a	4.49a

（3）烤烟不同器官氮磷钾累积量分析。如表4-3-43所示，随着生物炭用量的增加烟株根系中氮累积量呈下降趋势，在T3生物炭用量下（3000kg·hm^{-2}）茎、叶片以及全株中氮的累积量最高，与其他处理的差异达显著水平，施用一定量的生物炭促进了烟株对氮素的累积；各处理烟株中磷的含量均较低，与对照相比，施用生物炭后降低了烟株各器官以及全株的磷累积量，在高生物炭用量下烟株磷累积量达最低水平；施用生物炭能够促进烟株对钾素的累积，随着生物炭用量的增加茎、叶以及全株的钾累积量均呈上升趋势，显著高于对照，但在高生物炭用量下烟株根系中的钾累积量呈现下降趋势。

表4-3-43 不同处理烤烟平顶期氮磷钾的累积量

处理	氮累积量（g）				磷累积量（g）				钾累积量（g）			
	根	茎	叶	全株	根	茎	叶	全株	根	茎	叶	全株
CK	0.87b	0.81b	4.02b	5.70b	0.25ab	0.31a	0.32a	0.88a	1.25b	3.43b	7.15b	11.83b
T1	1.37a	0.88b	3.70b	5.95b	0.31a	0.24ab	0.27ab	0.82a	2.12a	3.84b	7.14b	13.10a
T2	0.92b	0.86b	3.58b	5.20b	0.24b	0.15b	0.19b	0.58b	1.40b	3.90a	7.87a	13.17a
T3	0.76b	1.08a	4.87a	6.87a	0.19b	0.11bc	0.19b	0.49b	1.54b	3.81a	8.12a	13.47a

3. 讨论

生物炭具有发达的孔隙结构以及较大的比表面积，同时含有作物所需的营养元素，因此施用到土壤中的生物炭可以增加养分的吸持能力，提高养分的吸

收利用效率。Asai 等研究表明，将生物炭与其他肥料配合施用到土壤中后，能够明显改善植物对 N、P、K 化学肥料的反应。彭辉辉等研究表明，与单施化肥处理相比，生物炭与化肥配施可进一步增加春玉米地上部养分的累积量。康日峰等分析了生物炭基肥料对小麦养分吸收的影响，施用生物炭基肥料均促进小麦植株对养分的吸收。本研究表明，生物炭与肥料混施后在烟株生长后期增加了根、茎、叶各器官的氮钾含量，施用生物炭能够促进烟株对氮素和钾素的累积，这与前人的研究结果基本一致。

生物炭对 NO_3^- 和 NH_4^+ 具有较强的吸附能力，生物炭施入土壤后能够对氮素具有一定的持留作用。本研究中生物炭（3000kg·hm^{-2}）与肥料混合施用后烟株茎、叶片以及全株中的氮吸收累积量均表现最高，施用一定量的生物炭能够促进烟株对氮素的累积。氮素是对烤烟产量和质量影响最大、最敏感的营养元素，在目前的烤烟生产中，氮肥过量施用的现象较为普遍，因此在施用生物炭的条件下，可以适当减少氮肥的投入，有利于提高肥料的利用效率，促进烟叶生产的可持续发展。生物炭中钾的有效性较高，施用生物炭对土壤的速效钾含量具有较大的影响，能够促进作物对钾素的吸收。王耀锋等研究指出施用生物炭后提高了水稻秸秆钾素养分的累积。郑瑞伦等研究指出添加生物炭后，苜蓿体内的钾含量显著增加 45.7%。刘世杰等研究指出在一定生物炭用量范围内，玉米对钾的吸收量随着生物炭用量的增加而增加。在本研究中得到了相同的结论，施用生物炭对促进烟株钾素的累积效果明显，随着生物炭用量的增加烟株茎、叶以及全株的钾累积量均呈上升趋势。目前，施用生物炭对磷素的影响研究结论不尽相同，有研究指出，生物炭施入土壤后，能够促使有效磷低的土壤中闭蓄态磷转化为有效态磷，直接增加土壤中有效磷含量。同时，生物炭经高温热解后，其自身部分稳定态磷被激活，转变为溶解态磷，可以供作物吸收利用。但生物炭在不同类型土壤中对外源磷的有效性转化影响差异较明显。随着生物炭施用量增大，红壤中有效磷的增加量显著增加，而潮褐土和潮土中的有效磷含量明显降低。Yan G Z 等研究表明，施用生物炭更加剧了植物磷素的缺乏，在本研究中，随着生物炭用量的增加烟株磷的累积量也呈现出下降趋势。这可能与生物炭能吸附固定土壤的磷素有关，同时生物炭和化肥配施提高了土壤 pH 值，可能降低了磷和某些微量元素的有效性，不利于作物对磷素的吸收。综合而言，目前多数研究普遍认为施用生物炭可以提高养分的吸收利用效率，但生物炭对作物吸收累积营养元素的影响受到不同的土壤类型、生物炭类型以及作物种类等多种因素的制约，在不同环境条件下，生物炭在提高土壤肥力和促进作物生长等方面的研究结果也存在着一定的差异。因此今后还需要根据不同土壤的限制因子以及作物营养吸收特性，选择合适的生物炭开展相关研究，尤其是针对施用生物炭与肥料效应的机理研究方面目前还相对缺乏，需要进一步探索生物炭与营养元素的相互作用，为今后生物炭的合理利用奠定基础。

4. 结论

（1）在烤烟生长前期施用生物炭能够促进烟株生长发育，至生长后期在高用量（3000kg·hm^{-2}）生物炭的施用情况下烟株各器官的干物质重呈现了下降趋势。

（2）施用生物炭能够增加烤烟生长后期根、茎、叶各器官的氮和钾含量，但在烤烟生长前期施用生物炭烟株根中的氮和钾含量呈现出一定的下降趋势。施用生物炭增加了烤烟生长后期烟株根系中磷的含量，但烟株叶和茎中的磷含量呈现明显的下降趋势。

（3）施用生物炭促进了平顶期烤烟氮素和钾素的累积，在高生物炭用量下（3000kg·hm^{-2}）烟株体内氮和钾的累积量最大，但在根系中的氮累积量最小。施用生物炭降低了烟株体内磷的累积量，随着生物炭用量的增加烟株磷的累积量呈下降趋势。

（四）生物炭对植烟土壤养分及微生物群落结构的影响

1. 材料与方法

（1）试验材料。试验于2014年4月至9月在湖北省恩施市恩施现代烟草农业科技园区茅坝槽村（30°21′N，109°27′E）进行。该区域海拔1230.0m，试验田土壤类型为黄棕壤，耕层土壤pH值为6.88，有机质含量23.98g·kg^{-1}，碱解氮含量147.87mg·kg^{-1}，速效磷含量34.70mg·kg^{-1}，速效钾含量188.81mg·kg^{-1}。

供试烤烟品种为云烟87。生物炭由水稻秸秆炭化而得，其pH值为9.20，总碳为630g·kg^{-1}，总氮为13.5g·kg^{-1}，全磷为4.50g·kg^{-1}，全钾为21.5g·kg^{-1}。

（2）试验设计。本试验共设置 3 个生物炭用量，分别为 0kg·hm^{-2}（CK），2250kg·hm^{-2}（T1）和 4500kg·hm^{-2}（T2），共计 3 个处理，每个处理 3 次重复，试验田共 9 个小区，随机区组排列，小区面积为 100m^2，栽烟 150 株。

按照试验处理计算出每个小区生物炭施用量，将生物炭均匀撒施于试验田土壤表面，用旋耕机翻混入耕层土壤。试验田按照当地常规施肥方式统一进行施肥，纯氮用量为 120kg·hm^{-2}，m（N）：m（P$_2$O$_5$）：m（K$_2$O）= 1：1.5：3，70%的氮肥和钾肥及 100%磷肥施于底肥，30%氮肥和钾肥用于移栽后 30d 左右结合培土进行追肥。其他田间管理措施均按照当地优质烟叶生产技术标准进行。

（3）样品采集。在烟株生长成熟期，分别在每个小区两株烟之间的笼体土壤上采集 0~20cm 土壤样品，采用多点取样法，每一个样品取 10 钻进行混合，选取 1/2 样品在室内风干，用于测定土壤的基本理化性状。其余样品放于 -20℃冰箱保存，用于土壤细菌及真菌的群落结构测定。

（4）样品分析。

土壤理化性质测定。pH 值用水浸提法（水：土 = 2.5：1）；CEC 用 EDTA-铵盐快速法；有机质用重铬酸钾外加热法；全氮用半微量开氏法；全磷用 H$_2$SO$_4$-HClO$_4$消煮钼锑抗比色法；全钾用 H$_2$SO$_4$-HClO$_4$火焰光度法；速效氮用碱解扩散法；速效磷用碳酸氢钠浸提比色法；速效钾用醋酸铵浸提火焰光度法；具体方法参考文献。

（5）土壤微生物群落结构测定。

①基因组 DNA 的提取。采用 CTAB 或 SDS 方法对样本的基因组 DNA 进行提取，之后采用琼脂糖凝胶电泳检测 DNA 的纯度和浓度，取适量的样品于离心管中，使用无菌水稀释样品至 1ng/μL。

②PCR 扩增。稀释后的基因组 DNA 为模板；根据测序区域的选择，使用带 Barcode 的特异引物；使用 New England Biolabs 公司的 Phusion ® High-Fidelity PCR Master Mix with GC Buffer。使用高效和高保真的酶进行 PCR，确保扩增效率和准确性。引物对应区域：细菌 16S V3+V4 区通用引物为 515F（5'-GTGCCAGCMGCCGCGGTAA-3'）-806R（5'-GGACTACNNGGGTATCTAAT-3'）；真菌 ITS1 区引物为 ITS5-1737F（5'-GGAAGTAAAAGTCGTAACAAGG-3'）

和 ITS2-2043R（5'-GCTGCGTTCTTCATCGATGC-3'）。

③PCR 产物的混样和纯化。PCR 产物使用 2%浓度的琼脂糖凝胶进行电泳检测；根据 PCR 产物浓度进行等浓度混样，充分混匀后使用 2%的琼脂糖凝胶电泳检测 PCR 产物，使用 Thermo Scientific 公司的 GeneJET 胶回收试剂盒回收产物。

④文库构建和上机测序。使用 New England Biolabs 公司的 NEB Next ® Ultra™ DNA Library Prep Kit for Illumina 建库试剂盒进行文库的构建，构建好的文库经过 Qubit 定量和文库检测，合格后，使用 MiSeq 进行上机测序。

⑤信息分析流程。测序得到的原始数据，存在一定比例的干扰数据，为了使信息分析的结果更加准确、可靠，首先对原始数据进行拼接、过滤，得到有效数据。然后基于有效数据进行操作分类单元（Operational Taxonomic Units，OTUs）聚类和物种分类分析，并将 OTUs 和物种注释结合，从而得到每个样品的 OTUs 和分类谱系的基本分析结果。再对 OTUs 进行丰度、多样性指数等分析，同时对物种注释在各个分类水平上进行群落结构的统计分析。针对土壤细菌，以 Unweighted Unifrac（Unweighted Pair-group Method with Arithmetic Mean）距离矩阵做 UPGMA 聚类分析；针对土壤真菌，以 Bray-Curtis 距离矩阵做 UPGMA 聚类分析。

2. 结果与分析

（1）烟田土壤养分分析。随着生物炭用量的提高，植烟土壤 pH 值和 CEC 含量均呈现上升趋势。施用生物炭 T1 和 T2 两个处理的土壤养分含量整体表现较好，其中全氮、全钾、速效磷、速效钾以及有机质含量均优于对照。土壤全磷含量各处理之间差异不大，其中处理 T2 相对较高。在本试验条件下，施用生物炭后土壤速效氮含量呈现下降趋势，T1 和 T2 两个处理的土壤速效氮含量均低于对照，分别较对照降低 10.41%和 9.89%（表 4-3-44）。

表 4-3-44　不同生物炭处理土壤养分含量

处理	pH	CEC	全氮（%）	全磷（%）	全钾（%）	速效氮（mg·kg^{-1}）	速效磷（mg·kg^{-1}）	速效钾（mg·kg^{-1}）	有机质（g·kg^{-1}）
CK	7.09b	6.63b	0.150b	0.109a	1.547c	112.00a	93.65c	272.23b	24.01c
T1	7.12ab	7.25a	0.163a	0.097a	1.752b	100.33b	101.97b	326.86a	28.72b
T2	7.17a	7.50a	0.175a	0.112a	1.921a	100.92b	112.15a	333.15a	33.18a

（2）土壤微生物群落结构分析。

①OTU 数据分析。在 OTUs 构建过程中，对不同样品的 Tags 数据和 OTU 数据等信息进行初步统计，过滤后得到的细菌有效拼接序列总数（Total Tags）最高的是 T2，而得到的细菌种群 OTUs 数目最高的是 CK。过滤后得到的真菌拼接序列总数（Total Tags）最高的是 CK，真菌种群 OTUs 数目最高的是 T1 处理（图 4-3-32 和图 4-3-33）。

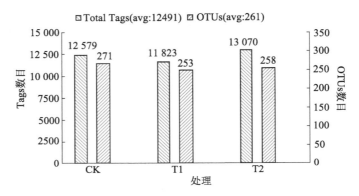

图 4-3-32　不同处理土壤样品细菌的 Tags 和 OTUs 数目统计

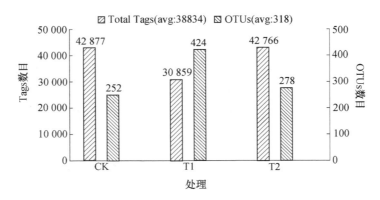

图 4-3-33　不同处理土壤样品真菌的 Tags 和 OTUs 数目统计

②基于 OTU 的物种丰度分析。施用生物炭后，土壤细菌和真菌在门水平上的群落结构发生了一定的变化。不同处理土壤细菌中的变形菌门（Proteobacteria）平均所占比例最高，达 50% 以上。其次是放线菌门（Actinobacteria)和酸杆菌门（Acidobacteria），三者均为土壤中的优势菌群。施用生物炭后土壤细菌中的放线菌门占比例在降低，而变形菌门和酸杆菌门所占比例在增加；不同处理土壤真菌中的子囊菌门（Ascomycota）所占比例均较高，达75%以上，随着生物炭的施用其丰度呈现一定的降低趋势。而接合菌类（Zygomycota）和担子菌门（Basidiomycota）等则随着生物炭的施用具有一定的上升趋势（图4-3-34和图4-3-35）。

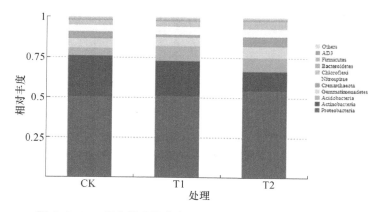

图 4-3-34 门分类水平上各处理的土壤细菌物种相对丰度

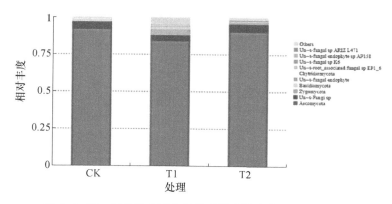

图 4-3-35 门分类水平上各处理的土壤真菌物种相对丰度

③物种多样性分析。施用生物炭后不同样品的土壤细菌和真菌 Chao1 指数及 Shannon 指数曲线具有一定的差异。对土壤细菌而言，CK 样品的 Chao1 指数最高，T2 样品的 Shannon 指最高，但各处理之间差异较小（图 4-3-36）。土壤

真菌的 Chao1 指数及 Shannon 指数在各处理间差异较大，其中 T1 样品的 Chao1 值和 Shannon 值最大，CK 样品的 Chao1 值和 Shannon 值最小（图4-3-37）。综合分析，施用生物炭后土壤细菌群落多样性指数变化不大，但对真菌群落的多样性产生了较大的影响，施用生物炭促进了土壤真菌群落多样性的提高。

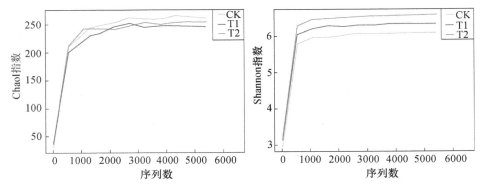

图4-3-36　不同处理土壤细菌 OUT 的 Chao1 指数和 Shannon 指数曲线

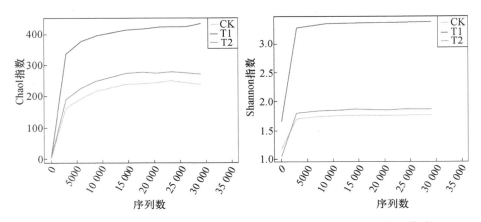

图4-3-37　不同处理土壤真菌 OUT 的 Chao1 指数和 Shannon 指数曲线

④样品聚类分析。对各处理的土壤细菌进行聚类分析，结果表明：施用生物炭处理（T1 和 T2）分为一类，CK 为一类，其主导的细菌门主要是变形菌门（Proteobacteria）、放线菌门（Actinobacteria）、酸杆菌门（Acidobacteria）和芽单胞菌门（Gemmatimonadetes）（图4-3-38）；对土壤真菌而言，施用生物炭处理 T2 和 CK 分为一类，施用生物炭处理 T1 为一类。在门水平上各处理土壤

真菌的主导种类为子囊菌亚门（Ascomycota），其次是接合菌类（Zygomycota）和担子菌门（Basidiomycota）（图4-3-39）。

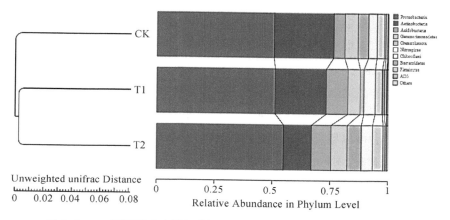

图 4-3-38　不同处理土壤细菌样品 Unweighted Unifrac 距离聚类树

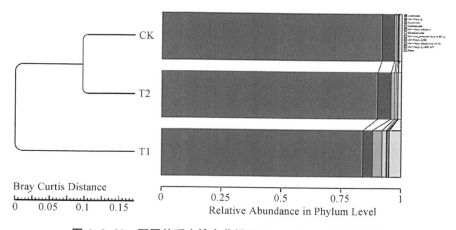

图 4-3-39　不同处理土壤真菌样品 Bray Curtis 距离聚类树

3. 讨论

生物炭含有丰富的矿质养分元素，施入土壤后可以提高土壤中养分含量，同时由于其特殊的结构和理化性质，可以吸附土壤中未被作物利用的养分，延缓养分释放，提高有效性，促进作物吸收和生长。本研究结果表明，施用生物炭后植烟土壤速效磷、速效钾和有机质含量均呈现出一定的上升趋势。这与生物炭在其他种植作物土壤上的研究结果基本一致。生物炭含有大量的碳，施入土壤可以增加土壤有机质含量，同时生物炭中钾的有效性较高，张祥等研究指出施用生物炭对红壤和黄棕壤的速效钾含量影响最大，在本试验中两个施用生物炭处理的烟田土壤全钾和速效钾含量均较高。邢刚等研究表明，生物炭还可以提高土壤钾的淋洗量，施用生物炭能够在烟株生长后期促进土壤释放出吸附的钾素，从而提高速效钾含量。目前，施用生物炭对土壤速效磷的影响研究结论不尽相同，Enders A 等研究表明，生物炭本身含有大量的 P 并且有效性较高，输入土壤后可以显著增加速效 P 的含量。但施用生物炭后也可以影响土壤对 P 的吸附和解吸。Chintala 等研究发现在碱性土壤中，施用生物炭后 P 的吸附能力增强，从而使速效 P 减少，这可能与碱性土壤含有大量的 Ca 和 Mg 等阳离子有关。在本试验中施用生物炭后植烟土壤速效磷含量呈现出一定的增加趋势。生物炭对土壤速效磷的影响机理还有待于进一步分析研究。在烤烟生产中，氮素是影响烟叶产量和品质最为重要的营养元素。生物炭施入土壤能够通过改变 N 素的持留和转化，进而改善 N 素的循环，提高 N 素的有效性。赵殿峰研究指出，施用生物炭后植烟土壤速效氮含量在烟株生长旺长期达到了一个峰值，随后逐渐下降。本研究中在烤烟生长成熟期施用生物炭后植烟土壤速效氮含量均低于对照，也呈现出了一定的下降趋势。已有研究结果表明，生物炭可以降低土壤氨态氮和硝态氮的淋出，但是同时也能够降低土壤中可交换氮的含量。在本试验生物炭施用量条件下，可能产生了土壤速效氮的生物固定作用，进而影响了土壤中速效氮的含量。

土壤微生物是土壤碳库中最为活跃的组分，对环境的变化最为敏感，生物炭的多孔性和吸附性为土壤微生物的生长与繁殖提供了良好的栖息环境，在土壤中添加生物炭后，微生物利用基质发生改变，从而改变了土壤碳等养分循环，进而影响了土壤中微生物群落的变化。生物炭对土壤中微生物的群落分布具有一定的控制作用，施用生物炭的土壤微生物种类和不施生物炭的土壤有较大不同。Graber 等研究指出在辣椒种植土壤中 Bacillus spp.、Filamentous fungi、Pseudomonas spp. 等微生物菌群的丰度均随着生物炭添加比例增加而显著升高。顾美英等研究指出，施用生物炭促进了连作棉田土壤细菌和真菌的生长，施用生物炭对两种连作棉田根际土壤 Shannon 指数有提升作用。利用生物炭进行土壤改良，能够提高土壤细菌和真菌群落的多样性，与未改良土壤相比，施加生物炭后土壤细菌多样性增加 25%。在本研究中，施用生物炭后土壤细菌中的放线菌门所占比例在降低，而变形菌门和酸杆菌门所占比例在增加，生物炭对植烟土壤细菌的群落结构也产生了一定的影响。对于真菌菌群，Jinh H. 等研究指出生物炭改良土壤后，真菌如接合菌门和球囊菌门数量增加，而担子菌门和变型菌门的丰度却有所降低。在本研究中，随着生物炭的施用植烟土壤真菌中的子囊菌亚门（Ascomycota）呈现一定的降低趋势，而接合菌门（Zygomycota）和担子菌门（Basidiomycota）具有一定的上升趋势，这与 Jinh. H. 等的研究结果稍有不同，其中接合菌门的变化表现出了相同的趋势。生物炭对土壤微生物群落结构的影响是很复杂和具有多变性的，土壤中不同微生物类群对施加生物炭后的响应特征有所不同，土壤环境的改变，包括土壤养分含量、非生物因素的改变、不同的生境，均会成为影响土壤微生物的主要因素，从而导致微生物组分和结构的变化。我国大多数烟区烟草种植采取连作方式，与其他农田相比植烟土壤性质具有很大差异，因此，有关生物炭对植烟土壤微生物群落结构的影响机理，还有待于进一步深入研究。

4. 结论

施用生物炭后植烟土壤全氮、速效磷和有机质含量具有一定的上升趋势，但在烤烟生长成熟期，施用生物炭后土壤速效氮的含量整体呈现下降趋势。生物炭影响了植烟土壤细菌和真菌的丰富度和多样性，其中施用生物炭后植烟土壤细菌中的放线菌门（Actinobacteria）所占比例在降低，而变形菌门（Proteobacteria）和酸杆菌门（Acidobacteria）所占比例在增加；随着生物炭的施用植烟土壤真菌中的子囊菌亚门（Ascomycota）呈现一定的降低趋势，而接合菌门（Zygomycota）和担子菌门（Basidiomycota）具有一定的上升趋势。施用生物炭后植烟土壤真菌群落多样性指数变化大于细菌。因此，生物炭能够对植烟土壤养分以及微生物群落结构产生积极的作用，生物炭作为改良剂施加到植烟土壤中具有较好的应用前景。今后还需要针对不同的植烟土壤类型继续深入开展生物炭对土壤性质的影响机制研究，从而为我国不同烟区生物炭施用技术的制定奠定基础，促进烟草农业的可持续发展。

（五）生物质炭对植烟土壤碳氮矿化的影响研究

1. 材料与方法

（1）试验材料。试验在湖北省恩施市恩施现代烟草农业科技园进行，当地属于季风性山地气候，年均气温 13.3℃，多年平均降水量 1435mm，供试土壤采自茅坝槽村（30°16′N，109°21′E，海拔 1223m）的植烟田，土壤类型为黄棕壤，在施肥起垄前，采用"S"形多点混合取样采集 0~25cm 耕层土壤，立即带回实验室，剔除石块和根系后过 2mm 筛，充分混匀后分成两份，一份鲜土用于室内培养试验，另一份风干后供理化分析。供试土壤的基本化学性质为：pH 值 5.80，有机碳 14.30g·kg^{-1}，碱解氮 112.72mg·kg^{-1}，有效磷 21.58mg·kg^{-1}，速效钾 155.58mg·kg^{-1}。

将前一年采集的废弃烟秆，在秸秆炭化炉中以 400℃ 裂解温度制成烟秆生物质炭，充分混匀过筛后分成两份，一份用作培养试验材料，另一份分析其化学性质。供试烟秆生物质炭的基本化学性质为：pH 值 10.20，灰分含量 13.23%，有机碳 171.00g·kg^{-1}、无机氮 85.48mg·kg^{-1}，有效磷 720.42mg·kg^{-1}、速效钾 17.30mg·kg^{-1}。

（2）试验处理。取上述土壤和生物质炭样品，试验共设 4 个处理：0.0%（对照，即不添加生物质炭）；0.5%（即添加质量分数为 0.5% 的生物质炭）；1.0%（即添加质量分数为 1.0% 的生物质炭）；2.0%（添加质量分数为 2.0% 的生物质炭）；其质量分数均以干土计，每个处理设置 3 次重复。

（3）试验方法。

①土壤有机碳及有机碳矿化。土壤有机碳矿化：取不同处理的土壤在 25℃ 下恒温培养，并保持 60% 田间持水量，分别在第 0d、第 1d、第 3d、第 7d、第 14d、第 21d、第 28d、第 42d、第 56d、第 84d 随机取样，采用碱液吸收法测定 CO_2 的释放量。有机氮的矿化：称取相当于 10g 干土的不同生物炭处理鲜土，分别装入 100mL 塑料瓶中，加盖密封并扎两个小孔保持通气条件，然后在 25℃ 下恒温培养，保持 60% 田间持水量。分别在第 0d、第 1d、第 3d、第 7d、第 14d、第 21d、第 28d、第 42d、第 56d、第 84d 随机取样，采用分光光度法测定土壤 NH_4^+-N 和 NO_3^--N 含量。

②测定方法。土壤有机质采用重铬酸钾-外加热法测定；pH 值采用雷磁PHS-

3C 型 pH 计测定；土壤 NH_4^+-N 采用 KCl 浸提–靛酚蓝比色法测定；土壤 NO_3^--N 采用双波长分光光度法测定；土壤有机碳矿化采用 NaOH 吸收 $CO_2-H_2SO_4$ 标液滴定方法测定；土壤碱解氮采用碱解扩散法测定；土壤有效磷采用 $0.05mol \cdot L^{-1}$ HCl– $0.025mol \cdot L^{-1}$（$1/2H_2SO_4$）法测定；速效钾采用火焰光度法测定。

2. 结果与分析

（1）土壤总有机碳矿化速率。添加不同质量分数的烟秆生物质炭后，各处理的土壤有机碳矿化速率与对照呈现一致的变化趋势，但生物炭处理的土壤有机碳矿化速率总体高于对照。从第 1d 到第 21d，有机碳矿化速率迅速下降，生物炭各处理土壤的有机碳矿化速率下降了 79.01%~88.46%；在第 21d 后，矿化速率趋于平稳，至培养结束时各处理与对照之间几乎无差别。可见，与对照相比，添加烟秆生物质炭后能一定程度提高土壤的有机碳矿化速率，但各处理间的矿化速率差异不大（图 4-3-40）。

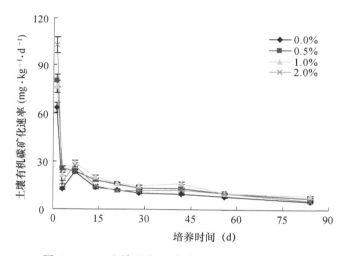

图 4-3-40　土壤总有机碳矿化速率随时间的变化

（2）土壤有机碳累积矿化量

各处理的土壤有机碳累积矿化量随培养时间呈逐渐增加趋势。在培养的中后期，添加 0.5%、1.0% 和 2.0% 烟秆生物质炭处理的有机碳累积矿化量显著高于对照，且从矿化培养的第 21d 开始，1.0% 处理的土壤有机碳累积矿化量最大，其次为 0.5% 和 2.0% 处理。由于有机碳矿化速率与累积矿化量之间存在数量关系，随着矿化培养时间的延长，生物炭各处理与对照之间的土壤有机碳累积矿化量差异逐渐增大（图4-3-41）。

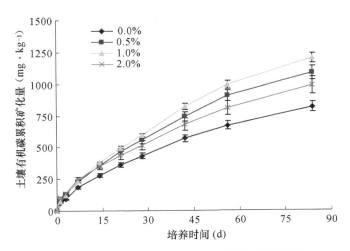

图 4-3-41　土壤有机碳累积矿化量随时间的变化

（3）土壤总有机碳累积矿化率。土壤总有机碳累积矿化率指在整个培养时段内（84d）的有机碳累积矿化量占土壤初始（第0天）有机碳含量的百分率。添加0.0%、0.5%、1.0%和2.0%生物炭后，各处理土壤的初始有机碳含量分别为14 304.82mg·kg^{-1}、18 053.11mg·kg^{-1}、20 812.57mg·kg^{-1}和23 859.42mg·kg^{-1}，经过84d培养之后各处理存留的有机碳含量分别为13 489.36 mg·kg^{-1}、16 971.44 mg·kg^{-1}、19 613.78mg·kg^{-1}和22 873.06mg·kg^{-1}。添加不同量烟秆生物质炭培养84d后，其土壤总有机碳累积矿化率分别为5.70%、5.99%、5.76%和4.13%，其中2.0%处理的总有机碳累积矿化率显著低于其他三个处理。可见，施用烟秆生物质炭显著增加土壤中的有机碳含量，且2.0%处理土壤的有机碳累积矿化率最低，其固碳效果最佳（图4-3-42）。

（4）土壤铵态氮和硝态氮动态变化。土壤中添加不同量的烟秆生物质炭后，各处理土壤 NH_4^+-N 和 NO_3^--N 含量随培养时间均与对照呈现一致的变化趋势，且彼此间无显著差异。从第0d到第14d，土壤 NH_4^+-N 含量急剧下降，各处理的土壤 NH_4^+-N 含量分别下降了96.65%～98.67%；第14d之后，NH_4^+-N 含量开始趋于稳定，并始终维持在较低水平（图4-3-43）。而从第0d到第3d，

各处理的土壤 NO_3^--N 含量就迅速下降，分别降低了 40.70%~41.70%；第 3d 之后，土壤的 NO_3^--N 含量逐渐升高，并在培养的第 56d 左右，各处理土壤的 NO_3^--N 含量再次达到初始值并进一步增加（图4-3-44）。

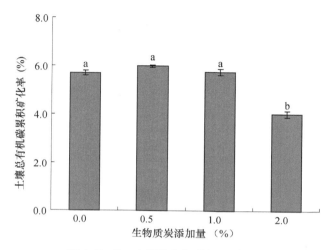

图4-3-42 土壤总有机碳累积矿化率

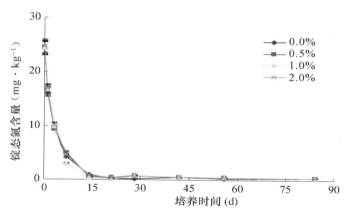

图4-3-43 土壤铵态氮含量随时间的变化

（5）土壤氮矿化速率动态变化。在土壤中添加不同量的烟秆生物质炭后，土壤氮矿化速率随时间变化呈现出基本一致的趋势。在第 0d 到第 14d，各处理的氮矿化速率均为负值，且数值逐渐增大，无机氮含量逐渐降低；在第 21d 之后，各处理的氮矿化速率逐渐稳定，并维持在正值，无机氮含量逐渐升高（图4-3-45）。

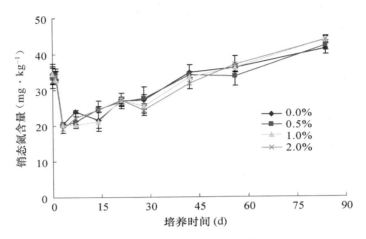

图 4-3-44　土壤硝态氮含量随时间的变化

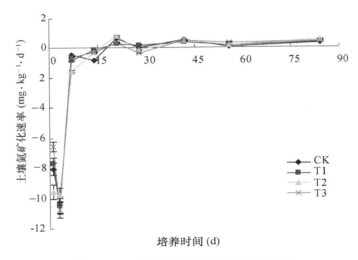

图 4-3-45　土壤氮矿化速率随时间的变化

（6）土壤硝化速率动态变化。各处理的土壤硝化速率也随培养时间呈现一致的变化趋势，从第0d到第28d，各处理的硝化速率波动较大，但总趋势是先迅速减小后逐渐增大，即培养开始时，土壤的反硝化作用可能占主导使得

NO_3^--N含量迅速减少，之后硝化作用增强，土壤NO_3^--N含量迅速增加；在第28d之后，各处理的土壤硝化速率逐渐稳定在正值，表示硝化作用继续占据主导位置，使得NO_3^--N含量逐渐增加（图4-3-46）。

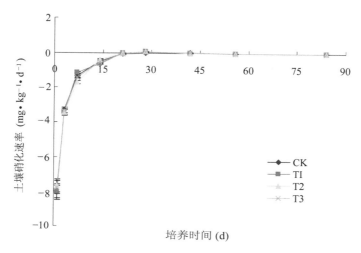

图4-3-46 土壤硝化速率随时间的变化

3. 讨论

（1）生物质炭对土壤有机碳矿化的影响。土壤有机碳的矿化是烟田土壤碳循环的关键过程之一，有机碳矿化直接关系到土壤中养分的供给、温室气体的排放及其土壤质量的保持等诸多方面。添加生物质炭能改变土壤的有机碳组分，但添加生物质炭是促进还是抑制土壤有机碳的矿化，目前的研究结论并不一致。Hamer等和Wardle等认为生物质炭提高了土壤微生物活性，从而促进了有机碳的分解。Liang等认为含黑炭高的土壤比含黑炭低的土壤其有机碳矿化率低。Spokas等研究则发现不同种类生物质炭添加后对土壤有机碳矿化的影响并不一致。本研究结果表明，添加0.5%、1.0%和2.0%烟秆生物质炭能够一定程度促进土壤有机碳的矿化，但添加量与促进效果之间不呈正相关，当添加量达到2.0%时，土壤有机碳的矿化反而出现降低。由此可见，烟秆生物质炭对土壤有机碳矿化作用的影响是双重的，即在一定范围内，随着烟秆生物质炭量的增加，促进土壤有机碳矿化的作用更加明显，但当超过某一阈值后，其促进土壤有机碳矿化的效果反而降低。由于过多的烟秆生物质炭吸附土壤中简单有机分子，使其聚合成更复杂的有机分子，这在一定程度上保护或减弱了土壤有机碳的矿化作用效果。0.5%和1.0%处理的土壤有机碳矿化增加，可能与烟秆生物质炭本身含有较多有机碳成分有关，因为生物质炭中易分解物质的分解会造成土壤有机碳矿化量和矿化速率的提高。因此，虽然这两个处理的土壤有机碳矿化速率及累积矿化量明显高于对照，但两者的土壤总有机碳累积矿化率与对照相比无显著差异；2.0%处理虽然土壤有机碳的矿化速率及累积矿化量均高于对照，但由于土壤中随之加入了更多的有机碳成分（土壤初始有机碳含量远大于对照），导致其总有机碳的累积矿化率显著低于对照，最终促进了土壤有机碳的积累，起到了较高量的生物炭增加土壤碳贮存的作用。

（2）生物质炭对土壤氮矿化及硝化作用的影响。土壤有机氮矿化在一定程度上可以表征土壤的供氮能力，并且氮矿化过程受外源物质、温湿度、土壤质地、pH值及耕作方式等多种因素及其交互作用的综合影响。目前，外源生物质炭对土壤氮素转化的影响依然存在分歧。赵明等的研究认为生物质炭能够提高土壤有机氮的矿化量；Dempster等则发现生物质炭与氮肥配施能够降低土壤有机氮的矿化作用；Nelissen等认为生物质炭能够促进 NH_4^+-N 向 NO_3^--N 的转化，即促进土壤硝化作用；而 Clough 等的研究则发现生物质炭能够降低土壤的硝化速率。生物质炭对土壤氮转化的影响主要与生物炭的结构、土壤类型及性质、酚类物质含量、氮转化微生物种群结构及活性等多因素的不同作用有关。本研究中，添加烟秆生物质炭对土壤无机氮动态、有机氮矿化和硝化作用均无显著影响。在培养前期，NH_4^+-N 和 NO_3^--N 含量大量减少；在培养中后期，NH_4^+-N 含量基本不变，而 NO_3^--N 含量却逐渐升高。这可能是在培养前期，由于有机氮的矿化作用弱、微生物的氮固持以及部分氮素通过反硝化以气体形式挥发等原因，导致了土壤中的无机氮含量逐渐降低；在培养中后期，有机氮的矿化作用增强，同时微生物固持的无机氮得到释放，土壤硝化作用逐渐占主导地位，从而造成了土壤 NO_3-N 含量升高。但不同添加量的烟秆生物质炭的作用并未显现。DeLuca 等的研究也表明，在农田和草地两种土壤中添加生物炭后，其对土壤矿化作用及硝化作用均无明显影响，但是由于生物炭对 NH_4+ 的吸附或固定，土壤氨化作用略有下降。目前，关于生物质炭添加土壤后，究竟如何影响土壤氮素矿化及硝化作用的进程及其机理，尚没有明确的科学解释。下一步需要从生物炭的制备工艺、结构特性、土壤性质的影响及敏感微生物种群结构与功能的响应等多个方面深入探讨其内在机制。

4. 结论

（1）添加生物质炭能一定程度提高土壤有机碳的矿化速率，其有机碳的累积矿化量以 1.0% 生物炭添加量处理最高，其次为 0.5% 和 2.0% 添加量处理；此外 2.0% 生物炭添加处理土壤有机碳的增加最明显，同时显著降低土壤总有机碳的累积矿化率，固碳效果最佳。

（2）添加不同量的生物质炭对土壤无机氮、土壤有机氮矿化及硝化速率均无显著影响，因此生物质炭添加到土壤中具有一定的固氮效果。

四、秸秆还田施用技术研究

秸秆还田是当今世界上普遍重视的一项培肥地力的措施，在杜绝了秸秆焚烧所造成的大气污染的同时，还能增加土壤有机质，改良土壤结构，促进微生物群落发展等作用。但若方法不当，也会导致土壤病菌增加，作物病害加重及缺苗（僵苗）等不良现象。因此采取合理的秸秆还田措施，才能起到良好的还田效果。为分析秸秆还田对植烟土壤的碳氮调控机理，通过定位还田试验，研究了不同秸秆施用对植烟土壤理化性状以及烟草产质量的影响，并对不同种类和用量秸秆还田后的土壤微生物群落结构的变化进行了系统分析。研究结果将为恩施烟田秸秆资源的高效利用及烟叶质量的可持续提升提供重要的理论和技术支撑。

（一）秸秆定位还田对土壤性状及烟草生长发育的影响

1. 材料与方法

（1）试验地点。试验地点位于恩施市望城坡茅坝槽，定位时间为 3 年。秸秆粉碎后，于烟叶移移栽前 1 个月直接还田。

（2）试验处理。试验共 10 个处理，设置水稻秸秆、玉米秸秆、烟草秸秆三类秸秆，各类秸秆设 3 个不同还田量（以秸秆干重计）（250kg/亩、500kg/亩、1000kg/亩），以常规施肥不翻压秸秆作为对照。具体如表 4-3-45 所示。

表 4-3-45　试验处理设置

处理	秸秆种类	还田量（kg/亩）
T1		250
T2	水稻秸秆	500
T3		1000
T4		250
T5	玉米秸秆	500
T6		1000
T7		250
T8	烟草秸秆	500
T9		100
CK	常规对照	0

2. 结果与分析

（1）团棵期农艺性状。2013—2015 年各处理烟草团棵期的农艺性状如表 4-3-46 所示，不同处理中以玉米和烟草秸秆还田表现较好，株高和最大叶片面积具有一定的优势，相对而言水稻秸秆还田团棵期株高偏低。综合考虑各处理及历年团棵期的农艺性状，施用烟草秸秆处理优势较为明显，株高、最大叶面积等数值均优于对照，不同秸秆还田量以 T7 表现最好。

表 4-3-46　不同秸秆还田对烟株团棵期农艺性状的影响

处　理		株高（cm）	叶片数	最大叶长（cm）	最大叶宽（cm）
2013 年	T1	10.43	7.55	36.08	18.58
	T2	10.55	7.95	38.00	19.50
	T3	9.35	7.35	35.20	18.60
	T4	11.05	7.45	36.15	19.20
	T5	10.13	7.10	31.95	18.10
	T6	11.98	8.00	36.68	18.78
	T7	12.63	8.20	37.05	19.45
	T8	11.73	7.65	36.78	19.75
	T9	10.45	7.40	35.68	18.50
	CK	10.68	7.70	36.20	18.83

（续表）

处　理		株高（cm）	叶片数	最大叶长（cm）	最大叶宽（cm）
	T1	31.80	10.93	47.67	18.67
	T2	28.50	9.70	44.80	17.60
	T3	26.70	9.10	44.20	16.80
	T4	32.47	10.87	47.53	20.20
2014 年	T5	30.80	10.60	45.80	17.93
	T6	27.69	9.54	42.23	17.69
	T7	37.00	11.60	49.67	23.33
	T8	35.00	11.27	47.60	21.27
	T9	30.77	10.69	43.62	19.54
	CK	31.13	10.67	44.13	19.33
	T1	24.96	9.42	41.42	21.67
	T2	28.58	9.67	44.08	22.42
	T3	22.92	9.42	44.92	22.00
	T4	30.08	8.50	41.50	15.50
2015 年	T5	28.75	9.33	48.08	18.88
	T6	31.08	9.17	40.42	20.55
	T7	31.13	9.08	40.08	17.67
	T8	32.50	9.75	47.25	21.17
	T9	31.63	8.58	44.33	16.37
	CK	28.25	7.83	35.63	13.08

（2）平顶期农艺性状分析。在烟草平顶期，2013—2015年各处理的农艺性状如表4-3-47所示。秸秆还田处理在株高和茎围等农艺性状的表现优势较突出，其调查数值大部分都高于常规对照。就三个部位叶面积分析，下部叶和中部叶以施用水稻和烟草秸秆较好，上部叶以施用玉米和烟草秸秆最好。综合分析，施用烟草秸秆和水稻秸秆能够促进烟株的生长发育，增强了烟株的田间长势，2013年试验结果以水稻秸秆还田处理后期烟株长势较强，2014年施用烟草秸秆处理8表现较为优异，2015年施用烟草秸秆后烟叶叶面积也表现较好。

表 4-3-47　不同秸秆还田对烟株平顶期农艺性状的影响

处理		株高（cm）	茎围（cm）	节距（cm）	有效叶数	下二棚面积（cm²）	腰叶面积（cm²）	上二棚面积（cm²）
2013 年	T1	129.67	10.00	6.03	18.83	1483.82	1464.73	848.83
	T2	130.42	9.80	6.41	18.50	1596.35	1262.00	724.39
	T3	128.67	9.74	5.93	19.08	1408.80	1295.54	701.75
	T4	126.84	9.78	5.83	19.00	1361.35	1153.05	694.73
	T5	128.34	9.46	5.93	18.67	1406.58	1260.54	860.12
	T6	123.92	9.35	5.93	18.59	1544.93	1498.64	879.55
	T7	130.67	9.44	6.17	18.50	1472.57	1248.91	845.41
	T8	133.25	9.63	5.83	19.09	1406.37	1400.46	963.20
	T9	128.58	9.63	6.09	18.50	1463.32	1353.55	928.20
	CK	125.67	9.38	5.62	18.84	1384.45	1244.10	809.94
2014 年	T1	111.90	10.55	6.61	17.20	1951.6	2022.8	1167.08
	T2	116.40	10.45	6.65	17.70	2289.69	2037.08	1128.52
	T3	117.40	10.70	6.62	17.80	2200.96	2084.95	1184.01
	T4	114.27	10.55	6.49	17.73	2049.588	2042.104	1365.952
	T5	105.70	10.05	6.26	16.90	1989.12	1748.67	1231.4
	T6	112.00	10.45	6.51	17.30	2091.96	1983.8	1317.38
	T7	116.70	10.65	6.56	17.90	2317.27	1909.24	1258.36
	T8	115.50	10.95	6.66	17.40	2511.34	2118.18	1269.2
	T9	111.60	10.45	6.18	18.10	2235.65	1895.2	1192.6
	CK	113.90	10.40	6.35	18.00	2056.86	1951.29	1208.48
2015 年	T1	112.00	9.72	6.17	19.00	1412.39	1066.49	632.67
	T2	114.33	9.68	6.09	18.17	1455.15	1114.90	582.92
	T3	118.33	9.85	6.49	18.33	1625.09	1131.49	653.40
	T4	100.67	8.93	5.93	19.67	1055.87	867.65	521.16
	T5	109.33	9.47	6.18	18.83	1157.12	947.81	606.22
	T6	116.17	9.50	6.56	18.67	1265.00	1153.16	676.31
	T7	109.00	9.87	5.93	19.83	1289.01	977.96	613.62
	T8	109.50	10.00	6.26	18.00	1477.47	1133.19	690.62
	T9	100.83	8.92	5.83	19.00	1103.69	879.15	549.45
	CK	99.17	8.97	6.17	19.67	1050.54	772.82	498.06

（3）经济性状分析。不同种类秸秆以及不同数量秸秆还田对烤后烟叶经济性状影响较大（表4-3-48），2013年结果表明，亩产量以T9最好，亩产值以T8最好，两个处理均为施用烟草秸秆，能够获得一定的经济效益，施用烟草秸秆处理烤后烟叶等级结构比例也有一定的提升。2014年结果表明，水稻秸秆还田效果较好，其3个不同用量处理烤后烟叶产量、产值以及均价等经济性状指标与对照相比具有较明显的优势，其次为烟草秸秆。2015年施用水稻和烟草秸秆均取得了较好的烟叶产量和产值，施用玉米秸秆烟叶产量较对照表现较好，但烟叶产值没有表现出较好的优势。

表4-3-48 不同秸秆还田对经济性状的影响

处理		产量（kg/亩）	产值（元/亩）	均价（元/kg）	中上等烟率（%）
2013年	T1	160.00	2518.10	15.74	59.78
	T2	140.81	2147.34	15.25	60.42
	T3	138.45	1889.21	13.65	40.54
	T4	123.22	1590.16	12.91	41.91
	T5	138.12	2194.90	15.89	62.92
	T6	135.34	2210.64	16.33	68.32
	T7	143.34	1949.64	13.60	48.08
	T8	147.38	2223.18	15.08	50.10
	T9	138.03	1768.85	12.81	40.98
	CK	139.46	1855.03	13.30	43.30
2014年	T1	80.94	1359.47	16.8	61.71
	T2	116.97	1839.78	15.73	80.61
	T3	131.54	1942.87	14.77	73.14
	T4	125.13	1916.43	15.32	54.35
	T5	122.1	1947.88	15.95	82.86
	T6	133.38	1967.24	14.75	68.08
	T7	136.13	1723.24	12.66	52.32
	T8	146.3	1984.38	13.56	58.82
	T9	153.91	1629.69	10.59	56
	CK	132.55	1840.74	13.89	60.47

（续表）

处理		产量（kg/亩）	产值（元/亩）	均价（元/kg）	中上等烟率（%）
2015年	T1	152.44	2080.93	13.65	60.53
	T2	163.90	2373.53	14.48	58.42
	T3	137.04	1578.50	11.52	50.54
	T4	137.81	1931.28	14.01	51.02
	T5	153.91	1939.28	12.60	60.31
	T6	135.46	2693.15	19.88	61.2
	T7	176.79	3413.56	19.31	54.28
	T8	146.78	2740.86	18.67	56.31
	T9	141.67	2260.50	15.96	52.34
	CK	107.16	1967.39	18.36	53.31

（4）烟叶化学成分分析。2013年烟叶化学成分的检测结果表明（表4-3-49），施用秸秆后，T1、T5、T6和T8烤后烟叶总糖和还原糖含量有一定的增加趋势，施用烟草秸秆T9处理烟叶总氮、总磷和总钾含量均表现较高。施用3种类型秸秆均提高了烟叶总磷含量，烟叶氯离子含量也具有一定的增加趋势。

表4-3-49 不同秸秆还田对C3F烟叶化学成分的影响（2013年）

处理	氯（%）	还原糖（%）	总糖（%）	总氮（%）	总磷（%）	总钾（%）
T1	0.47	25.28	28.64	1.47	0.19	0.79
T2	0.46	18.02	25.07	1.73	0.18	0.73
T3	0.51	16.63	25.04	2.01	0.16	0.86
T4	0.37	11.69	30.43	1.94	0.17	0.69
T5	0.39	21.49	29.16	1.69	0.16	0.65
T6	0.49	23.99	28.15	1.64	0.17	0.68
T7	0.34	18.35	27.39	1.92	0.16	0.82
T8	0.24	21.08	28.93	1.76	0.17	0.76
T9	0.57	13.92	24.48	2.02	0.17	0.95
CK	0.34	19.28	27.30	1.77	0.15	0.84

2014年的检测结果表明（表4-3-50），上中下3个部位烟叶的化学成分具有较为一致的变化趋势，其中施用不同种类秸秆烟叶总糖和还原糖含量与对照相比具有上升趋势，其中以施用水稻秸秆T3处理表现最好，其次为施用烟杆处理T8。秸秆还田后烟叶总氮和烟碱含量总体呈现下降趋势，烟叶总钾含量呈现上升趋势。与对照相比，施用烟杆后烟叶总氯含量具有一定的增加趋势，烟叶pH值整体差异不大。

表4-3-50 不同秸秆还田对化学成分的影响（2014年）

部位	处理	烟碱（%）	总糖（%）	还原糖（%）	总氮（%）	总钾（%）	总氯（%）	pH值
B2F	T1	3.43	15.89	16.67	3.06	2.45	1.13	5.32
	T2	3.64	15.08	15.66	3.01	2.25	1.03	5.28
	T3	3.31	18.64	19.21	2.75	1.93	0.98	5.33
	T4	3.55	17.27	17.11	2.86	1.42	0.78	5.4
	T5	3.42	18.27	18.41	2.75	1.68	0.73	5.35
	T6	3.75	14.77	14.56	2.99	1.47	0.73	5.36
	T7	3.43	13.67	13.19	3.23	1.43	0.96	5.31
	T8	3.55	9.61	9.97	3.59	1.85	1.27	5.36
	T9	3.77	12.15	13.38	3.3	1.88	1.46	5.27
	CK	3.82	17.73	17.82	2.82	0.8	0.78	5.32
C3F	T1	2.98	26.7	23.8	2.41	1.8	0.79	5.4
	T2	2.82	30.46	27.59	2.21	1.5	0.88	5.42
	T3	3.17	34.73	28.85	2.02	1.62	0.7	5.5
	T4	3.05	28.05	25.62	2.21	1.4	0.55	5.39
	T5	3.63	25.34	22.34	2.47	1.79	0.56	5.43
	T6	3.34	18.66	16.66	2.39	1.85	0.62	5.4
	T7	3.22	27.79	24.53	2.33	1.61	0.83	5.37
	T8	3.26	33.04	27.93	2.26	1.59	0.58	5.44
	T9	3.59	25.1	22.92	2.61	1.6	1.21	5.36
	CK	3.68	24.96	21.71	2.48	1.27	0.57	5.34

（续表）

部位	处理	烟碱（%）	总糖（%）	还原糖（%）	总氮（%）	总钾（%）	总氯（%）	pH 值
X2F	T1	2.3	26.3	23.32	2.17	2.19	1	5.38
	T2	1.69	28.98	26.01	1.82	2.21	0.99	5.45
	T3	2.05	31.28	27.76	1.76	2.04	0.59	5.46
	T4	2.5	24	22.8	2.1	1.49	0.6	5.36
	T5	2.44	31.79	26.55	1.81	1.43	0.45	5.46
	T6	3.17	22.18	20.48	2.37	1.57	0.62	5.39
	T7	2.37	24.3	21.48	2.23	2.13	0.74	5.46
	T8	3.33	30.1	26.73	2.22	1.6	1.02	5.35
	T9	2.65	26.42	25.18	2.23	1.81	1.44	5.4
	CK	3.09	28.71	24.47	2.04	1.42	0.5	5.45

2015 年检测结果表明（表 4-3-51），施用 3 种秸秆后烟叶总氮含量呈现出一定的下降趋势，施用水稻和烟草秸秆后烟叶烟碱含量呈现出一定的下降趋势。施用玉米秸秆和烟草秸秆后烟叶总糖和还原糖含量呈现出升高的趋势，其

表 4-3-51　不同秸秆还田对化学成分的影响（2015 年）

部位	处理	烟碱（%）	总糖（%）	还原糖（%）	总氮（%）	钾（%）	氯（%）
C3F	T1	2.71	29.00	19.29	2.13	2.04	0.17
	T2	3.01	28.55	20.40	2.10	1.99	0.16
	T3	2.39	30.26	19.74	1.99	2.09	0.15
	T4	3.45	29.18	19.74	2.16	2.22	0.20
	T5	3.41	30.51	19.79	2.01	2.04	0.23
	T6	3.19	35.38	28.03	1.78	2.22	0.27
	T7	2.71	34.82	28.05	2.05	2.02	0.34
	T8	3.01	33.06	26.16	2.02	1.73	0.32
	T9	2.39	36.78	30.16	1.79	1.72	0.19
	CK	3.38	32.78	26.08	2.31	1.65	0.40

中施用烟草秸秆表现较好。施用秸秆后烟叶钾的含量得到了一定程度的提升，各处理烟叶氯的含量相对较低。连续 3 年进行秸秆定位还田后，对烟叶的化学成分协调性起到了一定的提升作用。

（5）烟田土壤理化性质分析。不同种类秸秆还田后的土壤物理特性如表4-3-52所示，施用烟草秸秆处理的土壤含水量保持较好，施用水稻秸秆的土壤容重偏大，总孔隙度偏小，综合分析以 T9 处理表现较好，土壤容重、总孔隙度以及含水量等数值优于对照。

表 4-3-52　不同秸秆还田对土壤物理性状的影响

处理	土壤容重（g×cm^{-3}）	土壤含水量（%）	总孔隙度（%）
T1	1.12±0.02	19.92±0.57	57.61±0.60
T2	1.12±0.05	20.34±1.90	57.57±1.74
T3	1.13±0.05	19.73±0.86	57.51±1.79
T4	1.15±0.09	20.40±1.12	56.48±3.46
T5	1.10±0.04	20.12±0.24	58.63±1.63
T6	1.09±0.01	19.98±0.73	58.90±0.39
T7	1.10±0.05	20.40±0.49	58.45±1.73
T8	1.12±0.04	20.50±0.31	57.87±1.69
T9	1.03±0.03	23.82±3.07	61.13±0.98
CK	1.06±0.01	21.83±0.20	60.17±0.22

2013 年不同秸秆还田后的土壤化学性质如表 4-3-53 所示，不同种类秸秆以水稻和烟草秸秆还田后土壤碱解氮含量高于对照，玉米秸秆还田 T5 和 T6 土壤碱解氮含量低于对照。施用秸秆后能够不同程度的增加烟田土壤有机质含量，不同种类秸秆表现具有一定的差异，总体而言以水稻和烟草秸秆表现较好，T9 烟田土壤有机质含量最高。施用玉米秸秆后烟田土壤有效磷含量表现下降的趋势，施用玉米秸秆 T5 和 T6 烟田土壤氯离子含量呈现上升的趋势。施用3 种类型秸秆后，以水稻秸秆 T2、玉米秸秆 T4 和烟草秸秆 T9 3 个处理烟田土壤速效钾含量有所升高。

表 4-3-53 不同秸秆还田对土壤化学性状的影响

处理	pH 值	有机质 （g/kg）	碱解氮 （mg/kg）	有效磷 （mg/kg）	速效钾 （mg/kg）	氯离子 （mg/kg）	CEC （cmol/kg）
T1	6.15	21.51	116.56	96.35	468.38	13.35	4.32
T2	5.80	20.02	117.44	81.67	585.04	11.57	4.91
T3	6.10	18.45	131.63	81.64	475.58	12.72	4.73
T4	6.13	20.88	114.79	55.92	542.83	12.16	4.42
T5	7.24	17.42	90.41	54.81	494.11	23.74	4.42
T6	7.06	17.24	94.40	51.84	392.37	26.00	4.20
T7	6.84	19.43	116.12	88.13	435.43	13.79	4.40
T8	5.75	18.80	113.01	76.45	443.67	22.21	6.26
T9	5.77	23.97	136.50	89.27	565.65	17.70	5.96
CK	5.61	19.60	110.35	86.07	527.57	17.08	5.84

2014 年不同秸秆还田土壤化学性质的结果如表 4-3-54 所示，施用水稻和烟草秸秆后烟田土壤 pH 值表现一定的下降趋势，除烟草秸秆外，施用水稻秸秆 T3 以及施用玉米秸秆 T6 均能够提高烟田土壤的有机质含量。施用一定用量的 3 种秸秆均能够提高土壤全氮含量（T3，T6，T9）；施用烟草秸秆也一定程

表 4-3-54 不同秸秆还田对土壤化学性质的影响

处理	pH 值	有机质 （g/kg）	全氮 （%）	碱解氮 （mg/kg）	速效磷 （mg/kg）	速效钾 （mg/kg）	CEC （cmol/kg）
T1	6.61	17.85	0.137	80.50	41.45	115.96	7.63
T2	6.23	17.75	0.136	101.50	67.60	89.58	7.88
T3	6.21	21.21	0.157	119.88	80.95	76.39	12.00
T4	7.45	19.84	0.138	87.50	38.20	76.39	7.88
T5	7.35	17.40	0.095	83.13	26.83	76.39	7.00
T6	7.19	20.38	0.164	103.25	52.15	168.73	7.50
T7	6.64	32.82	0.133	114.63	52.83	366.62	8.25
T8	6.31	24.90	0.147	113.75	56.83	76.39	8.63
T9	6.38	21.53	0.152	113.75	67.23	155.54	8.00
CK	7.08	19.67	0.146	108.50	34.08	50.00	7.5

度增加了烟田土壤的碱解氮、速效磷以及速效钾含量。而且施用3种类型秸秆后烟田土壤的CEC含量升高,与对照相比,整体上以施用烟草秸秆处理的土壤化学性状表现较好。

3. 小结

(1)水稻、玉米和烟草秸秆定位还田后,烟株田间长势均整体较好,其中施用烟草秸秆和水稻秸秆处理的烤后烟叶产量、产值以及均价等经济性状指标具有较明显的优势。

(2)施用秸秆后能够不同程度的增加烟田土壤有机质含量,其中施用烟草秸秆土壤含水量保持较好,增加了烟田土壤有机质、碱解氮以及速效磷的含量。施用烟草和水稻秸秆均对烟田土壤速效钾含量具有一定的提升作用。

(3)连续3年进行秸秆定位还田后,对烟叶的化学成分协调性起到了一定的提升作用。综合研究结果,以水稻秸秆500kg/亩和烟草秸秆500kg/亩还田量较为适宜。

(二)秸秆与化肥混合施用对烤烟生长及品质的影响

1. 材料和方法

(1)试验地点。利川市凉雾乡诸天村4组,田块土壤质地疏松,土层较厚,肥力中等均匀,地势平坦,排灌便利,冬闲土,年前已翻耕,海拔1100m。

(2)试验品种。云烟87烤烟品种

(3)试验设计。本试验选择烟草秸秆为试验材料,结合不同施氮量共设计5个处理,具体如表4-3-55所示。

表4-3-55 试验处理设置

处理	翻压量	施氮量
处理1	250kg/亩	常规用量
处理2	250kg/亩	常规用量减去1kg
处理3	500kg/亩	常规用量
处理4	500kg/亩	常规用量减去1kg
处理5	常规对照,不翻压秸秆	

试验采用随机区组设计，试验田共 15 个小区，随机排列。每个小区栽烟 80 株。烟草秸秆粉碎后，折合成每个小区用量，在起垄施肥前统一撒施翻压。

试验田其余施肥方式以及移栽、大田管理和采收烘烤等环节严格按照当地优质烟生产技术规范执行。

2. 结果与分析

（1）主要农事操作记载。试验为大棚漂湿育苗，5 月 2 日剪叶 1 次，3 月 28 日整地，4 月 6 日起垄，覆膜 4 月 20 日，5 月 8 日移栽，5 月 31 日完成"井窖式"移栽封口。

病虫害防治记载，移栽时用"密达"和 2.5% 高效氟氯氰菊酯防治害虫，用氨基寡糖素、8% 宁南霉素防花叶病；58% 甲霜灵锰锌 600 ~ 800 倍液防根部病害；烟叶成熟期分别 3 次用 40% 菌核净 700 倍液防治赤星病，用 20% 粉锈宁 1000 倍液防白粉病。

（2）施肥及田间管理措施如表 4-3-56 所示。亩施纯氮 6.5kg，$N : P_2O_5 : K_2O = 1 : 1.5 : 3.5$，行株距 1.2×0.60（m）。

表 4-3-56　处理肥料施用量表　　　　　　　　　　　（kg）

处理	底　　肥					追　　肥	
	复合肥（8∶12∶24）	磷肥（12%）	秸秆	饼肥	有机肥	硝酸钾（N14%、K44%）	硫酸钾
T1	16.2	5.75	250	5.4	13.5	1.35	3.24
T2	13.5	5	250	5.4	13.5	1	2.7
T3	16.2	5.75	500	5.4	13.5	1.35	3.24
T4	13.5	5	500	5.4	13.5	1	2.7
T5	16.2	5.75		5.4	13.5	1.35	3.24
底肥施用方法			起垄后条施				

（3）不同处理生育期调查。通过生育期结果比较，烟草秸秆施用量越大其大田生育期越长表 4-3-57。

（4）不同处理对农艺性状的影响。通过对打顶后农艺性状调查结果看，烟草秸秆亩施 500kg 比减亩施 1kg 纯氮肥农艺性状较好，常规对照（不翻压秸秆）农艺性状表现最差（表 4-3-58）。

表 4-3-57　主要生育期记载表

处理	播种期（日/月）	出苗期（日/月）	成苗期（日/月）	移栽期（日/月）	现蕾期（日/月）	中心花（日/月）	脚叶成熟（日/月）	顶叶成熟（日/月）	大田生育期（日/月）
T1	3月14日	3月25日	5月8日	5月8日	7月1日	7月7日	7月15日	9月22日	137
T2	3月14日	3月25日	5月8日	5月8日	7月1日	7月7日	7月15日	9月22日	137
T3	3月14日	3月25日	5月8日	5月8日	7月5日	7月12日	7月20日	9月25日	140
T4	3月14日	3月25日	5月8日	5月8日	7月5日	7月12日	7月20日	9月25日	140
T5	3月14日	3月25日	5月8日	5月8日	7月1日	7月7日	7月12日	9月20日	135

表 4-3-58　主要农艺性状记载表

处理	株高（cm）	留叶数	茎围（cm）	节距（cm）	下部叶（cm）		中部叶（cm）		上部叶（cm）	
					长	宽	长	宽	长	宽
T1	116.1	21.8	10.7	4.4	70.1	25.8	79.8	25.1	72.8	22.9
T2	103.1	21.9	10.6	3.7	68.5	24.9	79.4	24.5	72.5	22.5
T3	110.8	21.7	11.3	4.3	75.4	27.6	82.9	26.1	75.9	23.1
T4	106.4	22.5	10.9	3.9	74.7	25.0	82.0	25.6	75.1	22.6
CK	107.9	22.7	11.4	4.0	70.8	25.1	79.4	25.2	72.5	23.2

（5）经济性状分析。与对照相比，施用秸秆还田后各处理烤后烟叶的亩产量和产值具有一定的优势，以处理 T4 表现最好，其烤后烟叶等级结构比例较好。在施用秸秆还田的同时适当降低施氮量，采取秸秆与化肥混合施用的方式，在本试验条件下取得了较好的经济效益（表 4-3-59）。

表 4-3-59　不同处理经济性状数据统计

处理	亩产量 （kg）	亩产值 （元）	均价 （元/kg）	上等烟率 （%）	上中等烟率 （%）
T1	143.34	3757.33	26.23	71.63	93.33
T2	140.86	3640.58	25.85	73.65	93.77
T3	141.18	3681.93	26.08	72.52	94.14
T4	144.03	3827.21	26.57	75.37	94.74
T5	136.15	3474.13	25.52	69.73	92.24

（6）化学成分分析。施用烟草秸秆后上部烟叶烟碱含量有一定程度的升高，以 T3 最高。在施用烟草秸秆 500kg 的基础上减施纯氮 1kg 对中部烟叶烟碱含量降低趋势明显。与对照相比，施用烟草秸秆各处理上部烟叶总糖和还原糖含量呈现下降趋势，C2F 等级烟叶的总糖和还原糖含量也有一定的下降趋势。施用烟草秸秆增加了中部烟叶钾含量。施用烟草秸秆后各等级烟叶的氯含量呈现增加趋势（表 4-3-60）。

表 4-3-60　烟叶化学成分数据　（%）

处理	等级	烟碱	总糖	还原糖	总氮	K	Cl
	B1F	3.75	30.51	21.34	2.17	1.83	0.12
	B2F	3.87	26.72	19.63	2.21	1.64	0.14
CK	C2F	3.45	31.37	20.8	2	1.83	0.19
	C3F	3.62	29	19.29	2.13	2.04	0.17
	X2F	2.29	23.86	18.97	2.06	3.29	0.53
	B1F	4.32	24.39	16.65	2.37	1.85	0.3
	B2F	4.09	24.76	16.7	2.33	2.11	0.21
T1	C2F	3.78	27.38	19.87	2.19	2.03	0.22
	C3F	3.59	28.55	20.4	2.1	1.99	0.16
	X2F	2.74	23.16	19.3	2.25	2.96	0.54

（续表）

处理	等级	烟碱	总糖	还原糖	总氮	K	Cl
	B1F	4.37	25.41	18.72	2.44	2.07	0.32
	B2F	4.06	26.32	18.51	2.31	1.57	0.19
T2	C2F	3.51	29	19.28	2.12	2.17	0.27
	C3F	3.38	30.26	19.74	1.99	2.09	0.15
	X2F	3.19	23.39	18.5	2.34	2.93	0.3
	B1F	4.41	23.04	16.12	2.46	1.98	0.3
	B2F	4.54	22.13	15.32	2.48	2.18	0.3
T3	C2F	3.41	28.59	19.39	2.13	2.02	0.3
	C3F	3.45	29.18	19.74	2.16	2.22	0.2
	X2F	2.33	25.75	19.65	2.14	2.84	0.37
	B1F	3.89	26.92	18.67	2.19	1.71	0.27
	B2F	4.09	24.03	16.45	2.27	1.87	0.23
T4	C2F	3.36	29.7	19.73	2.19	2.17	0.27
	C3F	3.41	30.51	19.79	2.01	2.04	0.23
	X2F	2.9	23.96	19.53	2.23	2.72	0.4

3. 小结

烟草秸秆施用对烟叶的大田生育期有一定影响，其农艺性状烟草秸秆施用500kg不减施1kg纯氮的农艺性状最好，常规对照（不翻压秸秆）农艺性状较差，说明烟草秸秆虽然本身含肥不高，但烟株对所施肥料的利用率有一定作用，且要适当减施氮肥。从亩产值、产量、均价、上等烟比例和上中等烟比例看，施用一定量的烟草秸秆能够提高烟叶质量，增加烟农收益。同时在施用烟草秸秆500kg的基础上减施纯氮1kg对中部烟叶烟碱含量降低趋势明显。

（三）微生物降解菌对秸秆还田效果的影响

1. 材料和方法

（1）试验地点。利川市凉雾乡诸天村4组，田块土壤质地疏松，土层较厚，肥力中等均匀，地势平坦，排灌便利，冬闲土，海拔1100m。

恩施市盛家坝乡桅杆堡村大槽组，试验地，地势平整，排灌便利。试验田东经：109°18′7.851″，北纬：30°2′56.269″，海拔高度：1228m。

（2）试验品种。云烟87烤烟品种。

（3）试验设计。本试验选择烟草秸秆为试验材料，结合微生物降解菌的施用量共设计4个处理，具体如表4-3-61所示。

表4-3-61　处理设置

处理	翻压量	微生物降解菌用量
T1	500kg/亩	0
T2	500kg/亩	在翻压时，1管菌体对水5kg，均匀喷施于秸秆，并混匀
T3	500kg/亩	在翻压时，3管菌体对水5kg，均匀喷施于秸秆，并混匀
T4		常规对照，不翻压秸秆

试验采用随机区组设计，试验田共12个小区，随机排列。每个小区栽烟100株。烟草秸秆粉碎后，折合成每个小区用量，在起垄施肥前统一撒施翻压。

试验田其余施肥方式以及移栽、大田管理和采收烘烤等环节严格按照当地优质烟生产技术规范执行。

2. 结果与分析

（1）利川。

①主要农事操作记载。试验为大棚漂湿育苗，4月28日和5月2日剪叶2次，4月8日整地，4月11日起垄，覆膜4月18日，5月25日完成"井窖式"移栽封口。

病虫害防治记载，移栽时用"密达"和2.5%高效氟氯氰菊酯防治害虫，用氨基寡糖素、8%宁南霉素防花叶病；58%甲霜灵锰锌600~800倍液防根部病害；烟叶成熟期分别3次用40%菌核净700倍液防治赤星病，用20%粉锈宁1000倍液防白粉病。

②施肥及田间管理措施。亩施纯氮6.5kg，$N：P_2O_5：K_2O=1：1.5：3.5$，行株距1.2m×0.60m。具体如表4-3-62所示。

表 4-3-62　处理肥料施用量表　　　　　　　　　　　　　　　　（kg）

处理	底　肥				追　肥		
	复合肥 （8∶12∶24）	磷肥 （12%）	秸秆	饼肥	有机肥	硝酸钾 （N14%、K44%）	硫酸钾
T1	60	25	500	20	50	5	12
T2	60	25	500	20	50	5	12
T3	60	25	500	20	50	5	12
T4	60	25		20	50	5	12
底肥施用方法				起垄后条施			

③不同处理生育期调查。通过生育期结果分析可知，施用烟草秸秆还田后烤烟大田生育期较长，均多于常规对照（表 4-3-63）。

表 4-3-63　主要生育期记载表

处理	播种期 （日/月）	出苗期 （日/月）	成苗期 （日/月）	移栽期 （日/月）	现蕾期 （日/月）	中心花 （日/月）	脚叶成熟 （日/月）	顶叶成熟 （日/月）	大田生育期 （天）
T1	8/3	22/3	9/5	10/5	12/7	18/7	20/7	20/9	133
T2	8/3	22/3	9/5	10/5	12/7	18/7	20/7	20/9	133
T3	8/3	22/3	9/5	10/5	12/7	18/7	20/7	20/9	133
T4	8/3	22/3	9/5	10/5	10/7	15/7	15/7	15/9	128

④不同处理对农艺性状的影响。施用烟草秸秆微生物降解菌剂后烤烟生长发育均具有一定的优势，其中烟草秸秆施用 500kg 在翻压时，3 管菌体对水 5kg 农艺性状最好，不翻压烟草秸秆烤烟农艺性状最差（表 4-3-64）。

表 4-3-64　主要农艺性状记载表

处理	株高 （cm）	留叶数	茎围 （cm）	节距 （cm）	下部叶（cm）		中部叶（cm）		上部叶（cm）	
					长	宽	长	宽	长	宽
T1	124.4	18.3	9.9	6.8	62.5	28.7	76.1	27.0	48.5	15.6
T2	128.6	19.2	10.7	6.4	64.0	29.1	78.2	28.9	52.4	17.4

（续表）

处理	株高（cm）	留叶数	茎围（cm）	节距（cm）	下部叶（cm）长	宽	中部叶（cm）长	宽	上部叶（cm）长	宽
T3	128.9	19.2	10.8	6.4	64.6	29.4	78.7	29	52.8	17.7
T4	103.6	18	9.5	6.3	60.9	26.7	68.9	24.2	44.3	13.6

⑤不同处理病害调查。通过对试验田主要病害的调查，没用烟草秸秆翻压根黑腐病发病率高，各处理的气斑病和赤星病的发病率相差不大（表4-3-65）。

表4-3-65　气斑病发病调查表

处理	气候斑 发病率（%）	病情指数	根黑腐病 发病率（%）	病情指数	赤星病 发病率（%）	病情指数
T1	4.8	3.9	0	0	8	6.9
T2	4.7	3.8	0	0	9	7.0
T3	4.5	3.8	0	0	9	6.8
T4	5.2	4.1	3	2.1	10	8.2

⑥经济性状分析。翻压烟草秸秆后对烤后烟叶产量和产值产生了一定的影响，添加微生物降解菌剂后表现效果较明显，其中T3处理烤后烟叶亩产量和产值最高，同时其具有相对较好的烟叶等级结构比例。在本试验条件下，利用微生物降解菌剂能够促进秸秆的腐熟效果，更好的发挥秸秆还田的作用，提升了烟叶种植经济效益（表4-3-66）。

表4-3-66　经济性状数据统计

处理	亩产量（kg）	亩产值（元）	均价（元/kg）	上等烟率（%）	上中等烟率（%）
T1	137.99	3608.30	26.14	60.33	96.10
T2	140.38	3683.27	26.23	60.90	96.60
T3	142.00	3715.09	25.16	61.50	96.80
T4	126.80	3213.46	25.32	56.53	92.63

⑦化学成分分析。与对照相比翻压秸秆后中部烟叶总糖和还原糖含量有一定的下降趋势，烟碱含量呈现上升趋势，添加微生物降解菌数量以处理2表现较好。对上部烟叶而言，施用秸秆后烟叶糖含量有一定的上升趋势，以处理2和处理3表现较好，同时烟碱和总氮含量有一定的下降趋势，翻压秸秆后中部烟叶钾含量也呈现上升趋势，综合分析，添加微生物降解菌后上部烟叶的化学成分相对较协调。各处理烟叶氯含量整体处于偏低水平（表4-3-67）。

表4-3-67　不同处理烟叶化学成分含量

等级	处理	总糖	总植物碱%	还原糖%	氯%	钾%	总氮%	两糖比	糖氮比	糖碱比	氮碱比	钾氯比
C2F	CK	39.27	1.69	32.40	0.24	2.01	1.70	0.83	19.05	19.17	1.01	8.43
C2F	处理1	36.78	1.69	30.84	0.22	2.14	1.62	0.84	19.06	18.25	0.96	9.67
C2F	处理2	38.62	1.82	32.69	0.25	1.93	1.65	0.85	19.87	18.01	0.91	7.89
C2F	处理3	32.51	2.99	28.93	0.37	1.58	2.18	0.89	13.27	9.68	0.73	4.32
B1F	CK	34.76	2.81	31.39	0.30	1.61	2.10	0.90	14.97	11.17	0.75	5.34
B1F	处理1	34.35	2.77	30.99	0.32	1.69	2.08	0.90	14.88	11.20	0.75	5.27
B1F	处理2	35.26	2.77	31.65	0.39	1.63	2.07	0.90	15.28	11.42	0.75	4.23
B1F	处理3	37.26	2.10	32.72	0.28	1.99	1.70	0.88	19.29	15.60	0.81	7.23

⑧感官质量分析。添加微生物降解菌剂后有利于促进秸秆的腐熟转化，进行秸秆还田后烤后烟叶的感官评吸质量有所提升，综合而言以处理2表现较为优异，单纯施用秸秆还田不添加微生物降解腐熟烤后烟叶感官质量处于一般水平（表4-3-68）。

表4-3-68　感官质量分析

处理	等级	香气质	香气量	透发性	杂气	细腻程度	柔和程度	圆润感	刺激性	干燥感	余味	香型	烟气浓度	劲头	得分
处理1	B1F	12	12	5	5.5	4.5	5	4.5	5.5	5.5	5.5	中	中+	中+	65
处理2	B1F	12	12	5	5.5	4.5	5	4.5	5.5	5.5	6	中	中+	中+	65.5
处理3	B1F	12	12.5	5	5.5	4.5	4.5	4.5	5.5	5.5	5.5	中	中+	中+	65

处理	等级	香气质	香气量	透发性	杂气	细腻程度	柔和程度	圆润感	刺激性	干燥感	余味	香型	烟气浓度	劲头	得分
CK	B1F	11.5	12	4.5	5.5	4.5	4.5	4.5	5	5	5.5	中	中+	中+	62.5
处理1	C2F	12.5	12	5	6	5	5	5	6	5.5	6	中	中	中	68
处理2	C2F	12.5	12.5	5	6	5	5	5	6	6	6	中	中	中	69
处理3	C2F	12.5	12.5	5	6	5	5	5	6	6	6	中	中	中	69
CK	C2F	12	12	5	5.5	5	5	4.5	6	5.5	6	中	中+	中	66.5

（2）恩施。

①主要农艺性状。移栽到团棵期，T3的株高、叶片数和生长势表现最优；翻压粉碎秸秆及喷施降解菌的处理的最大叶长宽、生长势、叶色及田间整齐度比对照表现要好，其中处理T2在翻压时1管菌体加5kg水的最大叶长宽表现最好。平顶期T3、T2的株高、有效叶数、茎围、节距比其他两个处理表现都好，下二棚叶长宽表现较优依次为T3>T1>T2>T4，腰叶表现较优依次为T2>T3>T1>T4，上二棚叶表现较优依次为T4>T1>T2>T3，比较平顶期整体农艺性状T3表现最好（表4-3-69至表4-3-71）。

表4-3-69　主要生育期农艺性状

处理	播种期（日/月）	出苗期（日/月）	成苗期（日/月）	移栽期（日/月）	团棵期（日/月）	现蕾期（日/月）	打顶期（日/月）	平顶期（日/月）	大田生育期（d）
T1	9/3	24/3	5/5	6/5	19/6	1/7	5/7	18/7	105
T2	9/3	24/3	5/5	6/5	19/6	3/7	7/7	20/7	108
T3	9/3	24/3	5/5	6/5	19/6	3/7	7/7	21/7	109
T4	9/3	24/3	5/5	6/5	19/6	2/7	7/7	16/7	108

表4-3-70　团棵期主要农艺性状

处理	株高（cm）	叶数（片）	最大叶长（cm）	最大叶宽（cm）	生长势	叶色	田间整齐度
T1	40.2	12.8	49.2	21.5	强	浅绿	较齐
T2	41.5	12.7	52.0	22.2	强	浅绿	整齐

（续表）

处理	株高（cm）	叶数（片）	最大叶长（cm）	最大叶宽（cm）	生长势	叶色	田间整齐度
T3	42.8	12.8	50.8	22.0	强	浅绿	整齐
T4	39.7	12.3	48.5	21.0	中	浅绿	较齐

表 4-3-71　平顶期主要农艺性状

处理	株高（cm）	有效叶数	茎茎围（cm）	节距（cm）	下二棚叶（cm）		腰叶（cm）		上二棚叶（cm）	
					长	宽	长	宽	长	宽
T1	101.83	17.00	10.33	6.00	74.50	33.50	81.00	31.50	74.67	24.50
T2	105.50	17.00	10.33	6.21	74.83	33.00	81.33	33.67	76.00	23.67
T3	106.67	17.50	10.58	6.11	76.33	34.17	83.00	31.67	72.33	24.67
T4	103.00	17.67	10.50	5.84	74.50	32.33	79.83	31.00	76.33	24.17

②主要病害发病率以及虫害发生情况（表 4-3-72）。

表 4-3-72　病虫害发生情况

处理	发病率（%）							虫害	
	花叶病	黑胫病	赤星病	青枯病	气候斑	根结线虫	野火病	名称	发生程度
T1	2.6	0	2	0	0	0	0	野蛞蝓	1级
T2	1.5	0	0	0	0	0	0	野蛞蝓	1级
T3	1.2	0	0	0	0	0	0	野蛞蝓	1级
T4	2.2	0	0	0	0	0	0	野蛞蝓	1级

③经济性状分析。施用秸秆并喷施降解菌的处理产质量好于只施用秸秆不喷降解菌和对照处理；上等烟比例和平均单叶重以处理 T3 的最高，T2 处理其次，对照处理最低，单叶重 T3>T2>T1>T4（表 4-3-73）。

表 4-3-73　各处理产量、质量对照表

处理	亩产量（kg）	均价（元/kg）	平均亩产值（元）	上等烟比例（%）	中等烟比例（%）	平均单叶重（克）
T1	138.12	25.41	3509.75	55.49	44.51	10.68
T2	142.37	26.54	3778.63	60.37	39.63	10.95
T3	150.36	26.77	4025.18	63.87	36.13	11.13
T4	131.50	25.26	3321.62	50.98	49.02	9.87

④化学成分分析。翻压秸秆后增加了上部烟叶的糖含量，以添加微生物降解菌（T3）表现较好，同时上部叶的烟碱含量具有一定的下降趋势。处理3的中部烟叶糖含量也有一定的上升趋势，其烟碱含量降低。翻压秸秆后各处理中部烟叶钾含量均有上升的趋势，综合分析添加降解菌菌剂的处理烤后中部烟叶化学成分整体表现较好（表4-3-74）。

表 4-3-74　不同处理烟叶化学成分含量

等级	处理	总糖%	总植物碱%	还原糖%	氯%	钾%	总氮%	两糖比	糖氮比	糖碱比	氮碱比	钾氯比
B1F	T1	30.68	2.79	27.63	0.34	2.18	2.14	0.90	12.89	9.91	0.77	6.34
B1F	T2	28.04	2.90	25.31	0.52	2.24	2.38	0.90	10.62	8.72	0.82	4.32
B1F	T3	30.81	2.90	27.90	0.48	2.10	2.14	0.91	13.05	9.63	0.74	4.38
B1F	T4	28.78	2.94	25.85	0.52	2.23	2.28	0.90	11.35	8.78	0.77	4.29
C2F	T1	33.59	1.98	29.82	0.32	2.28	1.81	0.89	16.47	15.03	0.91	7.08
C2F	T2	34.47	2.56	30.72	0.32	2.24	1.97	0.89	15.59	11.99	0.77	7.08
C2F	T3	36.09	1.75	31.68	0.31	2.25	1.67	0.88	18.98	18.11	0.95	7.38
C2F	T4	35.75	2.16	29.05	0.35	2.06	1.76	0.81	16.55	13.48	0.81	5.25

⑤感官质量分析。添加微生物降解菌进行秸秆还田后烤后烟叶 B1F 等级感官评吸质量有所提升，但 C2F 等级烟叶感官评吸得分变化不明显。综合分析，以处理3表现相对较好，其B1F表现为劲头中等+，尚透发，柔和度中等+，口

腔有毛刺，口腔偏干涩。C2F表现为透发尚好，香气尚充足，口腔有浮刺，烟气尚柔顺，略显干燥（表4-3-75）。

表4-3-75 感官分析

处理	等级	香气质	香气量	透发性	杂气	细腻程度	柔和程度	圆润感	刺激性	干燥感	余味	香型	烟气浓度	劲头	得分
T1	C2F	12.5	12	4.5	6	5	5	5	5.5	5.5	6	中	中	中	67
T2	C2F	12.5	12.5	5	6	4.5	5	4.5	5	5.5	6	中	中	中	66.5
T3	C2F	13	12.5	5	6	5	5	5	5.5	5.5	6	中	中	中	68.5
CK	C2F	13	13	5	6	5	5	5	6	5.5	6	中	中	中	69.5
T1	B1F	11.5	12	5	5	4.5	4.5	4.5	5	5	5.5	中	中+	中+	62.5
T2	B1F	12	12	5	5.5	4.5	4.5	4.5	5.5	5	5.5	中	中+	中+	64
T3	B1F	12.5	12.5	5	5.5	4.5	4.5	5	5.5	5	5.5	中	中+	中+	65
CK	B1F	11.5	12	4.5	5	4.5	4.5	4	5.5	5	5	中	中+	中+	61.5

3. 小结

恩施点：在翻压时，3管菌体对水5kg，均匀喷施秸秆并混匀处理的烟叶农艺性状表现最优。使用秸秆降解菌可以提高秸秆还田效果，促进田间烟株生长发育。处理T3使用粉碎秸秆并喷施3管菌体加水5kg的处理亩产量较对照提高14.3%、亩产值高21.2%，翻压秸秆后增加了上部烟叶的糖含量，以添加微生物降解菌（T3）表现较好，同时上部叶的烟碱含量具有一定的下降趋势。添加微生物降解菌进行秸秆还田后烤后烟叶B1F等级感官评吸质量有所提升。

利川点：秸秆施用对烟叶的大田生育期有一定影响，其农艺性状秸秆施用500kg在翻压时，3管微生物菌体对水5kg，均匀喷施于秸秆最好，常规对照不翻压秸秆农艺性状最差。施用秸秆还田对根黑腐病的发生有一定防治作用。添加微生物菌剂后能够提高烟草秸秆的降解效果，对烤后烟叶的亩产量、产值、均价、上等烟比例和上中等烟比例均有一定的提升作用，综合分析以秸秆500kg/亩翻压量，同时施用3管微生物菌体对水5kg，均匀喷施于秸秆较为适宜。

（四）不同种类秸秆对植烟土壤碳氮矿化的影响

1. 材料与方法

（1）试验材料。供试土壤采自恩施市白果乡茅坝槽村烟田的耕层土壤（0~25cm），土壤类型为黄棕壤，土样采回后经自然风干，挑出侵入体和新生体，碾碎过 2mm 筛后备用。土壤的基本理化性状为：pH 值 6.28，有机质 18.60g/kg，碱解氮 68.25mg/kg，有效磷 50.13mg/kg，速效钾 281.07mg/kg。选取玉米秆、稻秆、烟秆及稻秆生物炭 4 种秸秆样品，于 105℃烘干后，粉碎过 1mm 筛备用。其中玉米秸秆基本性质：总碳 432.3g/kg，总氮 11.8g/kg，碳氮比 36.64；水稻秸秆基本性质：总碳 419.1g/kg，总氮 10.7g/kg，碳氮比 39.17，烤烟秸秆基本性质：总碳 447.7g/kg，总氮 8.53g/kg，碳氮比 52.49；水稻秸秆生物炭由中科院南京土壤研究所提供，其基本性质为：总碳 630g/kg，总氮 13.5g/kg，碳氮比 46.67，灰分 140g/kg，全磷 4.50g/kg，全钾 21.5g/kg。将上述过 2mm 筛的风干土样加入蒸馏水至最大田间持水量的 60%，在 25℃黑暗处预培养 1 周，以恢复土壤微生物活性，然后进行秸秆矿化试验。

（2）试验设计。该试验设 1 个对照和 4 个添加质量分数均为 1%的 5 个不同类型秸秆处理，每个处理设 3 次重复，具体试验处理 T1：玉米秸秆；T2：水稻秸秆；T3：烟草秸秆；T4：水稻秸秆生物炭；CK：对照。

（3）测定项目。

①土壤有机碳矿化：在 28℃的培养箱中培养，在第 1d、第 3d、第 7d、第 14d、第 21d、第 28d、第 35d、第 42d、第 49d、第 56d、第 63d、第 70d、第 84d、第 105d 随机取样，定期测定 CO_2 的释放量。

②土壤有机 N 的矿化及硝化：将样品置于 28℃恒温室内培养，于培养后的第 0d、第 1d、第 3d、第 7d、第 14d、第 21d、第 35d、第 49d、第 63d、第 84d、第 105d 随机取样，向塑料瓶中加入 50mL 2mol/L 的 KC1 溶液浸提。浸提液用分光光度法测定 $NO_3\text{-}N$ 和 $NH_4\text{-}N$ 含量。

③计算方法：氮矿化速率（Nmineralization rate）为单位培养时间内无机氮（$NH_4^+ + NO_3^-$）含量之差，记为 NMR；氮硝化速率（N nitrification rate）为单位培养时间内硝态氮（NO_3^-）含量之差，记为 NNR。公式如下：

$$\begin{cases} NMR = t-t0 / \ (t-t0) \\ NNR = t-t0 / \ (t-t0) \end{cases}$$

式中，NMR 和 NNR 的单位为 mg $Nkg^{-1}d^{-1}$；NO_3^- 和 NH_4^+ 的单位为 mg Nkg^{-1}，t 为培养第 t 天，t0 为培养开始时间。

硝化率（Relative nitrification）为某培养日硝态氮（NO_3^-）占无机态氮（$NH_4^+ + NO_3^-$）的百分含量，记为 Nr。计算公式如下：

$$Nr = Cn / \ (Cn+Ca) \ \times 100$$

式中，Nr 单位为%；Cn，Ca 分别为硝态氮（NO_3^-）和铵态氮（NH_4^+）含量（mg Nkg^{-1}）。

2. 结果与分析

（1）对有机碳矿化的影响。图 4-3-47 为不同秸秆还田后土壤释放 CO_2 速率的动态趋势。在培养的第 1d，各处理呼吸速率均达最大值，即在秸秆加入后，土壤呼吸形成一个排放高峰，随后降低。培养第 1d 呼吸速率的顺序是：T2≥T1>T3>T4>CK。随着培养时间推移，各处理呼吸速率开始下降，3 周后开始趋于稳定，6 周后处理间的差异减小，至培养结束时，各处理的呼吸速率仅为 0.29~0.92mg/kg·h^{-1}。这是因为不同秸秆的物质组成会影响自身的分解速率，木质素含量高其分解速度慢。分解初期秸秆中的糖类、淀粉等易于被微生物利用，使土壤呼吸在短时间内迅速升高，而分解中后期，木质素等物质不易分解，CO_2 的释放也随之趋于缓慢。

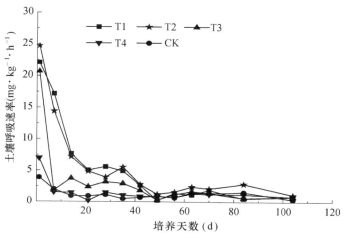

图 4-3-47 不同秸秆对土壤呼吸速率的影响

（2）对有机碳矿化累积量的影响。有机碳矿化累积量与秸秆自身的养分含量有一定关系，从图 4-3-48 中可知，不同秸秆的有机碳矿化累积量存在明显差异，其矿化累积量的顺序是：T1≥T2>T3>T4≥CK。但 T1 和 T2 处理间的累积矿化量及 T4 和 CK 间的累积矿化量均无显著差异。有机碳矿化累积量的差异和秸秆的 C/N 比可能存在负的相关性，一般的秸秆的碳氮比越高，其有机碳矿化累积量越低。这是因为土壤微生物在生长繁殖过程中，需要利用氮、磷等营养元素，其最适宜的碳氮比是 25∶1。较低碳氮比的秸秆还田后，能有效提高微生物的活性，其分解速率也随之加快，造成其有机碳矿化累积量增加。而且研究结果发现，等量的水稻秸秆生物炭还田后，与水稻秸秆相比，其矿化速率及累积矿化量明显降低。因此，生物炭还田后，具有极低的速率矿化，可以起到很好的固碳效果。

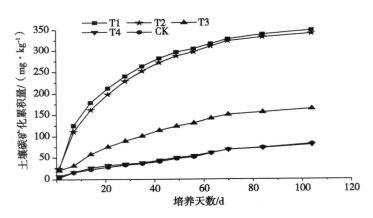

图 4-3-48　不同秸秆对土壤碳矿化累积量的影响

（3）秸秆还田对土壤无机氮含量的影响。从培养过程中土壤无机氮的变化可以看出（图 4-3-49），不同秸秆添加后，各处理的铵态氮在培养过程中呈现先增加后减少然后波动并趋于平衡的趋势，其中以 T2 及 T4 处理的总体铵态氮含量相对较高，T1 及 CK 处理相对较低；而硝态氮的变化，各处理有所不同，其中 T1、T2 及 T3 处理先升高后降低然后又升高的趋势，而 T4 及 CK 处理具有较一致的趋势，即随着培养时间其含量总体呈增加趋势，而且两者的硝态氮含量总体较高且无显著差异。T3 处理的硝态氮含量次之，T1 及 T2 处理的硝态氮含量相对最低且两者几无显著差异。

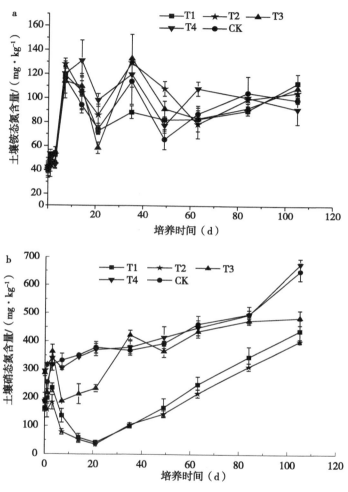

图 4-3-49 不同秸秆对土壤中铵态氮和硝态氮的影响

（4）秸秆还田对土壤有机氮矿化的影响。从培养过程中土壤有机氮的矿化速率可以看出（图 4-3-50），不同秸秆添加后，各处理的有机氮矿化速率在培养过程中呈现先减少然后缓慢增加并趋于平衡的趋势。特别在培养初期（前 3周内），不同处理的有机氮矿化速率不同，其中 T1、T2 及 T3 处理均发生矿化速率出现负值现象，主要是由于铵态氮和硝态氮的含量降低引起的。有研究表明铵态氮的积累可以引起硝化作用，而硝态氮的积累可以引起反硝化作用。负值的出现表示土壤氮素的矿化及硝化作用产生的硝态氮发生了反硝化作用及生物固持作用所致。

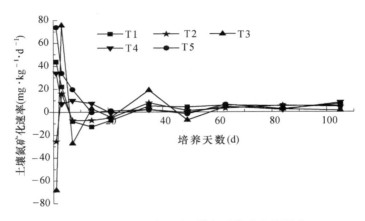

图4-3-50　不同秸秆对土壤氮矿化速率的影响

（5）秸秆还田对土壤有机氮硝化速率及硝化率的影响。从培养过程中土壤氮的硝化速率及硝化率可以看出，秸秆添加后，各处理土壤有机氮的硝化速率同矿化速率变化趋势一致。其中对照的土壤硝化速率呈现先降低后缓慢增加并稳定的趋势。特别在培养初期（前3周），不同处理的有机氮矿化速率明显不同，其中出现负值表示发生了土壤氮的反硝化作用及生物固持。这一点可以从土壤的硝化率中看出，特别是T1及T2处理，其土壤氮硝化率在前3周内随培养时间呈现下降趋势，在21d时达到最低值，其原因可能是两种秸秆易分解且分解速率快，分解过程消耗大量氧气造成局部厌氧环境，这加速了土壤氮的反硝化作用，另一方面秸秆的分解造成了好氧环境及微生物的大量繁殖，土壤生物能同化无机N化合物，并将其转化为构成土壤生物的细胞和组织，即土壤生物体的有机N成分。因此，根据不同处理土壤氮素硝化率的差异可以分为两组，一组是T1及T2处理，另一组是T3、T4及CK处理（图4-3-51）。

（6）不同秸秆氮的矿化特性。添加秸秆的土壤在培养过程中，矿质氮含量与对照土壤的差值反映了秸秆有机氮的净矿化量。除T4生物碳处理外，其余

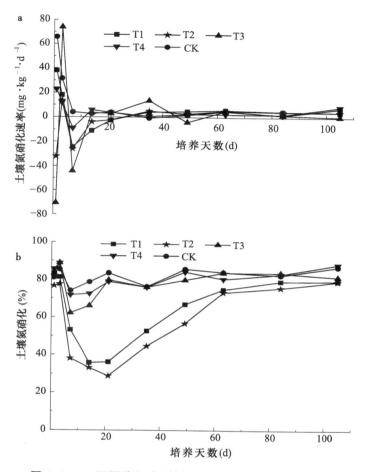

图 4-3-51 不同秸秆对土壤氮硝化速率及硝化率的影响

秸秆的加入土壤中秸秆氮的矿化量总体均为负值,说明加入秸秆后发生了土壤矿质氮的固持作用。在培养期间,T1 和 T2 处理的秸秆氮矿化量的变化趋势类似,均表现为在培养时间初始接单阶段,矿化氮的土壤固持量最少,随后固持量显著增加,在 21d 时,达到最大值,随后固持量缓慢减少,被固持的矿质氮又缓慢释放出来。T3 处理,一开始表现为固持,在 3d 时表现为矿化,随后固持量增加在 21d 达到最大值,随后固持量减少,矿化量增加,在 35d 时,表现为净矿化,随后又随着培养时间固持量又复增加。而 T4 处理,生物碳加入土壤后,其矿化量基本为正值，表现为促进土壤有机氮的矿化作用（图4-3-52）。

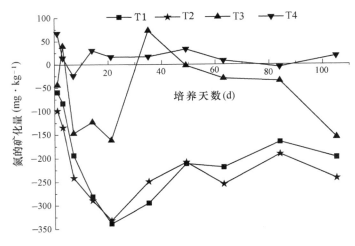

图4-3-52 不同秸秆氮的矿化特征

3. 结论与讨论

（1）添加秸秆后土壤有机碳的矿化速率随培养时间持续降低，在第1d，各处理土壤呼吸速率均最大，随后降低并在3周后趋于稳定。这主要是因为在培养初期秸秆中的糖类、淀粉等易分解组分容易被微生物利用，使土壤呼吸速率迅速提高，随着培养时间的延长，微生物开始转向秸秆中纤维素、木质素等不易被分解的组分，CO_2的释放也随之趋于缓慢。有研究表明，植物残体对土壤有机碳矿化的影响为矿化速率在培养前期较高，之后逐渐降低，一段时间后逐渐达到稳定状态。作物秸秆作为外源有机物质，由易分解组分（如糖类、淀粉等）和难分解组分（如纤维素、木质素等）组成，不同类型秸秆的物质组成会影响自身的分解速率，木质素含量高的作物秸秆其分解速度较慢。有研究认为土壤有机碳矿化累积量和秸秆碳氮比存在负相关，一般秸秆的碳氮比越高，其土壤有机碳的矿化累积量越低，这是因为土壤微生物在生长繁殖过程中，需要利用氮、磷等营养元素，且其最适宜的碳氮比为25左右。而本试验中不同类型秸秆处理的土壤有机碳矿化速率及其累积矿化量的排序依次为玉米秸秆≥水稻秸秆>烟草秸秆>水稻秸秆生物炭≥对照，碳氮比较大的玉米秸秆和水稻秸秆处理的土壤有机碳矿化累积量反而较高，可能是由于不同类型秸秆物质组成的差异，即玉米秸秆与水稻秸秆中易分解组分含量较高，造成其有机碳矿化累积量增加。而且本试验中还发现，等量的水稻秸秆生物炭与水稻秸秆相比，其土壤有机碳的矿化速率及累积矿化量明显降低，这一方面与秸秆生物炭本身具有相对较高的碳氮比有关，另一方面也与生物炭具有高度的芳香环状结构难以分解有关。因此，秸秆生物炭还田后，具有极低的矿化速率，可以起到较好的固碳效果。

（2）添加不同类型秸秆后，各处理的有机氮矿化速率和硝化速率存在一致的变化趋势，即随着培养时间先减少然后缓慢增加并趋于平衡的趋势。有机氮矿化速率决定了土壤中用于植物生长的氮素的可利用性，是生态系统氮素循环最重要的过程之一。有研究表明铵态氮的积累可以引起硝化作用，而硝态氮的积累可以引起反硝化作用。本试验中各秸秆处理（生物炭除外）的有机氮矿化速率出现负值，且在培养周期内玉米秸秆、水稻秸秆处理的土壤硝态氮含量及硝化率在培养前期明显较低，主要是由于土壤氮矿化过程中产生的硝态氮发生反硝化及微生物对氮素的固持作用所致。其原因可能是添加的秸秆易分解且分解速率快，分解过程消耗大量氧气造成局部厌氧环境，从而加速了土壤氮的反硝化作用，另一方面秸秆的分解底物促进了土壤微生物的大量繁殖，这些微生物能同化矿质氮，并将其转化为构成土壤微生物的细胞和组织，即土壤微生物体的有机态氮。此外不同类型秸秆的氮含量不同，烟草秸秆的氮含量明显高于玉米秸秆和水稻秸秆，所以在培养的前期呈现出对照>烟草秸秆>玉米秸秆≈水稻秸秆。土壤氮素的矿化-固持主要取决于外源有机物料的含氮量、C/N比和碳源的有效性。有学者认为土壤氮矿化与外源有机物料的C/N比成负相关，与外源有机物料的氮含量成正相关，高C/N比外源有机物料的矿化速率较低，土壤微生物生长受氮素的限制而处于缺氮状态，矿化出的氮素将被迅速固持。所以，在具有较高C/N比的秸秆还田过程中，需要适当添加外源氮肥进行调节，以减缓微生物对氮素的固持并利于养分释放。此外，秸秆转化为生物炭还田，由于生物炭具有不易分解的芳香环状结构和较高的C/N比，可以起到较好的增碳固氮效果。但赵明等对污泥生物质炭的碳、氮矿化特性的研究认为，由于污泥生物质炭的高C/N比，其处理的土壤氮素平均矿化量显著高于牛粪生物堆肥处理。而有关土壤碳、氮矿化效应与不同类型秸秆的结构性质及其 C/N 比的关系以及在大田环境条件下的应用，尚需要进一步深入研究。

（五）秸秆还田对土壤理化性质及微生物群落的影响

1. 材料与方法

（1）试验地点。恩施市望城坡茅坝槽。

（2）试验设计。2012—2014 年连续定位试验，每年于移栽前 1 个月进行秸秆粉碎直接还田。3 种还田秸秆：水稻秸秆、玉米秸秆、烟草秸秆。每种秸秆处理下设 3 个还田量水平（以干重计），分别是：①250kg/亩；②500kg/亩；③1000kg/亩。以常规施肥不翻压秸秆（CK）作为对照，各种类型及用量的秸秆还田处理具体见表 4-3-76。

表 4-3-76 秸秆还田试验处理

处理	秸秆种类	还田量（kg/667m²）
CK	对照	0
T1		250
T2	水稻秸秆	500
T3		1000
T4		250
T5	玉米秸秆	500
T6		1000
T7		250
T8	烟草秸秆	500
T9		1000

（3）取样分析。在 2014 年，每个处理烟田烤烟采收完毕后，分别在垄体上两株烟之间，采集 0~20cm 深的土壤样品，采用多点取样法，每一个样品取 10 钻进行混合，选取 1/2 样品在室内风干，测定土壤的基本理化性状，其余样品暂放于-20℃冰箱保存，并采用宏基因组技术测定土壤细菌及真菌的群落结构。

根据所扩增的细菌 16S V4 区域及真菌 ITS1-2 区域特点，基于 Illumina

MiSeq 测序平台，利用双末端测序（Paired-End）的方法，构建小片段文库进行双末端测序。通过对 Reads 拼接过滤，OTUs（Operational Taxonomic Units）聚类，并进行物种注释及丰度分析，可以揭示样品物种构成；进一步的 α 多样性分析（Alpha Diversity）及 β 多样性分析（Beta Diversity）可以挖掘土壤样品群落结构之间的差异。

（4）宏基因分析工作流程。

①基因组 DNA 的提取。采用 CTAB 或 SDS 方法对样本的基因组 DNA 进行提取，之后采用琼脂糖凝胶电泳检测 DNA 的纯度和浓度，取适量的样品于离心管中，使用无菌水稀释样品至 1ng/μl。

②PCR 扩增。稀释后的基因组 DNA 为模板；根据测序区域的选择，使用带 Barcode 的特异引物；使用 New England Biolabs 公司的 Phusion ® high-Fidelity PCR Master Mix with GC Buffer。使用高效和高保真的酶进行 PCR，确保扩增效率和准确性。引物对应区域：16S V4 区引物为 515F-806R；ITS1 区引物为 ITS1-5F--ITS2；ITS2 区引物为：ITS2-3F-ITS2-4R。

③PCR 产物的混样和纯化。PCR 产物使用 2%浓度的琼脂糖凝胶进行电泳检测；根据 PCR 产物浓度进行等浓度混样，充分混匀后使用 2%的琼脂糖凝胶电泳检测 PCR 产物，使用 Thermo Scientific 公司的 GeneJET 胶回收试剂盒回收产物。

④文库构建和上机测序。使用 New England Biolabs 公司的 NEB Next ® Ul-tra™ NA Library Prep Kit for Illumina 建库试剂盒进行文库的构建，构建好的文库经过 Qubit 定量和文库检测，合格后，使用 MiSeq 进行上机测序。

⑤信息分析流程。为了使信息分析的结果更加准确、可靠，首先对测序得到的原始数据（Raw Data）原始数据进行拼接、过滤，得到有效数据（Clean Data）。然后基于有效数据进行 OTUs（Operational Taxonomic Units）聚类和物种分类分析，并将 OTU 和物种注释结合，从而得到每个样品的 OTUs 和分类谱系的基本分析结果。再对 OTUs 进行丰度、多样性指数等分析，同时对物种注释在各个分类水平上进行群落结构的统计分析。最后在以上分析的基础上，可以进行一系列的基于 OTUs、物种组成的聚类分析，PCoA 和 PCA、CCA 和 RAD 等统计比较分析，挖掘样品之间的物种组成差异，并结合环境因素进行关联

分析。

2. 结果与分析

（1）对土壤理化性状的影响。不同种类秸秆还田后的土壤物理特性如表 4-3-77 所示，施用烟草秸秆处理的土壤含水量保持较好，施用水稻秸秆的土壤容重偏大，总孔隙度偏小，综合分析以 T9 处理表现较好，土壤容重、总孔隙度以及含水量等数值优于对照。

表 4-3-77 不同秸秆还田对土壤物理性状的影响

处理	土壤容重（g×cm⁻³）	土壤含水量（%）	总孔隙度（%）
T1	1.12±0.02	19.92±0.57	57.61±0.60
T2	1.12±0.05	20.34±1.90	57.57±1.74
T3	1.13±0.05	19.73±0.86	57.51±1.79
T4	1.15±0.09	20.40±1.12	56.48±3.46
T5	1.10±0.04	20.12±0.24	58.63±1.63
T6	1.09±0.01	19.98±0.73	58.90±0.39
T7	1.10±0.05	20.40±0.49	58.45±1.73
T8	1.12±0.04	20.50±0.31	57.87±1.69
T9	1.03±0.03	23.82±3.07	61.13±0.98
CK	1.06±0.01	21.83±0.20	60.17±0.22

不同秸秆还田土壤化学性质的结果如表 4-3-78 所示，施用水稻和烟草秸秆后烟田土壤 pH 值表现一定的下降趋势，除烟草秸秆外，施用水稻秸秆 T3 以及施用玉米秸秆 T6 处理均能提高烟田土壤的有机质含量。施用一定用量的 3 种秸秆均能够提高土壤全氮含量（T3、T6、T9）；施用烟草秸秆也一定程度增加烟田土壤的碱解氮、速效磷以及速效钾含量。而且施用 3 种类型秸秆后烟田土壤的 CEC 含量升高。与对照相比，整体上以施用烟草秸秆处理的土壤化学性状表现较好。

表 4-3-78 不同秸秆还田对土壤化学性质的影响

处理	pH 值	有机质（g/kg）	全氮（%）	碱解氮（mg/kg）	速效磷（mg/kg）	速效钾（mg/kg）	CEC（cmol/kg）
T1	6.61	17.85	0.137	80.50	41.45	115.96	7.63
T2	6.23	17.75	0.136	101.50	67.60	89.58	7.88
T3	6.21	21.21	0.157	119.88	80.95	76.39	12.00
T4	7.45	19.84	0.138	87.50	38.20	76.39	7.88

（续表）

处理	pH 值	有机质 （g/kg）	全氮 （%）	碱解氮 （mg/kg）	速效磷 （mg/kg）	速效钾 （mg/kg）	CEC （cmol/kg）
T5	7.35	17.40	0.095	83.13	26.83	76.39	7.00
T6	7.19	20.38	0.164	103.25	52.15	168.73	7.50
T7	6.64	32.82	0.133	114.63	52.83	366.62	8.25
T8	6.31	24.90	0.147	113.75	56.83	76.39	8.63
T9	6.38	21.53	0.152	113.75	67.23	155.54	8.00
CK	7.08	19.67	0.146	108.50	34.08	50.00	7.5

（2）对土壤微生物影响。

①OTU 数据统计与分析。在 OTUs 构建过程中，对不同样品的 Effective Tags 数据、低频数的 Tags 数据和 Tags 注释数据等信息进行初步统计，统计结果如图 4-3-53 所示。测序后，过滤后得到的细菌拼接序列总数最高的是 T7 处理，其次是 T6，最低的是 T8 处理，CK 处理次之。而得到的细菌种群 OTUs 数目最高的是 T3 处理，为 694 个；其次是 T5 及 T6 处理，最少的则是 CK 处理，为 551 个。而在真菌序列统计中，过滤后得到的真菌拼接序列总数最高的是 T3 处理，其次是 T1，最低的是 T8 处理。在各处理中，真菌种群 OTUs 数目最高的是 T3 处理，为 1037 个；其次是 T9 处理，最少的则是 T8 处理，为 356 个。

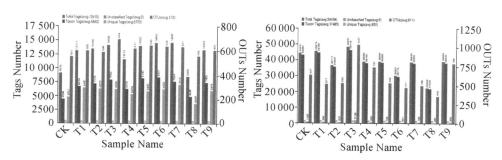

图 4-3-53　不同处理样品细菌（左）及真菌（右）的 Tags 和 OTUs 数目统计

②基于 OTU 的物种注释及菌群分类特征。在序列不同分类学水平上进行统计每个样品的群落组成（图 4-3-54），各处理各分类水平上均呈现相一致的趋势。即与对照相比，随着水稻和玉米秸秆还田量的增加，各处理的细菌种群在各分类级别上均明显多于对照，但烟秆还田则与此不同，特别是中量还田的 T8

处理，并没有明显增加细菌种群在各分类级别上的序列数目。对不同秸秆而言，玉米秸秆在对细菌不同分类学水平的序列数量增加效果优于水稻秸秆和烟草秸秆。对土壤真菌而言，在各分类级别上的序列构成中，最低的是 T8 处理，其次是 T6 处理，最高的是 T3 处理，其次是 T1 处理。与对照相比，施用不同量的玉米和烟草秸秆还田后，各处理真菌种群在各分类级别上均明显低于对照，但水稻秸秆还田中除 T2 外，其他两个处理的真菌种群均高于对照。

选取在门（Phylum）分类水平上最大相对丰度排名前十的门，生成的物种相对丰度分布柱形图如图 4-3-55 所示。各处理的土壤细菌中变形菌门（Proteobacteria）平均所占比例最高，达 50%。其次是放线菌门（Actinobacteria）和酸杆菌门（Acidobacteria），这些均为土壤中的优势菌群。秸秆还田量最高的 3 个处理与对照相比，变形菌门和放线菌门的占比在降低，而酸杆菌门和泉古菌门（Crenarchaeota）的占比在增加，土壤细菌的群落结构发生明显改变。各处理土壤真菌中除 T1 处理中担子菌门（Basidiomycota）占主导外，其他处理土壤中真菌均是子囊菌亚门（Ascomycota）占主导地位。与对照相比，烟杆还田各处理的担子菌门占比下降，而子囊菌亚门占比上升。T3、T4 及 T9 处理与对照相比接合菌类（Zygomycota）占比明显上升。

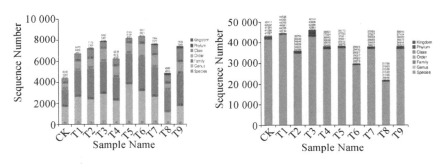

图 4-3-54　各处理在各分类水平上的序列构成柱形图（左细菌，右真菌）

为了进一步研究 OTUs 的系统发生关系，和不同样品（组）之间的优势菌群的结构组成差异，使用 PyNAST 软件（Version 1.2）与 GreenGene 数据库中的"Core Set"数据信息进行快速多序列比对，得到所有 OTUs 代表序列的系统发生关系。选取最大相对丰度排名前 10 个属所对应的 OTUs 的系统发生关系数据，并结合每个 OTUs 的相对丰度及其代表序列的物种注释置信度信息，可以

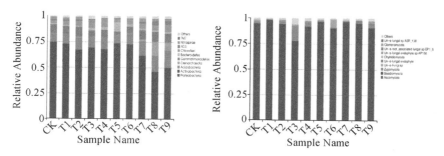

图4-3-55 门水平上各处理的物种相对丰度柱形图（左细菌，右真菌）

直观的展示研究环境中的细菌物种组成的多样性。根据细菌属的系统发生关系及组成差异分可为4个大类，在各处理中 OUT 相对丰度最大的是鞘脂单胞菌目的 Kaistobacter 属，其次是红游动菌属（Rhodoplanes）（图4-3-56）。

图4-3-56 细菌 OTUs 的系统发生关系及其物种注释

③基于 OTU 的物种丰度聚类分析。根据所有处理样品在属水平的物种注释及丰度信息，选取丰度排名前35的属及其在每个样品中的丰度信息绘制热图，并从分类信息和样品间差异两个层面进行聚类，便于结果展示和信息发现，从而找出研究样品中聚集较多的物种或样品。从各处理细菌及真菌属水平上丰度聚类图可以看出，在细菌属的样品聚类上可以分为3类，其中 CK 与 T1、T3 及

T2 为一类，T5、T4 及 T6 为一类，T7、T8 及 T9 为一类，充分反映出不同秸秆种类对土壤细菌群落结构上的差异。而真菌属的土壤样品聚类上可以分为 2类，T3 及 T9 为一类，其余为另一类（图 4-3-57）。

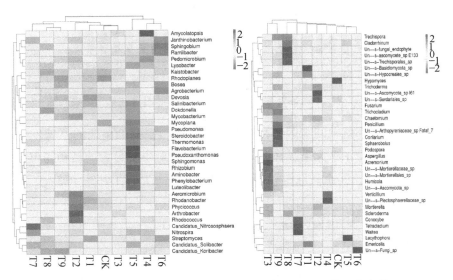

图 4-3-57   各处理属水平的物种丰度聚类图（左细菌，右真菌）

④样品复杂度分析。Alpha Diversity 用于分析样品内（Within-community）的群落多样性，主要包含三个指标：稀释曲线（Rarefaction Curves），物种丰富度（Species Richness Estimators）和群落多样性（Community Diversity Indices）。用 Qiime 软件（Version 1.7.0）对样品复杂度指数进行计算并绘制的相应的曲线。

a. 稀释曲线：稀释曲线可直接反映测序数据量的合理性，并间接反映样品中物种的丰富程度，当曲线趋向平坦时，说明测序数据量渐进合理，更多的数据量只会产生少量新的 OTUs，反之则表明继续测序还可能产生较多新的 OTU。从本研究数据构建的稀释性曲线来看，在测序量增加的初始阶段，OTU 数呈急剧上升趋势，随测序量的不断增加，OTU 数的增加基本趋向于平缓，表明各处理测序数据量合理，能够完全反映出土壤菌群构成及细菌的多样性水平。同时，在一定测序量下，各处理细菌的 OTU 数以 T3 处理最高，T4 及 T6 处理次之，T8 处理最低。各处理真菌的 OTU 数同样以 T3 处理最高，T9 和 T4 处理次之，T8 处理最低（图 4-3-58）。

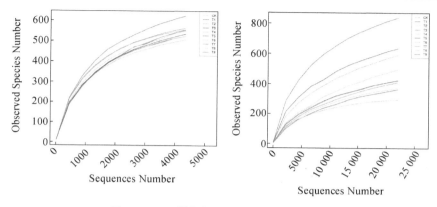

图 4-3-58　稀释曲线（左细菌，右真菌）

b. 物种多样性指数曲线：Chao1 指数是广泛使用的物种多样性指数之一，Shannon 指数值越大说明群落多样性越高，当样品中有两个以上物种且每个物种丰度为 1 时 Shannon 指数达到最大，绘制了细菌测序数据量与 Chao1 指数及 Shannon 指数的曲线如图 4-3-59 所示，真菌的多样性曲线如图 4-3-60 所示。从细菌群落物种数的 Chao1 指数可以看出，在所有处理中 T3 的物种数最高，T9 处理的 Chao1 指数值最低，Shannon 指数曲线也具有类似的趋势。可见，T4 与 T5 处理与对照相的多样性指数差异不大，T3 的生物多样性最高，而 T9 的多样性指数最低。从真菌群落物种数的 Chao1 和 Shannon 多样性指数可以看出，同样 T3 处理的真菌物种数最高，T9 和 T4 处理的多样性指数次之，但均高于对照，T8、T6 及 T1 的多样性指数最低，真菌的 Shannon 指数曲线也具有类似趋势。

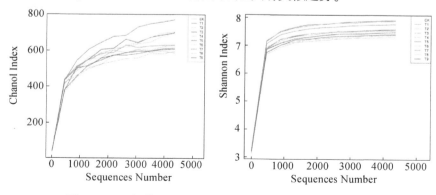

图 4-3-59　细菌 OUT 的 Chao1 指数和 Shannon 指数曲线

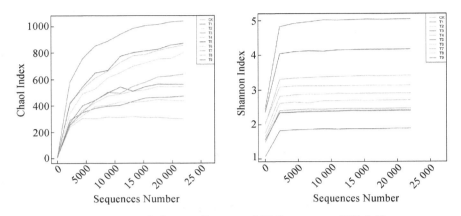

图 4-3-60　真菌 OUT 的 Chao1 指数和 Shannon 指数曲线

⑤多样品比较分析。

a. Beta 多样性指数：Beta 多样性研究中，选用 Weighted Unifrac 距离和 Unweighted Unifrac 两个指标来衡量两个样品间的相异系数，其值越小，表示这两个样品在物种多样性方面存在的差异越小。各处理土壤细菌以 Weighted Unifrac 和 Unweighted Unifrac 距离绘制的 Heatmap 展示结果如图 4-3-61 所示，在同一方格中，上下两个值分别代表 Weighted Unifrac 和 Unweighted Unifrac 距离。从土壤细菌的两两样品间的相异系数可以看出，CK 与水稻秸秆还田处理（T3，T2 及 T1）的物种多样性的差异较小，其次是玉米秸秆，而与烟草秸秆还田的物种多样性差异较大。而且同一秸秆不同量间的细菌多样性差异均小于不同种类秸秆之间的差异。图 4-3-62 为土壤真菌以 Unweighted Unifrac 距离绘制的 Heatmap 图，不同样品间土壤真菌的相异系数则与此不同，仅 T1 处理与其他所有的处理的真菌多样性差异较大，而其他处理间的真菌多样性则差异相对较小。

b. 主成分分析：PCA 图能够提取出最大程度反映样品间差异的两个坐标轴，从而将多维数据的差异反映在二维坐标图上，进而揭示复杂数据背景下的简单规律。如果样品的群落组成越相似，则它们在 PCA 图中的距离越接近。第一和第二主成分对各处理细菌样品差异的贡献值分别是 40.4% 和 20.21%，从细菌 PCA 图中可以看出，CK 与 T1 及 T2 的距离接近，群落组成相似，而与 T3、T8 及 T9 距离相对较远。从真菌 PCA 图中可以看出，第一和第二主成分对

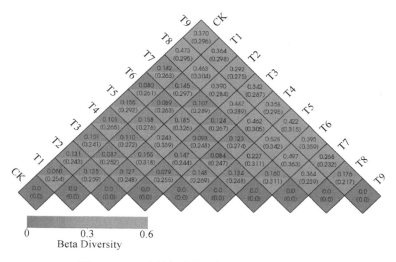

图 4-3-61 土壤细菌的 Beta 多样性指数热图

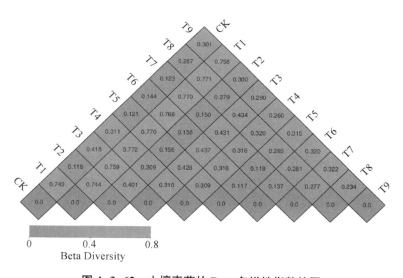

图 4-3-62 土壤真菌的 Beta 多样性指数热图

各处理细菌样品差异的贡献值分别是 31.49% 和 20.41%, CK 与 T2、T7 及 T9 的距离接近, 群落组成相似, 而与 T1 及 T3 距离相对较远, 真菌群落组成差异较大 (图 4-3-63)。

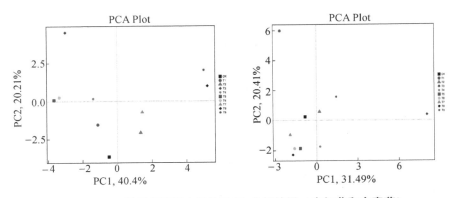

图 4-3-63　基于菌群门水平的 PCA 分析结果（左细菌和右真菌）

c. 样品聚类分析：为研究不同样品间的相似性，还可以通过对样品进行聚类分析，构建样品的聚类树。在环境生物学中，UPGMA（Unweighted Pair-group Method with Arithmetic Mean）是一种较为常用的聚类分析方法，主要用来解决分类问题的。本研究中以 Unweighted Unifrac 距离矩阵做 UPGMA 聚类分析，并将聚类结果与各样品在门水平上的物种相对丰度如图 4-3-64 所示。从各处理细菌的 UPGMA 聚类树结构看出，各处理聚成 3 类，CK 与 T1、T2 及 T3 为一类，玉米秸秆为一类，烟草秸秆为一类，在门水平上从细菌的相对丰度来看，其主导的细菌门主要是变形菌门（Proteobacteria）、放线菌门（Actinobacteria）、酸杆菌门（Acidobacteria）和芽单胞菌门（Gemmatimonadetes），而真菌与细菌不同，各处理分成两类，一类是 T1 处理，在门水平上真菌的主导种类为担子菌门（Basidiomycota）。其余为另一类，主导真菌门为囊菌亚门（Ascomycota），这与前面基于门分类水平上的真菌物种相对丰度分布相一致，但与对照相比，真菌群落差异形成的原因还需要进一步分析。

3. 小结

（1）添加秸秆后，在第 1d，各处理呼吸速率均达最大值，随后降低，3 周后开始趋于稳定，6 周后处理间的差异减小。不同处理的矿化速率及其累积矿化量的顺序为玉米秸秆≥T 水稻秸秆>烟草秸秆>水稻秸秆生物炭≥CK。生物碳还田后具有极低的碳矿化速率，可以起到很好的固碳效果。

（2）各种秸秆加入土壤中后氮的矿化量总体均为负值，说明加入秸秆后发

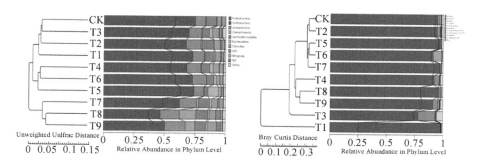

图 4-3-64　土壤细菌及真菌样品的 **Bray Curtis** 距离聚类树（左细菌和右真菌）

生了土壤矿质氮的固持作用。生物炭加入土壤后，其矿化量基本为正值，表现为促进土壤有机氮的矿化作用。

（3）玉米秸秆在对细菌不同分类学水平的序列数量增加效果优于水稻秸秆和烟草秸秆。其主导的细菌门主要是变形菌门（Proteobacteria）、放线菌门（Actinobacteria）、酸杆菌门（Acidobacteria）和芽单胞菌门（Gemmatimonadetes）。施用不同量玉米和烟草秸秆后，各处理真菌种群在各分类级别上明显低于对照。

（4）水稻、玉米和烟草秸秆定位还田后，烟株田间长势均整体较好，增加了烟田土壤有机质、碱解氮以及速效磷的含量，其中施用烟草秸秆和水稻秸秆处理的烤后烟叶产量、产值以及均价等经济性状指标具有较明显的优势。综合研究结果，以水稻秸秆 500kg/亩和烟草秸秆 500kg/亩还田量较为适宜。

第四节　烤烟提质增香关键施肥技术

烤烟生产中，大部分植烟土壤的复种指数较大，同时，由于长期大量施用化肥，忽视有机肥的使用，其保水、保肥的能力下降，造成烟田土壤酸化、板结，生物活性降低，磷、钾等养分的利用率不高，难以供应烤烟生长所需均衡、充足的营养，从而使产量和品质的提高受到较大限制，同时，现代农业正逐渐向绿色农业、生态农业发展，对烟草及烟草制品也提出了更高的安全性要求。为改良和修复土壤，提高烟叶香气质、香气量，促进烟叶生产的可持续发展，通过生产示范分析生物有机肥对烟叶质量的影响，探讨有机肥合理施用技术，减少化学品在烟草生产中的施用量，提高品质和安全性，对促进烟草生产的可持续发展具有重要的意义。

一、有机肥与饼肥施用量研究

有机肥养分全面，持续供肥能力强，与无机肥混施可以提高烟叶香气质量，为全面了解有机肥和饼肥对烤烟产质的影响，结合各基地单元目前烟叶生产有机肥施用现状，探讨烟草生长最适宜的有机肥施用技术，分析最佳施用量，为恩施烟区特色优质烟叶配套生产技术提供理论依据。

（一）材料与方法

1. 试验地点

利川市凉雾乡诸天村4组和恩施市盛家坝乡桅杆堡村大槽组，试验地前茬为烟田，地势平整，阳光充足，排灌方便。

2. 试验品种

品种为云烟87。

3. 试验设计

利川试验点共设计2个处理。

处理1：100kg/亩生物有机肥+20kg/亩饼肥（T1）；

处理2：50kg/亩生物有机肥+20kg/亩饼肥（T2）；

本试验田间采用大区对比种植方式，不设重复，田间行株距：1.2m×0.60m。

恩施试验点根据不同肥料用量，试验共设计3处理，具体如下：

处理1：饼肥50kg/亩（T1）；

处理2：生物有机肥50kg/亩（T2）；

处理3：生物有机肥50kg/亩+饼肥50kg/亩（T3）。

采用随机区组设计，重复3次，4行区，每小区种植烤烟80株。

（二）结果与分析

1. 利川试验点

（1）主要农事操作记载。试验为大棚漂湿育苗，分别于4月27日、5月1

日剪叶2次，4月6日整地，4月28日起垄，5月16日追施提苗肥，6月15日完成中耕除草、追钾肥、培土上厢。

病虫害防治记载，移栽时用"密达"和2.5%高效氟氯氰菊酯防治害虫，用氨基寡糖素、8%宁南霉素防花叶病；58%甲霜灵锰锌600~800倍液防根部病害；烟叶成熟期分别3次用40%菌核净700倍液防治赤星病，用20%粉锈宁1000倍液防白粉病。

（2）施肥及田间管理措施（表4-4-1）。

表4-4-1　处理肥料施用量表　　　　　　　　　　　（kg）

处理	底　肥					追　肥	
	复合肥（10：10：20）	磷肥（12%）	镁肥	饼肥	有机肥	氯化钾	硝酸钾（N14%、K44%）
T1	40	42.5	5	20	100	4	14.5
T2	40	42.5	5	20	50	4	14.5
	底肥施用方法					起垄后条施	

（3）不同处理生育期调查。通过生育期结果比较，100kg/亩生物有机肥+20kg/亩饼肥比50kg/亩生物有机肥+20kg/亩饼肥大田生育期要长（表4-4-2）。

表4-4-2　主要生育期记载表

处理	播种期（日/月）	出苗期（日/月）	成苗期（日/月）	移栽期（日/月）	现蕾期（日/月）	中心花（日/月）	脚叶成熟（日/月）	顶叶成熟（日/月）	大田生育期（d）
T1	14/3	1/4	7/5	7/5	1/7	12/7	25/7	24/9	140
T2	17/3	3/4	7/5	7/5	1/7	12/7	25/7	20/9	136

（4）农艺性状分析。通过对打顶后农艺性状调查结果看，处理1施用100kg/亩生物有机肥+20kg/亩饼肥田间烟株株高较大，三个部位叶片面积均优于处理2施用50kg/亩生物有机肥+20kg/亩饼肥（表4-4-3）。

表 4-4-3 打顶后主要农艺性状记载

处理	株高 (cm)	留叶数	茎围 (cm)	节距	下部叶 (cm)		中部叶 (cm)		上部叶 (cm)	
					长	宽	长	宽	长	宽
T1	110.3	20	9.85	4.4	66.77	29.58	76.86	23.79	55.29	15.54
T2	97.3	20	9.24	4.0	63.93	25.72	70.43	20.7	54.69	15.66

（5）经济性状分析。就烤后烟叶经济性状分析，施用 100kg/亩生物有机肥+20kg/亩饼肥比 50kg/亩生物有机肥+20kg/亩饼肥表现较差，具体表现为施用 100kg/亩生物有机肥+20kg/亩饼肥烤后烟叶亩产量和亩产值较低，其烟叶等级结构比例也没有表现出较好的优势，在施用饼肥的同时生物有机肥施用量保持在 50kg/亩较为适宜（表 4-4-4）。

表 4-4-4 经济性状统计

处理	亩产量 (kg)	亩产值 (元)	均价 (元/kg)	上等烟率 (%)	上中等烟率 (%)
T1	107.85	2618.86	24.28	57.13	89.62
T2	114.77	2863.40	24.95	60.21	91.80

（6）化学成分分析。两个处理的烟叶氯含量严重偏低，处理 1 的 C2F 烟叶总糖含量偏高，处理 2 的 B2F 烟叶糖碱比最低（表 4-4-5）。

表 4-4-5 化学成分统计

等级	处理	分析项目										
		总糖%	总植物碱%	还原糖%	氯%	钾	总氮 (%)	两糖比	糖氮比	糖碱比	氮碱比	钾氯比
T1	C2F	26.08	3.28	22.97	0.01	2.51	2.13	0.88	10.78	7.00	0.65	251.00
T2	C2F	24.04	3.56	21.08	0.09	2.26	2.38	0.88	8.86	5.92	0.67	25.11
T1	B2F	21.58	3.86	19.36	0.07	2.06	2.65	0.90	7.31	5.02	0.69	29.43
T2	B2F	17.92	4.39	16.67	0.13	2.14	2.79	0.93	5.97	3.80	0.64	16.46

（7）感官质量分析。处理 2 的香气质、香气量、透发性、细腻度、柔和度、圆润感、刺激性等均高于处理 1，从总体感官质量评价而言，处理 2 柔顺

感、透发性和丰富性略有提升，总体品质尚好，烟香成熟质感有提升，劲头浓度的协调性较好，丰富性略有提升。处理1烟香偏生硬、粗糙，余味稍显干涩，存在欠成熟质感（表4-4-6）。

表4-4-6 感官质量统计

处理	等级	香气质	香气量	透发性	杂气	细腻度	柔和度	圆润感	刺激性	干燥感	余味	总分	香型	烟气浓度	劲头
T1	C2F	13.0	13.0	4.5	5.0	4.0	4.5	4.5	5.0	5.0	5.0	63.5	中	中	中+
T2	C2F	13.5	13.5	5.0	5.5	4.5	5.0	5.0	5.5	5.5	5.5	68.5	中	中	中
T1	B2F	12.0	12.0	4.0	4.5	4.0	4.0	4.0	4.5	4.5	4.5	58.0	中	中	稍大
T2	B2F	12.5	13.0	5.0	5.0	4.5	5.0	5.0	5.0	5.0	5.5	65.5	中	中	中

2. 恩施试验点

（1）基本信息调查（表4-4-7和表4-4-8）。

表4-4-7 生育期间气温和降水量

	1月	2月	3月	4月	5月	6月	7月	8月
平均气温	6.1℃	6.6℃	12.7℃	17.2℃	19.7℃	23.7℃	27.3℃	25.5℃
月降水量	0.6~5.4mm	2.6~14.9mm	4.9~33.7mm	35.9~80.4mm	18.6~69.1mm	26.7~82.6mm	13.8~129.3mm	47.2~172.4mm

表4-4-8 土壤理化性状

碱解氮（mg/kg）	速效磷（mg/kg）	速效钾（mg/kg）	全氮（N%）	有机质（g/kg）	pH值
92.17	17.85	164.54	1.78	20.03	5.65~7.54

（2）主要生育期记载（表4-4-9）。

表4-4-9 主要生育期记载

处理	播种期（日/月）	出苗期（日/月）	成苗期（日/月）	移栽期（日/月）	团棵期（日/月）	现蕾期（日/月）	打顶期（日/月）	平顶期（日/月）	大田生育期（d）
T1	8/3	23/3	30/4	4/5	17/6	9/7	16/7	3/8	123
T2	8/3	23/3	30/4	4/5	17/6	10/7	16/7	4/8	123

（续表）

处理	播种期（日/月）	出苗期（日/月）	成苗期（日/月）	移栽期（日/月）	团棵期（日/月）	现蕾期（日/月）	打顶期（日/月）	平顶期（日/月）	大田生育期（d）
T3	8/3	23/3	30/4	4/5	17/6	8/7	15/7	3/8	123

（3）主要农艺性状。移栽到团棵期，T3 的株高、叶片数、最大叶长宽、生长势、叶色和田间整齐度明显优于其他处理（表4-4-10）。

表4-4-10 团棵期主要农艺性状

处理	株高（cm）	叶数（片）	最大叶长（cm）	最大叶宽（cm）	生长势	叶色	田间整齐度
T1	33.1	11.4	42.3	20	强	浅绿	较齐
T2	28.4	10.2	42.5	19.3	中	浅绿	较齐
T3	34	12	44	22.3	强	浅绿	整齐

平顶期 T3 的株高、有效叶数、茎围、节距比其他两个处理表现都好，下二棚叶长宽表现较优依次为 T3>T2>T1，腰叶表现较优依次为 T3>T2>T1，上二棚叶表现较优依次为 T3>T1>T2。比较平顶期整体农艺性状 T3 表现最好（表4-4-11）。

表4-4-11 平顶期主要农艺性状

处理	株高（cm）	有效叶数（片）	茎围（cm）	节距（cm）	下二棚叶 长（cm）	下二棚叶 宽（cm）	腰叶 长（cm）	腰叶 宽（cm）	上二棚叶 长（cm）	上二棚叶 宽（cm）
T1	92.6	16.8	10.4	5.53	67.8	31.95	67.8	26.4	61.15	18.1
T2	95.8	16.4	10.45	5.86	73.45	28.2	74.9	23.65	59.25	17.8
T3	104.6	16.0	11.1	5.59	75.2	34.55	73.8	24.9	66.6	19.4

（4）经济性状分析。在该试验区域条件下，采用饼肥和生物有机肥混合施用的方式能够取得较好的烟叶种植经济效益，提升了烤后烟叶的等级结构比例，就试验结果分析，以 T3 生物有机肥 50kg/亩+饼肥 50 kg/亩 的施用量较为适宜（表4-4-12）。

表4-4-12 各处理产量、质量对照表

处理	亩产量 （kg）	均价 （元/kg）	平均亩产值 （元）	上等烟比例 （%）	中等烟比例 （%）
T1	125.5	22.2	2786.1	63.7	30.8
T2	122.8	23.5	2885.8	55.3	33.5
T3	138.63	25.86	3584.972	67.7	28.09

（5）化学成分分析。从化学成分来看，3个处理的各等级的烟叶总糖和还原糖含量均偏高，其中以处理1的C3F烟叶总糖和还原糖含量最高。除了T2的C3F外，所有的烟叶钾氯比均偏低，处理2的C2F两糖比偏低，3个处理的C3F烟叶糖碱比均高于优质烟的适宜化学成分范围，其他均在优质烟的适宜范围内（表4-4-13）。

表4-4-13 化学成分统计

等级	处理	分析项目										
		总糖 （%）	总植物 碱（%）	还原糖 （%）	氯 （%）	钾 （%）	总氮 （%）	两糖比	糖氮比	糖碱比	氮碱比	钾氯比
T1	B1F	33.82	3.15	31.9	0.8	1.85	2.26	0.94	14.12	10.13	0.72	2.31
T2	B1F	33.5	2.95	31.22	0.67	1.93	2.21	0.93	14.13	10.58	0.75	2.88
T3	B1F	29.84	3.52	27.82	0.72	2.19	2.55	0.93	10.91	7.90	0.72	3.04
T1	B2F	33.77	3.3	32.16	0.69	1.66	2.26	0.95	14.23	9.75	0.68	2.41
T2	B2F	32.07	3.27	29.99	0.65	2.07	2.45	0.94	12.24	9.17	0.75	3.18
T3	B2F	33.16	3.11	31.45	0.69	1.86	2.36	0.95	13.33	10.11	0.76	2.70
T1	C2F	35.02	2.78	32.3	0.68	2.12	1.94	0.92	16.65	11.62	0.70	3.12
T2	C2F	36.44	2.48	32.57	0.55	1.96	1.73	0.89	18.83	13.13	0.70	3.56
T3	C2F	34.29	3.2	31.43	0.84	1.83	2.18	0.92	14.42	9.82	0.68	2.18
T1	C3F	37.81	2.13	33.67	0.58	2.07	1.73	0.89	19.46	15.81	0.81	3.57
T2	C3F	35.48	2.27	32.35	0.46	2.22	1.72	0.91	18.81	14.25	0.76	4.83
T3	C3F	33.94	2.4	30.8	0.67	2.57	1.89	0.91	16.30	12.83	0.79	3.84

（6）感官质量分析。各等级的烟叶香气质香气量均表现出 T1≥T2>T3，从综合感官质量评价而言，T1 上部叶烟香稍欠清晰，吃味强度尚适宜（显中部叶特征），中部叶成熟烟香尚好，满足感稍欠，柔细感尚好，余味稍涩口；T2 上部叶烟香略生，杂气稍明显，中部叶质感与 T1 相近，透发性较好，柔细感较好；T3 上部叶烟香稍显浑浊，品质相对稍差，中部叶烟香略显沉闷，杂气稍显，刺激性稍显香气量稍欠，稍显生青气（表 4-4-14）。

表 4-4-14　感官质量统计

处理	等级	香气质	香气量	透发性	杂气	细腻度	柔和度	圆润感	刺激性	干燥感	余味	总分	香型	烟气浓度	劲头
T1	B1F	12.5	13.0	4.5	5.5	4.5	4.5	5.0	5.5	5.0	5.5	65.5	中	中	中
T2	B1F	12.0	12.5	4.0	5.0	4.5	4.5	4.5	5.5	5.0	5.0	62.5	中	中	中
T3	B1F	11.5	12.0	4.0	5.0	4.0	4.5	4.5	5.5	5.0	5.5	61.5	中	中+	中+
T1	C2F	14.0	13.0	4.5	6.0	4.5	4.5	5.5	6.0	5.5	5.5	68.5	中	中	中
T2	C2F	14.0	13.0	5.0	6.0	5.0	5.0	5.5	6.0	5.5	5.5	70.0	中	中	中
T3	C2F	13.5	13.0	5.0	6.0	5.0	5.0	5.5	6.0	5.5	5.5	67.0	中	中	中
T1	C3F	13.0	12.0	4.5	5.5	5.0	4.5	4.5	5.5	5.0	5.5	65.0	中	中-	中-
T2	C3F	12.0	11.5	4.0	5.5	5.0	4.5	4.5	5.5	5.0	5.5	62.0	中	中-	中-
T3	C3F	12.0	12.0	4.0	5.5	5.0	4.5	4.5	5.5	5.0	5.5	63.5	中	中-	中-

（三）小结

恩施试验点：生物有机肥 50kg/亩+饼肥 50kg/亩肥料配比小区烟叶农艺性状表现较好。团棵期株高、叶片数、最大叶长宽、生长势、叶色和田间整齐度明显优于其他处理；平顶期 T3 农艺性状综合表现较好。说明大槽示范基地比较适宜有机肥与饼肥用该比例搭配使用。处理 3 的产量和产值好于其他处理。3 个处理的各等级的烟叶总糖和还原糖含量均偏高，处理 2 的 C2F 两糖比偏低，各等级的烟叶香气质香气量均表现出 T1≥T2>T3。

利川试验点：100kg/亩生物有机肥+20kg/亩饼肥的田间烟株农艺性状表现较 50kg/亩生物有机肥+20kg/亩饼肥好，但就烟叶烘烤情况分析，施用 100kg/亩生物有机肥+20kg/亩饼肥不利于烟叶的烘烤，烤后烟叶经济性状以施用 50kg/亩生物有机肥+20kg/亩饼肥表现较好，其烟叶亩产值、产量、上等烟比例和上中等烟比例均优于 100kg/亩生物有机肥+20kg/亩饼肥处理。两个处理的烟叶氯含量严重偏低,处理 1 的 C2F 烟叶总糖含量偏高,处理 2 的 B2F 烟叶糖碱比最低。处理 2 柔顺感、透发性和丰富性略有提升,总体品质尚好。

二、叶面肥施用技术研究

叶面肥是烟叶生产中一个重要的辅助肥料措施,对烟叶的产量和质量有直接的影响,因此对主要叶面肥料在烟叶提质增香的效果进行验证,为恩施烟区特色优质烟叶配套生产技术提供理论依据。

(一)磷酸二氢钾施用技术研究

1. 材料与方法

(1)试验地点。利川市凉雾乡诸天村 4 组和恩施市盛家坝乡桅杆堡村大槽组"利群"品牌基地单元,试验地前茬为烟田,土壤质地疏松,地势平整,阳光充足,排灌方便。

(2)试验品种。品种为云烟 87。

(3)试验设计。利川试验点共设计 3 个处理:T1:在烤烟生长期喷施腐殖酸叶面肥 1 次;T2:在烤烟生长期喷施磷酸二氢钾 1 次;T3:对照,不喷施叶面肥。

恩施试验点根据不同喷施时间和喷施浓度共设计 6 个处理:T1:喷施浓度 0.3%,喷施时间为旺长期喷施 1 次+打顶后喷施 1 次;T2:喷施浓度 0.3%,喷施时间为打顶后喷施 1 次+打顶后 10 天喷施 1 次;T3:喷施浓度 0.3%,喷施时间为旺长期、打顶期、打顶后 10 天各喷施 1 次;T4:喷施浓度 0.5%,喷施时间为旺长期喷施 1 次+打顶后喷施 1 次;T5:喷施浓度 0.5%,喷施时间为打顶后喷施 1 次+打顶后 10 天喷施 1 次;T6:喷施浓度 0.5%,喷施时间为旺长期、打顶期、打顶后 10 天各喷施 1 次。

采用大田对比试验,试验具体施肥方式以及育苗、移栽、大田管理和采收烘烤等环节严格按照利群烤烟基地单元生产技术方案统一执行。

2. 结果与分析

(1)利川试验点。

①不同处理生育期调查。通过生育期调查结果比较,在烤烟生长期喷施腐

殖酸叶面肥，和喷施磷酸二氢钾比不喷施叶面肥缩短了大田生长时间（表4-4-15）。

表4-4-15　主要生育期记载表

处理	播种期（日/月）	出苗期（日/月）	成苗期（日/月）	移栽期（日/月）	现蕾期（日/月）	中心花（日/月）	脚叶成熟（日/月）	顶叶成熟（日/月）	大田生育期（d）
T1	17/3	3/4	7/5	7/5	1/7	10/7	22/7	14/9	130
T2	17/3	3/4	7/5	7/5	1/7	10/7	22/7	14/9	130
T3	17/3	3/4	7/5	7/5	1/7	10/7	22/7	20/9	136

②农艺性状分析。通过对打顶后农艺性状调查结果看，喷施磷酸二氢钾烟株农艺性状表现较好，上部叶叶面积最大，开片较好（表4-4-16）。

表4-4-16　打顶后主要农艺性状记载表

处理	株高（cm）	留叶数	茎围（cm）	节距（cm）	下部叶（cm）		中部叶（cm）		上部叶（cm）	
					长	宽	长	宽	长	宽
T1	94.68	19	8.71	4.1	59.82	26.82	63.6	20.88	49.98	13.62
T2	99.31	19	8.94	4.7	64.55	25.79	70.18	22.64	55.78	17.32
T3	99	19	9.42	4.4	67.28	28.27	70.69	21.7	50.52	14.14

③经济性状分析。喷施叶面肥烤后烟叶亩产量和亩产值表现较好，其中喷施磷酸二氢钾叶面肥亩产量比不喷施叶面肥的高10.83kg，比喷施腐殖酸叶面肥高6.6kg；亩产值喷施磷酸二氢钾叶面肥比不喷施叶面肥高345.41元，比喷施腐殖酸叶面肥高202.28元；各经济性状数值以T2喷施磷酸二氢钾叶面肥表现最好（表4-4-17）。

表4-4-17　经济性状统计

处理	亩产量（kg）	亩产值（元）	均价（元/kg）	上等烟率（%）	上中等烟率（%）
T1	112.29	2688.01	23.94	50.35	93.04
T2	118.89	2890.29	24.31	50.28	94.66
T3	108.06	2544.88	23.55	46.38	92.37

④化学成分分析。喷施叶面肥后烟叶的化学成分得到了一定的改善，不同的叶面肥对烟叶化学成分含量的影响不同。喷施磷酸二氢钾叶面肥与喷施腐殖酸叶面肥和不喷施叶面肥相比，总糖、还原糖、糖氮比、糖碱比升高，而总植物碱、总氮降低。烟叶氯含量普遍较低，导致烟叶钾氯比偏高。综合而言，喷施磷酸二氢钾叶面肥使得烟叶化学成分更协调，其含量更趋近于优质烟叶化学成分的适宜范围，较其他处理具有一定的优势（表4-4-18）。

表4-4-18　化学成分统计

等级	处理	分析项目										
		总糖（%）	总植物碱（%）	还原糖（%）	氯（%）	钾（%）	总氮（%）	两糖比	糖氮比	糖碱比	氮碱比	钾氯比
T1	C2F	26.44	3.34	24.11	0.09	2.21	2.33	0.91	10.35	7.22	0.70	24.56
T2	C2F	30.13	3.15	27.32	0.29	2.07	2.20	0.91	12.42	8.67	0.70	7.14
T3	C2F	26.07	3.76	23.96	0.14	1.92	2.38	0.92	10.07	6.37	0.63	13.71
T1	B2F	22.14	4.55	20.24	0.25	1.83	2.59	0.91	7.81	4.45	0.57	7.32
T2	B2F	22.94	3.81	20.83	0.09	2.13	2.57	0.91	8.07	5.47	0.68	23.67
T3	B2F	22.06	4.13	20.32	0.08	2.02	2.58	0.92	7.88	4.92	0.62	25.25

⑤感官质量分析。喷施叶面肥处理比不喷施叶面肥效果更优，喷施磷酸二氢钾叶面肥的烟叶总体品质较好，烟香透发性尚好，清晰度和成熟质感较好；喷施腐殖酸叶面肥的烟叶烟香集中度稍欠，柔细感较好，烟香略显浑浊，总体与不喷施叶面肥相近；不喷施叶面肥处理的烟叶劲头略偏高，冲击力略大，烟香清晰度稍欠，口感稍欠。喷施磷酸二氢钾叶面肥烤后烟叶感官评吸质量表现较好（表4-4-19）。

表4-4-19　感官质量统计

处理	等级	香气质	香气量	透发性	杂气	细腻度	柔和度	圆润感	刺激性	干燥感	余味	总分	香型	烟气浓度	劲头
T1	C2F	14.0	13.0	5.0	6.0	5.0	5.0	5.0	6.0	5.5	6.0	70.5	中	中	中
T2	C2F	14.5	13.5	5.0	6.0	5.0	4.5	5.0	6.0	5.5	6.0	71.0	中	中	中
T3	C2F	13.5	13.0	4.5	6.0	4.5	4.5	4.5	5.5	5.5	6.0	67.5	中	中+	中+

（续表）

处理	等级	香气质	香气量	透发性	杂气	细腻度	柔和度	圆润感	刺激性	干燥感	余味	总分	香型	烟气浓度	劲头
T1	B2F	12.0	12.5	4.5	5.5	5.0	4.5	4.5	5.5	5.0	5.0	64.0	中	中+	中+
T2	B2F	13.0	13.0	5.0	5.5	5.0	5.0	5.0	6.0	5.0	5.5	68.0	中	中+	中+
T3	B2F	12.0	12.0	4.5	5.5	4.5	4.5	4.5	5.5	5.0	5.0	63.0	中	中+	中+

（2）恩施试验点。

①主要生育期记载（表4-4-20）。

表4-4-20　主要生育期农艺性状

处理	播种期（日/月）	出苗期（日/月）	成苗期（日/月）	移栽期（日/月）	团棵期（日/月）	现蕾期（日/月）	打顶期（日/月）	平顶期（日/月）	大田生育期（d）
T1	8/3	23/3	30/4	4/5	17/6	9/7	15/7	3/8	123
T2	8/3	23/3	30/4	4/5	17/6	8/7	16/7	4/8	123
T3	8/3	23/3	30/4	4/5	17/6	8/7	16/7	3/8	123
T4	8/3	23/3	30/4	4/5	17/6	9/7	16/7	3/8	123
T5	8/3	23/3	30/4	4/5	17/6	7/7	13/7	3/8	123
T6	8/3	23/3	30/4	4/5	17/6	7/7	15/7	3/8	123

②主要农艺性状。烟株团棵期，T5处理的株高、叶片数、最大叶面积明显优于其他处理。但就田间烟株长势情况看，T6和T2两个处理的烟株长势较整齐，田间长势较强（表4-4-21）。

表4-4-21　团棵期主要农艺性状

处理	株高（cm）	叶数（片）	最大叶长（cm）	最大叶宽（cm）	生长势	叶色	田间整齐度
T1	33.0	10.4	44.4	21.3	中	黄绿	较齐
T2	32.2	10.4	45.3	20.7	强	黄绿	较齐
T3	33.3	10.8	44.0	20.4	中	黄绿	不整齐
T4	29.6	11.2	46.2	21.6	中	黄绿	较齐
T5	34.5	11.8	48.7	22.6	中	黄绿	不整齐
T6	33.0	11.3	45.2	22.8	强	黄绿	较齐

烟株进入平顶期，T6 处理的株高、有效叶数各部位烟叶长宽表现较好，均优于其他几个处理，在团棵期和成熟期分次施用叶面肥能够促进烟株叶片的正常生长，至打顶期喷施叶面肥烟株长势优势较为明显（表4-4-22）。

表4-4-22 平顶期主要农艺性状

处理	株高（cm）	有效叶数（片）	茎围（cm）	节距（cm）	下二棚叶		腰叶		上二棚叶	
					长（cm）	宽（cm）	长（cm）	宽（cm）	长（cm）	宽（cm）
T1	92.8	17.0	11.0	5.5	67.2	35.6	72.1	30.4	68.8	18.5
T2	93.3	17.0	10.5	5.5	72.7	29.7	75.6	23.1	73.0	18.8
T3	88.7	16.4	10.8	5.4	71.6	27.6	73.0	25.2	66.4	18.9
T4	92.5	16.4	10.3	5.6	63.8	31.1	64.8	30.8	59.6	16.0
T5	92.1	16.4	9.9	5.6	67.0	25.3	72.6	21.7	66.7	18.9
T6	99.0	17.3	10.8	5.7	72.3	72.3	78.0	25.8	67.4	18.7

③经济性状分析。不同叶面肥处理，以 T6 处理烤后烟叶经济效益表现较好，具有较高的亩产量和亩产值，随着喷施次数的增加，各经济性状指标数值呈现一定的增加趋势，喷施浓度为 0.5% 能够表现出较好的效果（表4-4-23）。

表4-4-23 各处理经济性状数据统计

处理	亩产量（kg）	均价（元/kg）	亩产值（元）	上等烟比例（%）	中等烟比例（%）
T1	106.5	22.8	2428.2	45.82	35.5
T2	107	22.5	2407.5	48.5	37.3
T3	116	25.7	2981.2	49.6	38.5
T4	112	24.3	2721.6	57.4	34.7
T5	114	24.5	2793	60.5	31.5
T6	125	26.5	3312.5	61.37	34.6

④化学成分分析。在 0.5% 喷施浓度下，随着喷施次数的增加中部烟叶钾含量呈现了增加的趋势，而上部烟叶钾含量呈现了降低的趋势，随着喷施浓度

的增加上部烟叶的钾含量有一定的增加趋势。各处理烟叶总糖含量整体较高，C2F 烟叶还原糖含量以 T4（喷施浓度 0.5%，喷施时间为旺长期喷施 1 次+打顶后喷施 1 次），表现较好。B2F 烟叶烟碱含量随着喷施次数的增加，呈现出降低的趋势，而 C2F 烟叶呈现出一定的上升趋势。各处理烟叶钾氯比整体偏低，上部叶以 T5 表现稍好，中部叶以 T1 表现稍好（表4-4-24）。

表4-4-24 化学成分统计

处理	等级	分析项目										
		总糖（%）	总植物碱（%）	还原糖（%）	氯（%）	钾（%）	总氮（%）	两糖比	糖氮比	糖碱比	氮碱比	钾氯比
T1	B1F	35.53	2.96	33.04	0.75	1.69	2.14	0.93	15.44	11.16	0.72	2.25
T2	B1F	32.18	3.37	31.15	0.65	1.78	2.31	0.97	13.48	9.24	0.69	2.74
T3	B1F	34.45	3.21	32.37	0.61	1.7	2.37	0.94	13.66	10.08	0.74	2.79
T4	B1F	30.76	3.8	29.1	0.59	1.78	2.54	0.95	11.46	7.66	0.67	3.02
T5	B1F	33.01	3.16	31.35	0.43	2.11	2.35	0.95	13.34	9.92	0.74	4.91
T6	B1F	34.57	2.82	33.5	0.57	1.83	2.35	0.97	14.26	11.88	0.83	3.21
T1	B2F	29.92	3.27	28.76	0.62	2.05	2.54	0.96	11.32	8.80	0.78	3.31
T2	B2F	33.77	3.02	31.72	0.64	1.83	2.29	0.94	13.85	10.50	0.76	2.86
T3	B2F	31.46	2.95	29.63	0.69	2	2.34	0.94	12.66	10.04	0.79	2.90
T4	B2F	28.8	3.69	26.22	0.8	2.21	2.58	0.91	10.16	7.11	0.70	2.76
T5	B2F	34.18	3.11	32.84	0.52	1.63	2.28	0.96	14.40	10.56	0.73	3.13
T6	B2F	33.09	3.15	30.52	0.74	1.94	2.33	0.92	13.10	9.69	0.74	2.62
T1	C2F	34	2.98	31.47	0.47	1.97	2.22	0.93	14.18	10.56	0.74	4.19
T2	C2F	35.95	2.86	33.17	0.4	1.88	2.16	0.92	15.36	11.60	0.76	4.70
T3	C2F	33.18	3.63	32.1	0.54	1.33	2.21	0.97	14.52	8.84	0.61	2.46
T4	C2F	38.04	2.43	36.16	0.52	1.77	1.85	0.95	19.55	14.88	0.76	3.40
T5	C2F	33.61	3.23	31.79	0.57	2.07	1.99	0.95	15.97	9.84	0.62	3.63
T6	C2F	35.04	2.93	31.81	0.55	2.16	1.91	0.91	16.65	10.86	0.65	3.93
T1	C3F	36.68	2.25	32.89	0.33	2.14	1.83	0.90	17.97	14.62	0.81	6.48
T2	C3F	33.93	2.26	30.75	0.42	2.24	1.73	0.91	17.77	13.61	0.77	5.33

（续表）

处理	等级	总糖（%）	总植物碱（%）	还原糖（%）	氯（%）	钾（%）	总氮（%）	两糖比	糖氮比	糖碱比	氮碱比	钾氯比
							分析项目					
T3	C3F	35.87	2.26	32.28	0.51	2.35	1.81	0.90	17.83	14.28	0.80	4.61
T4	C3F	34.62	2.44	31.59	0.42	2.16	1.76	0.91	17.95	12.95	0.72	5.14
T5	C3F	35.17	2.45	32.17	0.49	2.15	1.79	0.91	17.97	13.13	0.73	4.39
T6	C3F	32.62	2.18	29.9	0.55	2.3	1.8	0.92	16.61	13.72	0.83	4.18

⑤感官质量分析。各处理烟叶感官质量得分 C2F 以 T4 表现较好，B1F 以 T1 表现较好。随着喷施次数和喷施浓度的增加 C2F 等级烟叶香气质和香气量有增加的趋势，而 C3F 等级烟叶有下降趋势，在 0.5% 浓度喷施水平下喷施次数最多的处理 C2F 烟叶劲头较大，对于 B1F 等级烟叶喷施 0.5% 浓度烟叶感官评吸劲头有一定的降低趋势（表 4-4-25）。

表 4-4-25　感官质量统计

处理	等级	香气质	香气量	透发性	杂气	细腻度	柔和度	圆润感	刺激性	干燥感	余味	总分	香型	烟气浓度	劲头
T1	C3F	13.0	12.5	4.5	6.0	5.0	5.0	5.5	6.0	5.5	6.0	69.0	中	中	中
T2	C3F	12.5	12.5	4.5	5.5	4.5	5.0	5.0	6.0	5.5	5.5	66.5	中	中	中
T3	C3F	12.5	12.5	4.5	5.0	5.0	5.0	5.0	6.0	5.0	5.5	66.5	中	中	中
T4	C3F	13.0	13.0	4.5	6.0	5.0	5.0	5.5	6.0	5.5	5.5	69.0	中	中	中
T5	C3F	12.0	12.0	4.0	5.5	5.0	5.0	5.0	5.5	5.0	5.5	64.5	中	中-	中
T6	C3F	12.0	12.0	4.0	5.0	4.5	5.0	5.0	5.5	5.0	5.5	63.5	中	中	中
T1	C2F	13.5	13.0	4.5	5.5	5.0	4.5	5.0	6.0	5.5	6.0	68.5	中	中	中
T2	C2F	14.0	13.5	5.0	5.5	4.5	4.5	4.5	5.5	5.5	5.5	68.0	中	中	中
T3	C2F	13.5	13.5	4.5	6.0	4.5	4.5	4.5	6.0	5.5	5.5	68.0	中	中	中
T4	C2F	13.5	13.0	4.5	5.5	5.0	5.0	5.0	6.0	6.0	6.0	69.5	中	中	中
T5	C2F	14.0	13.5	5.0	5.5	4.5	5.0	5.0	5.5	5.5	5.5	69.0	中	中	中

（续表）

处理	等级	香气质	香气量	透发性	杂气	细腻度	柔和度	圆润感	刺激性	干燥感	余味	总分	香型	烟气浓度	劲头
T6	C2F	13.5	13.0	4.5	5.5	5.0	4.5	5.0	5.5	5.5	5.0	67.0	中	中+	中+
T1	B1F	12.0	12.0	4.5	5.5	4.5	4.5	5.0	5.5	5.5	5.5	64.5	中	中+	中+
T2	B1F	12.5	11.5	4.5	5.5	4.5	4.5	4.5	5.5	5.5	5.0	63.5	中	中+	中+
T3	B1F	12.0	11.5	4.0	5.0	4.0	4.5	4.5	5.0	5.5	5.0	61.0	中	中+	中+
T4	B1F	12.0	11.0	4.0	5.0	4.5	5.0	4.5	5.0	5.0	5.0	61.5	中	中	中
T5	B1F	12.0	11.5	4.0	5.5	4.5	5.0	5.0	5.0	5.0	6.0	63.5	中	中	中
T6	B1F	12.5	11.5	4.5	5.5	4.5	4.5	4.5	5.5	5.0	5.5	63.5	中	中	中

3. 小结

恩施试验点喷施磷酸二氢钾叶面肥浓度 0.5% 的田间烟株农艺性状优于 0.3%，磷酸二氢钾叶面肥喷施浓度 0.5% 对烟叶生长具有一定的促进作用，T4、T5、T6 三个处理喷施磷酸二氢钾浓度为 0.5%，烤后烟叶均具有较好的经济性状，综合而言喷施浓度 0.5%，喷施时间为旺长期、打顶期、打顶后 10d 各喷施 1 次比较适合"利群"品牌大槽示范区。在 0.5% 喷施浓度下，随着喷施次数的增加中部烟叶钾含量呈现了增加的趋势，而上部烟叶钾含量呈现了降低的趋势，随着喷施浓度的增加上部烟叶的钾含量有一定的增加趋势。各处理烟叶感官质量得分 C2F 以 T4 表现较好，B1F 以 T1 表现较好。

利川试验点喷施磷酸二氢钾田间烟株长势长相表现最好，有利于上部叶片的开片，喷施磷酸二氢钾和喷施腐殖酸叶面肥都比不喷施叶面肥好烘烤，喷施叶面肥能够一定程度上提高烟叶经济效益，其中喷施磷酸二氢钾亩产值、产量、上等烟比例和上中等烟比例最高。喷施磷酸二氢钾叶面肥使得烟叶化学成分更协调，其含量更趋近于优质烟叶化学成分的适宜范围，较其他处理具有一定的优势。

（二）氨基酸钙施用技术研究

1. 材料与方法

（1）试验地点。利川市凉雾乡老场村 11 组和恩施市盛家坝乡桅杆堡村大槽组"利群"品牌烟叶基地单元，土壤类型黄棕壤，田块土壤质地疏松，土层较厚，肥力中等均匀，地势平坦，排灌便利。

（2）试验品种。品种为云烟87。

（3）试验设计。本试验以氨基酸钙叶面肥为试验材料，根据不同施用方式，共设计5个处理，具体如表4-4-26所示。

表4-4-26　处理设置

处理	施用方式
T1	团棵期喷施1次
T2	旺长期喷施1次
T3	打顶后喷施1次
T4	团棵、旺长、打顶分别喷施1次
T5（CK）	不喷施

试验采用随机区组设计，试验田共15个小区，随机排列，每个小区栽烟100株。试验田其余施肥方式以及移栽、大田管理和采收烘烤等环节严格按照当地优质烟生产技术规范执行。

2. 结果与分析

（1）利川试验点。

①主要农事操作记载。试验为大棚漂湿育苗4月28日和5月2日剪叶2次，4月10日整地，4月13日起垄，覆膜4月15日，5月26日完成"井窖式"移栽封口。

病虫害防治记载，移栽时用"密达"和2.5%高效氟氯氰菊酯防治害虫，用氨基寡糖素、8%宁南霉素防花叶病；58%甲霜灵锰锌600~800倍液防根部病害；烟叶成熟期分别3次用40%菌核净700倍液防治赤星病，用20%粉锈宁1000倍液防白粉病。

②施肥及田间管理措施。亩施纯氮6.5kg，$N:P_2O_5:K_2O=1:1.5:3.5$，行株距1.2m×0.60m。具体如表4-4-27所示。

表 4-4-27　处理肥料施用量表　　　　　　　　　　　　　　（kg）

处理	底肥				追肥	
	复合肥 （8：12：24）	磷肥 （12%）	饼肥	有机肥	硝酸钾 （N14%、K44%）	硫酸钾
T1	60	25	20	50	5	12
T2	60	25	20	50	5	12
T3	60	25	20	50	5	12
T4	60	25	20	50	5	12
T5	60	25	20	50	5	12
底肥施用方法				起垄后条施		

③不同处理生育期调查。通过对不同处理烤烟生育期结果比较，各处理之间差异不大，烤烟大田生育期基本为132d（表4-4-28）。

表 4-4-28　主要生育期记载表

处理	播种期 （日/月）	出苗期 （日/月）	成苗期 （日/月）	移栽期 （日/月）	现蕾期 （日/月）	中心花 （日/月）	脚叶成熟 （日/月）	顶叶成熟 （日/月）	大田生育期 （d）
T1	8/3	22/3	6/5	7/5	8/7	15/7	17/7	16/9	132
T2	8/3	22/3	6/5	7/5	8/7	15/7	17/7	16/9	132
T3	8/3	22/3	6/5	7/5	8/7	15/7	17/7	16/9	132
T4	8/3	22/3	6/5	7/5	8/7	15/7	17/7	16/9	132
T5	8/3	22/3	6/5	7/5	8/7	15/7	17/7	16/9	132

④不同处理对农艺性状的影响。通过对打顶后烟株农艺性状调查结果看，施用氨基酸钙的效果整体表现较好，其株高、叶面积等农艺性状指标均优于常规对照（表4-4-29）。

表 4-4-29　主要农艺性状记载表

处理	株高 （cm）	留叶数	茎围 （cm）	节距 （cm）	下部叶（cm）		中部叶（cm）		上部叶（cm）	
					长	宽	长	宽	长	宽
T1	124.4	18.4	9.5	6.8	62.5	28.7	76.1	27.7	49.5	15.6

（续表）

处理	株高（cm）	留叶数	茎围（cm）	节距（cm）	下部叶（cm）		中部叶（cm）		上部叶（cm）	
					长	宽	长	宽	长	宽
T2	125.3	19.1	9.5	6.7	65.3	27.8	73.2	28.7	50.4	15.8
T3	124.9	18.6	10.0	6.8	62.8	27.9	74.1	27.5	49.9	15.2
T4	128.1	19.0	10.0	6.7	63.4	28.2	75.1	28.1	51.2	16.3
T5	123.7	18.3	9.5	6.8	62.3	27.2	73.2	27.4	48.5	14.8

⑤经济性状分析。施用氨基酸钙的处理烤后烟叶亩产量和产值均具有一定的优势，其中处理4表现最好，明显优于常规对照，其烤后烟叶具有较高的均价和上中等烟叶比例（表4-4-30）。

表4-4-30　各处理经济性状数据统计

处理	亩产量 kg	均价 元/kg	亩产值 元	上等烟比例 %	上中等烟比例 %
T1	138.99	26.07	3623.47	61.63	94.77
T2	140.38	26.08	3661.11	62.52	96.14
T3	142.00	25.85	3670.70	63.65	95.33
T4	143.52	26.52	3806.15	65.37	96.74
T5	136.80	25.73	3519.86	59.73	94.24

⑥烤后烟叶化学成分分析。与对照相比施用氨基酸钙后上部烟叶的总糖和还原糖含量具有明显上升趋势，中部烟叶总糖和还原糖含量有一定的下降趋势，施用氨基酸钙后上部和中部烟叶的烟碱含量均呈现一定的下降趋势。施用氨基酸钙对烟叶钾含量具有一定的提升作用，以T2表现最好。各处理烟叶氯离子含量总体处于相对偏低的水平，烟叶钾氯比较高（表4-4-31）。

⑦感官质量分析。处理2B1F等级烟叶的感官评吸质量得分最高，处理1C2F等级烟叶的感官评吸质量得分最高。整体表现C2F烟香尚透发，满足感尚好，尚柔顺，余味稍涩口。B1F烟香稍显柔绵，整体平衡感尚好。在团棵期

表 4-4-31 烤后烟叶化学成分数据

等级	处理	总糖%	总植物碱%	还原糖%	氯%	钾%	总氮%	两糖比	糖氮比	糖碱比	氮碱比	钾氯比
	T1	27.32	3.16	24.11	0.18	1.78	2.16	0.88	13.46	7.63	0.68	10.00
	T2	27.23	3.08	23.38	0.25	1.92	2.20	0.86	12.89	7.59	0.71	7.66
B1F	T3	28.94	3.04	24.57	0.27	1.58	2.06	0.85	14.39	8.08	0.68	5.77
	T4	29.32	3.02	24.84	0.36	1.60	2.03	0.85	14.69	8.23	0.67	4.44
	CK	26.96	3.20	23.55	0.34	1.53	2.07	0.87	13.80	7.36	0.65	4.50
	T1	33.02	1.65	26.52	0.17	2.33	1.72	0.80	18.30	16.07	1.04	14.03
	T2	29.69	1.80	22.78	0.22	2.98	1.85	0.77	15.03	12.66	1.02	13.75
C2F	T3	31.96	1.90	26.23	0.27	2.78	1.76	0.82	17.78	13.81	0.93	10.34
	T4	32.67	1.79	25.52	0.13	2.05	1.80	0.78	16.99	14.26	1.00	15.55
	CK	34.73	2.12	28.15	0.25	1.83	1.70	0.81	19.52	13.28	0.80	7.42

和旺长期分次施用氨基酸钙的效果较好，在团棵期、旺长期以及打顶期均施用氨基酸钙对烟叶感官质量的提升没有表现出较为明显的优势（表4-4-32）。

表 4-4-32 感官质量分析

等级	处理	香气质	香气量	透发性	杂气	细腻程度	柔和程度	圆润感	刺激性	干燥感	余味	得分
	CK	12	11.5	4.5	6	5	5.5	5	6	5.5	5.5	66.5
	T1	12	12	4.5	6	5	5.5	5	6	5.5	5.5	67
C2F	T2	11.5	11	4.5	5.5	5	5.5	5	6	5.5	5.5	65
	T3	12	12	4.5	6	5	5	5	6	5.5	5.5	66.5
	T4	11.5	11	4.5	5	5	5.5	5	6	5.5	6	66
	CK	12	12	4.5	5	4.5	5.5	4.5	5	5.5	6	64.5
	T1	12.5	12	4.5	5	4.5	5.5	4.5	5	5.5	6	65
B1F	T2	12.5	12.5	4.5	5	4.5	5.5	4.5	5	5.5	6	65.5
	T3	12	11.5	4.5	5	4.5	5	4.5	5	5.5	6	63.5
	T4	11.5	11.5	4.5	5	4.5	5.5	4.5	5	5.5	5.5	62.5

（2）恩施试验点。

①主要农艺性状。5 个处理的株高、有效叶数和茎围、节距相差不大，叶长宽大小依次为 T4>T3>T1>T2>T5。喷施氨基酸钙对烟株的株高、有效叶数和茎围影响不大，在旺长和打顶后两个时期喷施氨基酸钙的处理叶片叶面积最大，长宽比 2.4：1，团棵和旺长时期喷施氨基酸钙的叶面积略小于旺长及三个时期均喷药的处理，不喷施氨基酸钙的叶面积最小（表 4-4-33，表 4-4-34）。

表 4-4-33 主要生育期记载

处理	播种期（日/月）	出苗期（日/月）	成苗期（日/月）	移栽期（日/月）	团棵期（日/月）	现蕾期（日/月）	打顶期（日/月）	平顶期（日/月）	大田生育期（d）
T1	11/3	26/3	10/5	13/5	21/6	6/7	9/7	16/7	113
T2	11/3	26/3	10/5	13/5	21/6	5/7	9/7	16/7	113
T3	11/3	26/3	10/5	13/5	21/6	6/7	9/7	16/7	113
T4	11/3	26/3	10/5	13/5	21/6	6/7	9/7	16/7	114
T5	11/3	26/3	10/5	13/5	21/6	7/7	7/7	18/7	113

表 4-4-34 平顶期主要农艺性状

处理	株高（cm）	有效叶数	茎围（cm）	节距（cm）	下二棚叶（cm）		腰叶（cm）		上二棚叶（cm）	
					长	宽	长	宽	长	宽
T1	93.8	16	10	5.86	67.3	29.7	72.1	25.2	65.7	19.5
T2	94.3	16	10.3	5.89	67.0	27.6	72.6	23.1	65.4	21.3
T3	99.7	16.7	10.8	5.97	71.6	31.1	73.0	30.4	70.1	24.9
T4	94.5	16.4	10.3	5.76	72.7	35.6	75.6	30.8	70.8	25.2
T5	94.1	16	9.5	5.88	63.8	25.3	64.8	21.7	63..6	18.9

②经济性状分析（表 4-4-35）。

③化学成分分析。与对照相比施用氨基酸钙后上部烟叶的总糖、还原糖以及钾含量均呈现上升趋势，同时烟叶烟碱含量呈现下降的趋势，其中处理 4 烟叶总糖和还原糖含量最高，处理 2 烟叶钾含量最高。对中部烟叶而言，施用氨

基酸钙后其总糖、还原糖和烟碱含量有一定的下降趋势，烟叶钾含量具有一定的上升趋势。各处理烟叶氯含量整体处于偏低水平（表4-4-36）。

表4-4-35 各处理经济性状数据统计

处理	亩产量（kg）	均价（元/kg）	平均亩产值（元）	上等烟比例（%）	中等烟比例（%）	单叶重（g）
T1	126.46	27.47	3473.24	56.25	43.75	9.91
T2	121.27	28.36	3439.22	52.68	47.32	9.56
T3	133.91	27.99	3747.64	60.36	39.64	10.11
T4	139.59	28.82	4023.02	62.77	37.23	10.26
T5	119.64	26.78	3204.28	45.59	54.41	8.45

表4-4-36 化学成分指标统计

等级	样品用途	总糖（%）	总植物碱（%）	还原糖（%）	氯（%）	钾（%）	总氮（%）	两糖比	糖氮比	糖碱比	氮碱比	钾氯比
B1F	T1	32.32	3.16	29.11	0.18	1.78	2.16	0.90	13.46	9.20	0.68	10.00
B1F	T2	32.23	3.08	28.38	0.25	1.92	2.20	0.88	12.89	9.21	0.71	7.66
B1F	T3	33.94	3.04	29.57	0.27	1.58	2.06	0.87	14.39	9.72	0.68	5.77
B1F	T4	34.32	3.02	29.84	0.36	1.60	2.03	0.87	14.69	9.88	0.67	4.44
B1F	T5	31.96	3.20	28.55	0.34	1.53	2.07	0.89	13.80	8.92	0.65	4.50
C2F	T1	38.02	1.65	31.52	0.17	2.33	1.72	0.83	18.30	19.06	1.04	14.03
C2F	T2	34.69	1.80	27.78	0.22	2.98	1.85	0.80	15.03	15.40	1.02	13.75
C2F	T3	36.96	1.90	31.23	0.27	2.78	1.76	0.84	17.78	16.45	0.93	10.34
C2F	T4	37.67	1.79	30.52	0.13	2.05	1.80	0.81	16.99	17.04	1.00	15.55
C2F	T5	39.73	2.12	33.15	0.25	1.83	1.70	0.83	19.52	15.65	0.80	7.42

④感官质量分析。在本试验条件下施用氨基酸钙后C2F和B1F等级烟叶的感官质量没有表现出较为明显的优势，与对照相比4个处理烟叶感官评吸得分处于一般水平，相对而言处理1的C2F和处理4的B1F表现稍好（表4-4-37）。

表 4-4-37 感官评吸数据统计

处理	等级	香气质	香气量	透发性	杂气	细腻程度	柔和程度	圆润感	刺激性	干燥感	余味	香型	烟气浓度	劲头	得分
T1	C2F	12.5	12	5	5.5	5	5	5	5.5	5.5	6	中	中	中	67
T2	C2F	12	11.5	4.5	5.5	4.5	5	4.5	5.5	5	5.5	中	中	中	63.5
T3	C2F	11.5	11	4	5.5	4.5	5	4.5	5.5	5	5.5	中	中	中	62
T4	C2F	11.5	11	4	5.5	4.5	5	4.5	5.5	5	5.5	中	中	中	62
T5	C2F	12.5	12	5	6	5	5	5	6	5.5	6	中	中	中	68
T1	B1F	11.5	11.5	4.5		4.5	4.5	4.5	5	5	5.5	中	中+	中+	61.5
T2	B1F	12	11.5	4.5	5.5	4.5	4.5	4.5	5.5	5.5	5.5	中	中+	中+	63.5
T3	B1F	11.5	11	4	5	4.5	4.5	4	5	5	5.5	中	中+	中等偏大	60
T4	B1F	12	12	5	5.5	4.5	4.5	4.5	5.5	5.5	5.5	中	中+	中+	64.5
T5	B1F	12	12.5	5	5.5	4.5	4.5	4.5	5.5	5.5	5.5	中	中+	中+	65

3. 小结

利川试验点施用氨基酸钙后烟株农艺性状均优于常规对照,同时能够增加烤后烟叶亩产值、产量、均价、上等烟比例和上中等烟比例,在大田期喷施氨基酸钙三次的烤后烟叶的经济效益表现最好。但就烟叶品质来看,在团棵期和旺长期分次施用氨基酸钙的效果较好,在团棵期、旺长期以及打顶期均施用氨基酸钙对烟叶感官质量的提升没有表现出较为明显的优势。

恩施试验点打顶后和三个时期均喷施氨基酸钙的处理叶片叶面积最大,施用氨基酸钙有助于叶面开片,打顶后和三个时期均喷施氨基酸钙的处理上等烟比例和单叶重表现较好,产量产值较高。与对照相比施用氨基酸钙后上部烟叶的总糖、还原糖以及钾含量均呈现上升趋势,同时烟叶烟碱含量呈现下降的趋势。综合分析喷施氨基酸钙的时期应在打顶后或团棵期、旺长及打顶后均喷施较为适宜。

(三)黄腐酸施用技术研究

1. 材料与方法

(1)试验地点。利川市凉雾乡老场村 11 组和恩施市盛家坝乡桅杆堡村大槽组"利群"品牌烟叶基地单元，田块土壤质地疏松，土层较厚，肥力中等均匀，地势平坦，排灌便利。

（2）试验品种。品种为云烟87。

（3）试验设计。本试验以黄腐酸为试验材料，根据不同施用方式，共设计5个处理，具体如表4-4-38所示。

表4-4-38　试验设计

处理	施用方法
处理1	移栽时灌根1次
处理2	团棵期叶面喷施1次
处理3	旺长期叶面喷施1次
处理4	移栽时灌根1次+团棵期、旺长期各喷施1次
处理5（CK）	不施用黄腐酸

试验采用随机区组设计，试验田共15个小区，随机排列，每个小区栽烟100株。试验田其余施肥方式以及移栽、大田管理和采收烘烤等环节严格按照当地优质烟生产技术规范执行。

2. 结果与分析

（1）利川点。

①主要农事操作记载。试验为大棚漂湿育苗4月28日和5月2日剪叶2次，4月10日整地，4月13日起垄，覆膜4月15日，5月26日完成"井窖式"移栽封口。

病虫害防治记载，移栽时用"密达"和2.5%高效氟氯氰菊酯防治害虫，用氨基寡糖素、8%宁南霉素防花叶病；58%甲霜灵锰锌600~800倍液防根部病害；烟叶成熟期分别3次用40%菌核净700倍液防治赤星病，用20%粉锈宁1000倍液防白粉病。

②施肥及田间管理措施。亩施纯氮6.5kg，$N : P_2O_5 : K_2O = 1 : 1.5 : 3.5$，行株距1.2m×0.60m。具体如表4-4-39所示。

表4-4-39 处理肥料施用量表 （kg）

处理	底肥				追肥	
	复合肥 （8∶12∶24）	磷肥 （12%）	饼肥	有机肥	硝酸钾 （N14%、K44%）	硫酸钾
T1	60	25	20	50	5	12
T2	60	25	20	50	5	12
T3	60	25	20	50	5	12
T4	60	25	20	50	5	12
T5	60	25	20	50	5	12
底肥施用方法				起垄后条施		

③不同处理生育期调查。通过对不同处理烤烟生育期结果比较，各处理之间差异不大，烤烟大田生育期基本为132d（表4-4-40）。

表4-4-40 主要生育期记载表

处理	播种期 （日/月）	出苗期 （日/月）	成苗期 （日/月）	移栽期 （日/月）	现蕾期 （日/月）	中心花 （日/月）	脚叶成熟 （日/月）	顶叶成熟 （日/月）	大田生育期 （d）
T1	8/3	22/3	6/5	7/5	8/7	15/7	17/7	16/9	132
T2	8/3	22/3	6/5	7/5	8/7	15/7	17/7	16/9	132
T3	8/3	22/3	6/5	7/5	8/7	15/7	17/7	16/9	132
T4	8/3	22/3	6/5	7/5	8/7	15/7	17/7	16/9	132
T5	8/3	22/3	6/5	7/5	8/7	15/7	17/7	16/9	132

④不同处理对农艺性状的影响。移栽时灌根结合后期喷施黄腐酸能够一定程度上促进烟株的生长发育，就烟株田间农艺性状分析，以处理4表现最好，不喷施黄腐酸的对照平顶期农艺性状数值最差（表4-4-41）。

⑤经济性状分析。移栽时灌根结合后期喷施黄腐酸提高了烤后烟叶的亩产量和产值，以处理4表现最好，具有较高的烟叶均价和上中等烟比例，同时采取灌根与喷施分别处理的方式也在一定程度上提高了烤后烟叶的经济性状（表4-4-42）。

表 4-4-41　主要农艺性状记载

处理	株高（cm）	留叶数	茎围（cm）	节距（cm）	下部叶（cm）		中部叶（cm）		上部叶（cm）	
					长	宽	长	宽	长	宽
T1	124.4	18.4	9.5	6.8	62.5	28.7	76.1	27.7	49.5	15.6
T2	125.3	19.1	9.5	6.7	65.3	27.8	73.2	28.7	50.4	15.8
T3	124.9	18.6	10.0	6.8	62.8	27.9	74.1	27.5	49.9	15.2
T4	128.1	19.0	10.0	6.7	63.4	28.2	75.1	28.1	51.2	16.3
T5	123.7	18.3	9.5	6.8	62.3	27.2	73.2	27.4	48.5	14.8

表 4-4-42　各处理经济性状数据统计

处理	亩产量（kg）	均价（元/kg）	亩产值（元）	上等烟比例（%）	上中等烟比例（%）
T1	133.89	26.09	3493.27	60.33	93.77
T2	135.37	26.08	3530.91	61.22	95.14
T3	136.99	25.84	3540.50	62.35	94.33
T4	138.50	26.54	3675.95	64.07	95.74
T5	131.80	25.72	3389.66	58.73	93.24

⑥化学成分分析。与对照相比处理 1 和处理 3 的上部烟叶糖含量较高，处理 4 的上部烟叶钾含量最高烟碱含量最低。施用黄腐酸后中部烟叶的糖含量、钾含量以及烟碱含量均呈现了一定的上升趋势，综合表现以处理 3 较好（表 4-4-43）。

表 4-4-43　化学成分分析

等级	处理	分析项目										
		总糖（%）	总植物碱（%）	还原糖（%）	氯（%）	钾（%）	总氮（%）	两糖比	糖氮比	糖碱比	氮碱比	钾氯比
B1F	T1	35.32	2.98	31.10	0.19	1.36	1.96	0.88	15.88	10.44	0.66	7.03
B1F	T2	31.38	3.33	28.33	0.37	1.59	2.25	0.90	12.58	8.52	0.68	4.25
B1F	T3	34.48	3.02	31.24	0.28	1.55	1.99	0.91	15.68	10.34	0.66	5.56
B1F	T4	31.64	2.80	26.71	0.29	2.08	2.16	0.84	12.39	9.53	0.77	7.18

（续表）

等级	处理	分析项目										
		总糖（%）	总植物碱（%）	还原糖（%）	氯（%）	钾（%）	总氮（%）	两糖比	糖氮比	糖碱比	氮碱比	钾氯比
B1F	CK	31.99	3.24	28.55	0.24	1.90	2.06	0.89	13.85	8.80	0.64	7.96
C2F	T1	37.68	1.77	32.02	0.09	1.88	1.57	0.85	20.45	18.11	0.89	22.14
C2F	T2	38.04	1.84	32.58	0.14	1.85	1.65	0.86	19.78	17.69	0.89	13.51
C2F	T3	38.45	2.03	32.10	0.15	1.87	1.70	0.83	18.90	15.85	0.84	12.66
C2F	T4	36.02	1.80	29.67	0.16	1.82	1.87	0.82	15.89	16.44	1.03	11.45
C2F	CK	35.56	1.77	30.32	0.14	1.62	1.90	0.85	15.97	17.09	1.07	11.45

⑦感官质量分析。处理3和处理4B1F和C2F等级烟叶的感官评吸质量得分处于相对较高的水平，移栽时施用黄腐酸灌根并结合烟株生长期叶面喷施对烟叶感官质量的提升具有一定的效果，与对照相比，施用黄腐酸的4个处理B1F和C2F等级烟叶的感官质量均较好（表4-4-44）。

表4-4-44 感官质量分析

处理	等级	香气质	香气量	透发性	杂气	细腻程度	柔和程度	圆润感	刺激性	干燥感	余味	香型	烟气浓度	劲头	得分
T1	C2F	12	12	5	6	5	5	5	6	5.5	6	中	中	中	67.5
T2	C2F	12	12	5	6	5	5	5	6	6	6	中	中	中	68
T3	C2F	12.5	12.5	5	6	5	5	5	6	5.5	6	中	中	中	68.5
T4	C2F	12.5	12.5	5	6	5	5	5	6	5.5	6	中	中	中	68.5
CK	C2F	12	11.5	4.5	5.5	5	5	5	6	5.5	5.5	中	中	中	65.5
T1	B1F	11.5	12	5	5	4.5	4.5	4.5	5	5	5.5	中	中+	中+	62.5
T2	B1F	11.5	12	5	5	4.5	4.5	4.5	5	5	5.5	中	中+	中+	62.5
T3	B1F	12	12	5	5	4.5	4.5	4.5	5	5	5.5	中	中+	中+	63
T4	B1F	12	12	5	5	4.5	4.5	4.5	5	5	5.5	中	中+	中+	63
CK	B1F	11.5	11.5	4.5	5	4.5	4.5	4.5	5	5	5.5	中	中+	偏大	61.5

（2）恩施点。

①土壤理化性状及气候数据调查（表4-4-45和表4-4-46）。

表 4-4-45　生育期间气温和降水量

月份项目	1月	2月	3月	4月	5月	6月	7月	8月	9月	10月
平均气温	6.5	8.5	13.1	18.8	21.7	24.8	28.4	28.4	24.2	19.1
月降水量	23.4	42	128.5	174.8	197.3	302.1	477.7	88.1	158.6	102.3

表 4-4-46　土壤理化性状

测试项目	测试值	养分水平评价
碱解氮 (mg/kg)	131	中
有效磷 (mg/kg)	29.2	高
速效钾 (mg/kg)	138.1	低
有机质 (g/kg)	20.9	适中
pH 值	6.24	偏微酸性

②主要农艺性状。T4 处理在平顶期烟株农艺性状具有一定的优势，T4 处理的株高茎围优于其他处理，叶面积从大到小依次为 T4>T1>CK>T2>T3（表 4-4-47 和表 4-4-48）。

表 4-4-47　主要生育期记载

处理	播种期 (日/月)	出苗期 (日/月)	成苗期 (日/月)	移栽期 (日/月)	团棵期 (日/月)	现蕾期 (日/月)	打顶期 (日/月)	平顶期 (日/月)	大田生育期 (d)
T1	11/3	26/3	2/5	7/5	17/6	4/7	9/7	21/7	120
T2	11/3	26/3	2/5	7/5	18/6	6/7	9/7	22/7	123
T3	11/3	26/3	2/5	7/5	18/6	8/7	9/7	22/7	124
T4	11/3	26/3	2/5	7/5	18/6	8/7	9/7	23/7	125
CK	11/3	26/3	2/5	7/5	18/6	7/7	9/7	21/7	118

表 4-4-48　平顶期主要农艺性状

处理	株高 (cm)	有效叶数	茎围 (cm)	节距 (cm)	下二棚叶 (cm)		腰叶 (cm)		上二棚叶 (cm)	
					长	宽	长	宽	长	宽
T1	92.33	16.0	9.83	5.79	72.67	32	77.67	30	71.33	21.33
T2	98.33	17.0	10.67	5.78	71	31.67	78.33	28	70.67	19.67

（续表）

处理	株高（cm）	有效叶数	茎围（cm）	节距（cm）	下二棚叶（cm）长	下二棚叶（cm）宽	腰叶（cm）长	腰叶（cm）宽	上二棚叶（cm）长	上二棚叶（cm）宽
T3	99.33	17.0	10.00	5.84	72	31	76.67	28	72	22
T4	101.67	17.0	10.33	5.98	72	30	78.67	30.33	72	21.67
CK	94.67	15.7	10.00	6.03	72.67	29	80	29	72.33	22

③主要病害发病率以及虫害发生情况。处理 T4 移栽时灌根 1 次+团棵期、旺长期各喷施 1 次黄腐酸，病毒病及根茎部病害发病率明显较其他处理低，说明黄腐酸灌根结合叶面喷施可以有效提高烟株抗病性（表 4-4-49）。

表 4-4-49　病虫害发生情况表

处理	发病率（%）花叶病	黑胫病	赤星病	青枯病	气候斑	根结线虫	野火病	虫害名称	发生程度
T1	1.0	0	0	0	0	0	0	野蛞蝓	1 级
T2	2.3	0.3	0	0	0	0	0	野蛞蝓	1 级
T3	1.0	0	0	0	0	0	0	野蛞蝓	0 级
T4	0.7	0	0	0	0	0	0	野蛞蝓	0 级
CK	2.6	0.5	0	0	0	0	0	野蛞蝓	2 级

④经济性状分析。从各处理经济性状比较可以看出：处理 4 在移栽时用黄腐酸灌根+团棵、旺长各喷施 1 次的亩产量、产值最好，不施用黄腐酸的对照亩产量、产值最低。处理 3 在旺长期叶面喷施 1 次的亩产量比处理 2 和处理 1 分别高 5.35kg、14.26kg，说明旺长期叶面喷施黄腐酸比团棵和移栽时灌根对烟叶产量的增幅效果好。单叶重依次为：T4>T3>T1>T2>CK，上等烟比例以处理 4 表现最优，比对照高 25.41%（图 4-4-50）。

⑤化学成分分析。与对照相比施用黄腐酸后中部和上部烟叶的总糖和还原糖含量均具有一定的上升趋势，但烟碱含量和钾含量呈现出一定的下降趋势。采取移栽期黄腐酸灌根结合喷施的方式对烤后烟叶化学成分协调具有一定的作用（表 4-4-51）。

表 4-4-50 各处理产量、质量对照表

处理	亩产量 （kg）	均价 （元/kg）	平均亩产值 （元）	上等烟比例 （%）	中等烟比例 （%）	单叶重 （g）
T1	117.87	27.17	3202.20	59.87	40.13	10.5
T2	126.78	28.26	3583.27	60.94	39.06	10.33
T3	132.13	27.20	3593.86	51.17	48.83	10.57
T4	143.78	28.09	4038.93	72.66	27.34	11.31
T5（CK）	117.63	26.08	3067.54	47.25	52.75	10.25

表 4-4-51 化学成分指标统计

等级	处理	总糖 （%）	总植物碱 （%）	还原糖 （%）	氯 （%）	钾 （%）	总氮 （%）	两糖比	糖氮比	糖碱比	氮碱比	钾氯比
C2F	T1	36.79	2.11	29.07	0.44	2.05	1.72	0.79	16.95	13.76	0.81	4.71
C2F	T2	36.69	2.49	26.41	0.33	2.20	1.83	0.72	14.43	10.61	0.74	6.68
C2F	T3	34.80	2.23	25.79	0.31	2.17	1.78	0.74	14.50	11.59	0.80	7.05
C2F	T4	35.95	2.41	27.55	0.24	2.23	1.74	0.77	15.81	11.41	0.72	9.30
C2F	T5	33.05	2.48	25.22	0.20	2.25	1.74	0.76	14.49	10.16	0.70	11.56
B1F	T1	36.58	2.77	29.28	0.36	1.73	2.12	0.80	13.82	10.58	0.77	4.79
B1F	T2	36.00	2.79	29.73	0.44	1.68	2.09	0.83	14.24	10.67	0.75	3.80
B1F	T3	36.77	2.87	29.23	0.28	1.65	2.04	0.79	14.32	10.19	0.71	5.85
B1F	T4	36.22	2.73	30.15	0.41	1.70	2.00	0.83	15.11	11.07	0.73	4.16
B1F	T5	28.37	2.92	24.51	0.26	2.28	2.28	0.86	10.76	8.38	0.78	8.72

⑥感官评吸质量。与对照相比，黄腐酸灌根结合后期喷施叶面处理能够提高 C2F 和 B1F 的烟叶感官质量，以处理 5 表现最好。具体表现为 C2F 香气尚透发，满足感中等，烟气尚柔顺，余味尚可接受。B1F 劲头中等+，尚透发，柔和中等，略显青杂，稍显干涩（表 4-4-52）。

表 4-4-52 感官评吸数据统计

处理	等级	香气质	香气量	透发性	杂气	细腻程度	柔和程度	圆润感	刺激性	干燥感	余味	香型	烟气浓度	劲头	得分
CK	C2F	12	11.5	4.5	6	5	5	4.5	5.5	5.5	6	中	中	中	65.5
T2	C2F	11.5	11	4	5.5	5	5	4.5	5.5	5.5	5.5	中	中	中	63
T3	C2F	12	12	4.5	6	5	5	4.5	5.5	5.5	6	中	中	中	66
T4	C2F	11.5	11.5	4.5	5.5	5	5	4.5	5.5	5.5	5.5	中	中	中	64
T5	C2F	12.5	12.5	5	6	5	5	5	6	5.5	6	中	中	中	68.5
CK	B1F	11.5	11.5	4.5	5	4.5	4	4	5	5	5.5	中	中+	中等偏大	60.5
T2	B1F	11.5	11	4	5	4.5	4.5	4	5	5	5.5	中	中+	中等偏大	60
T3	B1F	12	11.5	4.5	5.5	4.5	4.5	4	5	5	5.5	中	中+	中+	62
T4	B1F	12	12	5	5.5	4.5	4.5	4.5	5.5	5	5.5	中	中+	中+	64.5
T5	B1F	12	12	5	5.5	4.5	4.5	4.5	5.5	5.5	5.5	中	中+	中+	64.5

3. 小结

利川试验点施用黄腐酸对烤烟的大田生育期影响较小，未施用黄腐酸的烟株根黑腐病发病率高，移栽时灌根结合后期喷施黄腐酸提高了烤后烟叶的经济性状，其亩产值、产量、均价、上等烟比例和上中等烟比例均优于常规对照。与对照相比，施用黄腐酸的 4 个处理 B1F 和 C2F 等级烟叶的感官质量均较好。

恩施试验点施用黄腐酸的处理比对照的抗病性、株高、有效叶数明显较优。促进了烟株生长和烟叶开片。施用黄腐酸的四个处理产质量明显较对照高，采取移栽期黄腐酸灌根结合喷施的方式对烤后烟叶化学成分协调具有一定的作用。

三、水肥耦合关键技术研究

水分和肥料是影响烟草生长发育的主要限制因子，适宜的水肥条件可以促进烟草生长，提高烟叶产质量。在土壤水分很少的情况下，通过协调土壤、水分和养分的关系，可获得较为理想的烟叶产质量。本研究针对目前烤烟生产存在的问题，协调水肥利用，进行施肥方式优化，对于解决恩施烟区的水资源危机，实现烟叶生产的可持续发展具有重大意义。

（一）材料和方法

1. 试验地点

2015年和2016年连续两年在利川和恩施市开展试验，具体试验地点如下：

利川市凉雾乡诸天村4组和恩施市盛家坝乡桅杆堡村大槽组，试验田块土壤质地疏松，冬闲土，土层较厚，肥力中等均匀，地势平坦，排灌便利。

2. 试验品种

云烟87

3. 试验设计

2015年，本试验共设计3个处理，具体如下：

T1：移栽后15～20d追肥1次，对水追肥。

T2：移栽后15～20d追肥1次，对水追肥+移栽后35～40d进行烟株灌溉水（1kg/株）。

T3：移栽后15～20d追肥1次，对水追肥+移栽后35～40d进行烟株灌溉水（1kg/株）+移栽后55～60d进行烟株灌溉水（1kg/株）

2016年，根据不同追肥次数，结合灌溉方式，本试验共设计6个处理，具体如下：

T1（对照）：不对水追肥，不灌溉。

T2：移栽后15～20d追肥1次，对水追肥。

T3：移栽后15～20天追肥1次，对水追肥+移栽后35～40d进行烟株灌溉水（1kg/株）。

T4：移栽后15～20d追肥1次，对水追肥+移栽后35～40d进行烟株灌溉水（2kg/株）。

T5：移栽后15～20d追肥1次，对水追肥+移栽后55～60d进行烟株灌溉水（1kg/株）

T6：移栽后15～20d追肥1次，对水追肥+移栽后55～60d进行烟株灌溉水（2kg/株）

试验采用大区对比方式，试验所用肥料种类、数量以及育苗、移栽、大田管理和采收烘烤等环节严格按照当地优质烟生产技术规范执行。

（二）结果与分析

2015 年：

1. 利川试验点

（1）生育期调查。通过生育期调查结果比较，移栽后 15 ~ 20d 追肥 1 次，对水追肥大田生育期最短，移栽后 15 ~ 20d 追肥 1 次，对水追肥+移栽后 35 ~ 40d 进行烟株灌溉水（1kg/株）次之，移栽后 15 ~ 20d 追肥 1 次，对水追肥+移栽后 35 ~ 40d 进行烟株灌溉水（1kg/株）+移栽后 55 ~ 60d 进行烟株灌溉水（1kg/株）最长（表 4-4-53）。

表 4-4-53　主要生育期记载

处理	播种期（日/月）	出苗期（日/月）	成苗期（日/月）	移栽期（日/月）	现蕾期（日/月）	中心花（日/月）	脚叶成熟（日/月）	顶叶成熟（日/月）	大田生育期（d）
T1	17/3	3/4	7/5	7/5	1/7	8/7	22/7	14/9	130
T2	17/3	3/4	7/5	7/5	1/7	8/7	22/7	18/9	134
T3	17/3	3/4	7/5	7/5	1/7	8/7	22/7	23/9	139

（2）农艺性状分析。通过对打顶后农艺性状调查结果看，移栽后 15 ~ 20d 追肥 1 次，对水追肥农艺性状表现最差，移栽后 15 ~ 20d 追肥 1 次，对水追肥+移栽后 35 ~ 40d 进行烟株灌溉水（1kg/株）次之，移栽后 15 ~ 20d 追肥 1 次，对水追肥+移栽后 35 ~ 40d 进行烟株灌溉水（1kg/株）+移栽后 55 ~ 60d 进行烟株灌溉水（1kg/株）最好（表 4-4-54）。

表 4-4-54　主要农艺性状记载表

处理	株高（cm）	留叶数	茎围（cm）	节距（cm）	下部叶（cm） 长	下部叶（cm） 宽	中部叶（cm） 长	中部叶（cm） 宽	上部叶（cm） 长	上部叶（cm） 宽
T1	92.43	19	8	4.1	61.92	26.18	67.08	19.73	51.74	13.25
T2	96.35	19	8.86	4.3	64.94	27.11	69.42	19.51	51.32	13.56
T3	107.4	20	9.23	4.5	64.22	26.43	72.62	22.03	54.17	15.5

（3）经济性状分析。就经济性状分析，各处理烤后烟叶产量差异不是很大，处理 1 的产值相对较高，从烤后烟叶中上等烟比率来看，处理 2 和处理 3

表现出一定的优势（表4-4-55）。

表 4-4-55 经济性状统计

处理	亩产量（kg）	亩产值（元）	均价（元/kg）	上等烟率（%）	上中等烟率（%）
T1	119.17	2869.23	24.08	57.95	87.33
T2	118.72	2742.81	23.10	46.85	88.80
T3	118.78	2846.95	23.97	54.51	89.78

（4）化学成分分析。不同处理的各个化学成分含量之间存在差异，总糖以处理2的中部叶含量最高，处理3的上部叶次之，处理1的上部叶含量最低，其他均在优质烟的含量范围内。所有处理的氯含量均偏低，T1、T2上部叶的糖碱比偏低（表4-4-56）。

表 4-4-56 化学成分指标统计

处理	等级	分析项目										
		总糖（%）	总植物碱（%）	还原糖（%）	氯（%）	钾（%）	总氮（%）	两糖比	糖氮比	糖碱比	氮碱比	钾氯比
T1	B2F	16.38	4.72	15.86	0.12	2.12	2.88	0.97	5.51	3.36	0.61	17.67
T2	B2F	20.56	3.87	18.43	0.04	2.17	2.65	0.90	6.95	4.76	0.68	54.25
T3	B2F	29.40	4.27	26.73	0.14	1.78	2.20	0.91	12.15	6.26	0.52	12.71
T1	C2F	24.93	3.38	22.56	0.07	2.31	2.32	0.90	9.72	6.67	0.69	33.00
T2	C2F	34.84	2.72	31.10	0.20	1.89	1.85	0.89	16.81	11.43	0.68	9.45
T3	C2F	23.82	3.36	21.29	0.08	2.33	2.34	0.89	9.10	6.34	0.70	29.13

（5）感官质量分析。上部叶各处理的香气量、杂气、圆润感、刺激性、干燥感和余味均表现为T3>T2≥T1，透发性、细腻度和柔和度没有差异。中部叶各处理香气质、香气量、杂气、细腻度、柔和度、圆润感、刺激性、干燥感和余味均表现为T2>T3≥T1，三个处理间烟叶的透气性没有差异。从感官质量综合分析，T1偏生，刺激稍明显，T2稍显成熟质感，吃味强度下降，口感提升，总之处理2和处理3均优于处理1（表4-4-57）。

表 4-4-57 感官评吸数据统计

处理	等级	香气质	香气量	透发性	杂气	细腻度	柔和度	圆润感	刺激性	干燥感	余味	总分	香型	烟气浓度	劲头
T1	B2F	10.5	10.5	4.0	4.5	4.0	4.0	4.0	4.5	4.5	4.5	55.0	中	稍大	稍大
T2	B2F	11.0	11.0	4.0	4.5	4.0	4.0	4.0	4.5	4.5	4.5	56.0	中	稍大	稍大
T3	B2F	11.0	11.5	4.0	5.0	4.0	4.0	4.5	5.0	5.0	5.0	59.0	中	中+	中+
T1	C3F	12.0	12.0	4.5	5.0	4.5	4.5	4.5	5.0	5.0	5.0	62.0	中	中	中
T2	C3F	13.0	13.0	4.5	6.0	5.0	5.0	5.5	6.0	5.5	6.0	69.5	中	中	中
T3	C3F	12.5	12.5	4.5	5.5	4.5	5.0	5.5	5.5	5.0	5.5	65.0	中	中	中

2. 恩施试验点

（1）基本信息调查（表 4-4-58 和表 4-4-59）。

表 4-4-58 生育期间气温和降水量

	1月	2月	3月	4月	5月	6月	7月	8月
平均气温	6.1℃	6.6℃	12.7℃	17.2℃	19.7℃	23.7℃	27.3℃	25.5℃
月降水量	0.6~5.4mm	2.6~14.9mm	4.9~33.7mm	35.9~80.4mm	18.6~69.1mm	26.7~82.6mm	13.8~129.3mm	47.2~172.4mm

表 4-4-59 土壤理化性状

碱解氮（mg/kg）	速效磷（mg/kg）	速效钾（mg/kg）	全氮（%）	有机质（g/kg）	pH 值
92.17	7.85	164.54	1.78	20.03	5.65~7.54

（2）生育期调查（表 4-4-60）。

表 4-4-60 主要生育期记载

处理	播种期（日/月）	出苗期（日/月）	成苗期（日/月）	移栽期（日/月）	团棵期（日/月）	现蕾期（日/月）	打顶期（日/月）	平顶期（日/月）	大田生育期（d）
T1	8/3	23/3	30/4	4/5	17/6	9/7	15/7	3/8	123
T2	8/3	23/3	30/4	4/5	17/6	10/7	16/7	4/8	123
T3	8/3	23/3	30/4	4/5	17/6	9/7	15/7	3/8	123

（3）农艺性状分析。3 个处理的烟株长势长相都相对偏弱，移栽后 43 天，

才进入团棵期，但叶片数基本不到 12 片，而且叶色浅绿，叶片较薄，就叶片面积和株高来看以 T2 处理表现最好（表 4-4-61）。

表 4-4-61　团棵期主要农艺性状

处理	株高（cm）	叶数（片）	最大叶长（cm）	最大叶宽（cm）	生长势	叶色	田间整齐度
T1	30.4	11.5	45.40	21.5	中	浅绿	不整齐
T2	30.1	11.9	45.55	20.45	中	浅绿	较齐
T3	26.6	11.8	46.25	20.00	中	浅绿	不整齐

烟株生长至平顶期，就 3 个处理分析，以处理 3（T3）：移栽后 15~20d 追肥 1 次，对水追肥+移栽后 35~40d 进行烟株灌溉水（1kg/株）+移栽后 55~60d 进行烟株灌溉水（1kg/株），平顶期烟株株高以及叶面积等指标表现较好（表 4-4-62）。

表 4-4-62　平顶期主要农艺性状

处理	株高（cm）	有效叶数	茎围（cm）	节距（cm）	下二棚叶（cm）		腰叶（cm）		上二棚叶（cm）	
					长	宽	长	宽	长	宽
T1	82.9	15.1	9.9	5.49	62.4	31.7	68.5	28.6	62.35	16.25
T2	86.4	16.8	9.5	5.15	63.5	26.25	69.9	22.7	66.25	18.45
T3	91.8	15.6	9.1	5.89	69.65	27.4	73.23	25.15	68.45	19.7

（4）经济性状分析。综合分析经济性状，3 个处理烤后烟叶亩产量和产值以 T1 表现较好，T3 上等烟比例较高，但各处理之间差异不是很大（表 4-4-63）。

表 4-4-63　不同处理烟叶经济性状

处理	亩产量（kg）	均价（元/kg）	亩产值（元）	上等烟比例（%）	中等烟比例（%）
T1	108.8	20.15	2192.32	33.5	37.3
T2	97.2	20.77	2018.84	33.3	36.4
T3	98.5	19.86	1956.21	34.6	32.7

（5）化学成分分析。3个处理各部位烟叶的总糖和还原糖含量较高，除T1、T2的C3F外，其他不同处理不同等级烟叶的钾含量偏低，所有处理的上部叶钾氯比偏低，T1、T2、T3处理之间差异不大（表4-4-64）。

表4-4-64　化学成分指标统计

处理	等级	分析项目										
		总糖（%）	总植物碱（%）	还原糖（%）	氯（%）	钾（%）	总氮（%）	两糖比	糖氮比	糖碱比	氮碱比	钾氯比
T1	B1F	35.81	3.19	32.77	0.45	1.69	2.16	0.92	15.17	10.27	0.68	3.76
T2	B1F	33.38	3.46	31.2	0.54	1.9	2.33	0.93	13.39	9.02	0.67	3.52
T3	B1F	33.82	3.32	30.38	0.62	1.89	2.41	0.90	12.61	9.15	0.73	3.05
T1	B2F	38.56	2.65	35.17	0.49	1.59	2.02	0.91	17.41	13.27	0.76	3.24
T2	B2F	35.3	2.95	33.25	0.75	1.62	2.1	0.94	15.83	11.27	0.71	2.16
T3	B2F	37.59	2.82	34.59	0.48	1.54	2.08	0.92	16.63	12.27	0.74	3.21
T1	C2F	37.17	2.81	34.3	0.54	1.89	1.96	0.92	17.50	12.21	0.70	3.50
T2	C2F	36.99	2.74	32.97	0.38	1.97	1.72	0.89	19.17	12.03	0.63	5.18
T3	C2F	38.18	2.81	35.02	0.44	1.7	1.85	0.92	18.93	12.46	0.66	3.86
T1	C3F	35.69	2.35	32.52	0.58	2.35	1.9	0.91	17.12	13.84	0.81	4.05
T2	C3F	35.94	2.44	31.67	0.56	2.33	1.68	0.88	18.85	12.98	0.69	4.16
T3	C3F	36.7	2.1	33.16	0.31	1.99	1.77	0.90	18.73	15.79	0.84	6.42

（6）感官质量分析。从感官质量评价指标综合来看，上部叶的T1处理质感尚好，烟气尚柔顺，口感中等；T2处理烟香清晰度尚好，厚实度略好于T1，质感尚好，有一定的甜感，总体品质较好；T3烟香清晰度、集中度略欠，稍显生青气，刺激性略显。中部叶T1透发性一般，烟气偏粗，略显生硬，烟香稍显浑浊，略带枯焦气，口腔残留稍明显；T2烟香质感与T1相近，量稍欠，柔细感尚好，烟香成熟质感略好于T1；T3透发性尚好，烟气状态较好，口感尚好，但烟香成熟质感不足，欠集中，有氮杂气。各等级烟叶感官质量综合分析以T2处理表现较好（表4-4-65）。

表 4-4-65 感官质量统计

处理	等级	香气质	香气量	透发性	杂气	细腻度	柔和度	圆润感	刺激性	干燥感	余味	总分	香型	烟气浓度	劲头
T1	B1F	12.5	12.5	4.0	5.0	4.0	4.0	4.0	5.0	4.5	5.0	60.5	中	中+	中+
T2	B1F	12.5	12.0	4.5	5.0	4.5	4.5	4.0	5.0	5.0	5.0	62.0	中	中+	中+
T3	B1F	12.5	12.5	4.5	5.0	4.5	4.5	4.5	5.5	5.0	5.5	64.0	中	中+	中+
T1	B2F	11.5	12.0	4.0	4.5	4.0	4.0	4.0	5.0	4.5	5.0	58.5	中	中+	中+
T2	B2F	12.0	12.0	4.5	5.0	4.0	4.0	4.0	5.0	4.5	5.0	60.0	中	中+	中+
T3	B2F	11.0	11.0	4.0	4.5	4.0	4.0	4.0	5.0	4.5	5.0	57.0	中	中+	中+
T1	C2F	13.5	13.0	4.5	6.0	5.0	5.0	5.5	6.0	5.5	6.0	70.0	中	中	中
T2	C2F	13.5	13.5	4.5	6.0	5.0	5.0	5.5	6.0	5.5	6.0	70.5	中	中	中
T3	C2F	13.0	13.0	5.5	5.0	4.5	5.5	5.5	5.0	5.5	67.0	中	中	中
T1	C3F	13.0	13.0	4.5	5.5	4.5	5.0	5.5	5.0	5.5	66.5	中	中	中
T2	C3F	13.0	13.0	4.5	6.0	5.0	5.5	6.0	5.5	6.0	70.0	中	中	中
T3	C3F	13.0	12.5	4.5	5.5	5.0	4.5	5.0	5.5	5.0	5.5	66.0	中	中	中

2016年：

1. 利川试验点

（1）不同处理生育期调查。通过生育期调查结果比较，移栽后15~20d追肥1次，对水追肥+移栽后55~60d进行烟株灌溉水（1kg/株），对水追肥+移栽后55~60d进行烟株灌溉水（2kg/株）生育期最长。移栽后15~20d追肥1次，对水追肥+移栽后35~40d进行烟株灌溉水（1kg/株），对水追肥+移栽后35~40d进行烟株灌溉水（2kg/株）生育期次之。移栽后不对水追肥烤烟大田生育期最短（表4-4-66）。

表 4-4-66 主要生育期记载

处理	播种期（日/月）	出苗期（日/月）	成苗期（日/月）	移栽期（日/月）	现蕾期（日/月）	中心花（日/月）	脚叶成熟（日/月）	顶叶成熟（日/月）	大田生育期（d）
T1	8/3	22/3	9/5	10/5	9/7	15/7	16/7	14/9	127
T2	8/3	22/3	9/5	10/5	13/7	19/7	21/7	19/9	132
T3	8/3	22/3	9/5	10/5	13/7	19/7	21/7	19/9	132

（续表）

处理	播种期（日/月）	出苗期（日/月）	成苗期（日/月）	移栽期（日/月）	现蕾期（日/月）	中心花（日/月）	脚叶成熟（日/月）	顶叶成熟（日/月）	大田生育期（d）
T4	8/3	22/3	9/5	10/5	13/7	19/7	21/7	19/9	132
T5	8/3	22/3	9/5	10/5	15/7	22/7	22/7	26/9	138
T6	8/3	22/3	9/5	10/5	15/7	22/7	22/7	26/9	138

（2）农艺性状分析。移栽后15～20d追肥1次，对水追肥+移栽后55～60d进行烟株灌溉水（1kg/株）+移栽后55～60d进行烟株灌溉水（2kg/株）烟叶田间农艺性状最好。移栽后15～20d追肥1次，兑水追肥+移栽后35～40d进行烟株灌溉水（1kg/株）和对水追肥+移栽后35～40d进行烟株灌溉水（2kg/株）次之；移栽后不对水追肥烟株农艺性状表现最差，其株高以及叶面积最小（表4-4-67）。

表4-4-67 打顶后主要农艺性状记载

处理	株高（cm）	留叶数	茎围（cm）	节距（cm）	下部叶（cm）长	宽	中部叶（cm）长	宽	上部叶（cm）长	宽
T1	105.3	18.2	9.2	5.8	60.2	26.8	67.2	23.8	44.3	14.3
T2	125.6	19.0	10.5	6.6	63.2	28.2	76.2	27.3	50.8	16.6
T3	127.3	19.1	10.6	6.6	63.6	28.6	76.8	28.2	50.5	16.6
T4	127.6	19.1	10.7	6.6	64.1	29.3	76.9	28.4	50.4	16.9
T5	128.2	19.1	10.8	6.4	64.4	29.6	79.2	29	51.5	17.2
T6	129.6	19.1	10.8	6.4	64.6	29.8	79.6	30.2	51.8	17.6

（3）经济性状分析。移栽后不对水追肥亩产量比其他处理都低，移栽后15～20d追肥1次，对水追肥+移栽后55～60d进行烟株灌溉水（21kg/株）最高；亩产值移栽后不对水追肥处理比移栽后15～20d追肥1次，对水追肥+移栽后55～60d进行烟株灌溉水（2kg/株）低1194.72元；均价移栽后不对水追肥比其他处理都低，其他处理相差不大；上等烟比例移栽后不对水追肥最低，其他处理相差不大。相对而言，移栽后15～20d追肥1次，对水追肥+移栽后55～60d进行烟株灌溉水（2kg/株）处理能够取得较好的经济效益（表4-4-68）。

表 4-4-68　经济性状

处理	亩产量（kg）	亩产值（元）	均价（元/kg）	上等烟率（%）	上中等烟率（%）
T1	105.1	2618.04	24.91	60.1	91.3
T2	138.2	3662.30	26.50	61.2	96.3
T3	140.2	3771.38	26.90	61.5	96.6
T4	140.8	3773.44	26.80	60.0	96.5
T5	142.5	3762.00	26.40	60.2	95.8
T6	142.8	3812.76	26.70	60.6	95.3

（4）化学成分分析。处理 6C2F 和 B2F 两个等级烟叶感官评吸得分均处于最高水平，采用对水追肥的方式，在旺长期增加灌溉能够在一定程度上促进烟叶感官评吸质量的提升。与处理 1 相比对水追肥和进行烟株灌溉的烟株烟叶感官质量均表现较好（表 4-4-69）。

表 4-4-69　化学成分指标统计

等级	处理	指标										
		总糖（%）	总植物碱（%）	还原糖（%）	氯（%）	钾（%）	总氮（%）	两糖比	糖氮比	糖碱比	氮碱比	钾氯比
C2F	T1	35.63	2.21	32.05	0.21	1.73	1.85	0.90	17.32	14.53	0.84	8.36
C2F	T2	36.02	1.92	32.02	0.24	2.15	1.77	0.89	18.05	16.64	0.92	9.10
C2F	T3	36.26	1.87	31.50	0.18	2.20	1.80	0.87	17.47	16.84	0.96	12.58
C2F	T4	36.86	1.69	32.31	0.22	2.15	1.76	0.88	18.40	19.07	1.04	9.90
C2F	T5	36.79	2.16	32.53	0.26	1.75	1.75	0.88	18.62	15.04	0.81	6.66
C2F	T6	32.62	2.69	29.55	0.31	1.56	2.09	0.91	14.17	10.99	0.78	5.12
B2F	T1	32.32	2.59	28.72	0.35	1.53	2.01	0.89	14.32	11.10	0.78	4.33
B2F	T2	34.28	2.73	30.53	0.23	1.43	1.98	0.89	15.41	11.20	0.73	6.16
B2F	T3	34.47	2.35	29.92	0.20	1.60	1.83	0.87	16.37	12.73	0.78	7.99
B2F	T4	34.48	2.54	30.14	0.24	1.40	1.86	0.87	16.24	11.87	0.73	5.84
B2F	T5	34.38	2.42	30.40	0.26	1.53	1.87	0.88	16.26	12.55	0.77	5.89
B2F	T6	35.79	1.73	30.75	0.22	2.18	1.70	0.86	18.13	17.75	0.98	9.90

（5）感官质量分析。处理6中部烟叶的总糖和还原糖含量处于最低的水平，采取后期较高灌水量的方式对烟叶糖含量有一定的减少作用。处理3和处理4的中部烟叶烟碱含量处于相对较低水平，烤烟团棵期灌溉有利于降低中部烟叶的烟碱含量，同时烟叶钾含量具有一定的上升趋势。处理6上部烟叶的总糖、还原糖以及钾含量处于最高的水平，烟碱含量相对较低。各处理烟叶氯含量相对偏低，钾氯比整体处于较高水平（表4-4-70）。

表4-4-70 感官评吸数据统计

处理	等级	香气质	香气量	透发性	杂气	细腻程度	柔和程度	圆润感	刺激性	干燥感	余味	香型	烟气浓度	劲头	总分
T1	C2F	12	12	4.5	5.5	5	5	4.5	5.5	5.5	6	中	中	中	65.5
T2	C2F	12	12.5	5	5.5	5	5	4.5	5.5	5.5	6	中	中	中	66.5
T3	C2F	12.5	12.5	5	6	5	5	5	6	5.5	6	中	中	中	68.5
T4	C2F	12.5	12.5	5	6	5	5	5	6	5.5	6	中	中	中	68.5
T5	C2F	12.5	12.5	5.5	5	5	5	4.5	5.5	5.5	6	中	中	中	67
T6	C2F	13	13	5	6	5	5	5	6	6	6	中	中	中	70
T1	B2F	11.5	11.5	4.5	5	4.5	4.5	4	5	5	5	中	中+	中+	60.5
T2	B2F	12	12	5	5.5	4.5	4.5	4.5	5.5	5.5	5.5	中	中+	中+	64.5
T3	B2F	12	12	5	5.5	4.5	4.5	4.5	5.5	5.5	5.5	中	中+	中+	64.5
T4	B2F	12	11.5	4.5	5.5	4.5	4.5	4.5	5.5	5.5	5.5	中	中+	中+	63.5
T5	B2F	12	12	5	5.5	4.5	4.5	4.5	5.5	5.5	5.5	中	中+	中+	64.5
T6	B2F	12	12.5	5	5.5	4.5	4.5	4.5	5.5	5.5	5.5	中	中+	中+	65

2. 恩施试验点

（1）主要农艺性状。从平顶期农艺性状分析，处理4烟株综合表现最好，其烟株株高以及叶片面积具有一定的优势，田间长势较好（表4-4-71和表4-4-72）。

（2）经济性状分析。T6亩产量最高，T3亩产量最低；平均亩产值T6和T4基本相当，其次为T5，T1、T2和T3三个处理的烟叶平均亩产值均在3500元/亩以下且相差不大；上等烟比例从大到小依次为T6>T4>T3>T5>T2>T1

（表4-4-73）。

表4-4-71　主要生育时期记载

处理	播种期 （日/月）	出苗期 （日/月）	成苗期 （日/月）	移栽期 （日/月）	团棵期 （日/月）	现蕾期 （日/月）	打顶期 （日/月）	平顶期 （日/月）	大田生育期 （d）
T1	11/3	26/3	2/5	6/5	22/6	8/7	12/7	22/7	115
T2	11/3	26/3	2/5	6/5	22/6	8/7	12/7	22/7	116
T3	11/3	26/3	2/5	6/5	23/6	9/7	12/7	22/7	117
T4	11/3	26/3	2/5	6/5	23/6	10/7	13/7	23/7	118
T5	11/3	26/3	2/5	6/5	23/6	10/7	12/7	22/7	117
T6	11/3	26/3	2/5	6/5	23/6	10/7	14/7	23/7	118

表4-4-72　平顶期主要农艺性状

处理	株高 （cm）	有效 叶数	茎围 （cm）	节距 （cm）	下二棚叶（cm）		腰叶（cm）		上二棚叶（cm）	
					长	宽	长	宽	长	宽
T1	94.0	17.4	10.4	5.40	76.2	38.4	80.8	34	73.2	25.4
T2	103.4	17	10.3	6.09	71.4	33.4	83	33.2	72	25.6
T3	100.6	17.6	10.8	5.72	69.6	33.4	75.6	34.6	64.4	24.6
T4	105.6	17.8	10.5	5.94	79.0	35.2	88.4	33.4	74.8	21.8
T5	102.8	16.6	10.4	6.20	74.4	33.6	75.2	32.4	65.6	23
T6	105.2	17.4	10.06	6.05	74.2	32.4	79.6	32.2	70.2	23.4

表4-4-73　经济性状数据统计

处理	亩产量 （kg）	均价 （元/kg）	亩产值 （元）	上等烟比例 （%）	中等烟比例 （%）	单叶重 （g）
T1	122.51	26.86	3290.87	51.68	48.32	8.95
T2	126.12	27.47	3464.47	52.79	47.21	9.46
T3	121.43	27.61	3352.22	63.23	36.77	8.75
T4	141.92	27.78	3942.65	63.53	36.47	9.86
T5	138.08	27.87	3848.40	54.58	45.42	10.54
T6	143.22	27.63	3957.23	66.77	33.23	10.23

（3）化学成分分析。采取水肥耦合措施后上部烟叶糖含量具有下降的趋势，与对照相比处理5和处理6上部烟叶的钾含量有上升趋势，烟碱含量有下降趋势，在生长后期采取水肥耦合对上部烟叶化学成分协调具有一定的作用。采取水肥耦合措施后中部烟叶的烟碱含量均具有下降趋势，烟叶钾含量以处理4最高，总糖含量以处理5最高（表4-4-74）。

表4-4-74　化学成分指标统计

等级	处理	分析项目										
		总糖（%）	总植物碱（%）	还原糖（%）	氯（%）	钾（%）	总氮（%）	两糖比	糖氮比	糖碱比	氮碱比	钾氯比
B1F	T1	28.66	3.72	26.79	0.46	1.91	2.58	0.93	10.39	7.20	0.69	4.19
B1F	T2	25.94	3.55	24.78	0.60	1.93	2.68	0.96	9.25	6.99	0.76	3.20
B1F	T3	27.55	3.81	25.93	0.49	1.77	2.67	0.94	9.70	6.80	0.70	3.63
B1F	T4	26.39	3.82	24.62	0.55	2.06	2.62	0.93	9.39	6.44	0.69	3.76
B1F	T5	27.69	3.55	25.53	0.52	1.98	2.51	0.92	10.18	7.20	0.71	3.84
B1F	T6	28.75	3.47	26.30	0.62	2.10	2.45	0.91	10.73	7.58	0.71	3.37
C2F	T1	33.87	2.00	28.99	0.25	2.61	1.89	0.86	15.37	14.48	0.94	10.29
C2F	T2	33.49	2.06	29.45	0.32	2.93	1.90	0.88	15.50	14.29	0.92	9.04
C2F	T3	33.50	1.90	28.94	0.29	2.73	1.79	0.86	16.15	15.25	0.94	9.38
C2F	T4	30.60	2.00	26.53	0.28	3.04	1.91	0.87	13.86	13.26	0.96	10.79
C2F	T5	34.29	2.00	28.66	0.19	2.59	1.81	0.84	15.87	14.30	0.90	13.33
C2F	T6	33.87	1.97	28.55	0.29	2.82	1.90	0.84	15.00	14.53	0.97	9.89

（4）感官质量分析。处理5上部和中部两个等级烟叶的感官评吸得分处于相对较高的水平，在移栽后15~20d追肥1次，对水追肥+移栽后55~60d进行烟株灌溉水（1kg/株）的处理方式在本试验条件下表现较好，采取对水追肥和进行烟株灌溉的方式对烟株上部叶的感官质量提升均有较好的效果（表4-4-75）。

表 4-4-75　感官评吸数据统计

处理	等级	香气质	香气量	透发性	杂气	细腻程度	柔和程度	圆润感	刺激性	干燥感	余味	香型	烟气浓度	劲头	得分
T1	C2F	12	11.5	4.5	5.5	5	5	5	5.5	5.5	6	中	中	中	65.5
T2	C2F	12	11.5	4.5	5.5	5	5	5	5.5	5.5	6	中	中	中	65.5
T3	C2F	12.5	12	5	6	5	5	5	5.5	5.5	6	中	中	中	67.5
T4	C2F	12	12	5	5.5	4.5	4.5	4.5	5	5	5.5	中	中	中	63.5
T5	C2F	12.5	12.5	5	6	5	5	5	5.5	5.5	6	中	中	中	68
T6	C2F	12	12	5	5.5	5	5	5	5.5	5	5.5	中	中	中	65.5
T1	B1F	11	11.5	4.5	4.5	4.5	4	4	5	4.5	5	中	中+	稍大	58.5
T2	B1F	11.5	11	4.5	4.5	4.5	4.5	4	5	4.5	5	中	中+	稍大	59
T3	B1F	11.5	11.5	4.5	5	5	4.5	4.5	5	5	5	中	中+	稍大	61
T4	B1F	12	11.5	5	5	4.5	4.5	4.5	5	5	5.5	中	中+	稍大	62.5
T5	B1F	12	12	5	5.5	5	5	5	5	5.5	5.5	中	中+	中+	64.5
T6	B1F	11.5	11.5	4.5	5	5	4.5	4.5	5	5	5.5	中	中+	中+	62

（三）小结

2015 年试验结果表明，移栽后 15~20d 追肥 1 次，对水追肥+移栽后35~40d 进行烟株灌溉水（1kg/株）+移栽后 55~60d 进行烟株灌溉水（1kg/株）田间长势长相表现最好。移栽后 15~20d 追肥 1 次，对水追肥亩产值、产量、上等烟比例和上中等烟比例最高。3 个处理各部位烟叶的总糖和还原糖含量较高，上部叶钾氯比偏低，各等级烟叶感官质量综合分析以 T2 处理表现较好。

2016 年试验结果表明，前期对水追肥结合后期烟株灌溉的处理方式均能够促进烟株的生长发育，其中以移栽后 15~20d 追肥 1 次，对水追肥+移栽后 55~60d 进行烟株灌溉水（1kg/株）和移栽后 55~60d 进行烟株灌溉水（2kg/株）田间长势长相表现最好，烟株抗病能力强。烤后烟叶经济效益以移栽后 15~20d 追肥 1 次，兑水追肥+移栽后 55~60d 进行烟株灌溉水（2kg/株）亩产值最高。同时采取对水追肥和进行烟株灌溉的方式对烟株上部叶的感官质量具有一定的提升效果。

四、沼液施用技术研究

（一）材料与方法

1. 试验材料与地点

本试验安排在恩施市盛家坝乡桅杆堡村大槽组，供试品种为主栽烤烟品种云烟87。试验地前茬为烟田，去年烟叶采烤结束撒施油菜作绿肥，地势平整，土壤有机质适中，海拔1202m。

2. 试验设计

本试验根据不同沼液的施用量共设计3个处理，1个对照。试验采用随机区组设计，试验田共12个小区，随机排列。每个小区栽烟100株左右。在烤烟进入团棵期分别设置四种用量沼液作为追肥使用。试验田其余施肥方式以及移栽、大田管理和采收烘烤等环节严格按照优质烟生产技术规范执行。试验处理设置如表4-4-76所示。

表4-4-76 处理设置

处理	沼液施用量及方法
处理1	250kg/亩，在烤烟团棵期作为追肥施用，施于烟株四周
处理2	500kg/亩，在烤烟团棵期作为追肥施用，施于烟株四周
处理3	1000kg/亩，在烤烟团棵期作为追肥施用，施于烟株四周
处理4（CK）	常规对照，不施用沼液

3. 观察记载

（1）主要生育期记载。观察记载各品种烟株团棵期、现蕾期、打顶期、平顶期。

（2）烤烟主要农艺性状及病害调查。在烟株生长平顶期，每个处理随机选择10株烟，测量烟株农艺性状。主要指标：株高、有效叶数、茎围、节距、上、中、下3个部位叶长宽。

（3）调查各区主要病害发病率以及主要虫害发生情况。调查各处理小区主要病害（青枯病、黑茎病、根黑腐病、病毒病、角斑病、野火病等）发病率及主要虫害发生情况。

（4）经济性状。每个小区，烘烤后进行经济性状计算。每小区挂牌单收单采，标记烘烤，调制结束后，统一按42级烤烟国家分级标准分级，统计全部调制后未经储藏的原烟（包括样品）的等级、重量和金额，计算出亩产量、亩产值、均价、上等烟比例、中等烟比例和单叶重。

（二）结果与分析

1. 主要农艺性状

T3处理的株高茎围优于其他处理，叶面积从大到小依次为T3>T2>T4>T1，追施沼液的处理T2、T3叶面积表现优于T1和对照（表4-4-77和表4-4-78）。

表4-4-77　主要生育期调查

处理	播种期（日/月）	出苗期（日/月）	成苗期（日/月）	移栽期（日/月）	团棵期（日/月）	现蕾期（日/月）	打顶期（日/月）	平顶期（日/月）	大田生育期（d）
T1	11/3	26/3	3/5	7/5	22/6	1/7	9/7	21/7	113
T2	11/3	26/3	3/5	7/5	22/6	3/7	11/7	22/7	115
T3	11/3	26/3	3/5	7/5	22/6	3/7	11/7	22/7	115
T4	11/3	26/3	3/5	7/5	22/6	29/6	8/7	23/7	112

表4-4-78　平顶期主要农艺性状

处理	株高（cm）	有效叶数	茎围（cm）	节距（cm）	下二棚叶（cm）		腰叶（cm）		上二棚叶（cm）	
					长	宽	长	宽	长	宽
T1	87.3	16	9.82	5.46	65.7	30.2	70.67	29.3	65.3	24.1
T2	95.5	16.2	10.21	5.89	72.6	31.3	83.5	31.8	74.6	26.7
T3	98.6	17.4	10.37	5.67	75.1	32.7	88.7	35.8	75.2	24.6
T4	85	16	9.8	5.31	67.6	31.2	69.9	31.6	62.3	22.3

2. 主要病害发病率以及虫害发生情况

各处理均只发生花叶病，移栽后至心叶长出井窖口有野蛞蝓危害，井窖封口后野蛞蝓危害消失。其中处理T3、T1花叶病发病率较低，对照发病率较高，可能与团棵期追施沼液促进早生快发，烟株抵抗力增强有关（表4-4-79）。

表4-4-79 病虫害发生情况表

| 处理 | 发病率（%） | | | | | | | 虫害 | |
	花叶病	黑胫病	赤星病	青枯病	气候斑	根结线虫	野火病	名称	发生程度
T1	1.2	0	0	0	0	0	0	野蛞蝓	1级
T2	1.5	0	0	0	0	0	0	野蛞蝓	1级
T3	1.3	0	0	0	0	0	0	野蛞蝓	1级
T4	2.2	0	0	0	0	0	0	野蛞蝓	1级

3. 经济性状分析

从各处理间经济性状比较可以看出：在团棵期追施沼液的处理产质量均比对照高，其中以处理T3表现最优，其产量和平均亩产值分别比对照提高17.49kg和612.28元，而处理T1的平均亩产量和亩产值比不施用沼液的处理稍有提高，差异不是很大（表4-4-80）。

表4-4-80 经济性状数据统计

处理	亩产量（kg）	均价（元/kg）	平均亩产值（元）	上等烟比例（%）	中等烟比例（%）	单叶重（g）
T1	127.22	25.66	3264.51	59.35	40.65	9.94
T2	130.31	26.44	3445.45	60.36	39.64	9.88
T3	139.19	26.73	3720.56	62.92	37.08	10.02
T4	121.70	25.54	3108.28	56.94	43.06	9.49

4. 化学成分分析

施用沼液的处理上部烟叶总糖和还原糖含量均呈现上升趋势，烟碱和总氮含量具有下降趋势，以处理2综合表现较好。随着沼液用量的增加，中部烟叶还原糖以及钾含量有下降趋势，施用沼液后中部烟叶的烟碱含量降低，综合分析以处理1表现较好（表4-4-81）。

表 4-4-81　化学成分指标统计

等级	处理	总糖（%）	总植物碱（%）	还原糖（%）	氯（%）	钾（%）	总氮（%）	两糖比	糖氮比	糖碱比	氮碱比	钾氯比
B1F	T1	38.76	2.84	31.82	0.39	1.64	1.99	0.82	16.00	11.20	0.70	4.18
B1F	T2	36.55	2.90	31.02	0.57	1.84	2.03	0.85	15.27	10.71	0.70	3.22
B1F	T3	36.76	2.88	30.95	0.61	1.64	2.07	0.84	14.97	10.75	0.72	2.71
B1F	T4	34.88	3.08	29.44	0.57	1.75	2.15	0.84	13.69	9.56	0.70	3.09
C2F	T1	33.37	2.12	29.26	0.22	2.99	1.73	0.88	16.89	13.82	0.82	13.66
C2F	T2	33.11	2.08	29.04	0.30	2.91	1.75	0.88	16.62	13.93	0.84	9.84
C2F	T3	33.56	2.11	28.70	0.24	2.77	1.77	0.86	16.25	13.61	0.84	11.44
C2F	T4	33.29	2.17	29.32	0.22	2.92	1.85	0.88	15.84	13.54	0.85	13.50

5. 感官质量分析

施用沼液后对 B1F 等级烟叶的感官质量提升具有一定的作用，以处理 1 表现较好，其表现为劲头适中，香气尚透发，清晰度一般，烟气尚柔和，口腔偏干。处理 3C2F 等级烟叶的感官评吸质量表现较好。沼液施用量增加对上部烟叶的感官质量影响作用小于中部烟叶（表 4-4-82）。

表 4-4-82　感官评吸数据统计

处理	等级	香气质	香气量	透发性	杂气	细腻程度	柔和程度	圆润感	刺激性	干燥感	余味	香型	烟气浓度	劲头	得分
T1	C2F	11.5	11	4	4.5	5	5	4.5	5.5	5.5	5.5	中	中	中	62
T2	C2F	11.5	11	4	4.5	5	5	4.5	5.5	5.5	5.5	中	中	中	62
T3	C2F	11.5	11.5	4.5	4.5	5	5	4.5	5.5	5.5	5.5	中	中	中	63
CK	C2F	11.5	11.5	4.5	4.5	5	5	4.5	5.5	5.5	5.5	中	中	中	63
T1	B1F	12	12	5		4.5	5	4.5	5		5.5	中	中+	中	63.5
T2	B1F	11.5	11.5	4.5	4.5	4.5	5	4.5	5	5	5	中	中+	中	61
T3	B1F	11.5	11.5	4.5	4.5	4.5	5	4.5	5	5	5	中	中+	中	61
CK	B1F	11.5	11	4.5	4.5	4.5	5	4.5	5	5	5	中	中+	中	60.5

（三）小结

团棵期追施沼液对中上部叶片发育和干物质积累有促进作用，与不追施沼液相比，烤烟产量、上等烟比例、均价有所提高，中上部烟叶外观质量有所改善。施用沼液的处理上部烟叶总糖和还原糖含量均呈现上升趋势，烟碱和总氮含量具有下降趋势。同时施用沼液后对B1F等级烟叶的感官质量提升具有一定的作用。

第五节　烤烟群体与个体结构调控技术

一、烤烟适宜种植密度研究

对不同烤烟移栽规格进行分析对比，探讨适宜"利群"品牌特色优质烟叶生产的烤烟种植密度，并在示范区域进行应用与推广。

（一）材料和方法

1. 试验地点

利川市凉雾乡诸天村4组和恩施市盛家坝乡桅杆堡村大槽组，田块土壤质地疏松，土层较厚，肥力中等均匀，地势平坦，排灌便利。

2. 试验品种

品种为云烟87

3. 试验设计

利川试验点按照不同烤烟移栽规格，试验共设计3个处理，具体如表4-5-1所示。

表4-5-1　处理设置（利川）

处理	密度（株/亩）	行株距
T1	1111	120cm×50cm
T2	1010	120cm×55cm
T3	926	120cm×60cm

恩施试验点按照不同烤烟移栽规格和打顶留叶数，共设计9个处理，具体如下：

处理1：密度1010株/亩，行株距120cm×55cm，打顶留叶数18片；

处理2：密度1010株/亩，行株距120cm×55cm，打顶留叶数22片；

处理3：密度1010株/亩，行株距120cm×55cm，打顶留叶数24片；

处理4：密度926株/亩，行株距120cm×60cm，打顶留叶数18片；

处理5：密度926株/亩，行株距120cm×60cm，打顶留叶数22片；

处理6：密度926株/亩，行株距120cm×60cm，打顶留叶数24片；

处理7：密度829株/亩，行株距120cm×67cm，打顶留叶数18片；

处理8：密度829株/亩，行株距120cm×67cm，打顶留叶数22片；

处理9：密度826株/亩，行株距120cm×67cm，打顶留叶数24片。

采用大田对比试验，试验田具体育苗、移栽、施肥、大田管理和采收烘烤等环节严格按照当地优质烟生产技术规范执行。

（二）结果与分析

1. 利川点

（1）不同处理生育期调查。通过生育期结果比较，不同种植密度烟株大田生育期差异不大，其中种植密度120cm×50cm的下部烟叶比其他种植密度的采收时间略有提前（表4-5-2）。

表4-5-2 主要生育期记载表

处理	播种期（日/月）	出苗期（日/月）	成苗期（日/月）	移栽期（日/月）	现蕾期（日/月）	中心花（日/月）	脚叶成熟（日/月）	顶叶成熟（日/月）	大田生育期（d）
T1	17/3	3/4	7/5	7/5	1/7	10/7	19/7	19/9	135
T2	17/3	3/4	7/5	7/5	1/7	10/7	22/7	20/9	136
T3	17/3	3/4	7/5	7/5	1/7	10/7	22/7	20/9	136

（2）农艺性状分析。综合分析不同种植密度烟株农艺性状，种植密度120cm×60cm好于120cm×55cm和120cm×50cm，种植密度120cm×50cm农艺性状最差。种植密度120cm×60cm烟株株高较大，不同部位叶面积以中部和上部优势较大，均好于120cm×55cm和120cm×50cm（表4-5-3）。

表 4-5-3 打顶后主要农艺性状记载

处理	株高（cm）	留叶数	茎围（cm）	节距（cm）	下部叶（cm）		中部叶（cm）		上部叶（cm）	
					长	宽	长	宽	长	宽
T1	96	19	8.19	4.4	59.61	24.83	64.8	21.06	43.79	11.15
T2	102.1	20	8.88	4.5	58.43	25.11	68.58	21.43	47.1	13.39
T3	106.75	20	9.67	4.6	63.51	29.63	71.05	23.95	51.73	13.22

（3）经济性状分析。三种种植密度烤后烟叶亩产量差异不是很大，其中T1亩产量稍高。就亩产值分析种植密度120cm×60cm表现较好，种植密度最大的处理烤后烟叶均价、上等烟率以及上中等烟率均表现较好，适当增加行株距有利于提高烟叶的经济效益（表4-5-4）。

表 4-5-4 经济性状数据统计

处理	亩产量（kg）	亩产值（元）	均价（元/kg）	上等烟率（%）	上中等烟率（%）
T1	120.05	2738.28	22.81	53.17	87.22
T2	116.14	2807.57	24.17	59.89	91.56
T3	116.21	2915.79	25.09	63.47	95.75

（4）化学成分分析。2种种植密度烤后烟的化学成分含量存在明显的不同，T1、T2、T3处理氯含量均偏低，三种种植密度的C2F烟叶总糖含量较高、B2F的糖碱比偏低，烟叶烟碱含量整体处于偏高水平，氮碱比偏低，其余化学成分含量均在优质烟叶化学成分含量适宜范围内（表4-5-5）。

表 4-5-5 化学成分指标统计

等级	处理	分析项目										
		总糖（%）	总植物碱（%）	还原糖（%）	氯（%）	钾（%）	总氮（%）	两糖比	糖氮比	糖碱比	氮碱比	钾氯比
T1	B2F	25.11	3.90	23.19	0.05	2.11	2.49	0.92	9.31	5.95	0.64	42.20
T2	B2F	24.50	3.84	22.39	0.02	2.07	2.46	0.91	9.10	5.83	0.64	103.50
T3	B2F	21.44	4.29	19.44	0.12	1.94	2.73	0.91	7.12	4.53	0.64	16.17
T1	C2F	27.89	3.56	25.29	0.16	1.98	2.35	0.91	10.76	7.10	0.66	12.38
T2	C2F	28.69	3.23	25.87	0.08	1.91	2.20	0.90	11.76	8.01	0.68	23.88
T3	C2F	28.50	3.23	25.49	0.04	1.96	2.25	0.89	11.33	7.89	0.70	49.00

（5）感官质量分析。C2F 等级的烟叶香气质和香气量表现出 T1>T2>T3 的趋势，而 B2F 则表现出 T2>T1>T3 的趋势，感官质量评价结果显示 T1 处理总体表现尚好，烟香尚显清甜香韵，有一定的支撑感；T2 处理烟香成熟质感尚好，烟气柔细感略好，总体品质与 T1 相近；T3 处理的烟叶烟香质感下降，略显发散，烟香的满足感和集中度均下降生青气略显，吃味强度偏大。单从感官质量评价而言，T1、T2 处理要优于 T3 处理，T3 处理整体表现较差，尤其是 B2F 等级感官评吸得分为 61.5（表 4-5-6）。

表 4-5-6 感官评吸数据统计

处理	等级	香气质	香气量	透发性	杂气	细腻度	柔和度	圆润感	刺激性	干燥感	余味	总分	香型	烟气浓度	劲头
T1	C2F	13.5	13.0	4.5	5.5	4.5	4.5	5.0	5.5	5.0	5.5	66.5	中	中	中
T2	C2F	13.0	12.5	4.5	5.5	4.5	5.0	5.0	5.5	5.0	6.0	66.5	中	中	中
T3	C2F	13.0	12.0	4.5	5.5	4.5	4.5	4.5	5.5	5.0	5.5	64.5	中	中	中
T1	B2F	12.0	11.5	4.5	5.0	4.0	4.0	4.5	5.5	5.0	5.5	61.5	中	中+	中+
T2	B2F	12.5	12.0	4.5	5.0	4.0	4.0	4.5	5.5	5.0	5.5	64.0	中	中+	中+
T3	B2F	12.0	11.5	4.5	5.0	4.0	4.0	4.5	5.5	5.0	5.5	61.5	中	稍大	稍大

2. 恩施点

（1）基本信息调查（表 4-5-7 和表 4-5-8）。

表 4-5-7 生育期间气温和降水量

项目	1 月	2 月	3 月	4 月	5 月	6 月	7 月	8 月
平均气温	6.1℃	6.6℃	12.7℃	17.2℃	19.7℃	23.7℃	27.3℃	25.5℃
月降雨水	0.6~5.4mm	2.6~14.9mm	4.9~33.7mm	35.9~80.4mm	18.6~69.1mm	26.7~82.6mm	13.8~129.3mm	47.2~172.4mm

表 4-5-8 土壤理化性状

碱解氮（mg/kg）	速效磷（mg/kg）	速效钾（mg/kg）	全氮（N%）	有机质（g/kg）	pH 值
92.17	7.85	164.54	1.78	20.03	5.65~7.54

（2）生育期记载（表 4-5-9）。

表4-5-9 主要生育期记载表

处理	播种期 （日/月）	出苗期 （日/月）	成苗期 （日/月）	移栽期 （日/月）	团棵期 （日/月）	现蕾期 （日/月）	打顶期 （日/月）	平顶期 （日/月）	大田生育期 （d）
T1	8/3	23/3	30/4	4/5	17/6	9/7	15/7	3/8	123
T2	8/3	23/3	30/4	4/5	17/6	10/7	16/7	4/8	123
T3	8/3	23/3	30/4	4/5	17/6	9/7	15/7	3/8	123
T4	8/3	23/3	30/4	4/5	17/6	9/7	15/7	3/8	123
T5	8/3	23/3	30/4	4/5	17/6	7/7	13/7	3/8	123
T6	8/3	23/3	30/4	4/5	17/6	7/7	15/7	3/8	123
T7	8/3	23/3	30/4	4/5	17/6	8/7	15/7	3/8	123
T8	8/3	23/3	30/4	4/5	17/6	9/7	15/7	3/8	123
T9	8/3	23/3	30/4	4/5	17/6	8/7	14/7	3/8	123

（3）农艺性状分析。在烟株团棵期和平顶期，T8 的株高、叶片数、最大叶长宽、生长势和田间整齐度均表现出一定的优势，在平顶期下二棚叶长宽表现依次为 T9>T5>TT8>T7>T3>T1>T6>T2>T4，腰叶表现依次为 T5>T9>T8>T6>T7>T2>T1>T4>T3，上二棚叶表现依次为 T9>T8>T5>T1>T7>T3>T4>T6>T2。综合分析在一定范围内适当增加行株距，合理留叶数能够促进烟株田间的正常生长（表4-5-10 和表4-5-11）。

表4-5-10 团棵期主要农艺性状

处理	株高 （cm）	叶数 （片）	最大叶长 （cm）	最大叶宽 （cm）	生长势	叶色	田间整齐度
T1	35.8	13.3	53.5	23.65	强	黄绿	整齐
T2	31	13.3	52.25	23.45	中	浅绿	较齐
T3	38.1	14.4	56.3	26.3	强	浅绿	较齐
T4	32.2	12.6	51.7	22.6	中	绿	整齐
T5	37.7	13.8	55.9	10.3	强	绿	整齐
T6	37	13.6	53.55	25.4	中	绿	较齐
T7	36.8	13.7	56.2	26.45	强	深绿	整齐
T8	43.5	14.2	57.05	26.1	强	绿	整齐
T9	38.1	14.2	57.15	25.85	强	绿	整齐

表 4-5-11　平顶期主要农艺性状

处理	株高（cm）	有效叶数（片）	茎围（cm）	节距（cm）	下二棚叶		腰叶		上二棚叶	
					长（cm）	宽（cm）	长（cm）	宽（cm）	长（cm）	宽（cm）
T1	114.2	15.6	11.2	7.31	79.6	29.25	78.5	24.7	78.9	21.1
T2	115	15.7	11.1	7.32	75.1	30.7	78.6	26.1	71.6	21.5
T3	123.8	15.8	11.35	7.83	79.7	28.4	77.5	23.6	76.3	21.8
T4	104.5	15.2	11.45	6.88	73	27.6	77.8	24	74.7	20.4
T5	120.5	15.7	11.55	7.67	82.6	28.9	84.8	28.5	81.2	24.5
T6	104.1	16	11.3	6.51	76.1	29.9	82.8	26	74.5	23.2
T7	125.2	16	12.3	7.83	80	31	82.5	28.95	76.9	25.1
T8	125.2	16.6	12	7.54	81.7	31.8	82.9	27.5	82.9	24.75
T9	130.2	18.7	12.45	7.01	86	33.45	83.5	27.7	84.7	26.8

　　（4）经济性状分析。就烤后烟叶经济性状分析，T8 烟叶亩产量、亩产值等指标表现最好，T1 表现最差，T8 处理为密度 829 株/亩，行株距 120cm×67cm，打顶留叶数 22 片，在该试验条件下，采取较大的行株距，取得了较好的经济效益（表 4-5-12）。

表 4-5-12　各处理经济性状数据

处理	亩产量（kg）	均价（元/kg）	平均亩产值（元）	上等烟比例（%）	中等烟比例（%）
T1	105.6	21.2	2238.72	43.42	39.8
T2	108	21.5	2322	45.3	36.1
T3	110.5	23.6	2607.8	46.6	38.2
T4	112	24.1	2699.2	55.4	34.7
T5	117	24.8	2901.6	62.3	21.45
T6	120	25.3	3036	59.41	24.3
T7	122.5	27.2	3332	60.02	23.23
T8	137.8	26.7	3679.26	77.59	13.42
T9	131	25.8	3379.8	65.7	22.83

（5）化学成分分析。不同种植密度优化处理后烟叶总糖和还原糖含量整体较适宜，两糖比>0.8，其中T8处理总糖和还原糖含量最高，T3处理烟叶总植物碱含量最高，T2处理烟叶总植物碱含量最低。T2和T5的烟叶钾氯比相对较低（表4-5-13）。

表4-5-13 不同处理烟叶化学成分分析（C3F）

处理	总糖%	总植物碱%	还原糖%	氯%	钾%	总氮%	两糖比	糖氮比	糖碱比	氮碱比	钾氯比
T1	33.46	2.55	28.57	0.38	2.16	2.04	0.85	14.00	11.20	0.80	5.68
T2	30.64	2.19	28.28	0.78	2.28	2.05	0.92	13.80	12.91	0.94	2.92
T3	32.76	2.88	28.46	0.34	2.03	2.12	0.87	13.42	9.88	0.74	5.97
T4	31.07	2.77	26.83	0.34	2.20	2.16	0.86	12.42	9.69	0.78	6.47
T5	32.09	2.26	29.02	0.59	2.33	2.09	0.90	13.89	12.84	0.92	3.95
T6	33.01	2.68	28.31	0.39	2.00	2.05	0.86	13.81	10.56	0.76	5.13
T7	29.84	2.82	25.92	0.42	2.33	2.23	0.87	11.62	9.19	0.79	5.55
T8	33.59	2.60	29.16	0.41	1.83	2.20	0.87	13.25	11.22	0.85	4.46
T9	32.69	2.81	27.52	0.29	2.04	2.18	0.84	12.62	9.79	0.78	7.03

（6）感官质量分析。T5烤后烟叶感官评吸得分最高，总体品质较好，T9烤后烟叶感官质量相对较差，清晰度稍欠，木质气稍显，口感略欠。T1稍显生青气，鼻腔刺激稍显，劲头略偏大（表4-5-14）。

表4-5-14 不同处理烟叶感官质量评价（C3F）

处理	香气质	香气量	透发性	杂气	细腻度	柔和度	圆润感	刺激性	干燥感	余味	总分	香型	烟气浓度	劲头
T1	13.0	12.5	4.5	5.5	4.5	4.5	5.0	5.5	5.5	6.0	66.5	中	中	中+
T2	12.5	12.5	4.5	5.0	4.5	4.5	5.0	5.5	5.5	5.5	65.0	中	中	中
T3	12.5	12.5	4.5	5.5	4.5	4.5	4.5	5.5	5.5	5.5	65.0	中	中	中+
T4	12.5	12.5	4.5	5.5	4.5	4.5	4.5	5.5	5.5	6.0	65.5	中	中	中
T5	13.5	13.0	5.0	6.0	5.0	5.0	5.0	6.0	5.5	6.0	70.0	中	中	中
T6	12.5	12.0	4.5	5.5	4.5	4.5	4.5	5.5	5.5	5.5	64.5	中	中	中+
T7	12.5	12.5	4.5	5.0	5.0	5.0	5.0	5.5	5.0	5.5	65.5	中	中	中
T8	12.5	12.0	4.5	5.5	4.5	4.5	5.0	5.5	5.5	5.5	65.0	中	中	中
T9	12.5	12.5	4.5	5.0	4.5	4.5	4.5	5.5	5.0	5.5	64.0	中	中	中

（三）小结

利川试验点种植密度 120cm×60cm 的烟株田间长势长相表现最好，上部烟叶开片较好，烤后烟叶外观质量较好，色度强。种植密度 120cm×60cm 的亩产值、产量、上等烟比例和上中等烟比例具有一定的优势，3 种种植密度烤后烟叶 C2F 总糖含量较高，烟叶香气质和香气量表现出 T1>T2>T3 的趋势，综合分析 T1、T2 处理要优于 T3 处理。

恩施试验点种植密度 829 株/亩，行株距 120cm×67cm，打顶留叶数 22 片的处理烟株农艺性状和经济性状表现出一定的优势，其烤后烟叶总糖和还原糖含量较高，综合分析处理 T8 的株行距和打顶留叶数在恩施试验点的"利群"品牌示范基地比较适合。

二、烤烟等级结构优化技术研究

（一）材料与方法

1. 试验品种

云烟 87

2. 试验地点

利川市凉雾乡诸天村 4 组和恩施市盛家坝乡桅杆堡村大槽组，田块土壤质地疏松，土层较厚，肥力中等均匀，地势平坦，排灌便利。

3. 试验设计

根据烟株不同优化结构方式，共设计 6 个处理、1 个对照，具体如表 4-5-15 所示。

表 4-5-15　试验处理设置

生育时期	处理代号	处理方式
打顶期	CK	不实施优化结构技术措施
打顶期	T1	上部和下部各摘除 2 片有效叶
打顶期	T2	上部摘除 2 片有效叶，下部摘除 3 片有效叶
打顶期	T3	下部摘除 2 片有效叶；上部 2 片有效叶弃采

（续表）

生育时期	处理代号	处理方式
平顶期	T4	上部和下部各摘除 2 片有效叶
平顶期	T5	上部摘除 2 片有效叶，下部摘除 3 片有效叶
平顶期	T6	下部摘除 2 片有效叶；上部 2 片有效叶弃采

注：本试验打顶期统一为 50% 中心花开放；本试验平顶期是指上部叶片叶面积不再增加时

（二）结果与分析

1. 利川

（1）不同处理生育期调查（表 4-5-16）。

表 4-5-16　主要生育期记载表

播种期（日/月）	出苗期（日/月）	成苗期（日/月）	移栽期（日/月）	现蕾期（日/月）	中心花（日/月）	脚叶成熟（日/月）	顶叶成熟（日/月）	大田生育期（d）
14/3	25/3	8/5	8/5	1/7	7/7	12/7	21/9	136

（2）不同处理对农艺性状的影响。与对照相比，采取优化结构处理后烟株上、中、下 3 个部位的叶片面积均具有一定的优势，对下部叶摘除、上部叶摘除或者弃烤能够促进烟株有效叶片的生长发育。就农艺性状数据分析，上部叶和中部叶以 T1 处理表现最好，下部叶以 T5 处理表现最好（表 4-5-17）。

表 4-5-17　打顶后主要农艺性状记载

处理	株高（cm）	留叶数	茎围（cm）	节距（cm）	下部叶（cm）长	下部叶（cm）宽	中部叶（cm）长	中部叶（cm）宽	上部叶（cm）长	上部叶（cm）宽
CK	108.7	22.3	9.6	4.5	66.8	24.3	70.2	25.1	67.7	19.8
T1	110.4	21.4	10.5	4.7	73.1	28.3	78.8	27.3	73.5	22.5
T2	109.5	21.7	10.2	4.8	72.5	27.6	77.9	26.4	72.3	21.8
T3	108.9	20.8	10	4.6	70.1	26.8	75.3	25.2	72.4	21.5
T4	106.3	21.2	10.3	4.9	72.8	28.3	74.1	23.5	70.3	21.3
T5	107.2	20.6	10.5	4.9	73.4	27.8	74.8	24.1	71.2	21.8
T6	109.2	21.1	10.4	4.7	70.5	26.6	73.6	24.6	71.4	20.5

（3）经济性状分析。与对照相比，采取优化结构措施后烤后烟叶产量和产

值具有一定的下降趋势，在平顶期实施优化结构措施较打顶期实施优化结构措施烤后烟叶经济效益也有下降趋势，实施优化结构的处理方式对烟叶等级结构比例提升具有较明显的作用（表4-5-18）。

表4-5-18　烤后烟叶经济性状统计

处理	亩产量（kg）	亩产值（元）	上等烟率（%）	上中等烟率（%）
CK	166.3	3902.24	58.6	86.3
T1	150.8	3824.12	72.3	94.1
T2	148.5	3810.21	73.1	93.2
T3	145.6	3625.14	68.2	92.5
T4	144.3	3545.56	69.4	93.97
T5	142.2	3412.36	66.3	90.29
T6	140.2	3398.12	65.7	89.94

（4）外观质量分析。各个处理上部烟叶成熟度为成熟，颜色以T6最佳，为桔黄+，其次为T2、T4、T5，以CK、T1及T2最差。油分以T2、T3及T6最佳，其他处理无差异。各个处理身份均为适中。结构除CK稍密外，其他各个处理为疏松。T5及T6的色度为强，T1、T2及T4色度为中，其他处理色度为弱。综合外观质量评价，与CK相比，各个处理均不同程度地提高了烤烟上部烟叶外观质量，且以T6处理的外观质量最好（表4-5-19）。

表4-5-19　不同结构优化时期、方式对烤烟上部烟叶外观质量影响（上部叶）

处理	评价因素					
	成熟度	颜色	油分	身份	结构	色度
CK	成熟	橘黄-	有	适中	稍密	弱
T1	成熟	橘黄-	有	适中	疏松	中
T2	成熟	橘黄	有+	适中	疏松	中
T3	成熟	橘黄-	有+	适中	疏松	弱
T4	成熟	橘黄	有	适中	疏松	中
T5	成熟	橘黄	有	适中	疏松	强
T6	成熟	橘黄+	有+	适中	疏松	强

各个处理中部烟叶成熟度为成熟，颜色均为橘黄。T2 及 T5 的油分为多，其他处理油分为有。各个处理身份均为适中。各个处理结构为疏松。CK、T5 及 T6 的色度为强，其他处理色度为中。综合外观质量评价，不同结构优化时期、方式对烤烟中部烟叶油分及色度影响最大，与 CK 相比，T2 及 T5 增加了烤烟中部烟叶的油分，但 T2、T4、T5 及 T6 的色度降低（表4-5-20）。

表4-5-20 不同结构优化时期、方式对烤烟中部烟叶外观质量影响（中部叶）

处理	评价因素					
	成熟度	颜色	油分	身份	结构	色度
CK	成熟	橘黄	有	适中	疏松	强
T1	成熟	橘黄	有	适中	疏松	强
T2	成熟	橘黄	多	适中	疏松	中
T3	成熟	橘黄	有	适中	疏松	强
T4	成熟	橘黄	有	适中	疏松	中
T5	成熟	橘黄	多	适中	疏松	中
T6	成熟	橘黄	有	适中	疏松	中

（5）化学成分分析。不同处理上部烟叶常规化学成分差异较大，采取上部叶摘除的处理方式，在打顶期烟碱含量高于对照，采用上部叶弃采的处理方式烟碱含量有一定的下降趋势，在平顶期采取上部叶弃采的处理方式烟碱含量最低。处理 T2 和 T3 烤后烟叶具有较高的总糖和还原糖含量，与对照相比各处理烟叶总氮含量基本适宜，但钾含量均处于偏低水平（表4-5-21）。

表4-5-21 不同处理烟叶常规化学成分（上部叶）

处理	总植物碱%	总糖%	还原糖%	总氮%	钾%	Cl%
CK	4.28	22.29	18.19	3.37	2.10	0.79
T1	4.39	25.56	21.56	2.79	1.53	0.61
T2	4.62	28.39	23.73	2.69	1.84	0.49
T3	4.19	29.27	25.24	2.47	1.74	0.42
T4	4.37	22.31	18.56	3.03	1.76	0.53
T5	3.18	24.68	21.72	2.69	1.47	0.57
T6	3.3	23.94	20.62	2.67	1.88	0.65

2. 恩施

（1）土壤理化性状调查（表4-5-22）。

表 4-5-22　土壤理化性状

测试项目	测试值	养分水平评价
碱解氮（mg/kg）	141	适宜
有效磷（mg/kg）	11.3	中
速效钾（mg/kg）	175.6	中
有机质（g/kg）	29.9	适中
pH值	7.04	偏碱性
N：P：K=1：1.4：3.2	纯氮：6.5kg、纯磷：9kg、纯钾：21kg	

（2）主要农艺性状。与对照相比，处理T2和T6田间上二棚叶片面积较大，其烟株田间长势表现较强，烟株株高、茎围等农艺性状数据具有一定的优势，针对烤烟下部和上部叶片实施合适的优化结构措施后对烤烟田间生长发育具有一定的促进作用（表4-5-23和表4-5-24）。

表 4-5-23　主要生育期记载

处理	播种期（日/月）	出苗期（日/月）	成苗期（日/月）	移栽期（日/月）	团棵期（日/月）	现蕾期（日/月）	打顶期（日/月）	平顶期（日/月）	大田生育期（d）
T1	11/3	26/3	5/5	7/5	23/6	4/7	8/7	10/9	125
T2	11/3	26/3	5/5	7/5	23/6	4/7	8/7	10/9	125
T3	11/3	26/3	5/5	7/5	23/6	4/7	8/7	10/9	125
T4	11/3	26/3	5/5	7/5	23/6	4/7	8/7	10/9	125
T5	11/3	26/3	5/5	7/5	23/6	4/7	8/7	10/9	125
T6	11/3	26/3	5/5	7/5	23/6	4/7	8/7	10/9	125
CK	11/3	26/3	5/5	7/5	23/6	4/7	8/7	10/9	125

表 4-5-24 平顶期主要农艺性状

处理	株高（cm）	茎围（cm）	节距（cm）	下二棚叶（cm）		腰叶（cm）		上二棚叶（cm）	
				长	宽	长	宽	长	宽
T1	115.2	11.1	6.4	80.5	29.94	79.13	25.13	79.75	22.7
T2	124.7	11.2	6.8	80.63	28	78.5	29.25	78.3	24.1
T3	114.2	7.3	6.3	82.13	28.63	81.38	28.13	76.13	23.6
T4	121.1	11.4	7.6	79.6	29.25	77.5	28.7	71.6	21.5
T5	115	7.3	6.3	78.88	31.13	82.13	28.56	76.25	24.8
T6	122.6	12.2	6.7	76	30.63	77.75	25.88	78.9	24.7
CK	114.4	11.3	6.3	75.1	30.7	76.88	23.13	72	21.8

（3）主要病害发病率以及虫害发生情况（表4-5-25）。

表 4-5-25 病虫害发生情况

处理	发病率（%）					虫害			
	花叶病	黑胫病	赤星病	青枯病	气候斑	根结线虫	野火病	名称	发生程度
T1	1.9	0	0	0	20	0	0	野蛞蝓	2级
T2	1.5	0	0	0	10	0	0	野蛞蝓	2级
T3	1.1	0	0	0	20	0	0	野蛞蝓	1级
T4	1.9	0	0	0	60	0	0	野蛞蝓	2级
T5	1.6	1.2	0	0	65	0	0	野蛞蝓	1级
T6	1.8	0	0	0	70	0	0	野蛞蝓	1级
CK	1.7	0	0	0	80	0	0	野蛞蝓	1级

（4）经济性状分析。未实施优化结构的处理其烤后烟叶产量和产值具有一定的优势，但从烟叶均价以及等级结构比例来看，实施优化结构措施后具有明显的提升作用，上中等烟比例大小依次为 T3>T4>T2>T5>T6>T1>CK，因此，在打顶期下部摘除 2 片有效叶并上部 2 片有效叶弃采和平顶期上下部各摘除 2 片有效叶对提高上中等烟比例有明显效果（表4-5-26）。

表 4-5-26　各处理经济性状统计

处理	亩产量（kg）	均价（元/kg）	亩产值（元）	上中等烟比例（%）
CK	103.67	24.70	2560.64	72.52
T1	87.90	26.58	2336.38	95.16
T2	80.87	27.57	2229.59	98.62
T3	85.50	28.27	2417.08	99.48
T4	85.40	28.59	2441.58	99.35
T5	74.37	29.67	2206.56	97.00
T6	77.67	27.70	2151.46	98.04

（5）化学成分分析。平顶期采取优化结构措施后有利于烟叶糖含量的提高，各处理的烟叶两糖比也处于较适宜范围，其中T6总糖和还原糖含量均处于最高水平。与对照相比T3烟叶总氮和烟碱含量表现较高，T2烟叶钾含量最高。平顶期采取优化结构处理烟叶氯离子含量较低，各处理烟叶钾氯比处于较高水平（表4-5-27）。

表 4-5-27　各处理烟叶化学成分含量（C3F）

处理	总糖（%）	总植物碱（%）	还原糖（%）	氯（%）	钾（%）	总氮	两糖比	糖氮比	糖碱比	氮碱比	钾氯比
T1	35.24	1.92	31.24	0.18	2.52	1.56	0.89	20.03	16.27	0.81	14.00
T2	35.85	2.05	31.00	0.15	2.77	1.66	0.86	18.67	15.12	0.81	18.47
T3	34.86	2.13	29.57	0.11	2.52	1.73	0.85	17.09	13.88	0.81	22.91
T4	36.23	2.21	31.75	0.19	2.36	1.62	0.88	19.60	14.37	0.73	12.42
T5	36.49	1.96	31.81	0.02	2.29	1.57	0.87	20.26	16.23	0.80	114.50
T6	36.97	2.02	32.10	0.09	2.26	1.60	0.87	20.06	15.89	0.79	25.11
CK	35.25	2.06	30.41	0.09	2.57	1.63	0.86	18.66	14.76	0.79	28.56

（6）感官评吸质量。T2、T3、T4、T5处理与对照相比，呈下降趋势，主要表现香气不清晰，欠透发，烟气稍显干燥，缺少甜润感。T1、T6两个处理与对照样基本持平，没表现出明显的向好趋势，整体来看，香气成熟质感不够，香气稍显单薄，烟气柔和度尚好，口腔稍显干涩，甜润感不足。在平顶期

采取下部摘除 2 片有效叶以及上部 2 片有效叶弃采的优化结构方式后，烟叶香气尚足，略显柔绵，感官评吸质量相对较好（表 4-5-28）。

表 4-5-28　各处理烟叶感官评吸数据（C3F）

处理	香气特性			烟气特性					口感特性			风格特征			总分
	香气质	香气量	透发性	杂气	细腻程度	柔和程度	圆润感	刺激性	干燥感	余味	香型	烟气浓度	劲头		
CK	12.5	12	4.5	5.5	5	5	5	6	5.5	6	中	中	中	67
T1	12.5	12	4.5	6	5	5	5	6	5.5	6	中	中	中	67.5
T2	12	11.5	4	5.5	5	5	4.5	5.5	5.5	5.5	中	中	中	64
T3	12	11.5	4	5.5	5	5	4.5	5.5	5.5	5.5	中	中	中	64
T4	12	11.5	4	5.5	5	5	4.5	5.5	5.5	5.5	中	中	中	64
T5	12	11.5	4	5.5	5	5	4.5	5.5	5.5	5.5	中	中	中	64
T6	12.5	12.5	4.5	5.5	5	5	5	6	5.5	6	中	中	中	67.5

（三）小结

在利川烟区各处理的烟叶等级结构比例以及单叶重等经济性状数据以打顶期上部摘除 2 片有效叶，下部摘除 3 片有效叶和上部下部各摘除 2 片有效叶最好，综合比较烟叶质量，以平顶期上部摘除 2 片有效叶，下部摘除 3 片有效叶的优化结构处理方式最为适宜。

在恩施烟区实施烟叶结构优化的生育时期宜安排在打顶期，在打顶期摘除下部 2 片有效叶同时上部 2 片有效叶弃采和在平顶期上下两个部位各摘除 2 片有效叶，有利于提高上中等烟比例。综合比较烟叶经济性状和品质，以处理 T3 在打顶期摘除 2 片有效叶同时上部 2 片有效叶弃采的结构优化措施适宜在恩施烟区推广。

三、烤烟二次打顶技术研究

（一）材料与方法

1. 试验地点

恩施市盛家坝乡桅杆堡村大槽组和利川市凉雾乡老场村，试验田块前茬为烤烟，地势平整，土壤肥力中等偏上，土壤有机质适中，土质疏松，土壤类型为黄棕壤。

2. 试验品种

云烟 87。

3. 试验设计

根据不同打顶方式共设计 3 个处理（1 个对照），具体处理如表 4-5-29 所示。

表 4-5-29　处理设置

处理	打顶方式
T1	二次打顶：第一次打顶为现蕾打顶（留叶数为 22~24 片），7d 后进行第二次打顶（摘除顶部叶 2~3 片）
T2	二次打顶：第一次打顶为现蕾打顶（留叶数为 22~24 片），14d 后进行第二次打顶（摘除顶部叶 2~3 片）
CK	对照：一次打顶，常规打顶方式

本试验所有处理的下部叶按照当地生产方案统一优化（摘除下部 2 片叶），试验采取大区对比方式，试验田共划分 3 个区域。试验田具体施肥方式、田间管理以及采烤等技术措施按照当地生产技术规范执行。

（二）结果与分析

1. 恩施

（1）土壤基础养分状况及施肥配方（表 4-5-30）。

表 4-5-30　土壤基础养分调查

	测试项目	测试值	养分水平评价		
			偏低	适宜	偏高
土壤测试数据	碱解氮（mg/kg）	102.7		中	
	有效磷（mg/kg）	31			高
	速效钾（mg/kg）	224.6			高
	有机质（g/kg）	18.8	缺		
	pH 值	6.60		偏中性	

（续表）

施肥方案	测试项目	测试值		养分水平评价	
	肥料配方	用量 kg/亩	施肥时间	施肥方式	施肥方法
基肥	复合肥（8-16-24）	62.5	起垄时	条施	起垄时按氮磷钾配比，各种肥料称取相应重量均匀条施起垄
	有机肥（0.5-1-1.5）	60	起垄时	条施	
	饼肥（2.22-1.83-1.21）	25	起垄时	条施	
	磷肥（0-12-0）	25	起垄时	条施	
追肥	复合肥（8-16-24）	2.5	移栽时	稳根水	0.5%的营养液
	硝酸钾（13.5-0.44.5）	5	移栽后10d	兑水打孔穴施	离烟苗10cm处打孔（8~10cm深）
	硫酸钾（0-0-50）	10	移栽后30d	兑水打孔穴施	离烟苗10cm处打孔（8~10cm深）
	磷酸二氢钾	0.25	打顶期	叶面喷施	喷雾器叶正反两面喷施
备注	N：P：K=1：2.1：3.6 亩施纯氮6.7Kg、纯磷14.5Kg、纯钾24Kg				

（2）主要气候状况（表4-5-31）。

表4-5-31　生育期间气温和降水量

项目	3月	4月	5月	6月	7月	8月	9月
平均最低气温	7℃	12℃	17℃	20℃	23℃	22℃	19℃
平均最高气温	15℃	21℃	26℃	29℃	32℃	32℃	27℃
月降水量	46mm	97mm	137mm	164mm	162mm	112mm	82mm

（3）主要生育期记载（表4-5-32）。

表4-5-32　生育期记载表　　　　　　　　　（日/月、天）

处理	播种期	出苗期	成苗期	移栽期	团棵期	现蕾期	打顶期	平顶期	大田生育期
T1	10/3	21/3	29/4	30/4	2/6	23/6	23/6	10/7	126
T2	10/3	21/3	29/4	30/4	2/6	23/6	23/6	10/7	126
CK	10/3	21/3	29/4	30/4	2/6	23/6	28/6	11/7	126

（4）主要农艺性状调查。处理T2的株高、有效叶数优于其他处理，茎围小于其他两个处理；处理T2的腰叶叶面积最小（CK>T1>T2），上二棚叶面积

最大（T2>CK>T1）。采用二次打顶的方式对烤烟田间生长发育尤其是上二棚烟叶的开片具有一定的作用（表4-5-33）。

表4-5-33 平顶期主要农艺性状

处理	株高（cm）	有效叶数	茎围（cm）	节距（cm）	下二棚叶（cm）		腰叶（cm）		上二棚叶（cm）	
					长	宽	长	宽	长	宽
T1	118.7	14	9.8	5.37	66.4	34.6	68.4	32.4	70.2	27.6
T2	119.9	14	9	5.42	68.5	32.65	70.6	30.6	71.7	27.7
CK	113.8	15	9.8	5.37	69.8	31.3	72.8	31	69.8	27.9

（5）病虫害发生情况调查（表4-5-34）。

表4-5-34 病虫害统计表

处理	发病率（%）							虫害	
	花叶病	黑胫病	根黑腐病	青枯病	赤星病	气候斑	野火病	名称	发生程度
T1	2.7%	0	2.1%	0	0	轻微	0	野蛞蝓	1级
T2	2.2%	0	2.1%	0	0	轻微	0	野蛞蝓	1级
CK	3.1%	0	2.7%	0	0	轻微	0	野蛞蝓	2级

（6）经济性状统计。采取二次打顶对烤烟亩产量和产值有一定影响，与对照相比，采取二次打顶技术的烟叶亩产量和亩产值有一定的下降趋势，但处理T1和T2的均价和上等烟比例均高于对照处理，单叶重比较依次为：CK>T1>T2，采取二次打顶技术处理可以明显提升上等烟交售比例，对烤烟优化等级结构有积极作用（表4-5-35）。

表4-5-35 经济性状统计表

处理	亩产量（kg）	均价（元/kg）	平均亩产值（元）	上等烟比例（%）	中等烟比例（%）	单叶重（g）
T1	111.72	28.97	3236.53	82.05	17.95	9.83
T2	109.29	29.73	3249.19	84.97	15.03	9.66
CK	121.91	27.43	3343.99	64.48	35.52	10.18

2. 利川

（1）主要栽培技术及管理措施。

①施肥（表4-5-36）。

表4-5-36　试验施肥配方表　　　　　　　　　（kg/亩）

亩施纯氮	配比	基肥				追肥		
		复合肥（8∶16∶24）	磷肥12%	有机肥（1%）	施用方法	硝酸钾（N14%K44%）	硫酸钾50%	施用时间及方法
6.5	1∶2∶3.5	60	28	50	条施	9	8.5	移栽后、10d打孔浇施硝酸钾，然后覆土；移栽后30d左右打孔浇施硫酸钾，然后覆土

②主要农事操作记录（表4-5-37）。

表4-5-37　主要农事操作

农时操作	时间
整地	4月12日
起垄	4月15日
覆膜	4月17日
移栽	5月4日
查苗补苗	5月8日

③主要生育期记载（表4-5-38）。

表4-5-38　主要生育期记载　　　　　　　　（日/月、天）

处理	播种期	出苗期	成苗期	移栽期
1	3月6日	3月23日	5月2日	5月4日
2	3月6日	3月23日	5月2日	5月4日
3	3月6日	3月23日	5月2日	5月4日

（2）结果与分析

①田间农艺性状。打顶后各处理田间农艺性状存在一定的差异，处理3一

次性打顶株高最高，上部叶开片程度较好；处理2在第一次打顶14d后二次打顶，上部叶开片程度最差，由此可见随着二次打顶时间延长，烟株营养消耗越多，上部叶开片程度随之降低（表4-5-39）。

表4-5-39　打顶后田间农艺性状调查　　　　　　　　　　（cm）

处理	株高	留叶数	茎围	节距	下部叶		中部叶		上部叶	
					长	宽	长	宽	长	宽
T1	106.8	20.8	10.2	5.1	77.5	30.4	79.4	31.9	60.6	16.3
T2	111.9	21.8	9.8	5.2	72.3	31.2	78.4	33.3	56.6	14
T3	115.9	21.1	9.9	5.5	67.9	31.4	72.4	31.3	61.5	15

②经济性状。各处理烤后烟叶亩产量、产值处理3最高，但其上部烟率也相对较高；处理1和处理2之间差异不明显，可看出随着二次打顶时间推迟，亩产量、亩产值呈下降趋势，上部烟率呈下降趋势，中部烟率呈上升趋势，因此，采取二次打顶方式，消耗部分烟株营养，可促使上部烟叶中部化，有利于烟叶等级结构优化（表4-5-40）。

表4-5-40　主要经济性状比较表

处理	均价（元）	上等烟率（%）	中等烟率（%）	下低等烟率（%）	橘色烟率（%）	亩产量（kg）	亩产值（元）	下部叶率（%）	中部叶率（%）	上部叶率（%）
1	26.13	50.71	44.75	4.54	51.19	127.50	3330	20.10	50.97	28.93
2	26.18	50.16	45.41	4.43	50.26	126.40	3309	19.87	51.73	28.40
3	25.94	49.59	45.71	4.69	48.67	132.00	3424	19.78	49.58	30.63

3. 小结

在利川烟区烤烟随着二次打顶时间推迟，亩产量、亩产值呈下降趋势，上部烟率呈下降趋势，中部烟率呈上升趋势，采取二次打顶方式，消耗部分烟株营养，可促使上部烟叶中部化，有利于烟叶等级结构优化。因此按照当前烟叶等级结构需求，在不考虑绝对产量和产值的情况下，可适当采取二次打顶，以优化烟叶等级结构。

在恩施烟区处理T1和T2采取二次打顶技术处理有利于上二棚烟叶开片并提高

均价和上等烟比例。综合分析配合下部不适用烟叶处理开展二次打顶后，烟叶产量、产值有所降低，但上中等烟比例明显提高，中部烟比例增加，上部烟比例不超过15%，烟叶等级结构明显提高，是烤烟等级结构优化的有效措施。

第六节　烤烟采收调制优化技术

一、材料与方法

（一）试验地点

试验安排在盛家坝乡桅杆堡村大槽组，试验品种为恩施市主栽烤烟品种云烟87。试验田前茬为烟叶，地势平整，阳光充足，排灌方便。

（二）试验设计

1. 采收次数试验

烟田于2016年7月8日统一打顶留叶，保证优化结构措施后烟株留叶数在16片以上。每个处理200株（大约6竿烟），设四行，每行50株，每次处理做好标记，装在烤房2层观察窗附近，按照按当地密集烘烤工艺进行烘烤（表4-6-1）。

表4-6-1　每个处理采收次数和采收方式

处理	采收方式
4次采收	分别为下中部4片、中部4片、中上部4片、上部4片
3次采收	分别为下中部5片、中部5片、中上部5~6片
半斩株采烤	上部烟叶半斩株采烤，其余部位常规采烤
常规采收	各部位烟叶按当地常规方式分次采收

2. 采收成熟度试验（剥叶采收）

选择烟株长势正常的烟田，按下、中、上3个部位大约分别在第2烤次、4烤次、6烤次时进行不同成熟度试验，每个部位各设3个处理，每一处理3竿烟，单独标记。装烟装在密集烤房2层观察窗附近能观测的位置烘烤，按照当地密集烘烤工艺进行烘烤（表4-6-2）。

表 4-6-2　采收成熟度说明

处理	主要外观特征	备注
XM1	叶面 50~60% 黄绿色，主脉开始变白	
XM2	叶面 60~70% 黄绿色，主脉变白 1/3 以上	
XM3	叶面 70~80% 黄绿色，主脉变白 1/2 以上	
CM1	叶面 60~70% 黄绿色，主脉变白 1/3 以上	1. XM1、CM2、BM2 三个处理与常规成熟度相当，分别确定为对照。
CM2	叶面 70~80% 黄绿色，主脉变白 1/2 以上	2. 根据采收时间确定栽后和打顶后天数。
CM3	叶面 80~90% 黄绿色，主脉变白 2/3 以上	
BM1	叶面 70~80% 黄绿色，主脉变白 1/2 以上	
BM2	叶面 80~90% 黄绿色，主脉变白 2/3 以上	
BM3	叶面 90~100% 黄绿色，主脉基本变白	

二、结果与分析

（一）主要农艺措施和烘烤情况记载（表 4-6-3）

表 4-6-3　主要农艺措施和烘烤情况数据

处理	施肥技术	移栽日期	打顶日期	株行距	留叶数
4 次采收		5 月 10 日	7 月 8 日	60cm×120cm	18
3 次采收		5 月 10 日	7 月 8 日	60cm×120cm	17
半斩株采烤		5 月 10 日	7 月 8 日	60cm×120cm	18
常规采收	亩施肥用量基肥：复合肥 50kg、有机肥 40kg、磷肥 35kg、饼肥 50kg、镁肥 8kg 追肥：硝酸钾 5kg、硫酸钾 12kg。施肥方式：基肥在起垄时各种肥料按氮磷钾配比称取相应重量均匀条施；硝酸钾于移栽后 10~15d 围蔸封井时对水淋施；硫酸钾于移栽后 30d，同垄两烟株中间打孔淋施	5 月 10 日	7 月 8 日	60cm×120cm	18
XM1		5 月 10 日	叶面 50%~60% 黄绿色，主脉开始变白		
XM2		5 月 10 日	叶面 60%~70% 黄绿色，主脉变白 1/3 以上		
XM3		5 月 10 日	叶面 70%~80% 黄绿色，主脉变白 1/2 以上		
CM1		5 月 10 日	叶面 60%~70% 黄绿色，主脉变白 1/3 以上		
CM2		5 月 10 日	叶面 70%~80% 黄绿色，主脉变白 1/2 以上		
CM3		5 月 10 日	叶面 80%~90% 黄绿色，主脉变白 2/3 以上		
BM1		5 月 10 日	叶面 70%~80% 黄绿色，主脉变白 1/2 以上		
BM2		5 月 10 日	叶面 80%~90% 黄绿色，主脉变白 2/3 以上		
BM3		5 月 10 日	叶面 90%~100% 黄绿色，主脉基本变白		

（二）试验鲜烟叶外观特征（表4-6-4）

表4-6-4 鲜烟叶外观特征数据统计

处理	叶面颜色	落黄成数	主脉发白程度	茎叶角度	采收日期	栽后天数	打顶后天数
4次采收	黄绿	8成	1/2	80	7月13日	63	6
3次采收	黄绿	9成	2/3	85	7月19日	70	12
半斩株采烤	黄	9成	2/3	90	8月28日	109	51
常规采收	黄绿	8成	1/3	80	7月19日	63	12
XM1	黄绿	6成	1/3	70	7月13日	64	6
XM2	黄绿	7成	1/3以上	80	7月15日	66	8
XM3	黄绿	8成	1/2以上	90	7月21日	72	14
CM1	黄绿	7成	1/3以上	80	8月2日	84	25
CM2	黄绿	8成	1/2以上	85	8月6日	88	29
CM3	黄绿	9成	2/3以上	90	8月10日	92	33
BM1	黄	8成	1/2以上	80	8月20日	102	43
BM2	黄	8.5成	2/3	85	8月25日	107	48
BM3	黄	9成	2/3以上	90	8月28日	110	51

（三）经济性状分析

1. 采收次数和采收方式

半斩株采收方式的上中等烟比例、均价及橘黄烟比例明显优于其他处理，经济性状综合比较从大到小依次为半斩株采收>四次采收>常规采收>3次采收（表4-6-5）。

表4-6-5 采收次数和采收方式

处理	上等烟比例（%）	中等烟比例（%）	橘黄烟比例（%）	均价（元/kg）
4次采收	73.28	22.79	93.7	27.56
3次采收	62.97	31.89	83.6	25.05
半斩株采烤	81	17.04	96.3	28.95
常规采收	71.98	23.93	91.5	27.3

2. 采收成熟度

3个部位不同采收成熟度处理烤后烟叶的经济性状具有较大差异，下部叶

XM2 成熟度处理烟叶等级结构最好，以橘黄烟为主；中部叶 CM3 处理上等烟比例最高，上部叶 BM3 处理上等烟比例最高（表 4-6-6）。

表 4-6-6　采收成熟度

处理	上等烟（%）	中等烟（%）	下低等烟（%）	均价（元·kg⁻¹）	橘黄烟（%）	微带青（%）
XM1	0.00	76.70	23.30	17.69	57.00	16.70
XM2	0.00	100.00	0.00	17.25	100.00	0.00
XM3	0.00	92.90	7.10	17.33	92.90	0.00
CM1	42.60	38.30	19.10	29.65	51.90	27.00
CM2	92.80	4.40	2.80	29.13	93.00	4.50
CM3	94.50	1.50	4.00	26.67	96.00	0.00
BM1	25.00	59.70	15.30	18.3	64.80	19.60
BM2	71.60	28.40	0.00	21.03	88.30	11.60
BM3	87.10	12.90	0.00	21.55	100.00	0.00

（四）化学成分分析

在相同部位下，CM1 和 BM1 两个处理烟叶总糖和还原糖含量相对较低，但总氮和烟碱含量处于较高水平，采收成熟度偏低的情况下影响了烤后烟叶化学成分含量。上部叶适当的提高采收成熟度能够提高总糖和还原糖含量，同时降低了总氮和烟碱含量，有利于提升上部烟叶化学成分的协调性。各处理烟叶两糖比较高，但氮碱比处于偏低水平（表 4-6-7）。

表 4-6-7　化学成分数据

处理	总糖（%）	总植物碱（%）	还原糖（%）	氯（%）	钾（%）	总氮（%）	两糖比	糖氮比	糖碱比	氮碱比	钾氯比
CM1	35.75	2.79	32.01	0.27	2.07	1.95	0.90	16.42	11.47	0.70	7.67
CM2	38.65	2.30	34.71	0.22	1.98	1.73	0.90	20.06	15.09	0.75	9.00
CM3	37.67	2.47	34.44	0.15	2.00	1.78	0.91	19.35	13.94	0.72	13.33
BM1	31.56	3.53	29.81	0.37	1.79	2.39	0.94	12.47	8.44	0.68	4.84
BM2	32.95	3.38	31.13	0.43	1.86	2.24	0.94	13.90	9.21	0.66	4.33
BM3	35.59	3.13	33.67	0.21	1.70	1.99	0.95	16.92	10.76	0.64	8.10

（五）感官评吸质量

中部叶以 CM1 感官得分最高，烟叶质感中等–，烟香平淡，量一般，烟气细柔尚好，口腔干燥感明显，余味略涩口。上部叶以 BM1 感官得分最高，烟叶烟香略有厚实感，烟气表现尚可、吃味强度尚适宜，整体协调性尚好。综合分析，中部叶烟香的透发、口腔干燥感方面表现均不佳，排序为 CM1>CM3≥CM2，上部叶处理间的差异在烟香透发上，整体劲头感不大，吃味强度尚适宜，口腔干燥略有。排序为 BM1>BM3>BM2（表4-6-8）。

表 4-6-8　感官评吸数据

处理	香气特性			烟气特性			口感特性				风格特征			总分
	香气质	香气量	透发性	杂气	细腻程度	柔和程度	圆润感	刺激性	干燥感	余味	香型	烟气浓度	劲头	
CM1	12.5	12	4.5	6	5	5	5	6	5.5	5.5	中	中	中	67
CM2	12	12	4.5	5.5	5	4.5	4.5	5.5	5.5	5.5	中	中	中	64.5
CM3	12	12.5	4.5	5.5	5	4.5	4.5	6	5.5	5.5	中	中	中	65.5
BM1	13	13.5	4.5	5	5	5	5	5.5	6	6	中	中	中	68.5
BM2	12.5	12.5	4.5	5.5	5	5	4.5	5.5	5.5	5.5	中	中	中	66
BM3	13	12	4.5	5.5	5	5	5	5.5	5.5	5.5	中	中	中	66.5

三、小结

上部 4 片半斩株采收方式在 4 个处理中表现最优，其中半斩株采烤方式的橘黄烟比例达到 96.3%，比 3 次采收的高 15.2%。说明烟叶成熟采收时，将顶叶 2 片弃采后上部 4 片半斩株采烤能有效提升橘黄烟和上中等烟比例，烤后烟叶明显疏松、色淡，比较符合"利群"基地烟叶生产等级结构优化需要。

橘黄烟主要出在 CM1、CM2、CM3 3 个处理，且橘黄烟比例从大到小依次为 CM2>CM3>CM1；同时 CM2 处理的中上等烟比例及均价明显高于其他处理，综合分析烟叶品质，"利群"基地中部烟叶宜在叶面落黄 70%~80%，主脉变白 1/2 以上时采收烘烤。

第五章 "利群"品牌恩施烟区
烟叶质量工业评价

一、恩施市盛家坝、城郊基地单元

1. 外观质量

烟叶样品颜色桔黄，烟叶开片尚充分，成熟度较好，结构较疏松，身份尚适中，油分尚可，色度表现为较均匀、较鲜亮。从两个基地单元来看，盛家坝烟叶成熟度、油分、纯度相对略好，城郊基地上部烟叶存在支脉含青现象。总体达到原等级烟叶外观质量水平（表5-1）。

表5-1 烟叶外观质量评价

基地单元	等级	成熟度	结构	身份	油分	色度
盛家坝	B1F	成熟	尚疏松	稍厚	有	浓
	B2F	成熟	尚疏松	稍厚	有	强
	C2F	成熟	疏松	中	有	强
	C3F	成熟	疏松	中	有	中
	X2F	成熟	疏松	稍薄	稍有	中
城郊	B1F	成熟	尚疏松	稍厚	有	浓
	B2F	成熟	尚疏松	稍厚	有	强
	C2F	成熟	疏松	中	有	强
	C3F	成熟	疏松	中	有	中
	X2F	成熟	疏松	稍薄+	稍有	中

2. 化学成分

盛家坝单元上部叶烟碱含量、氯含量、总氮含量偏高，钾氯比偏低；城郊单元上部叶钾含量偏低，中下部烟叶糖碱比偏高。两个基地单元在化学成分表现出共性问题，烟叶总糖含量较高普遍达到30%以上，但两糖比数值总体低于0.8，整体两糖比偏低（表5-2）。

表5-2 烟叶常规化学成分指标

基地单元	等级	总糖（%）	还原糖（%）	总植物碱（%）	氯（%）	钾（%）	总氮（%）	两糖比	糖氮比	糖碱比	氮碱比	钾氯比
盛家坝	B1F	31.15	24.77	3.81	0.56	2.10	2.44	0.79	10.14	6.51	0.64	3.75
	B2F	29.32	23.33	3.82	0.66	1.91	2.48	0.80	9.40	6.12	0.65	2.90
	C2F	38.67	28.57	2.21	0.24	2.15	1.70	0.74	16.81	12.90	0.77	8.82
	C3F	35.45	26.62	2.32	0.13	1.77	1.88	0.75	14.17	11.50	0.81	14.18
	X2F	34.20	26.83	1.18	0.27	2.72	1.57	0.78	17.12	22.66	1.32	10.02
城郊	B1F	29.40	24.72	3.29	0.39	1.67	2.18	0.84	11.32	7.50	0.66	4.30
	B2F	29.48	22.55	3.21	0.49	1.79	2.25	0.76	10.04	7.03	0.70	3.63
	C2F	39.64	30.68	1.95	0.51	2.03	1.54	0.77	19.98	15.73	0.79	4.03
	C3F	36.95	28.42	2.29	0.51	1.94	1.53	0.77	18.61	12.42	0.67	3.83
	X2F	34.21	25.72	1.59	0.24	2.53	1.57	0.75	16.37	16.15	0.99	10.35

3. 感官评吸质量

中间香型，以正甜香韵为主，香气风格尚显著；香气满足感、透发度表现一般，缺少一些爆发力；烟气细腻柔和感尚好，稍显干燥；余味有涩口感，杂气以生青、木质气息为主。从两个基地单元比较来看，中部叶整体感官质量表现基本一致，在上部叶的吃味强度、烟气平衡感方面城郊单元稍好于盛家坝（表5-3）。

表5-3　烟叶感官评吸指标

基地单元	等级	香气特性				烟气特性			口感特性			总分	风格特征		
		香气质 20	香气量 18	透发性 6	杂气 8	细腻度 6	柔和度 6	圆润感 8	刺激性 10	干燥感 8	余味 10	100	香型	烟气浓度	劲头
盛家坝	B1F	11.5	11.5	4.0	4.0	4.0	4.5	4.0	4.0	4.0	4.5	56.0	中	中	稍大
		烟香稍显浑浊，青杂气和氮气息稍显明显，烟气稍显毛糙，喉部毛刺感明显，余味涩口。													
	B2F	11.0	11.0	4.0	4.0	4.0	4.5	4.0	4.0	4.0	4.5	54.5	中	稍大	稍大
		整体质量表现与B1F相似。													
	C2F	12.0	12.0	4.5	4.5	4.5	5.0	4.5	4.5	4.5	4.5	60.5	中	中	中
		香气量稍足，透发度、清晰感中等，稍显青杂气，烟气稍细腻，尚柔和，喉部有毛刺感，干燥感稍显，余味略粗，有涩口感。													
	C3F	12.5	12.5	5.0	5.0	5.0	5.0	4.5	4.5	4.5	4.5	63.0	中	中	中
		香气量尚足，稍透发，枯焦气略显，烟气尚细腻，尚柔和，圆润感略欠，喉部毛刺感稍显，干燥感稍显，余味稍涩口。													
	X2F	11.0	11.0	4.0	4.0	4.5	4.5	4.0	4.0	4.0	4.5	55.5	中	中-	中-
		烟香浑浊，欠透发，木质气较重，烟气略欠细腻，稍柔和，喉部有毛刺感，干燥感稍显，余味涩口。													
城郊	B1F	11.5	11.5	4.5	4.0	4.5	4.5	4.5	4.5	4.0	4.5	57.0	中	中	中+
		烟香清晰度一般，香气量稍足，透发中等，青杂气稍重，烟气稍细腻柔和，圆润感略欠，口腔有浮刺，喉部毛刺感稍重。													
	B2F	12.0	12.0	4.5	4.0	4.5	4.5	4.5	4.5	4.0	4.5	59.5	中	中	中+
		香气量稍足，稍透发，略显青杂气，烟气稍细腻，稍柔和，圆润感一般，喉部毛刺感稍显，余味涩口。													
	C2F	12.5	12.5	5.0	4.5	4.5	5.0	4.5	4.5	4.5	5.0	62.5	中	中	中
		烟香清晰度中等，香气量尚足，尚透发，青杂气略显，烟气稍细腻，尚柔和，喉部有毛刺感，干燥感稍显，余味略粗，略涩口。													
	C3F	12.0	12.0	4.5	5.0	5.0	5.0	4.5	4.5	4.5	5.0	62.0	中	中	中
		香气量稍足，透发中等，青杂气略显，烟气尚细腻，尚柔和，喉部毛刺感稍显，干燥感稍显，余味稍涩口。													
	X2F	10.5	10.0	4.0	5.0	5.0	5.0	4.5	5.5	5.0	5.5	60.0	中	稍小	中-
		烟香浑浊，欠透发，木质气较明显，烟气略欠细腻，尚柔和，喉部有毛刺感，干燥感稍显，余味稍显涩口。													

二、利川市汪营基地单元

1. 外观质量

颜色金黄至桔黄,烟叶开片充分,成熟度较好,结构较疏松,身份尚适中至略偏薄,油分较足,色度表现为均匀、鲜亮;除个别等级外未有支脉含青和叶片杂色等现象,且把内等级纯度较为一致。总体基本接近或稍高于原等级烟叶外观质量水平(表5-4)。

表5-4 烟叶外观质量评价

基地单元	等级	成熟度	结构	身份	油分	色度
汪营	B1F	成熟	尚疏松	稍厚	有	浓
	B2F	成熟	尚疏松	稍厚	有	强
	C2F	成熟	疏松	中	有	强
	C3F	成熟	疏松	中	有	中
	X2F	成熟	疏松	稍薄	稍有	中
元堡	B1F	成熟	尚疏松	稍厚	有	浓
	B2F	成熟	尚疏松	稍厚	有	强
	C2F	成熟	疏松	中—中-	有	强
	C3F	成熟	疏松	中-—中	有	中
	X2F	成熟	疏松	稍薄	稍有	中

2. 化学成分

两个基地单元上部叶烟碱含量偏高,导致糖碱比、氮碱比偏低;各等级两糖比值整体偏低;中、下部叶烟碱含量较为适宜;各等级钾含量在尚适宜范围内,略微偏低,氯含量整体偏低,导致烟叶钾氯比不够协调(数值过高)(表5-5)。

3. 感官评吸质量

上部叶吃味强度偏大,烟香浑浊,缺少成熟质感,烟气平衡感稍差;中部叶烟香有一定的柔绵感,烟气尚柔细,但香气厚实度、口腔甜润感方面稍显不足,下部叶烟香偏弱(表5-6)。

表 5-5　烟叶化学成分指标

基地单元	等级	总糖（%）	还原糖（%）	总植物碱（%）	氯（%）	钾（%）	总氮（%）	两糖比	糖氮比	糖碱比	氮碱比	钾氯比
汪营	B1F	31.20	24.33	3.61	0.40	2.07	2.13	0.78	11.42	6.73	0.59	5.18
	B2F	29.92	22.96	3.75	0.31	2.07	2.23	0.77	10.30	6.12	0.59	6.68
	C2F	36.27	26.60	2.32	0.25	2.37	1.86	0.73	14.30	11.47	0.80	9.48
	C3F	36.89	27.50	2.59	0.22	1.94	1.80	0.75	15.28	10.62	0.69	8.82
	X2F	34.19	26.08	1.58	0.20	2.39	1.64	0.76	15.90	16.51	1.04	11.95
元堡	B1F	32.96	26.75	3.95	0.39	2.01	2.69	0.81	9.96	6.77	0.68	5.15
	B2F	31.69	25.74	4.17	0.41	1.83	2.72	0.81	9.47	6.18	0.65	4.45
	C2F	34.30	26.73	2.66	0.26	1.95	1.87	0.78	14.31	10.03	0.70	7.48
	C3F	35.70	26.57	2.02	0.25	1.95	1.77	0.74	15.05	13.13	0.87	7.67
	X2F	31.45	23.51	1.48	0.13	2.57	1.79	0.75	13.16	15.92	1.21	20.55

表 5-6　烟叶感官评吸指标

基地单元	等级	香气质 20	香气量 18	透发性 6	杂气 8	细腻度 6	柔和度 6	圆润感 8	刺激性 10	干燥感 8	余味 10	总分 100	香型	烟气浓度	劲头
汪营	B1F	11.5	11.5	4.5	4.5	4.5	4.5	4.0	4.5	4.5	4.5	58.5	中	中	中+

正甜香润稍明显，烟香清晰度一般，香气量稍足，透发性一般，青杂气稍显，烟气流畅度尚可，稍显细腻柔和，圆润感略欠，喉部有毛刺感，余味略粗，烟气浓度中等，劲头稍大。

| | B2F | 12.0 | 12.0 | 4.5 | 4.5 | 4.5 | 4.5 | 4.5 | 4.0 | 4.5 | 4.0 | 59.0 | 中 | 中 | 中+ |

正甜香润稍明显，烟香稍显柔绵感，香气量尚足，透发性中等，青杂气略显，烟气稍细腻，稍柔和，略欠圆润，口腔有浮刺，喉部有毛刺，干燥感略显，余味涩口，烟气浓度中等，劲头稍大。

| | C2F | 12.5 | 12.0 | 5.0 | 5.0 | 4.5 | 5.0 | 4.5 | 5.0 | 4.5 | 4.5 | 62.5 | 中 | 中 | 中 |

正甜香润尚明显，透发中等，香气欠细腻，甜润感略欠，青杂气稍显，烟气稍细腻，尚柔和，略欠圆润，口腔上颚有毛刺感，干燥感稍显，余味略粗，烟气浓度中等，劲头中等。

| | C3F | 12.0 | 12.0 | 4.5 | 5.0 | 5.0 | 5.0 | 4.5 | 5.0 | 4.5 | 4.5 | 62.0 | 中 | 中- | 中 |

正甜香润尚明显，烟香清晰度一般，香气量中等，透发中等，略显青杂气，烟气尚细腻，尚柔和，略欠圆润，喉部及口腔上颚有毛刺感，干燥感稍显，余味涩口，微有残留，烟气浓度中等，劲头中等。

| | X2F | 10.5 | 10.5 | 4.0 | 4.0 | 5.0 | 4.0 | 5.0 | 4.0 | 5.0 | 5.0 | 57.5 | 中 | 中- | 中- |

正甜香润微明显，烟香浑浊，香气量稍显空洞，缺少支撑，略欠透发，稍显木质气，烟气柔和细腻度尚好，干燥感略显，口腔微有浮刺，喉部有毛刺感，余味略粗，微涩口，烟气浓度中-，劲头中等-。

（续表）

基地单元	等级	香气特性				烟气特性			口感特性			总分	风格特征		
		香气质 20	香气量 18	透发性 6	杂气 8	细腻度 6	柔和度 6	圆润感 8	刺激性 10	干燥感 8	余味 10	100	香型	烟气浓度	劲头
元堡	B1F	11.0	11.0	4.0	4.5	4.5	4.5	4.0	4.5	4.0	4.0	56.0	中	中	稍大
		烟香浑浊，香气量稍足，透发性一般，青杂气稍重，喉部稍有毛刺感，干燥感稍显，余味涩口。													
	B2F	10.5	10.5	4.0	4.0	4.0	4.0	4.0	4.5	4.0	4.0	53.5	中	中	稍大
		烟香浑浊，欠透发，青杂气和氮气息稍明显，喉部毛刺感稍显，干燥感稍显，余味粗糙。													
	C2F	12.5	12.5	5.0	5.0	5.0	5.0	5.0	5.0	5.0	5.5	66.0	中	中	中
		香气量尚足，透发中等，稍显木质气，烟气尚细腻，较柔和，喉部有毛刺感，余味尚纯净舒适。													
	C3F	12.0	12.0	4.5	4.5	4.5	5.0	4.5	5.0	5.5	5.5	63.0	中	中	中
		烟香清晰度、透发一般，青杂气略显，烟气尚细腻柔和，略圆润，鼻腔及喉部有毛刺感，干燥感略显，舒适度一般。													
	X2F	11.5	11.5	4.5	4.0	4.5	5.0	4.5	4.5	4.5	4.5	59.0	中	中	中-
		烟香欠清晰，香气量稍足，透发一般，木质气稍显，烟气稍细腻，尚柔和，喉部微有毛刺感，干燥感稍显。													

三、鹤峰中营基地单元

1. 外观质量

烟叶样品整体颜色桔黄，开片尚充分，成熟度尚好，结构尚疏松，身份适中至稍偏薄，油分尚可，色度较均匀，把内等级纯度一般。部分中上部烟叶存在杂色、挂灰与支脉含青现象。总体基本达到原等级烟叶外观质量水平（表5-7）。

表5-7 烟叶外观质量评价

等级	成熟度	结构	身份	油分	色度
B1F	成熟	尚疏松	稍厚-	有	浓
B2F	成熟	尚疏松	稍厚	有	强
C2F	成熟	疏松	中	有	强
C3F	成熟	疏松	中-	有	中
X2F	成熟	疏松	稍薄	稍有	中-

2. 化学成分

上部叶烟碱含量、总氮含量偏高，导致糖碱比偏低，烟气酸碱失衡；中下部叶烟碱含量尚适宜；中上部叶钾含量略偏低；各等级烟叶两糖比偏低（表5-8）。

表5-8　烟叶化学成分指标

等级	总糖（%）	还原糖（%）	总植物碱（%）	氯（%）	钾（%）	总氮（%）	两糖比	糖氮比	糖碱比	氮碱比	钾氯比
B1F	33.42	26.14	4.16	0.42	1.68	2.50	0.78	10.44	6.28	0.60	3.95
B2F	33.06	26.64	3.85	0.34	1.74	2.38	0.81	11.17	6.92	0.62	5.06
C2F	37.67	28.31	2.81	0.21	1.66	1.81	0.75	15.60	10.08	0.65	7.85
C3F	35.71	27.21	2.56	0.24	2.06	1.76	0.76	15.48	10.63	0.69	8.48
X2F	37.26	28.07	1.87	0.20	2.19	1.68	0.75	16.70	15.03	0.90	10.80

3. 感官评吸质量

上部叶烟香浑浊，碱性气息明显，吃味强度较大；中下部叶烟气柔细感尚可，整体烟香满足感、明亮度一般，口腔偏干涩，甜润感偏弱（表5-9）。

表5-9　烟叶感官评吸指标

基地单元	等级	香气特性				烟气特性			口感特性			总分	风格特征		
		香气质 20	香气量 18	透发性 6	杂气 8	细腻度 6	柔和度 6	圆润感 8	刺激性 10	干燥感 8	余味 10	100	香型	烟气浓度	劲头
中营	B1F	10.5	10.5	4.0	5.0	4.0	4.0	4.0	4.5	4.0	4.5	55.0	中	中	较大
		劲头感明显，烟香稍显浑浊，青杂气和氮气息稍明显，烟气粗糙，干燥感稍显，余味涩口，可用性偏低。													
	B2F	11.5	11.5	4.5	4.5	4.5	4.5	4.0	4.5	4.0	4.5	58.0	中	中	稍大
		烟香略显低沉，欠透发，青杂气略显，烟气粗糙，喉部有毛刺，干燥感稍显，余味涩口，可用性偏低。													
	C2F	12.5	12.5	5.0	5.0	5.0	5.0	4.5	5.0	4.5	5.0	64.5	中	中	中
		烟香尚透发，香气量尚足，青杂气略显，烟气尚细腻、柔和，圆润感一般，干燥感略显，余味略粗。													
	C3F	12.0	12.0	4.5	4.5	4.5	5.0	4.5	4.5	4.5	4.5	60.5	中	中	中-
		香气量稍足，透发一般，青杂气略显，烟气尚细腻，稍柔和，喉部有毛刺感，干燥感稍显，余味略涩口。													
	X2F	11.0	11.0	4.0	4.0	4.5	5.0	4.0	4.5	4.5	4.5	57.0	中	中-	中-
		烟香单薄，欠清晰，木质气稍明显，烟气稍细腻，尚柔和，圆润感略欠，喉部略有毛刺，干燥感稍显。													

第六章 "利群"品牌导向的特色优质烟叶生产技术规范

一、范围

本标准规定了恩施烟区高端"利群"品牌烟叶原料的质量需求、种植区域以及田间栽培管理、病虫害防治、调制醇化等技术。

本标准适用于恩施烟区高端"利群"品牌烟叶原料烤烟种植区。

二、生产目标

1. 产量目标

根据工业市场需求，结合烟叶优化结构措施，制定以下指标：

（1）亩产量。不适用烟叶处理后，产量为120~130kg/亩。

（2）等级结构。中部烟比例≥75%，中部上等烟比例≥55%，上中等烟比例≥99%，上部烟≤15%。

2. 质量目标

（1）外观质量。油分、身份、色度、残伤都以国家标准 GB 2635—92 及其修改版为基本依据，要求叶片成熟度好，颜色浅桔至桔黄（以金黄色为主），叶面与叶背颜色相近，叶尖部与叶基部色泽基本相似，叶面组织细致，叶片结构疏松，弹性好，叶片柔软，身份适中，色度强至浓，油分有至多。

（2）常规化学成分。烟叶化学成分重点关注烟碱、还原糖含量以及糖碱比、氮碱比、两糖比、钾氯比等比值，其主要指标要求如表6-1所示。

表 6-1 烟叶化学成分指标

部位	烟碱	还原糖	钾	氯	总氮	两糖比	氮/碱	糖/碱	钾/氯
上部	2.9±0.3	20±3	>2.0	0.2~0.6	2.2~2.5	>0.90	0.8~1.1	8±2	>8
中部	2.5±0.3	22±3	>2.5	0.2~0.6	2.0~2.3	>0.90	0.8~1.1	10±2	>8
下部	1.8±0.2	24±2	>2.5	0.2~0.6	1.8~2.1	>0.90	0.8~1.1	12±2	>8

（3）感官评吸质量。

①上部叶（以 B2F 为例）。中间香型；香气较细腻、较透发、绵实感较好；香气量尚足至较足；烟气浓度中等至稍大、较成团、柔和性中等至尚好；杂气较轻，允许微有青杂气；劲头中等至稍大；喉部允许稍有毛刺感、上颚刺激较小；余味尚纯净舒适，口腔无残留，无明显苦、涩感；燃速中等；灰色灰白；包灰较紧、持灰较长。

②中部叶（以 C3F 为例）。中间香型；香气较饱满、厚实、细腻，明亮度、透发性好，有较好的绵团感；烟气浓度中等、成团性好，较柔和，圆润感较好；允许微有生青气，醇化半年后减轻；劲头中等；喉部允许微有刺激，上颚、口腔无刺激；余味较干净舒适，口腔无残留、无明显干燥感；燃烧性较好、包灰紧持灰较长、灰色灰白。

③下部叶（以 X2F 为例）。中间香型；香气细腻、较厚实，明亮度、透发性较好，香气量稍有至尚充足；烟气浓度中等至较小，成团性较好、烟气细腻柔和、圆润感较好；杂气较轻；劲头中等至较小；基本无刺激感；余味纯净舒适，口腔无残留，无干燥感；燃烧性较好、包灰紧持灰较长、灰色灰白至白净。

（4）安全性要求。烟田要严格执行《中国烟叶公司关于 2013 年度烟草农药使用推荐意见的通知》中烟叶生〔2013〕44 号文件烟草农药使用的推荐意见。不得使用高残留剧毒农药；控制烟叶有机氯残留量、有机磷残留量、烟草特有亚硝氨（TSNA）含量。推广应用高效低毒农药，规避土壤重金属背景值高的区域种植，提高烟叶安全性。严格按照国家局 123 种烟叶农药最大残留限量执行，其中重点监控指标限量标准如表 6-2 所示：

表 6-2   "利群"烟叶原料安全性重点指标限量标准   （mg/kg）

序号	类别	中文通用名	英文名称	指标
1	有机氯杀虫剂	六六六[a]	benzenehexachloride，BHC	≤0.07
2		滴滴涕[b]	dichlorodiphenyltrichloroethane，DDT	≤0.2
3	有机磷杀虫剂	甲胺磷	methamidophos	≤1.0
4		对硫磷	parathion	≤0.1
5		甲基对硫磷	parathion-methyl	≤0.1
6	氨基甲酸酯杀虫剂	涕灭威	aldicarb	≤0.5
7		克百威	carbofuran	≤0.1
8		灭多威	methomyl	≤1.0
9	拟除虫菊酯杀虫剂	氯氟氰菊酯	cyhalothrin	≤0.5
10		氯氰菊酯	cypermethrin	≤1.0
11		氰戊菊酯	fenvalerate	≤1.0
12		溴氰菊酯	deltamethrin	≤1.0
13	烟酰亚胺杀虫剂	吡虫啉	imidacloprid	≤5.0
14	除草剂	双苯酰草胺	diphenamide	≤0.25
15		异丙甲草胺	metolachlor	≤0.1
16		敌草胺	napropamide	≤0.1
17	杀菌剂	甲霜灵	metalaxyl	≤2.0
18		菌核净	dimethachlon	≤5.0
19		二硫代氨基甲酸酯[c]	dithiocarbamates	≤5.0
20		多菌灵	Carbendazim	≤2.0
21		甲基硫菌灵 d	Thiophanate-methyl	≤2.0
22		三唑酮	Triadimefon	≤5.0
23		三唑醇 e	Triadimenol	≤5.0
24	抑芽剂	二甲戊灵	pendimethalin	≤5.0
25		仲丁灵	butralin	≤5.0
26		氟节胺	flumetralin	≤5.0
27	重金属	砷（As）	arsenic	≤0.5
28		铅（Pb）	lead	≤5.0
29		镉（Cd）	cadmium	≤5.0
30		汞（Hg）	mercury	≤0.1
31	转基因	无任何可检测到的转基因成分		

[a] 六六六的检测结果以总量计

[a] 滴滴涕的检测结果以总量计

[c] 二硫代氨基甲酸酯的检测结果以 CS_2 计

[d] 甲基硫菌灵、多菌灵，以多菌灵计

[e] 三唑酮、三唑醇，以三唑酮计

（5）工业使用要求。烟叶质量风格特色显著，配伍性好，配打后中部上等烟模块（以 C2、C3 为主）能进入"利群"品牌一类和高端卷烟产品配方中作主料烟使用，上部上等烟模块（以 B1、B2 为主）能进入"利群"品牌二类卷烟产品配方中作主料烟使用，中下部中等烟叶（以 C4、X2 为主）模块能进入利群品牌二类以上产品配方作优质填充料使用。

三、种植区域

主要分布于利川市、建始县和恩施市，核心区 4 万亩、辐射区 6 万亩，海拔 800~1300m；土壤微酸性至中性 pH 值为 5.0~7.0，有机质 20~40g/kg（表 6-3）。

表 6-3 高端"利群"品牌烟叶原料生产种植区域

县市	区域	面积（万亩）	烟站	乡镇	海拔范围（m）	烟叶最大产量（万担）
利川市	核心区	2	汪营、元堡	汪营、凉雾、元堡、团堡、沙溪	1000~1300	5
	辐射区	3	文斗、忠路	文斗、忠路	1000~1300	7.5
建始县	核心区	1	茅田	长梁、茅田	800~1200	2.5
	辐射区	1	龙坪、官店	龙坪、官店、景阳	800~1300	2.5
恩施市	核心区	1	盛家坝	盛家坝	800~1200	2.5
	辐射区	2	城郊、三岔、新塘、红土	龙凤、三岔、白杨、新塘、红土	800~1400	5

四、烤烟品种

云烟 87。

五、土壤保育与修复

1. 深耕冻土

烟叶采收完成后，及时清理烟苑、烟杆和田间其他杂物。集中统一销毁，不随意扔进沟渠、水池，严防污染烟田和水源，同时全面开展烟田废弃地膜回收。在 12 月上旬开始对规划的冬闲田进行深耕,翻耕深度在 30cm 左右。

2. 绿肥翻压还田技术

以种植光叶紫花苕子和油菜为主,在 9 月中旬至下旬开始播种,紫花苕子:撒播播种量 2.5kg/亩,条播播种量 1.5kg/亩;油菜:撒播播种量 1kg/亩,条播播种量 0.5kg/亩。整体撒播田块采取深耕压青,条播的田块可将绿肥压到垄沟内,上面覆土成形成垄体,翻压深度不低于 20cm。

3. 秸秆还田技术

利用玉米、水稻秸秆粉碎翻压还田,将秸秆人工或者机器粉碎,长度应小于 10cm,秸秆还田量控制在 200~250kg/亩,堆积发酵后还田。深翻深度在 20cm 以上,并及时耙实,以利保墒。

4. 秸秆炭化技术

充分发挥烟草秸秆自身的优良特性,利用炭化设备制备生物质炭。根据产区实际情况,生物炭的施用可以采取 3 种不同的形式,具体如下:

(1)撒施。将烧制好的生物炭用粉碎机粉碎,过 1mm 土筛,在整地前、按照生物炭用量 300kg/亩将过筛的生物炭均匀撒施在土壤表面,随后旋耕深翻 20cm,使其与土壤充分混合。

(2)穴施。烟苗移栽后 15d 左右,在围兜封口时将生物炭按照施用量 0.2kg/株与营养土混合后在烟苗四周施用,使生物炭与烟苗根茎部自然贴合,随后用田间本土进行覆盖。

(3)肥料混合后基施。在起垄施肥时,将生物炭与化学肥料混合后作为基肥一次性施入土壤。

5. 土壤酸化治理

对土壤酸化较强区域推行石灰改良技术。土壤 pH 值≤5.0,生石灰用量 100kg/亩;土壤 5.0<pH 值<5.5,生石灰用量 50kg/亩。生石灰可结合土壤翻耕进行撒施,连续三年施用生石灰区域应停止使用。

六、烟苗培育

1. 搞好消毒,规范操作

育苗前搞好苗床、大棚和浮盘消毒,育苗工场的浮盘采取烟雾消毒,育苗场地及分散育苗点浮盘使用30%复方聚六亚甲基胍或二氧化氯进行消毒。育苗过程中所有人员进入大棚前必须严格消毒，操作人员要规范操作。

2. 及时清洗或更换大棚膜

使用5年以上损坏严重棚膜要及时更换，对旧大棚膜要进行清洗，增加苗棚透光率。

3. 适时播种、梯度育苗

海拔800m以下区域每年以2月15—25日为宜，海拔800~1000m区域以2月25日至3月5日为宜，1000m以上区域以3月1—10日为宜。

4. 合理控制苗池水深

首次加水深3cm，出苗后水深控制在4~6cm。

5. 合理配制育苗肥

使用10：10：20的复合肥做育苗肥，浮盘放入苗池前加一次育苗肥，营养液氮素目标浓度150mg/kg，间苗后施用第二次育苗肥，营养液氮素目标浓度150mg/kg。

6. 加强苗床温湿度管理

防止低温冷害和高温烧苗，适时通风排湿。同时，根据当年气候条件和烟苗实际发育状况，采取相应温控措施，对于温度偏高、出苗偏早的要采取降温控苗措施，对于温度偏低、出苗偏晚的要采取保温促苗措施。

7. 培育发达根系

基质充分湿润后装填，装填松紧适宜。喷施裂解水时喷雾器龙头不宜过低，避免基质紧实，减少螺旋根的产生。

8. 加强炼苗

提倡"少剪多炼""循序渐进"，当烟苗进入大十字后期结合移栽时间和烟苗长势可逐渐通风，促使叶片和根系协调生长，防止烟苗徒长，增强烟苗抗逆性，对盘内烟苗长势不均匀或延误移栽的，要及时进行1~2次的剪叶控苗。

9. 加强病害预防

间苗、烟苗运输等操作前进行病毒病普防。

七、烟株营养调控技术

1. 测土配方施肥技术

全面推广平衡施肥技术,按照"控氮、稳磷、增钾、补微"的思路,实行分片区制定施肥方案,根据常年烟叶长势和土壤肥力分地块、分户制定施肥通知单,指导烟农精准施肥。除土地整治区外,烤烟亩施总氮量平均为 6.5kg 左右(其中化学氮为 6.0kg 左右)、N:P_2O_5:K_2O=1:2:3 禁止生产大水大肥烟叶,控制施氮量,增加钾氮比,防止烟叶贪青晚熟。

(1)施肥配方。绿肥翻压鲜重达 1500kg/亩以上的种植绿肥区域,每亩调减 0.5kg 化学纯氮量,农家肥(腐熟牛粪、沼液、沼渣)达 1000kg 的每亩调减 0.5kg 化学纯氮量(表6-4)。

表6-4 烟叶施肥指导配方 (kg/亩)

田块类型	肥料种类						养分含量			
	复合肥 8-16-24	有机肥 0.5-1-1.5	磷肥 0-12-0	饼肥 2.2-1.8-1.2	硝酸钾 13.5-0-44.5	硫酸钾 0-0-50	氮	磷	钾	比例
一类田	55	60	25	25	4	14	5.8	12.9	23.2	1:2.2:4
二类田	65	60	25	25	4	14	6.6	14.5	25.6	1:2.2:3.9
三类田	75	60	25	25	4	14	7.4	16	28	1:2.2:3.8

(2)施肥方法。

①基肥。复合肥、磷肥、生物有机肥、发酵饼肥、农家肥在"三先"时平地条施,后起垄。

②追肥。100%硝酸钾或硝铵磷肥在烟苗移栽后 10d,作提苗肥兑水施用,在离烟苗 10cm 处打孔(8~10cm 深)、穴施、封口。100%硫酸钾在烟叶移栽后 30d 左右,于顺垄两株烟之间处打孔(8~10cm 深)、穴施、淋水、封口。

2. 有机肥施用技术

包括生物有机肥、饼肥以及腐熟农家肥等。其中生物有机肥用量 60kg/亩;饼肥用量 25kg/亩;腐熟农家肥用量 1000~1500kg/亩为宜。生物有机肥与饼肥配合施用,为提高烟叶香气质量,在核心示范区加大饼肥的施用量。

3. 叶面肥施用技术

注重磷酸二氢钾、黄腐酸、腐殖酸、氨基酸钙等叶面肥料的施用。氨基酸钙、磷酸二氢钾喷施时间为旺长期、打顶期、打顶后 10d 各喷施 1 次。黄腐酸、腐殖酸可以采取移栽时灌根结合后期旺长期喷施的方式。

4. 水肥耦合技术

以水调肥，有效提高肥料利用效率。强化对水追肥、沼液施用等技术应用，根据山地烟特色推广水肥一体化小型器械。具体方法：移栽后 15～20d 追肥 1 次，对水追肥+移栽后 35～40d 进行烟株灌溉水（1kg/株）+移栽后 55～60d 进行烟株灌溉水（1kg/株）。沼液用量控制在 500kg/亩，在烤烟团棵期作为追肥施用。

八、烟苗移栽技术

1. 移栽时间

根据烟区海拔确定移栽期，海拔 800～1000m 烟区 4 月 25—30 日，海拔 1000～1200m 烟区 5 月 1—5 日，海拔 1200～1400m 烟区 5 月 6—15 日，膜下"井窖式"小苗移栽可提前 5～7d。

2. 移栽规格

根据不同区域生态特点和土壤肥力确定移栽密度。平槽地 1010 株/亩（120cm×55cm）；坡地（缓坡地）1111 株/亩（120cm×50cm）。

不同海拔中等肥力烟田移栽密度如表 6-5 所示，各海拔区视供肥能力水平而适当增减种植密度，供肥能力偏小则适当减少密度，反之则适当增加密度。

表 6-5 中等肥力烟田

海拔	移栽密度
<800m	1100～1200 株/亩
800～1200m	1100 株/亩
>1200m	1000～1100 株/亩

3. 移栽方法

（1）"井窖式"移栽。实行"三角定植"移栽定位技术，以提高光合利用率。按照"三要、三不、五适宜"的技术规程执行，即"要选苗、要带土、要防虫，壁不紧、肥不重、苗不见，适宜烟苗、适宜移栽期、适宜井窖规格、适宜带水量、适宜封口时间"。移栽时，应选用健壮无病、整齐一致的烟苗，打孔深度15~18cm（根据垄体高度、烟苗大小灵活掌握，确保烟苗置入井窖后距井口3~5cm），井窖口直径9~11cm，膜口略大于井窖口，提倡机械打孔，对垄体墒情太足或土壤黏性较大以及坡度较大的烟田建议使用人工打孔。严格三带技术，即带肥、带水、带药移栽，烟苗丢入井窖后，用少量发酵好的营养土围蔸覆盖根部，然后将0.5%的营养液（每亩2.5kg左右复合肥）加入防治地下虫害的农药（2.5%高效氟氯氰菊酯）及防治根茎部病害农药用水壶顺井壁淋下（不能淋到心叶），施用量应根据垄体墒情及天气状况进行调整，垄体墒情好的每井0.1~0.15kg；中等的每井0.2~0.25kg；较差的每井0.3~0.5kg，雨天可减少带水量，使烟株根系与土充分结合。烟苗移栽完毕后，在井窖内撒施防治蛞蝓类药剂（如密达、冠达等）。

（2）膜下"井窖式"小苗移栽。在"井窖式"移栽技术的基础上，再用宽20~25cm的农膜将井窖口覆盖，先用喷雾器喷水湿润再覆膜，确保农膜粘贴紧密。二次覆膜之后，若气温达到30℃以上，可在烟苗上方开1~3个直径1厘米左右通气孔，降温排湿，使烟株逐步适应外界环境。当烟苗顶部基本与地膜接触（在移栽后7~10d）时进行揭膜露苗。

九、烟叶田间管理

1. 适时封口

封口时间不宜过早，适时封口时间为：当烟株有7~8片叶，叶片盖住井口时，选择晴天用发酵好的营养土拌入适量生根粉和防治根茎部病害药剂或移栽灵进行围蔸，然后扩膜，并用本土封口，促使早生快发，封口前喷施预防病毒病药剂。

2. 查苗补苗

在移栽后5~7d内进行查苗补苗，将死苗、弱苗和受病虫侵害的烟苗拔除，一般进行2~3次，补苗要补稍大的苗，要深栽烟、多带土、浇足水，偏施偏管，促进小苗早生快发，使大田烟株长势整齐一致。

3. 合理打顶留叶

视烟株长势长相打顶。对营养协调的烤烟实行中心花开50%时一次性刀削45°打顶，对营养过剩的烤烟实行盛花期打顶，对营养不足、长势较差的三类苗可实行现蕾打顶。打顶时自顶端向下达到35cm长的叶片均需保留。打顶后留叶数为18~20片。打顶时，统一采取刀削斜面，晴天上午进行打顶，以利伤口迅速愈合。打顶后，必须将打下的花芽花梗及时清除出田间处理，保证田间清洁卫生，以减少病虫害的传播。

4. 合理处理不适用烟叶，优化等级结构

在高端利群示范区采取打顶时摘除下部叶，同时上部叶弃采的处理方式，具体为：打顶时同步将下部3~4片光照不足、发育不良、无市场的下部叶打掉；顶部3~4片叶实行"留叶弃烤"措施，"留叶"即打顶时将花下达到15cm以上的叶片保留至采收前，"弃烤"即将顶部3~4不采收、不入烤房，且对病斑较多、残伤严重的烟叶不进入烤房。单株采烤叶数为11~13片。

十、病虫害综合防治

重点防控病毒病、青枯病、黑胫病、气候斑点病、烟蚜、斜纹夜蛾、烟青虫、蛴螬等"四病四虫"，病虫危害损失率控制在3%以内。

1. 病毒病

加强苗床管理，全面使用集约化漂浮育苗，淘汰传统的小棚分散育苗；做好苗床生产管理和卫生消毒工作，尽早清除苗床周边杂草和非烟植物；严格落实纱网防蚜工作，尽量减少人为传毒。移栽后促进烟苗早生快发，提高烟苗自身抗性。病毒病易发地区，在苗床、移栽、封口、打顶等农事操作前，采用8%宁南霉素1600倍液、3%超敏蛋白微粒剂10克/亩、20%吗呱·乙酸铜可湿性粉剂1200倍液、0.5%香菇多糖水剂（抗独丰）500倍液等进行预防。

2. 青枯病

全面做好合理轮作、土壤保育、酸化治理和烟田排涝工作，优先使用微生物农药和修复菌剂。在封口期及旺长期，可采用复合微生物菌（2亿/g）80g/亩、多黏类芽孢杆菌（0.1亿/g）1700g/亩或20%噻菌铜悬浮剂700倍液等进行灌根处理。生物药剂与化学农药不能混用，使用间隔时间要达到15天以上。

3. 黑胫病

做好合理轮作、土壤保育、酸化治理和烟田排涝工作。黑胫病易发区域，发病前或发病初期采用枯草芽孢杆菌可湿性粉剂（1000亿/g）45克/亩、枯草芽孢杆菌粉剂（10亿/g）100克/亩、58%甲霜·锰锌600倍液、72.2%霜霉威水剂1000倍液等进行灌根防治。生物药剂与化学农药不能混用，使用间隔时间要达到15d以上。

4. 气候斑点病

合理施用化学肥料，注意烟株营养平衡。在烟叶团棵期至平顶期时，强力推广用1∶1∶（160~200）波尔多液1~2次或用代森锌600倍液进行叶面喷雾防控，减少一些并发症状。

5. 烟蚜

严格执行打顶抹杈技术，全面推广烟蚜茧蜂防治烟蚜技术和异色瓢虫防治烟蚜技术，严禁施用任何形式的化学农药。

6. 斜纹夜蛾

做好冬耕晒土工作；烟叶移栽时，在田间部署性诱剂和杀虫灯，杀灭越冬代成虫；烟叶旺长期和团棵期，可选用斜纹夜蛾核型多角体病毒4g/亩、16 000IU/毫克（IU为国际单位）苏云金杆菌可湿性粉剂50g/亩、25%/升高效氟氰菊酯乳油0.8g/亩、10%高效氯氟氰菊酯水乳剂0.8g/亩等进行防治。

7. 烟青虫

烟青虫的防治措施与斜纹夜蛾相似，但斜纹夜蛾核型多角体病毒防治效果不好。

8. 蛴螬

做好冬耕晒土工作和带药移栽工作；烟田布置太阳能杀虫灯杀灭成虫以减少虫口基数，在移栽时可选用25%高效氟氰菊酯乳油0.8g/亩、10%高效氯氟氰菊酯水乳剂0.8g/亩、16 000IU/毫克苏云金杆菌可湿性粉剂50g/亩等进行防治。

十、科学采收烘烤

1. 不同部位成熟标准

（1）下部叶。栽后70d；叶片以绿为主，即叶片稍退绿；叶片弯曲呈弓形；主脉变白约 1/3，支脉部分变白，茸毛脱落。

（2）中部叶。栽后 85~95d，叶片黄绿各半；主脉变白 1/2 以上；茎叶角度接近直角，叶片弯曲呈弓形，茸毛脱落。

（3）上部叶。移栽后 110d 以上；叶片以黄为主，微显绿色；主脉全白，支脉变白 2/3 以上；茎叶角度接近直角，叶片弯曲呈弓形，茸毛脱落，叶面有较多的成熟斑点。针对上部叶一次性带茎砍烤和一次性采收相结合，严格把握烟叶成熟标准，一般以顶部倒数第二位叶充分成熟为标准。

2. "8 点式"烘烤工艺

（1）38℃温度点。装炕后立即烧大火，开启风机内循环，将温度在 5h 左右升到 38℃，湿球 36~37℃，一般稳温 10~12h，此期一般不排湿，高温保湿变黄。

（2）40℃温度点。以 1℃/h 的速度升到 40℃，湿球 37~38℃，稳温至下层叶片黄片青筋，稳温 20h 左右，风机低速运转。

（3）42℃温度点，以 0.5℃/h 的速度将温度从 40℃升到 42℃，湿球 36~37℃，稳温至上层叶片黄片青筋、主脉变软，在上层叶片未达到变黄目标的情况下不允许超过 42℃，一般稳温 20~24h，风机高速运转。

（4）44℃温度点，转火后慢升温，以 0.5℃/h 的速度将温度从 42℃升到 44℃（即 4h 左右升到此温度），湿球 35~37℃，稳温至下层叶片黄片黄筋、勾尖卷边，一般稳温 8~12h，严禁集中大排湿，风机高速运转。

（5）46℃温度点，以 0.5℃/h 的速度将温度从 44℃升到 46℃（即 4h 左右升到此温度），湿球 35~37℃，稳温至上层叶片黄片黄筋，勾尖卷边，全炕无青筋，稳温 10h 左右，严禁集中大排湿，风机高速运转。

（6）50℃温度点，湿球 37~38℃，稳温至下层叶片大卷筒、干燥 1/2 以上，稳温 6~8h，风机高速运转，依据湿球温度灵活掌握排湿。

（7）54℃温度点，湿球 38~39℃，稳温至上层叶片大卷筒，并适当延长稳温 8~12h，确保整炕叶片全干，依据湿球灵活掌握排湿，叶片基部未达到全干时，不允许超过 54℃，风机高速运转。

（8）68℃温度点，以每小时 1℃ 左右升到此温度点，湿球 40~42℃，风机低速运转，稳温至整炕烟叶烟筋全干，稳温 24~30h。进入干筋期后，干球温度不得超过68℃,湿球温度不得超过43℃,防止烤红,逐步关小进风口,保持湿球温度在合适范围(42℃左右),以确保烤后烟叶油分和色度,节省能源。

烘烤过程中遵循原则:一是根据鲜烟叶素质情况适当增加36℃烘烤点(稳温6h左右),促进烟叶变黄协调,减少上部烟叶含青;二是烟叶在达到烘烤变化目标后再升温到下一个烘烤点;三是尽量缩短36℃以下低温变黄和68℃干筋时间。

3. 上部叶半斩株烘烤

(1)斩株方法。当上部烟叶达到成熟后,先去尾再进行一次性斩株烘烤(包括上二棚2~3片及中部近上二棚2~3片),要求在距最下面一片着生烟叶以下4~5cm处斩株,斩株要在晴天上午10点以后进行。为提高烟叶成熟度,对于同一块烟田,可以按照成熟度分批进行斩株采收。

(2)绑烟方法。直接将最下端叶片倒挂在烟杆上,并依次交错排列在烟杆两侧,单竿挂烟30株左右为宜,挂烟时避免叶片与地面摩擦受损,避免日光曝晒。

4. 特殊烟叶烘烤要点

(1)成熟期多雨,含水量大的烟叶。雨水过多条件下成熟的烟叶,尤其是下二棚叶或过于繁茂烟田的嫩黄烟,表现营养不良、叶内干物质少、水分大,烘烤时变黄快、变黑也快,耐烤性差。首先要适时早采第一炕,尽可能避免采雨淋烟和露水烟;其次是编烟密度和装烟密度略少于正常烟叶;三是相对提高烟叶变黄温度,定色阶段适当降低湿球温度,在烟叶变黄后期逐步加强排湿,严防脱水与变黄不协调造成烟叶烤黑,做到先高温低湿脱水、再保温保湿变黄。

(2)成熟期干旱、含水量少的烟叶。这类烟叶往往营养不良、发育不全,叶内干物质积累少,含水率偏低,烘烤时变黄、定色较困难,易出现浮青和微带青,也容易出现大小花片。首先要力争采收成熟烟叶,协调变黄和脱水的矛盾;其次在不超载的前提下,尽量将烤房内装烟密度加大;第三烘烤时湿球温度过低要向烤房内补充水分;第四变黄起点温度控制在36℃,使烟叶叶尖变黄,之后升温到39~40℃,保持干湿球温度差在2℃以内,如大于2℃进行人工补湿，使烟叶变黄到9成黄后升温到42℃，湿球温度控制在37~38℃，到主脉发软。在40℃以前烤房湿度不足时应及时给加热室内加水补湿；第五转火时底层烟叶达到全黄、主脉变软，此后每2h升温1℃，48℃以后以每小时升温1℃到53~55℃稳火定色，整个定色期湿球温度一直稳定在37~38℃。

（3）返青烟。已经或接近成熟的烟叶受降雨的影响，重新恢复生长，叶色转青，烘烤时既易烤青又易烤黑。首先要推迟采收时间，雨过天晴后，力争使烟叶在田间能够再度表现成熟特征时进行采收。其次采用"高温变黄、低温定色、边变黄变定色"的烘烤办法，点火后以每小时1℃升至40℃，干湿球温度差尽快增至3℃左右，促进烟叶水分汽化并及时排出，当底层烟叶达到黄带浮青、主脉变软时立即转火，以每2~3h 1℃升温至46~47℃并充分延长时间，湿球温度稳定在37℃左右，使底层烟叶完全变黄小卷筒，然后转入正常烘烤。

5. 避免烤坏烟的技术措施

（1）避免烟叶烘烤挂灰技术。烘烤时确保烟叶失水和变黄协调，转火时下层（高温层）叶片必须达到勾尖卷边、主脉发软，通过控制叶片含水量降低挂灰烟的产生。具体措施：一是尽量缩短低温变黄时间，避免烟叶变黄期因营养物质过多消耗出现挂灰；二是在41~42℃烘烤点，先稳温适量排湿，即增大干湿球温差至5~6℃，在底层（高温层）烟叶达到烘烤指标后再升温定色；三是定色期缓慢升温，稳温排湿，避免出现急升温或大幅度掉温，造成烟叶挂灰。

（2）避免烟叶烤青技术。一是提高中上部烟叶采收成熟度，避免因采收烟叶的成熟度不够，导致烟叶难于变黄而烤成青烟；二是控制起火温度。避免因起火温度过高，造成烟叶烤青。点火后，以2h升温1℃的速度，将下层（高温层）干球温度逐步提高到38℃，稳温烘烤至叶尖、叶缘变黄后再升温；三是在42℃烘烤点延长烘烤时间，确保下层叶片全黄、支脉变黄（白）才能转火升温，避免叶片基部和支脉含青；在44℃温度点，下层叶片必须达到黄片黄筋、勾尖卷边后才能升温；在46℃温度点，上层叶片必须达到黄片黄筋，勾尖卷边后才能升温，确保全炕无青筋，避免主脉含青。

（3）避免烟叶产生青痕的措施。一是避免烟叶机械损伤。在烟叶采收、运输、编竿、上炕过程中，避免因操作不当造成烟叶机械损伤。鲜烟叶一旦出现折断、破损、残伤等机械损伤，直接造成受害部位细胞失水干燥，叶绿素被固定，产生青痕；二是避免烟叶日光暴晒。在烟叶堆放、运输过程中，要及时加上遮盖物，避免太阳直晒造成烟叶局部失水干燥产生青痕；三是规范烟夹夹烟操作。在烟夹夹烟过程中，要按照烟夹使用要求在操作平台上进行规范操作，杜绝直接在地面上进行夹烟操作，叶柄露出 12cm 左右，避免因烟夹使用不当造成叶片基部受损产生青痕。

十一、初烤烟叶自然醇化技术

初烤烟叶经过醇化后，微带青烟叶含青率下降，黄烟率比例提高，油分增加，烟叶色泽变得更加均匀，外观质量、内在质量得到明显改善，烟农收入得到提高。

1. 醇化室

选择干净、无杂物堆放、干燥、遮光、密闭、无异味、无污染物的房间作为专用于初烤烟叶储存堆放的醇化室。如房间地面为水泥地、墙面为砖墙，地面可用砖头垫高 25～30cm，再铺上木板，木板上铺一层没有异味的稻草或麻片，墙面装订隔热板或黑色塑料薄膜防潮，以满足自然醇化保温保湿的需要；墙上设进风口与排风口（面积均为 30cm×30cm），且排风口内置排风扇。若条件允许，可修建标准醇化室，保温保湿效果更加有利于烟叶的自然醇化。

2. 醇化流程

（1）初烤烟叶回潮。烟叶烘烤结束后，采用自然通风回潮的方法使烤房内烟叶自然回潮到一定程度，即当烟叶自然回潮到 13%～14% 的含水量时，及时将烟叶出房。且烟叶出房宜选择在晴天早晨或傍晚时进行，应避免在雨天时出房，以确保烤后烟叶的韧性和水分处于良好状态。

（2）烟叶初分。剔除没有价值的青杂烟叶，并及时将烟叶按分级标准（部位一致、颜色一致、长短一致）进行大致初分，初分结束后将烟叶分类打捆，每捆 10～20kg，方便人工搬运。

（3）烟叶分类堆放。将烟捆搬运至醇化室中，分部位进行堆积醇化。按照烟叶的炕次、部位以及"先进先出"的原则稍作隔开，堆垛存放，以便于在烟叶预检交售时能清楚地按下–中–上的顺序分部位进行交售。微带青（含青面积不能过大）烟叶可以用麻片包好后与同部位烟叶一起堆放于醇化室内同一区域。堆放烟叶时，不能遮挡住通风口，要将叶尖朝内，叶基朝外，层层压紧，烟垛大小以宽约1.5m，高1.2~1.5m为宜。

（4）盖膜加压醇化。堆垛完成后，用麻袋、草帘等植物制品严加裹覆，再用不透光的黑色大棚膜进行覆盖密闭，并适当加压（微带青烟叶可适当多加压）。

3. 关键技术调控

（1）醇化时间。受不同海拔区域气候的影响，温湿度差异较大，所需醇化时间不同。本区域醇化时间为30d。上部烟叶、微带青烟叶可适当延长一周左右时间。

（2）温湿度要求。烟叶醇化效果的好坏取决于两个最重要的因素，即温度与湿度，室内温度应低于28℃，相对湿度应小于75%，烟堆中心温度保持在25~30℃，最高不得大于35℃，含水量在15%~17%，不超过17%。

（3）特殊天气下温湿度调控技术。若遇极端恶劣天气，如连续阴雨天气，可采用以下几个方法调控温湿度。一是排气扇排湿，若湿度略微偏大，可打开醇化室的进风口，开启排风扇，保持通风，降低湿度；二是生石灰吸潮，若采用排气扇排湿后湿度仍偏大，可在醇化室四个墙脚放上木质容器，里面放置冷却后的适量生石灰吸潮（生石灰只装容量的1/3到1/2），粉化后及时更新；三是抽湿机强制排湿，若是经过前两种方法，湿度仍超过限值，可添置一台抽湿机，连续排湿，定时监测温湿度，控制湿度在最佳醇化限值范围内。

第七章 "利群"品牌导向的特色优质烟叶生产示范区建设

为贯彻落实"利群"品牌基地特色优质烟叶开发，实现"提高质量、突出特色、保障供给"的工作目标，在湖北恩施烟区科学选择烟田建设"利群"品牌导向的特色优质烟叶生产示范区，通过先进烟叶生产技术集成和优化制定示范区生产技术方案，辐射带动基地单元其他区域烟叶生产管理水平的提高，实现"利群"品牌导向的特色优质烟叶规模化生产。

一、指导思想

以"利群"品牌烟叶原料需求为导向，推进"利群"品牌基地单元开展特色优质烟叶开发。根据"利群"品牌烟叶原料需求目标，重点研究能够提升烟叶品质和彰显烟叶风格特色的关键创新技术，解决"利群"品牌烟叶原料使用关键瓶颈，并通过技术集成、应用与推广，建立"利群"品牌烟叶原料核心示范区，实现特色优质烟叶的规模化生产。

二、技术改进措施

1. 2015 年改进措施

根据浙江中烟对 2014 年湖北恩施烟区烟叶质量评价情况，主要存在以下问题和不足：一是成熟度的问题，部分烟叶叶面含青；二是中上部叶烟碱含量偏高；三是部分中上部叶氯含量偏高；四是两糖比值偏低；五是氮碱比值偏低；六是要提升香气满足感和成熟质感，增加香气的透发性；七是要降低烟气干燥感、毛糙感，提升口腔的甜润感。2015 年主要改进措施如下。

一是成熟度的问题。由于 2014 年烟叶成熟期间长期低温阴雨，部分烟农存在抢烤的现象，烟叶成熟度不够，导致烤后叶面含青问题突出。2015年各基地单元采取适当提早移栽季节，合理安排烟叶生育期，提高烟叶田间成熟度，在9月底前完成烟叶烘烤，确保烟农正常成熟采收。同时，扎扎实实做好入户预检工作，切实从"把头纯度、把内纯度、捆内纯度、包内纯度"四个纯度抓起，严控青、霉、杂，严控水分超限，严控非烟物资和掺杂使假，提高烟叶等级纯度。

二是部分区域中上部烟叶烟碱含量偏高的问题。主要原因是施氮过量、打顶过低、留叶数不足等原因引起的。2015年加大了平衡施肥技术的推广力度，根据土壤化验结果分区制定施肥配方，技术员再根据不同田块的土壤肥力进行小调整，开具施肥通知单，实行套餐供肥，严控施氮过高。同时，加大不适用烟叶处理力度，降低中上部烟叶烟碱含量。

三是烟叶含氯量偏高的问题。为改善恩施烟区烟叶中氯含量偏低的问题，近几年在烟草专用复合肥中添加了5%的氯，并在部分产区（咸丰、恩施青堡）施用氯化钾肥料。从2014年的烟叶质量结果看，目前存在氯含量偏高的现象，为此，2015年，我们取消了在烟叶上使用氯化钾，只使用硝酸钾和硫酸钾。并对原来施用氯化钾的土壤进行监测。

四是关于两糖比、氮碱比偏低，烟气透发度、干燥感、毛糙感的问题。这几个问题都是综合农艺措施才能解决的问题，核心是协调烟株营养、提高成熟度。一方面，由于烟叶大田成熟不够，适宜烟叶生长的时期偏短，烟农担心后期烟叶发生病害或遇低温天气不好烤，所以抢收抢烤现象突出。另一方面，由于烤制过程中在香气物质形成的关键点稳温时间不足，升温过快，香气物质转化不够，只注重烤黄，没注重烤熟、烤香。为此，恩施烟区计划在2015年提早移栽季节，延长烟叶大田生育期，提高烟叶田间成熟度。同时，加强成熟采收、科学烘烤的技术指导，大力推广散叶烘烤技术，力争将烟叶烤熟、烤香。

2.2016年改进措施

根据浙江中烟对2015年湖北利川市、恩施市、竹山县烟叶质量评价情况，主要存在以下问题和不足：一是利群总适配率稍降，C1F、C2F、C3F等主要等级选后原级比例下降情况十分严重，无法满足单独打叶模块需求；二是烟叶成熟度较差，身份薄，内含物质积累不充实，色度、油分弱；三是后期调拨的烟叶纯度下降，存在混部位、混青杂、等级弱等情况；四是中部叶氮碱比略低，两糖比值明显偏低，氯含量整体偏低，上部烟叶烟碱含量过高，糖碱比、氮碱比、两糖比偏低，整体化学成分协调性一般；五是上部叶吃味强度偏大，刺激性稍明显，可用性不够，中部叶成熟质感稍欠，香气略显平淡，满足感不够，低于往年水平。2016年，主要从以下几方面进行改进。

一是科学制定烟叶生产目标。为了满足浙江中烟对中部烟、上等烟特别是中部上等烟的需求，2016年结合实际对烟叶生产绩效考核方案进行了合理优化，将目标调整为上等烟比例≥65%、中部烟比例≥65%、上中等烟比例≥99%、上部中等烟≤7%进行考核。

二是重点解决成熟度不够的问题。主要采取以下措施：加强布局调整，减少高山区种植面积；提早移栽季节，合理安排烟叶生育期，提高烟叶田间成熟度，确保在9月底前完成烟叶烘烤，确保烟农正常成熟采收；协调烟株营养，强化控氮措施，适当增加种植密度，高山烟区株行距采用1.2m×0.6m（亩栽烟926株），二高山、低山烟区采用1.2m×0.55m（亩栽烟1010株）；加强成熟采收、科学烘烤的技术指导，大力推广半斩株烘烤技术，力争将烟叶烤熟、烤香。

三是狠抓适用技术推广，改善烟叶内在质量。加大科技研发和先进成果转化力度，力求从综合农艺措施配套上改善烟叶品质，解决化学成分不协调的问题。在烟叶生产技术上，重点围绕"四项技术一标准"（土壤保育技术、移栽技术、施肥技术、烘烤技术、中棵烟标准），加大工作力度，在技术推广上要加大对自然气候的适应性和应对性，全面落实优良品种、配方施肥、发酵营养土、三先起垄、井窖式移栽、综合防治、水肥耦合、合理打顶、科学采烤和初烤烟叶保管醇化等10个关键技术，努力提高上部烟叶可用性，降低烟叶含青挂灰率和上部叶烟碱含量，提高烟叶内在品质和评吸质量，达到"利群"品牌一类中间香型基地单元烟叶质量目标。

四是多措并举，提高烟叶等级纯度。主要通过以下六条措施提高烟叶等级纯度：用浙江中烟联合制定的收购接收指导样品来统一标准，执行对样培训、对样收购、对样接收、对样检查、对样工商交接；扎扎实实做好预检工作，切实从"把头纯度、把内纯度、捆内纯度、包内纯度"四个纯度抓起，严控青、霉、杂，严控水分超限，严控非烟物资和掺杂使假，提高烟叶等级纯度；严格执行上环节对下环节负责，下环节对上环节进行监控、退回的过程管控机制来确保烟叶纯度；实行按部位按样收购，强烈关注"混部位"问题，严控烟叶水分及非烟杂物；加强巡回检查和处罚力度，确保"四个一致"（部位一致、颜色一致、长短一致、扎把规格一致），提高收购纯度；实行原收原调管理模式，依市场需求等级结构全权组织生产、收购、接收、备货、保管及调拨销售。

三、2017 年示范区建设

1. 生产概况

利川市：2017 年烟叶收购计划 13.8 万担，计划面积 55 200 亩，落实合同面积 55 200 亩，涉及 10 个乡镇、145 个种烟村、620 个种烟小组、烟农 2924 户，户均面积 18.9 亩。围绕高端"利群"品牌导向的特色优质烟叶开发工作目标，2017 年汪营基地单元种植 6800 亩，收购 1.7 万担，273 户种烟户，户均种植面积 24.9 亩；其中高端"利群"开发种植面积 2000 亩，收购量 5000 担。

恩施市：2017 年盛家坝基地单元种植品种云烟 87，由云南南方种子公司供种。高端"利群"品牌导向的特色优质烟叶生产示范区，合同种植面积 1039 亩，37 户烟农，户均种植面积 28.08 亩，户均种植面积与总面积比去年稍有增加。示范区通过先进烟叶生产技术集成和优化制定示范区生产技术方案，经过三年的建设烟叶生产面积和烟农队伍趋于稳定，烟叶生产适用新技术执行到位率不断提升，辐射带动基地单元其他区域烟叶生产管理水平不断提高。

2. 关键生产技术集成应用

（1）土壤改良。一是冬耕冻土。按照翻耕深度不低于 25cm 的标准，在封冻前 100%实行冬耕冻土，同时按照耙深不低于 10cm 的标准，全部完成旋耕平整，以细碎土壤，改善土壤理化性质；二是施用有机肥。"生物有机肥+饼肥"双措并举，提质增香。生物有机肥按照 100kg/亩、饼肥按 20kg/亩的要求作底肥施用，鼓励推广使用厩肥或沼液、沼渣等农家肥，提高烟叶的香气和橘黄烟比例；三是土壤酸化治理。从两个方面开展土壤酸化治理：①按照每亩撒施生石灰 100kg 的标准，进行酸化治理，开展面积 1200 亩，以降低土壤酸化程度，改善土壤理化环境，提高肥力；②在烟叶移栽及大田管理中 100%使用硝酸钾代替硫酸钾,以改良土壤酸化矛盾。

(2)标准化生产。针对生产区域烟叶生产现状和自然生态现状,建立起了适合基地单元实际的"利群"品牌导向型烤烟生产综合标准体系。根据改进技术方案,加大先进适用技术集成推广,主要按照以下技术措施执行。

①壮苗培育。实行 100%的漂湿育苗技术,育苗阶段重点进行了温度、水分、剪叶、病虫害综合防治监管。通过育苗工场集中管理,使其根系发达,茎秆纤维素含量高,韧性强,群体整齐一致。

②严格实施"三先"技术。按照"先起垄、先施肥、先覆膜"的要求开展"三先"工作,示范区域于每年 3 月 28 日开始起垄,4 月 28 日完成,垄高要求达到 25cm 以上,垄面呈瓦背型,垄体饱满。同时要求水改旱、低洼烟田挖好排水围沟和腰沟,沟的深度必须要比垄沟低 20cm 以上,确保能通畅排出烟田浅表地下水。

③精准施肥。烤烟亩施氮量 6.5kg 左右,氮/钾比值烤烟 1:3.5 左右,按照每亩使用复合肥 60kg,有机肥 50kg,饼肥 20kg,磷肥 21kg 作为底肥,硝酸钾 5kg 和硫酸钾 12kg 分两次追肥,全面实施平衡施肥技术,以提高上、中等烟比例,尤其是上等烟比例,以改善香气质、增加香气量。同时推广基肥单沟条施,分次定量、定时、定位追肥等平衡施肥技术,科学调控烟株营养代谢水平,以解决部位间均衡发育、烟株健壮生长、叶片分层落黄问题。

④井窖式小苗移栽。推行"井窖式小苗移栽"技术,海拔 1000~1200m 区域 5 月 5—10 日,海拔 1200~1400m 区域 5 月 10—15 日,按照 120cm×55cm 的移栽规格,实行牵线化行、"三带"移栽。

⑤科学大田管理。a. 查苗补苗:移栽后及时进行查苗补苗,对出现缺苗、虫害等断垄的及时补栽。b. 合理对水追肥:每亩按照 2.5kg 硝酸钾对水 500kg 成 0.5%肥液及时追施提苗肥,以促进烟苗早生快发;c. 封井:当苗心超出井口 2~3cm 时,进行封井,同时用陪嫁土围蔸后浇水 0.5~1kg,以促进烟株快速生长;d. 病虫害综合防治:依托专业合作社,全面实施综合防治工作,大田管理期无偿投入对花叶病、根茎病害、赤星病和野蛞蝓等病虫害进行防治,为项目的顺利实施提供有效保障;e. 下部不适用烟叶处理:在烟株打顶时清除烟株下部 2 片或 3 片光照不足、发育不良、无烘烤价值或烤后品质较差的下部叶,

同步处理病斑较多、病虫害严重的病残叶，以保障工业企业原料需求。f. 视烟株长势长相打顶：对营养协调的烤烟实行中心花开50%时一次性打顶，自顶端向下达到18cm长的叶片均需保留，打顶后全面实施化学抑芽，进一步增加喷施赤霉素促进上部叶开片降低烟碱含量试点，多生产市场需求旺的烟叶，减少上部中等烟的生产量。对营养过剩的烤烟实行盛花期高打顶，严控伞形烟叶产生，提高烟叶的可用性。对营养不足，长势较差的三类苗可实行现蕾打顶。

⑥推广烟叶成熟采收和三段式烘烤技术。全面推广烟叶成熟采收和三段式烘烤技术，加强人员培训，要求技术员和烟农从叶形、叶色、叶龄等方面正确把握烟叶成熟的特征；在采收标准认定上，全面推广下部叶适当早采，中部叶成熟稳采，上部叶充分成熟后一次性采收或半斩株的方法；改进烘烤工艺和上二棚半斩株烘烤，确保等级结构。对在烘烤过程中变黄后期时间过短、转火过快、定色时间短等现象逐一进行纠正，达到既烤黄又烤熟、烤香，提高烟叶的可用性。

⑦推行初烤烟叶保管和自然醇化技术。加强指导烟农对初烤烟叶的保管，将初烤烟叶在烟农家中人工强化条件下进行标准化自然醇化30d左右，再行交售，使初烤烟叶的某些品质缺陷减少，降低微带青烟叶和杂烟比例，提高橘黄色烟叶和正组烟叶的比例，使烟草香气显露，吸食品质增强。有效提高初烤烟叶自然醇化后熟作用，提高烟叶外观质量和内在质量。

⑧严格实行入户预检制。在收购前，由工商双方协商制定基地收购样品，对品质因素与外观质量进行收购眼光的统一，公司对收购人员在收购前进行培训，对收购样品进行再认识，同时100%实行入户预检制，技术员和预检员到烟农家中进行预检，预检合格后装入预检袋并封签，以提高烟叶纯度。

3. 推行GAP生产管理模式

按照烟草GAP工作方案，执行各项生产技术规程，注重烟叶产品质量安全和产区生态环境保护。加强非烟物质控制，重点在烟叶采收、烘烤、分级、收购、储存过程加强宣传、指导、加大检查力度。同时，高度重视烟叶的安全性，烟叶的农药残留和重金属含量符合规定和标准。

4. 积极探索现代烟草农业发展

（1）按照国家局对现代烟草农业开发的要求，完善烟叶生产基础设施，探索现代烟草农业烟叶生产组织模式。针对示范区域地形地貌条件，培植一批烟叶生产专业大户，建立烟叶生产专业合作社，通过土地转包、土地流转的方式，建立区域性的家庭农场，稳定和提高烟叶生产集中度，提高户均种植规模。

（2）建立健全烟叶生产专业化服务体系。按照国家局提出的统一供种、统一供苗、统一机耕、统一植保、统一烘烤的要求，促进烟叶技术集成化、主要劳动过程机械化，实现减工降本，建立市场化运作的专业化服务体系。

（3）全面推行烟叶生产信息化管理。通过开发烟叶生产管理系统软件，按照"全流程、全覆盖"的总体要求，突出业务功能、服务功能、管理功能，以数据库建设、烟叶流程化管理和烟农信息服务为重点，对烟农基本信息、烟叶生产物资、生产技术落实、技术员考核、收购调拨等方面实行网络化管理。同时，搜集烟农手机号码，与通信部门建立信息平台，通过短信的方式指导和提示烟农烟叶生产技术操作。

5. 强化落实，严格奖惩

为加强"利群"特色优质烟叶开发管理，建立特色优质烟叶开发风险挂钩考核制度，对特色优质烟叶开发实行专项风险金考核，对不能按期保质完成任务的将扣罚绩效工资和挂钩风险金，或给予行政处罚；对高标准、高水平完成工作任务的，将给予重奖，以充分调动积极性，展示基地单元高水平建设"利群"品牌特色优质烟叶示范区成果。

第八章 "利群"品牌恩施烟区特色
优质烟叶生产体系建设

"利群"品牌恩施烟区优质烟叶生产体系，是根据利群品牌发展战略规划和恩施烟区特色优质烟叶工程建设规划，通过工商研共建基地单元，以合同或协议明确各方职责，以标准化建设为基础，技术方案执行为抓手，科技创新为突破，考核管理为手段，把质量目标落实、过程控制、工商交接和工业验证等环节为流程，形成了卷烟品牌导向的烟叶生产体系。

一、基地单元建设组织机构

根据工商研三方协议和工作方案，三方共同成立基地单元建设领导小组、工作小组和技术小组，全面落实各项基地单元建设、科技创新和烟叶生产工作。

1. 领导小组

负责特色优质烟叶开发的组织领导、政策支持、考核督办，对项目开发整体负责。

组　　长：湖北省烟草公司恩施州公司总经理

副组长：湖北省烟草公司恩施州公司副经理

　　　　浙江中烟工业公司技术中心副主任

　　　　浙江中烟工业公司原料中心副主任

　　　　技术依托单位副所长

　　　　基地单元所在县市政府烟叶办主任

成　　员：浙江中烟技术中心原料部科长

　　　　浙江中烟原料采购中心基地科科长

　　　　湖北省烟草公司恩施州公司技术中心主任

技术依托单位有关研究室（中心）主任

湖北省烟草公司恩施州公司现代烟草农业办公室主任

湖北省烟草公司恩施州公司烟叶生产科科长

基地单元所在县市烟草公司经理

2. 工作小组

负责特色优质烟叶开发项目的规划、工作方案制定、组织实施及对工作专项的考核管理，对项目实施具体负责。

组　　长：湖北省烟草公司恩施州公司副经理

副组长：基地单元所在县市烟草公司经理

浙江中烟原料采购中心科长

浙江中烟技术中心原料部科长

技术依托单位有关研究室（中心）主任

基地单元所在县市政府烟叶办主任

成　　员：湖北省烟草公司恩施州公司现代烟草农业办公室副主任

湖北省烟草公司恩施州公司烟叶生产科副科长

基地单元所在县市烟草公司副经理

浙江中烟驻点负责人

技术单位驻点负责人

3. 技术小组

负责特色优质烟叶开发技术方案制定、技术培训与指导、项目建设技术创新及成果集成示范，相关技术材料的收集、整理，技术报告、论文等总结材料撰写。

组　　长：技术依托单位分管科技开发的副所长

副组长：湖北省烟草公司恩施州公司分管科技的副经理

浙江中烟工业公司技术中心原料部科长

技术依托单位基地负责人

成　　员：湖北省烟草公司技术中心项目组成员

基地单元所在县市公司技术员

技术依托单位驻点人员和项目组人员

浙江中烟原料采购中心驻点人员和项目组人员

二、工作方案和技术方案

基地单元三方组织根据工业企业对"利群"品牌原料质量要求，在对前年烟叶质量进行综合评价的基础上，向产区提出当年度基地单元产质量目标。产量和等级结构目标以调拨协议形式由工业企业和产区签订双方工商交接协议，质量目标包括烟叶大田生长外观指标、烤后原烟外观指标、化学成分指标和感官评吸指标等，产区和技术依托单位则根据工业企业的产质量目标，调整技术方案，使各项技术指标按照工业企业的要求落实生产。

1. 质量评价报告

每年元月底之前，浙江中烟技术中心根据上年度基地调拨的烟叶样品质量检测结果，对烟叶调拨合格率、等级结构、外观质量、内在化学成分、感官质量和安全性进行评价，并就原料在未来品牌配方中的地位进行研究，提出年度质量评价报告，在报告中提出本年度烟叶产质量的目标要求。

2. 工作方案和技术方案

工商研三方组织机构进行会议或函件研讨，制定本年度工作方案和技术方案，形成当年度实施方案，指导当年度基地单元烟叶生产工作。

三、科技创新与培训

技术依托单位根据工业企业对烟叶质量的要求和产区的生产实际，提出科技创新研究内容，在湖北省烟草公司恩施州公司技术中心和各工业企业立项在基地单元落实具体创新研究试验，对应用基础研究和需要深入研究的内容在技术依托单位和工业企业技术中心立项，并把特别重要的项目申请在湖北省烟草专卖局或国家烟草专卖局立项研究，在进行科技创新研究的同时，技术依托单位和浙江中烟驻点技术人员在关键生产环节对技术人员和烟农进行技术培训，在产区建立技术推广队伍，确保各项技术措施的落实到位。

四、质量过程监控与目标完成考核管理

质量过程监控，包括从品种选择、基地单元规划、种植制度、育苗、大田

管理、采收烘烤和收购调拨各个环节，这一过程主要通过工作方案或实施方案的具体要求进行落实，并对过程中的关键环节进行定期或不定期考核，对结果进行协议或合同条款考核管理。过程考核具体办法见以下表8-1至表8-4。

表8-1 "利群"基地单元育苗移栽期特色化水平评估表

基地单元：　　　　　　　对口工业企业：　　　　　　　技术依托单位：

项目	分值	评估标准（在相应的选择项内打√）	评估得分	评估依据
1. 工商研落实专人驻点	4	（1）□按要求落实专人驻点1名或1名以上（4分）；□未按要求落实专人驻点（0）。		有文件和相关工作记录。
2. 技术方案制定及落实	4	（1）工商研共同制定生产技术方案：□是（4分）；□否（0分）。		查看技术方案和相关考核记录。
	8	（2）生产技术方案体现工业企业原料需求，目标明确，指标详细：□好（8分）；□较好（6分）；□一般（4分）。		
	8	（3）生产技术方案落实情况：□严格执行，有详尽的考核记录（8分）；□较好执行，考核记录不完整（6分）；□执行较差，无考核记录（0分）。		
	4	（4）根据卷烟品牌原料需求，工商研共同确定技术攻关项目，制定试验示范方案：□是（4分）；□否（0分）。		
	4	（5）按照试验示范方案严格执行，共建试验场（田），有完整的试验记录、报告等：□有（4分）；□无（0分）。		
	8	（6）品种导向：□工业提出种植品种需求，并100%落实（8分）；□工业提出种植品种需求，部分落实（4分），未落实原因＿＿＿＿＿＿＿＿＿＿；□工业未提出品种需求（0分）。		查看档案材料、现场抽查2~3片烟田。
	4	（7）建立覆盖烟叶生产全过程的标准体系：□是（4分）；□否（0分）。		
3. 种植规模、种植制度	8	（1）种植规模：连片100亩以上的片区种植率：□≥70%（4分）；□<70%（0分）。户均面积：□≥14亩（4分）；□<14亩（0分）。		
	4	（2）片区内统一种植制度：□是（4分）；□否（0分）。		

（续表）

项目	分值	评估标准（在相应的选择项内打√）	评估得分	评估依据
4. 育苗	8	（1）集约化、专业化程度：□100%（8分）；□80%以上（6分）；□80%以下（4分）。		
	4	（2）烟苗素质：□健壮整齐（4分）；□一般（3分）；□较差（2分）。		
5. 测土配方施肥	4	（1）全面开展测土配方，取土分析样品量：□300个以上（4分）；□100~300个（3分）；□100个以下（2分）。		
	4	（2）按片区实施测土配方施肥：□有3个以上施肥配方（4分）；□有1~3个施肥配方（3分）；□仅1个施肥配方（1分）。		
6. 种植规范	8	（1）种植规范（株行距、田间管理、整齐度）：□好，株行距严格按照技术方案要求执行，群体结构合理，田间管理卫生、整齐一致。（8分）。□一般，株行距基本按照技术方案执行，少部分片区田间管理不到位、不够整齐（6分）；□较差，株行距未严格按照技术方案执行，田间杂草、残叶现象突出，种植规范程度较低，田间生长整齐度差（4分）。		查看档案材料、现场抽查2~3片烟田。
7. 土壤改良	4	（1）因地制宜开展土壤改良技术：□有（4分）；□无（0分）。（*如果有，开展的土壤改良技术及相应的覆盖率为）。		
8. 病虫害综合防治	4	（1）100%统防统治：□是（4分）；□否（0分）。		
	8	（2）防治效果：□好，烟田清秀，烟株健壮，无较大面积的病、虫危害（8分）；□一般，有一定面积的病、虫危害，但未造成较大危害（6分）；□较差，病、虫危害对烟叶产量、质量造成较大影响（0分）。		
合计	100			

评估人（签字）：

　　　　　　　　　　　年　月　日

表8-2 "利群"基地单元大田中后期特色化水平评估表

基地单元：　　　　　　　　对口工业企业：　　　　　　　　技术依托单位：

项目	分值	评估标准（在相应的选择项内打√）	评估得分	评估依据
1. 大田管理	6	（1）品种特性表现：□充分表现（6分）；□表现一般（4分）；□较差（2分）。		现场抽查2～3片烟田。
	8	（2）集中连片区域内烟叶长势：□整齐度较好（8分）；□整齐度一般，有少部分片区烟株整齐度稍差（6分）；□整齐度较差，较大面积的烟株长势参差不齐（0分）。		
	8	（3）留叶数：□18～22片（8分）；□<18片或>22片（4分）。		
	8	（4）平衡施肥效果：□片区内烟株营养均衡，分层落黄明显，未出现连片面积的缺素、脱肥或黑暴烟（8分）；□片区内烟株营养基本均衡，基本实现分层落黄，仅有零星田块出现缺素、脱肥或黑暴烟（6分）；□烟株营养不均衡，分层落黄不明显，大面积田块出现缺素、脱肥或黑暴烟（0分）。		
	8	（5）管理规范（封顶打杈、田间管理）：□好，田间无花、无杈，田间管理卫生（8分）。□一般，少部分片区田间管理不到位，个别田块除杈不彻底，田间管理基本卫生（6分）；□较差，田间杂草、残叶、杈叶现象突出，管理规范程度较低（0分）。		
2. 密集烘烤	8	（1）密集烘烤覆盖率：□100%（8分）；□80%以上（6分）；□80%以下（0分）。		档案材料、现场抽查2～3片烟田。
	8	（2）采收成熟度：□好，下部叶适时早采，中部成熟采收，上部充分成熟采收，没有采生烟或过熟烟现象（8分）；□一般，少部分片区有采生烟或过熟烟现象（6分）；□较差，大部分片区有采生烟或过熟烟现象（0分）。		
	8	（3）执行密集烘烤工艺规范，烤后质量：□好，青筋、杂色等烤坏烟现象不突出（8分）；□较好，有部分青筋、杂色等烤坏烟，但不突出（6分）；□较差，青筋、杂色等烤坏烟现象突出（0分）。		
	8	（4）上部烟叶4～6片叶充分成熟一次性采烤：□严格执行，有技术保障措施，推广80%以上（8分）；□基本执行，有技术保障措施，推广60%以上（6分）；□执行较差，无技术保障措施或推广60%以下（4分）。		
	8	（5）按照"下部烟5天左右、中部叶6天左右、上部叶7天左右"要求科学控制烘烤时间：□严格执行，有技术保障措施，推广80%以上（8分）；□基本执行，有技术保障措施，推广60%以上（6分）；□执行较差，无技术保障措施或推广60%以下（0分）。		

（续表）

项目	分值	评估标准（在相应的选择项内打√）	评估得分	评估依据
3. 病虫害综合防治	6	（1）100%统防统治：□是（6分）；□否（0分）。		档案材料、现场抽查2～3片烟田。
	8	（2）防治效果：□好，烟田清秀，烟株健壮，无较大面积的病、虫危害（8分）；□一般，有一定面积的病、虫危害，但未造成较大危害（6分）；□较差，病、虫危害对烟叶产量、质量造成较大影响（0分）。		
4. 生产技术方案落实检查考核情况	8	（1）生产技术方案落实情况：□严格执行，有详尽的考核记录（8分）；□较好执行，考核记录不完整（6分）；□执行较差，无考核记录（0分）。		
合计	100			

评估人（签字）：

年　月　日

表8-3　"利群"基地单元收购期特色化水平评估表

基地单元：　　　　　　　　对口工业企业：　　　　　　　　技术依托单位：

项目	分值	评估标准（在相应的选择项内打√）	评估得分	评估依据
1. 收购管理	4	（1）工商共同仿制工商交接样品且有双方签字：□有（4分）；□无（0分）。		档案材料、现场抽查。
	8	（2）工业参与分级技术培训，提出等级质量要求：□是（8分）；□否（0分）。		
	8	（3）验级师驻点监督指导烟叶收购工作：□是（8分）；□否（0分）。		
	8	（4）工商共同仿制工商交接样品且有双方签字：□有（8分）；□无（0分）。		
2. 工商研落实专人驻点	8	（1）驻点时间：□3个月以上（8分）；□2个月以上（6分）；□2个月以下（4分）。		
3. 收购等级合格率	8	（1）□平均收购等级合格率≥80%（8分）；□平均收购等级合格率<80%（4分）。（该基地单元平均等级合格率____。		查看国家局、省局检查结果。

（续表）

项目	分值	评估标准（在相应的选择项内打√）	评估得分	评估依据
4. 上中等烟比例	8	（1）上等烟比例：□50%左右（8分）；□40%以下（4分）；（该基地上等烟率：____）。		查看收购、调拨报表。
	8	（2）上中烟比例：□≥90%（8分，□<90%（4分）；（该基地上中等烟率：____）。		
5. 平均亩产量	8	（1）□平均产量≥150kg/亩，<180kg/亩；（8分）；□平均产量≥125kg/亩（6分）；□平均产量<125kg/亩，≥180kg（4分）。（该基地平均产量：____）。		
6. 烟叶调拨	8	（1）□实现80%以上对口调拨（8分）；□70%（含）-80%（6分）；□70%以下（0分）。		
7. 工商交接等级合格率	8	（1）□平均工商交接等级合格率≥80%（8分）；□平均工商交接等级合格率<80%（4分）。（该基地单元平均工商交接等级合格率：____）。		查看国家局、省局检查结果。
8. 质量追踪体系建设	8	（1）建立从烟叶种植、收购、仓储到调拨的烟叶质量追踪体系：□有（8分）；□无（0分）。		查看烟叶质量追踪管理体系相关资料、现场检查。
	8	（2）烟叶质量信息数据完整齐备，实现烟叶生产、收购、到烟叶仓储、调拨的烟叶质量全程追溯：□实现全程质量追溯（8分）；□实现部分过程的质量追溯（6分）；□未实现质量追溯（0分）。		
合计	100			

评估人（签字）：

年 月 日

表8-4 "利群"基地单元烟叶质量评价评估表

基地单元：　　　　　　对口工业企业：　　　　　　技术依托单位：

项目	分值	评估标准（在相应的选择项内打√）	评估得分	评估依据
1. 烟叶质量评价	10	（1）建立从烟叶开展烟叶外观质量、主要化学成分、感官质量等方面的烟叶质量评价，提供质量评价报告：□有（10分）；□无（0分）。（*如果有，请提供附件）		查看质量评价报告。
	15	（2）于次年技术方案制定前将质量评价报告（重点是质量缺陷）向产区及技术依托单位及时反馈：□是（15分）；□否（0分）。		
	15	（3）提出烟叶质量改进建议：□有（15分）；□无（0分）。（*如果有，请提供附件）		查看质量改进建议。

（续表）

项目	分值	评估标准（在相应的选择项内打√）	评估得分	评估依据
1. 烟叶质量评价	15	（4）建立包括烟叶外观质量、主要化学成分、感官质量、工业配方使用情况及评价等主要内容的基地单元质量评价档案体系：□档案材料完备（15分）；□部分档案材料缺失，系统性不强（10分）；□未建立档案体系（0分）。		查看资料。
2. 工业可用性情况	15	（1）烟叶化学成分协调性：□协调（15分）；□一般（10分）；□较差（5分）。		查看工业可用性评价报告
	15	（2）工业可用性：□高（15分）；□较高（12分）；□一般（9分）；□较低（6分）。		
	15	（3）开发点（基地单元）烟叶在对口品牌配方贡献率：□高（15分）；□较高（12分）；□一般（9分）；□较低（6分）。（贡献率为＿＿＿＿＿＿＿＿＿）。（＊请提供工业评价报告附件）		
3. 加分项	20	（1）在实践中得到有效应用，起到了较好的效果的创新项目；在核心刊物发表论文、取得专利成果、获地市级以上科技奖励（一项加4分，满分为至）。		需提供单项证明材料
合计	120			

评估人（签字）：

年　月　日

五、恩施烟区特色优质烟叶生产标准体系

卷烟品牌导向的标准生产体系在基础标准框架内，根据卷烟品牌的特色化要求进一步提炼形成了高于基础标准体系的基地单元现代烟草农业生产标准体系，本体系由三级标准构成。

（一）基础标准

1. 恩施烟区特色优质烤烟生产标准体系

（1）烤烟标准体系框架。《标准体系》（烤烟、2008版）共制定湖北省烟草公司恩施州公司企业标准69个，引用国家标准6个，行业标准7个。通过近几年的持续改进，现行的《标准体系》（烤烟）共引用6个国家标准，7个行业标准，发布实施72个企业标准。《标准体系》（烤烟）由管理标准体系、技术标准体系、工作标准体系三大部分组成。其中，管理标准25个，包括烟叶生产基地建设、生产投入、风险保障、烟叶调拨、非烟物质控制等标准；技术标准46个，包括基础标准、种子品种标准、种植技术和植保标准、调制分级标准及收购标准。工作标准14个，包括5个质量标准和9个服务标准（表8-5）。

表8-5　恩施优质烤烟综合标准体系框架图

（2）烤烟标准体系标准明细列于表8-6。

表 8-6　恩施州优质烤烟综合标准体系明细表

管理标准体系	管理标准与规程	Q/EYK G01—2010	恩施优质烤烟综合标准体系
		Q/EYK G02—2008	烟叶新技术试验、示范与推广规程
		Q/EYK G03—2010	烟叶生产户籍化管理规程
		Q/EYK G04—2010	烟叶生产基地建设规程
		Q/EYK G05—2008	烟叶生产档案管理规范
		Q/EYK G06—2008	员工培训管理规范
		Q/EYK G07—2010	烤烟集约化生产管理规程
		Q/EYK G08—2008	风险保障规程
		Q/EYK G09—2008	烟叶工商交接管理规程
		Q/EYK G10—2008	烟叶调拨规程
		Q/EYK G11—2008	烟叶营销管理规范
		Q/EYK G12—2008	烟叶生产物资合格判定及采购管理规程
		Q/EYK G13—2008	恩施烤烟产品质量内控
		Q/EYK G14—2008	烟叶生产奖惩规定
		Q/EYK G15—2008	烟叶生产投入管理规程
		Q/EYK G16—2008	烟叶生产人事管理规程
		Q/EYK G17—2008	密集式烤房建设技术
		Q/EYK G18—2008	标准化烟站建设规程
		Q/EYK G19—2008	烟区烟水配套基本原则及水利工程技术规程
		Q/EYK G20—2008	恩施烟叶质量控制工作规程
		Q/EYK G21—2009	恩施非烟物质管理规程
		Q/EYK G22—2008	烤烟种植布局规范
		Q/EYK G23—2010	生产管理专业化服务规范
		Q/EYK G24—2010	烟叶生产机械化操作规程
		Q/EYK G25—2010	烟叶生产环境保护规范

（续表）

工作标准体系	基础标准	GB/T 18771.1—2002	烟草术语第一部分：烟草栽培、调制与分级
		GB 2635—1992	烤烟
		GB/T 21138—2007	烟草种子
		GB/T 23222—2008	烟草病虫害分级及调查方法
		GB/T 23223—2008	烟草病虫害药效试验方法
		Q/EYK J01—2008	烟草主要虫害调查方法
		YC/T 142—1998	烟草农艺性状调查方法
		GB/T 19616—2004	烟草成批原料取样的一般原则
		YC/T 192—2005	烟叶收购及工商交接质量控制规程
	种子品种标准	YC/T 20—1994	烟草种子检验规程
		YC/T 21—1994	烟草种子包装
		YC/T 22—1994	烟草种子储藏与运输
		YC/T 141—1998	烟草包衣丸化种子
		Q/EYK J02—2008	烟叶生产用种规程
		Q/EYK J03—2008	烤烟品种　云烟85
		Q/EYK J04—2008	烤烟品种　云烟87
		Q/EYK J05—2008	烤烟品种　K326
		Q/EYK J06—2008	烤烟品种　中烟98
		Q/EYK J07—2008	烤烟品种　红花大金元

（续表）

技术标准体系	种植技术与植保标准	Q/EYK J08—2008	HM 菌腐熟剂发酵有机肥技术规程
		Q/EYK J09—2009	烟地土壤改良技术规程
		Q/EYK J10—2010	烟叶漂湿育苗技术规程
		Q/EYK J11—2008	烤烟湿润育苗技术规范
		Q/EYK J12—2010	烟地整土开厢技术规程
		Q/EYK J13—2009	烟叶地膜覆盖技术规程
		Q/EYK J14—2010	烤烟施肥技术规程
		Q/EYK J15—2008	烤烟沼肥施用技术规程
		Q/EYK J16—2009	烤烟移栽技术规程
		Q/EYK J17—2008	烤烟农艺性状规范
		Q/EYK J18—2009	烤烟大田灌溉和土壤水分管理规程
		Q/EYK J19—2009	烤烟田间管理技术规程
		Q/EYK J20—2008	烤烟病虫害预测预报技术规程
		Q/EYK J21—2008	烟草主要虫害防治技术规程
		Q/EYK J22—2008	烟草病害综合防治技术规程
		Q/EYK J23—2008	烟草农药使用规程
		Q/EYK J24—2008	烟叶缺素症状诊断及防治技术规程
		Q/EYK J25—2008	烤烟烘烤技术规程
	调制分级标准	Q/EYK J26—2008	特殊烟叶烘烤技术规程
		Q/EYK J27—2010	烤烟分级扎把技术规程
		Q/EYK J28—2010	烤烟预检技术及预检员管理规程
	收购标准	YC/T 25—1995	烤烟实物标样
		Q/EYK J29—2010	烤烟收购质量检验规程
		Q/EYK J30—2010	烤烟包装及规格要求
		Q/EYK J31—2008	烤烟储存保管及运输要求
		Q/EYK J32—2008	烤烟交接验收规程
		Q/EYK J33—2008	标准化收购组烟叶收购作业程序规程

（续表）

		Q/EYK Z01—2008	烤烟生产实施规程
工作标准体系	质量标准	Q/EYK Z02—2008	烟田土壤取样分析检测技术规程
		Q/EYK Z03—2008	烟草专用苗肥、基肥、追肥
		Q/EYK Z04—2008	聚苯乙烯漂浮育苗盘
		Q/EYK Z05—2008	烟叶漂浮育苗基质
	服务标准	Q/EYK Z06—2008	相关管理人员服务规程
		Q/EYK Z07—2010	烟用物资供应服务规程
		Q/EYK Z08—2010	计划合同签订服务规程
		Q/EYK Z09—2009	技术培训服务规程
		Q/EYK Z10—2008	技术指导服务规程
		Q/EYK Z11—2008	预检收购服务规程
		Q/EYK Z12—2008	烟叶调拨服务规程
		Q/EYK Z13—2008	烟叶售后服务规程
		Q/EYK Z14—2008	烟叶售后信息管理规范

（3）烤烟基础标准体系分类统计。把烤烟基础标准按照标准种别、各种别标准数、湖北省烟草公司恩施州公司企业标准数、直接引用的国家标准和行业标准数进行统计，结果见表 8-7。

表 8-7 恩施州优质烤烟综合标准体系分类统计表

标准类型	标准种别	标准数	湖北省烟草公司恩施州公司企业标准 Q	其中：直接引用标准		
				小计数	国家标准 GB	行业标准 YC
管理标准	管理标准与规程	25	25			
技术标准体系	基础标准	9	1	8	6	2
	种子标准	10	6	4		4
	种植技术与植保标准	17	17			
	调制分级标准	4	4			
	收购标准	6	5	1		1
工作标准体系	质量标准	5	5			
	服务标准	9	9			
标准合计数		85	72	13	6	7

（二）现代烟草农业标准

与现代烟草农业和基地单元建设有机结合，编制或发布了《烟叶生产基地建设规程》《生产管理专业化规范》《烟叶生产机械化操作规程》《烟农专业合作社管理规范》《现代烟草农业烟叶生产组织形式建设规范》《烟叶家庭农场管理规范》《烟叶烘烤工场管理规范》《烟叶散叶收购工作规范》等标准，基本形成了基地单元现代烟草农业的生产体系。

随着现代烟草农业标准体系的完善，逐步建立恩施州现代烟草农业建设及管理标准体系，构成恩施烟区特色优质烟叶生产的二级通用标准，进一步完善的现代烟草农业标准将包括烟叶生产信息化管理、规模化种植、基础设施建设、烟用设备综合利用、烟农队伍培训、科技成果应用等方面的标准。

（三）"利群"卷烟品牌导向的基地单元标准体系

基地单元标准与卷烟品牌对接，范围为具体基地单元年度实施的标准、规范性文件、具有法律效力的合同或协议等。标准的编制体现卷烟品牌对烟叶质量的需求和当地地方特色，内容具有针对性和唯一性特征，与基础标准和现代烟草农业标准形成补充关系，具有年度可操作性与及时可调整性等特点，标准类型包含能够上升为企业标准的共性标准和为卷烟品牌质量需求及时调整的规范性技术文件，如技术方案、实施方案和质量过程监控、工商交接以及创新研究等内容。

1. 规范性文件

《工商研三方协议》

《工商交接合同》

《年度工作方案》

《年度技术方案》

《科技项目合同》

《科技项目实施方案》

浙江中烟工业公司基地单元建设相关文件，湖北省烟草公司恩施州公司和基地所在县市相关文件，技术依托单位相关文件等。

2. 基地单元管理标准

《机耕服务管理》

《集约化管理规程》

《烟田物资管理规程》

《烟叶可追溯管理规程》

《育苗专业化服务规程》

《植保专业化服务规程》

《烘烤专业化服务规程》

《烟叶分级管理规程》

《散叶收购管理规程》

《烟叶户籍化管理办法》

《烟叶生产管理规程》

《烟叶运输服务管理办法》

以及其他待制定的管理服务标准。

3. 基地单元技术标准

《烟田施肥技术规程》

《烟叶移栽技术规程》

《田间管理技术规程》

《烟叶烘烤技术规程》

《生产技术改进规程》

以及相关制定的其他技术标准。

参考文献

鲍士旦，2001. 土壤农化分析 [M]. 北京：中国农业出版社.

卜晓莉，薛建辉. 2014. 生物炭对土壤生境及植物生长影响的研究进展 [J]. 生态环境学报，23（3）：535-540.

才吉卓玛，翟丽梅，习斌，等. 2014. 生物炭对不同类型土壤中 Olsen-P 和 CaCl2-P 的影响 [J]. 土壤通报，45（1）：163-168.

曾爱，廖允成，张俊丽，等. 2013. 生物炭对垆土土壤含水量、有机碳及速效养分含量的影响 [J]. 农业环境科学学报，32（5）：1009-1015.

陈红华，向德恩，李锡宏，等. 2011. 湖北恩施恩施品牌烟叶特色及定向开发 [J]. 中国烟草科学，32（S1）：7-11.

陈红华，向德恩，李锡宏，等. 2011. 湖北恩施恩施品牌烟叶特色及定向开发 [J]. 中国烟草科学，32（S1）：7-11.

陈江华，刘建利，李志宏，等. 2008. 中国植烟土壤及烟草养分综合管理 [M]. 北京：科学出版社.

陈温福，张伟明，孟军，等. 2011. 生物炭应用技术研究 [J]. 中国工程科学，13（2）：83-89.

陈温福，张伟明，孟军，等. 2011. 生物炭应用技术研究 [J]. 中国工程科学，2：83-89.

陈小红，段争虎. 2007. 土壤碳素固定及其稳定性对土壤生产力和气候变化的影响研究 [J]. 土壤通报，38（4）：765-772.

陈心想. 2014. 生物炭对土壤性质、作物产量及养分吸收的影响 [D]. 杨凌：西北农林科技大学.

陈兴丽，周建斌，刘建亮，等. 2009. 不同施肥处理对玉米秸秆碳氮比及

其矿化特性的影响 [J]. 应用生态学报, 20 (2): 314-319.

褚军, 薛建辉, 金梅娟, 等. 2014. 生物炭对农业面源污染氮、磷流失的影响研究进展 [J]. 生态与农村环境学报, 30 (4): 409-415.

崔志军, 孟庆洪, 刘敏, 等. 2010. 烟草秸梗气化替代煤炭烘烤烟叶研究初报 [J]. 中国烟草科学, 31 (3): 70-77.

戴静, 刘阳生. 2013. 生物炭的性质及其在土壤环境中应用的研究进展 [J]. 土壤通报, 44 (6): 1520-1525.

邓小华, 杨丽丽, 陆中山, 等. 2013. 湘西烟叶质量风格特色感官评价 [J]. 中国烟草学报, 19 (5): 22-27.

邓阳春, 梁永江, 袁玲, 等. 2009. 烟地土壤养分淋失与利用研究 [J]. 水土保持学报, 23 (2): 21-24.

邓阳春, 梁永江, 袁玲, 等. 2009. 烟地土壤养分淋失与利用研究 [J]. 水土保持学报, 23 (2): 21-24.

董占能, 白聚川, 张皓东. 2008. 烟草废弃物资源化 [J]. 中国烟草科学, 29 (1): 39-42.

盖霞普. 2015. 生物炭对土壤氮素固持转化影响的模拟研究 [D]. 北京: 中国农业科学院, 2-5.

谷思玉, 李欣洁, 魏丹, 等. 2014. 生物炭对大豆根际土壤养分含量及微生物数量的影响 [J]. 大豆科学, 33 (3): 393-397.

顾美英, 刘洪亮, 李志强, 等. 2014. 新疆连作棉田施用生物炭对土壤养分及微生物群落多样性的影响 [J]. 中国农业科学, 47 (20): 4128-4138.

国家烟草专卖局. 1996. YC/T 33-1996 烟草及烟草制品总氮的测定 克达尔法 [S]. 北京: 中国标准出版社.

国家烟草专卖局. 1996. YC/T 34-1996 烟草及烟草制品总植物碱的测定 光度法 [S]. 北京: 中国标准出版社.

国家烟草专卖局. 2001. YC/T 153-2001 烟草及烟草制品氯含量的测定 电位滴定法 [S]. 北京: 中国标准出版社.

国家烟草专卖局. 2003. YC/T 173-2003 烟草及烟草制品钾的测定 火焰光

度法 [S]. 北京：中国标准出版社.

韩光明. 2013. 生物炭对不同类型土壤理化性质和微生物多样性的影响 [D]. 辽宁：沈阳农业大学.

何绪生，耿增超，佘雕，等. 2011. 生物炭生产与农用的意义及国内外动态 [J]. 农业工程学报，27（2）：1-7.

何绪生，张树清，佘雕，等. 2011. 生物炭对土壤肥料的作用及未来研究 [J]. 中国农学通报，27（15）：16-25.

黄耀，沈雨，周密，等. 2003. 木质素和氮含量对植物残体分解的影响 [J]. 植物生态学报，27（2）：183-188.

邓小华，罗伟，周米良，等. 2015. 绿肥在湘西烟田中的腐解和养分释放动态 [J]. 烟草科技，48（6）：13-18.

季立声，贾君水，张圣武，等. 1992. 秸秆直接还田的土壤微生物学效应 [J]. 山东农业大学学报，23（4）：375-379.

姜玉萍，杨晓峰，张兆辉，等. 2013. 生物炭对土壤环境及作物生长影响的研究进展 [J]. 浙江农业大学学报，25（2）：410-415.

康日峰，张乃明，史静，等. 2014. 生物炭基肥料对小麦生长、养分吸收及土壤肥力的影响 [J]. 中国土壤与肥料，（6）：33-38.

匡崇婷，江春玉，李忠佩，等. 2012. 添加生物质炭对红壤水稻土有机碳矿化和微生物生物量的影响 [J]. 土壤，44（4）：570-575.

李葆，刘春奎，许自成，等. 2010. 湖北恩施不同海拔烟区气候因素综合评价 [J]. 郑州轻工业学院学报（自然科学版），25（2）：1-5.

李春俭，张福锁，李文卿，等. 2007. 我国烤烟生产中的氮素管理及其与烟叶品质的关系 [J]. 植物营养与肥料学报，13（2）：331-337.

李俊良，韩琅丰，江荣风，等. 1996. 碳、氮比对有机肥料氮素释放和植物吸氮的影响 [J]. 中国农业大学学报，1（5）：57-61.

李玲，肖和艾，吴金水. 2007. 红壤旱地和稻田土壤中有机底物的分解与转化研究 [J]. 土壤学报，44（4）：669-674.

李明，李忠佩，刘明，等. 2015. 不同秸秆生物炭对红壤性水稻土养分及微生物群落结构的影响 [J]. 中国农业科学，48（7）：1361-1369.

李淑香，李芳芳．2011．黑碳不同添加量对土壤有机碳矿化的影响 ［J］．安徽农业科学，39（36）：22 395-22 396，22 500.

李锡宏，林国平，黎妍妍，等．2008．恩施州烤烟种植气候适生性与土壤适宜性研究 ［J］．中国烟草科学，29（5）：18-21.

李章海，王能如，王东胜，等．2009．不同生态尺度烟区烤烟香型风格的初步研究 ［J］．中国烟草科学，30（5）：67-70.

李章海，王能如，王东胜，等．2009．不同生态尺度烟区烤烟香型风格的初步研究 ［J］．中国烟草科学，30（5）：67-70，76.

廖中建，黎理．2007．土壤氮素矿化研究进展 ［J］．湖南农业科学，（1）：56-59.

刘超，翟欣，许自成，等．2013．关于烟秆资源化利用的研究进展 ［J］．江西农业学报，25（12）：116-119.

刘春奎．2008．湖北恩施烟区气候因素与烤烟质量综合评价 ［D］．郑州：河南农业大学．

刘红恩，许安定，谢会川，等．2011．烟叶品质与生态环境的关系研究进展，湖北农业科学，50（9），1731-1734.

刘卉，周清明，黎娟，等．2016．生物炭施用量对土壤改良及烤烟生长的影响 ［J］．核农学报，30（7）：1411-1419.

刘建安，刘向锋，王志攀，等．2006．平衡施肥技术在烟草生产中的应用研究 ［J］．现代农业科技，1：53-54.

刘明，来永才，李炜，等．2015．生物炭与氮肥施用量对大豆生长发育及产量的影响 ［J］．大豆科学，34（1）：87-92.

刘世杰，窦森．2009．黑碳对玉米生长和土壤养分吸收与淋失的影响 ［J］．水土保持学报，23（1）：79-82.

刘伟晶，刘烨，高晓荔，等．2012．外源生物质炭对土壤中铵态氮滞留效应的影响 ［J］．农业环境科学学报，31（5）：962-968.

刘玉学，刘微，吴伟祥，等．2009．土壤生物质炭环境行为与环境效应 ［J］．应用生态学报，20（4）：977-982.

刘玉学，王耀锋，吕豪豪，等．2013．不同稻秆炭和竹炭施用水平对小青菜产量、品质以及土壤理化性质的影响 [J]. 植物营养与肥料学报, 19 (6): 1438-1444.

柳敏, 张璐, 宇万太, 等. 2007. 有机物料中有机碳和有机氮的分解进程及分解残留率 [J]. 应用生态学报, 18 (11): 2503-2506.

龙世平, 李宏光, 曾维爱, 等. 2013. 湖南省主要植烟区域土壤有机氮矿化特性研究 [J]. 中国烟草科学, 34 (3): 6-9.

娄燕宏, 诸葛玉平, 魏猛, 等. 2009. 外源有机物料对土壤氮矿化的影响 [J]. 土壤通报, 40 (2): 315-320.

马建, 鲁彩艳, 陈欣, 等. 2009. 不同施肥处理对黑土中各形态氮素含量动态变化的影响 [J]. 土壤通报, 40 (1): 100-104.

马莉, 吕宁, 冶军, 等. 2012. 生物炭对灰漠土有机碳及其组分的影响 [J]. 中国生态农业学报, 20 (8): 976-981.

孟军, 张伟明, 王绍斌, 等. 2011. 农林废弃物炭化还田技术的发展与前景 [J]. 沈阳农业大学学报, 42 (4): 387-392.

慕平, 张恩和, 王汉宁, 等. 2012. 不同年限全量玉米秸秆还田对玉米生长发育及土壤理化性状的影响 [J]. 中国生态农业学报, 20 (3): 291-296.

聂新星, 陈防. 2016. 生物炭对土壤钾素生物有效性影响的研究进展 [J]. 中国土壤与肥料 (2): 1-6.

潘逸凡, 杨敏, 董达, 等. 2013. 生物质炭对土壤氮素循环的影响及其机理研究进展 [J]. 应用生态学报 (9): 2666-2673.

彭华, 纪雄辉, 吴家梅, 等. 2011. 生物黑炭还田对晚稻 CH_4 和 N_2O 综合减排影响研究 [J]. 生态环境学报, 20 (11): 1620-1625.

彭辉辉, 刘强, 荣湘民, 等. 2015. 生物炭、有机肥与化肥配施对春玉米养分利用及产量的影响 [J]. 南方农业学报, 46 (8): 1396-1400.

乔学义, 王兵, 马宇平, 等. 2014. 烤烟烟叶质量风格特色感官评价方法的建立与应用 [J]. 烟草科技, 326 (9): 5-9.

曲晶晶, 郑金伟, 郑聚锋, 等. 2012. 小麦秸秆生物质炭对水稻产量及晚稻氮素利用率的影响 [J]. 生态与农村环境学报, 28 (3): 288-293.

申玉军，邓国栋，陈良元，等.2011.一种烟草感官评价分析方法的建立及应用 [J].烟草科技（5）：15-18.

申源源，陈宏.2009.秸秆还田对土壤改良的研究进展 [J].中国农学通报，25（19）：291-294.

石秋环，焦枫，耿伟，等.2009.烤烟连作土壤环境中的障碍因子研究综述 [J].中国烟草学报，15（6）：81-84.

史学军，潘剑君，陈锦盈，等.2009.不同类型凋落物对土壤有机碳矿化的影响 [J].环境科学，30（6）：1832-1837.

宋国菡，杨献营，潘吉焕.1998.我国烤烟施肥现状、存在问题及对策 [J].中国烟草科学（4）：32-34.

唐淦海，刘郡英，古春豪，等.2011.作物秸秆与城市污泥高温好氧堆肥产物对土壤氮矿化的影响 [J].农业工程学报，27（1）：326-331.

唐远驹.2004.试论特色烟叶的形成和开发 [J].中国烟草科学，25（1）：10-13.

唐远驹.2011.关于烤烟香型问题的探讨 [J].中国烟草科学，32（3）：1-7.

唐远驹.2008.烟叶风格特色的定位 [J].中国烟草科学，29（3）：1-5.

陶蒂，滕婉，李春俭，等.2007.我国烤烟生产体系中的养分平衡 [J].中国烟草科学，28（3）：1-5.

田慎重，宁堂原，王瑜，等.2010.不同耕作方式和秸秆还田对麦田土壤有机碳含量的影响 [J].应用生态学报，21（2）：373-378.

万海涛，刘国顺，田晶晶，等.2014.生物炭改土对植烟土壤理化性状动态变化的影响 [J].山东农业科学，46（40）：72-76.

王宏燕，王晓晨，张瑜洁，等.2016.几种生物质热解炭基本理化性质比较 [J].东北农业大学学报，47（5）：83-90.

王萌萌，周启星.2013.生物炭的土壤环境效应及其机制研究.环境化学，32（5）：768-780.

王能如，何宽信，惠建权，等.2012.江西烤烟香气香韵及其空间特征 [J].中国烟草科学，33（4）：7-12.

王鹏泽，来苗，陶陶．2015．河南烟叶香韵区域分布特征［J］．河南农业大学学报，49（5）：577-583．

王瑞峰，赵立欣，沈玉君，等．2015．生物炭制备及其对土壤理化性质影响的研究进展［J］．中国农业科技导报，17（2）：126-133．

王艳红，李盟军，唐明灯，等．2015．稻壳基生物炭对生菜 Cd 吸收及土壤养分的影响［J］．中国生态农业学报，23（2）：207-214．

王耀锋，刘玉学，吕豪豪，等．2015．水洗生物炭配施化肥对水稻产量及养分吸收的影响［J］．植物营养与肥料学报，21（4）：1049-1055．

武怡，曾晓鹰，朱保昆，等．2012．中式卷烟风格感官评价方法区域适应性分析［J］．烟草科技（9）：5-9．

武玉，徐刚，吕迎春，等．2014．生物炭对土壤理化性质影响的研究进展［J］．地球科学进展，29（1）：68-79．

夏玉珍，王毅，牟定荣，等．2015．福建和云南烤烟香韵风格特征差异及与化学成分的关系［J］．烟草科技，48（6）：68-72．

夏玉珍，王毅，牟定荣，等．2014．云南清香型烤烟香韵与常规化学成分关系的典型相关分析［J］．安徽农业科学，42（28）：9923-9925．

肖协忠，等．1997．烟草化学［M］．中国农业科技出版社．

邢刚，张庆忠，王绍斌，等．2009．施用秸秆炭对土壤钾淋洗量的影响［J］．安徽农业科学，37（18）：8644-8646．

烟叶质量风格特色感官评价方法研究项目组．2012．烟叶质量风格特色感官评价方法（试用稿）［G］．

姚玲丹，程广焕，王丽晓，等．2015．施用生物炭对土壤微生物的影响［J］．环境化学，34（4）：697-704．

余泺，高明，慈恩，等．2010．不同耕作方式下土壤氮素矿化和硝化特征研究［J］．生态环境学报，19（3）：733-738．

张阿凤．2012．秸秆生物质炭对农田温室气体排放及作物生产力的效应研究［D］．南京：南京农业大学．

张斌，刘晓雨，潘根兴，等．2012．施用生物质炭后稻田土壤性质、水稻产量和痕量温室气体排放的变化［J］．中国农业科学，45（23）：

4844-4853.

张会娟, 胡志超, 谢焕雄, 等. 2008. 我国烟草的生产概况与发展对策 [J]. 安徽农业科学, 36 (32): 14 161-14 162, 14 213.

张丽娟, 常江, 蒋丽娜, 等. 2011. 砂姜黑土玉米秸秆有机碳的矿化特征 [J]. 中国农业科学, 44 (17): 3575-3583.

张明月. 2012. 生物炭对土壤性质及作物生长的影响研究 [D]. 泰安: 山东农业大学.

张庆玲. 2008. 水稻秸秆还田现状与分析 [J]. 农机化研究, (8): 223.

张万杰, 李志芳, 张庆忠, 等. 2011. 生物质炭和氮肥配施对菠菜产量和硝酸盐含量的影响 [J]. 农业环境科学学报, 30 (10): 1946-1952.

张薇, 王子芳, 王辉, 等. 2007. 土壤水分和植物残体对紫色水稻土有机碳矿化的影响 [J]. 植物营养与肥料学报, 13 (6): 1013-1019.

张伟明, 孟军, 王嘉宇, 等. 2013. 生物炭对水稻根系形态与生理特性及产量的影响 [J]. 作物学报, 39 (8): 1445-1451.

张伟明. 2012. 生物炭的理化性质及其在作物生产上的应用 [D]. 沈阳: 沈阳农业大学.

张文玲, 李桂花, 高卫东. 2009. 生物质炭对土壤性状和作物产量的影响 [J]. 中国农学通报, 25 (17): 153-157.

张祥, 王典, 姜存仓, 等. 2013. 生物炭对我国南方红壤和黄棕壤理化性质的影响 [J]. 中国生态农业学报, 21 (8): 979-984.

张星, 张晴雯, 刘杏认, 等. 2015. 施用生物炭对农田土壤氮素转化关键过程的影响 [J]. 中国农业气象, 36 (6): 709-716.

张忠河, 林振衡, 付娅琦, 等. 2010. 生物炭在农业上的应用 [J]. 安徽农业科学, 38 (22): 11 880-11 882.

章明奎, Walelign D B, 唐红娟. 2012. 生物质炭对土壤有机质活性的影响 [J]. 水土保持学报, 26 (2): 127-137.

赵次娴, 陈香碧, 黎蕾, 等. 2013. 添加蔗渣生物质炭对农田土壤有机碳矿化的影响 [J]. 中国农业科学, 46 (5): 987-994.

赵殿峰, 徐静, 罗璇, 等. 2014. 生物炭对土壤养分、烤烟生长以及烟叶

化学成分的影响 [J]. 西北农业学报, 23 (3): 85-92.

赵明, 蔡葵, 孙永红, 等. 2014. 污泥生物质炭的碳、氮矿化特性及其对大棚番茄产量品质的影响 [J]. 中国农学通报, 30 (1): 215-220.

郑瑞伦, 王宁宁, 孙国新, 等. 2015. 生物炭对京郊沙化地土壤性质和苜蓿生长、养分吸收的影响 [J]. 农业环境科学学报, 34 (5): 904-912.

中国农业科学院烟草科学研究所. 2005. 中国烟草栽培学 [M]. 上海: 上海科学技术出版社.

周桂玉, 窦森, 刘世杰. 2011. 生物质炭结构性质及其对土壤有效养分和腐殖质组成的影响 [J]. 农业环境科学学报, 30 (10): 2075-2080.

周冀衡, 杨虹琦, 林桂华, 等. 2004. 不同烤烟产区烟叶中主要挥发性香气物质的研究 [J]. 湖南农业大学学报 (自然科学版), 30 (1): 20-23.

周冀衡, 张建平. 2008. 构建中式卷烟优质特色烟叶原料保障体系是新形势下中国烟草的战略选择 [J]. 中国烟草学报, 14 (1): 42-46.

周加顺, 郑金伟, 池忠志, 等. 2016. 施用生物质炭对作物产量和氮、磷、钾养分吸收的影响 [J]. 南京农业大学学报, 39 (5): 791-799.

周清明, 邓小华, 赵松义, 等. 2013. 湖南浓香型烟叶的质量风格特色及区域定位 [J]. 湖南农业大学学报, 39 (6): 570-579.

周效峰, 金亚波, 黄武, 等. 2016. 奉节烟叶质量风格特征剖析 [J]. 天津农业科学, 22 (7): 115-121.

附录1 酸化土壤修复及保育技术规程

1 范围

本标准规定了恩施烟区酸化土壤修复及保育适用的土壤条件，强酸性土壤和酸性土壤酸性改良种类、用量及施用方法等配套技术规范和弱酸性土壤保育化技术规范。

本标准适用于恩施烟区土壤酸化区域。

2 规范性引用文件

下列文件中的条款通过本标准的引用而成为本标准的条款。凡是注日期的引用文件，仅所注日期的版本适用于本文件。凡是不注日期的引用文件，其最新版本（包括所有的修改单）适用于本文件。

GB/T 6274 肥料和土壤调理剂

NY/T 496 肥料合理使用准则

GB 20412 钙镁磷肥

NY/T 1121.1 土壤检测：第1部分：土壤样品的采集、处理和贮存

NY/T 1377 土壤 pH 值的测定

NY/T 525 有机肥料

GB 8080 绿肥种子

3 术语与定义

下列术语和定义适用于本标准

3.1 强酸性土壤

pH 值<4.5 的土壤

3.2 酸性土壤

4.5≤pH 值<5.5 的土壤

3.3 弱酸性土壤

5.5≤pH 值<6.5 的土壤

3.4 施用间隔时间

连续施用两年石灰质物料后下次施用的间隔时间。

4 土壤酸性改良剂

修复酸化土壤所用的改良剂主要包括:

4.1 生石灰,CaO 含量≥94%,粒径≤0.5mm。

4.2 白云石粉,CaO 含量≥35%,MgO 含量≥26%,粒径≤0.5mm。

4.3 磷矿粉,总磷(P_2O_5)含量≥20.0%,有效磷(P_2O_5)≥6.0%,粒径≤0.25mm。

5 石灰质物料修复酸化土壤

5.1 适宜用量

5.1.1 强酸性土壤

单施生石灰适宜施用量为 100~150kg/亩,或单施白云石粉适宜施用量为 200~250kg/亩。

5.1.2 酸性土壤

单施生石灰适宜施用量为 50~100kg/亩,或单施白云石粉适宜施用量为 100~150kg/亩。

5.2 施用时间方法

石灰质物料在翻耕前撒施,或在翻耕后、起垄前撒施,确保其与土壤充分混匀。

5.3 施用间隔时间

施用石灰质物料改良酸性土壤的时间间隔为 2~3 年。

6 弱酸性土壤的保育

6.1 施用碱性磷肥

6.1.1 适宜用量

在弱酸性土壤,采用磷矿粉或钙镁磷肥代替过磷酸钙,施用量为过磷酸钙的 1.5~2 倍。

6.1.2 施用方法

碱性磷肥全部做基肥,与其他肥料混合均匀后条施。

6.2　施用有机肥料

6.2.1　适宜用量

腐熟的农家肥适宜施用量为 1000~1500kg/亩，或商品有机肥适宜施用量为 50~100kg，并配施生石灰 50~100kg/亩。

6.2.2　施用方法

腐熟农家肥或商品有机肥全部做基肥；生石灰在翻耕前撒施，或在翻耕后、起垄前撒施，确保其与土壤充分混匀。

6.3　种植绿肥

6.3.1　播种时间

在海拔 1200m 以下的烟区，在 8 月至 9 月中旬，烟叶采收后，将苕子或油菜种子撒播于烟田中，苕子和油菜播种量分别为 4kg/亩和 2kg/亩。在海拔 1200m 以上的烟区，宜种植油菜，播种量为 2kg/亩，播种应在 10 月上旬前完成。

6.3.2　翻压时期

在烟叶移栽前 20~30d 翻压绿肥，或者在冬季结合冬耕翻压。

6.3.3　翻压量

按鲜绿肥重翻压量为 1000~1500kg/亩，同时配施 50~100kg/亩生石灰。

6.3.4　翻压方法

绿肥翻压时可采用人工或者圆盘耙将绿肥茎叶切成 20~30cm 长，然后均匀撒在地面或施在沟里，最后采用机耕或者牛耕的方式进行翻耕，翻耕后应达到不使绿肥植株外露；生石灰在翻耕前撒施，或在翻耕后、起垄前撒施，确保其与土壤充分混匀。

附录 2　绿肥改良植烟土壤技术规程

1　范围

本标准规定了恩施烟区绿肥种植的适合品种、生产环境条件和技术要求

本标准适用于恩施烟区。

2　规范性引用文件

下列文件对于本文件的应用是必不可少的。凡是注日期的引用文件，仅所注日期的版本适用于本文件。凡是不注日期的引用文件，其最新版本（包括所有的修改单）适用于本文件。

GB 4285 农药安全使用标准

GB/T 8321.1~7 农药合理使用准则

GB 8080 绿肥种子

3　绿肥品种

适合恩施州烟区的绿肥主要有苕子和油菜两类良种。

4　生产环境条件

苕子和油菜较耐干旱、耐寒、耐阴、耐贫瘠，适应性强。最适生长气温在13~21℃，低于2~3℃生长基本停止，高于25℃生长受到抑制，高温多湿易导致死亡。苕子和油菜耐旱不耐渍，土壤水分保持在最大持水量的60%~70%时对其生长最为有利，如达到80%~90%则根系发黑而植株枯萎。苕子对磷肥反应敏感，在比较瘠薄的土壤上施用氮肥、缺钾地区施用钾肥也有明显效果。对土壤的要求不严，沙土、壤土、黏土都可以种植，适宜的土壤酸碱度在pH值5.0~8.5，在土壤全盐含量不超过0.15%时生长良好。苕子和绿肥耐瘠性很强，在较瘠薄的土壤上一般也有很好的鲜草和种子产量。

在海拔1200m以下恩施烟区，可种植光叶紫花苕子、油菜；在海拔1200m

以上区域，适宜种植油菜

5　播前准备

5.1　种子选择与处理

5.1.1　种子质量

选用绿肥种子标准（GB 8080）规定的三级以上良种。

5.1.2　种子处理

5.1.2.1　晒种

播种前晒种半天到一天，以提高种子的生活力。

5.1.2.2　擦种

苕子和油菜一般不擦种，但其种子有难吸水的硬粒和易吸水的非硬粒两种，对硬粒种可以进行擦种。宜先浸种 12~15h（中间换水一次），待易吸水种子膨胀后，用水搅动容器中的种子，使胀水的种子浮起，乘势倾出，反复几次，剩下的种子就是硬粒种，捞出硬粒种后，进行擦种。可用五份种子掺一份细沙放在碓中轻舂 10min。也可以将种子用碾米机轻轻地碾一遍，使种子起毛后播种。

5.1.2.3　拌种

每亩种子拌入 20kg 细土或火土灰混合均匀后进行播种。

5.2　整地与施基肥

5.2.1　整地

低海拔烟区烟草收获较早时，播种前可翻耕松土、碎土，然后播种。中高海拔烟区烟草收获期偏晚，烟秆不能及时清除或者尚未收获完时，可不翻地，直接在烟行两侧垄上播种或套种。

苕子和油菜喜湿润，怕旱涝，整地后注意开排水沟，保证田内无积水。

5.2.2　施基肥

绿肥对磷肥反应敏感，在较贫瘠土壤上可基施过磷酸钙 15~20kg/亩。常年栽烟土壤肥力较高时，可不施基肥。

6　播种

6.1　播种时期

适当早播，气温稍高，墒情好，出苗快，苗全苗壮，越冬后返青早，发苗快,不仅鲜草产量高,而且便于及早利用,便于烟田整地起垄移栽。

低海拔烟区(500~800m)播期在8月下旬至9月上旬为宜;中海拔烟区(800~1200m)播期在9月中旬为宜;高海拔烟区(大于1200m)播期在9月下旬至10月上旬为宜。

6.2 播种方式

可撒播或者条播,以撒播较为省工。

6.3 播种量和播种深度

苕子:撒播播种量4kg/亩,条播播种量3kg/亩,点播播种量1kg/亩。

油菜:撒播播种量2kg/亩,条播播种量1.5kg/亩,点播播种量1kg/亩。

一般旱地、肥地、壤土、墒情好、整地细、播种早时可适当减少播量,而水田、瘦地、墒情差、整地粗放、播期迟时可适当增加播量。

播种深度以1~2cm为宜,干旱时播种宜深,土壤湿润时播种宜浅。

7 田间管理

7.1 查苗补苗

绿肥播种出苗后,应及时检查出苗情况,如发现严重缺苗的必须趁土壤湿润时补苗,在缺苗严重的地方挖穴,从密苗处挖带泥的幼苗移植,或者及时根据缺苗情况进行补种;半个月以后追施磷肥或粪水一次,促进生长。

7.2 追肥

施肥遵循"磷肥为主,氮肥为辅;基肥为主,追肥为辅"的原则。

土壤肥力较高时不追肥。土壤肥力较低时,越冬前和早春解冻时分别追施草木灰或火土灰,可保证幼苗安全越冬和春后旺盛生长。苗期和春后生长太差时,可追施少量稀粪尿肥或氮肥(尿素2~3kg/亩)。

7.3 灌溉与排水

苕子耐旱,耐渍性差。田间管理注意排水,无论围沟、腰沟或中沟,都应适当深开和多开,并经常清沟,保证田面干爽。如遇秋、冬或早春干旱,应及时灌水;苕子返青旺长期需水量大,土壤干旱时及时灌水,利于鲜草产量提高。灌水后避免土壤渍水。

7.4 病虫害防治

应坚持"预防为主,治早治小"的原则,防止病虫害蔓延扩大。使用化学农药时，应执行 GB 4285 和 GB/T 8321。禁止使用国家明令禁止的高毒、剧毒、高残留的农药。

主要害虫有蚜虫、地老虎、蓟马、棉铃虫、红蜘蛛、豆荚螟、烟草夜蛾、苍蝇、蟋蟀等。主要病害有病毒病、叶斑病、黄叶枯病、轮纹斑病、茎枯病、白粉病等。其中蚜虫、蓟马危害最为普遍。用乐果粉剂或 1000～1500 倍乐果乳剂喷施，防治蚜虫和蓟马效果良好。蓟马、棉铃虫和几种夜蛾，可用马拉松喷雾防治。白粉病初期，用 0.3～0.5 度石硫合剂喷雾防治，每亩用药 75～100kg，每 7～10d 喷 1 次，连续 3 次。

8　翻压

8.1　翻压期

一般在烟草移栽前 20～35d 翻压，不同海拔地区根据烟草移栽期、绿肥在土壤中腐解速度和生物量适当调整翻压期。尽可能在绿肥花期翻压，以提高绿肥养分累积量，但要保证翻压的绿肥在田间充分腐解，否则可能对移栽的烟苗产生危害。

提前播种的绿肥如果冬前的生物量达到 1000kg/亩以上，也可在冬前结合冬耕晒垡翻压绿肥。

8.2　翻压量

烟田绿肥的适宜翻压量为 1000～1500kg/亩，鲜草产量高时可将多余部分施用到未种绿肥田块，或者收获作饲草。实际操作中应根据土壤肥力水平适当调整绿肥翻压量，土壤肥力高时适当减少翻压量，瘠薄土壤适当增加翻压量。

8.3　翻压方法

结合烟田整地、施肥起垄时翻压绿肥。绿肥入土一般 10～20cm 深，沙质土可深些，黏质土可浅些。

8.3.1　直接翻压

最好将绿肥收割后切碎至 10～20cm，或者用旋耕机将其打碎；如果人力和机械不足情况下，也可不经粉碎而直接翻压。将收后的苕子或油菜稍加晾晒，让其萎蔫后均匀撒在地面或开好的沟中；如果上年度播种绿肥时烟田未翻耕，可将绿肥直接撒于烟垄之间的沟中。然后将基施的化肥撒在绿肥表面，覆土起垄，使绿肥压入土中 10～20cm，全部被土覆盖。翻压时若墒情较差，有灌溉条件的可适当灌水，然后覆盖地膜。

8.3.2 堆沤后施用

可把绿肥作堆沤原料，在田头制作堆沤肥。拌入适量人畜粪尿、石灰，外层覆土或塑料薄膜，进行沤。堆沤好后作基肥施用。

9 翻压后烟草田间管理

9.1 翻压情况下烟草施肥技术

烟草前茬种植苕子或油菜，翻压1000~1500kg/亩情况下，可适当减少化肥用量，一般可减少化肥用量15%~30%。化肥减少的用量全部从基肥中扣除，追肥保持原来用量。基肥在绿肥翻压时结合起垄施入，所选用的化肥种类、追肥时期、追肥技术与不翻压绿肥情况下相同。

9.2 病虫害防治

种植绿肥田块土壤湿度大，而且由于没有经过冬季翻土晒垄，地老虎等地下害虫比冬闲田块密度大，翻耕起垄时要注意加用杀虫农药，以减少地老虎等害虫对烟苗的危害。

9.3 有关烟草种植其他技术要求

翻压绿肥情况下，烟草栽培的其他技术措施同当地未翻压绿肥时的优质烟草栽培技术规程。

附录3 小苗移栽配套技术规程

1 范围

本规程规定了烟叶小苗移栽前的准备工作，育苗期、烟苗标准、移栽期及配套栽培方法。

本规程适用于恩施烟区。

2 术语和定义

2.1 烟苗标准

苗龄45~50d，茎高3~4cm，4~6片真叶，烟苗大小均匀一致，长势健壮，无病虫害。

2.2 育苗期

低山地区（海拔<800m）最佳播种为2月20日左右，二高山区（海拔800~1300m）最佳播种期为3月10日左右，分别高山区（海拔>1300m）最佳播种期在3月15日左右。

2.3 移栽期

海拔<800m烟区最佳移栽期为4月20—25日，海拔800~1300m烟区最佳移栽期为4月25日至5月5日。海拔>1300m高山烟区最佳移栽期为5月15日移栽，海拔1400m以上区域在5月15—25日为宜。

3 移栽方法

3.1 井窖规格

井口直径9~11cm，井窖深度19cm左右，井壁不能光滑紧实，烟苗丢入井窖后距井口3~5cm。

3.2 选苗

移栽时选择4~5片真叶，大小均匀一致，长势健壮，无病虫害的烟苗进行移栽，坚决杜绝根系不发达导致基质都带不起的烟苗进烟田。

3.3 带陪嫁土

烟苗丢入井窖，带入少量陪嫁土，以覆盖根部为宜。三是要防虫，移栽完毕后，根据天气情况，适时在井窖内撒施防治蛴螬类药剂。

3.4 带水

移栽时带水量要根据垄体墒情及外界天气状况进行调整，垄体墒情好的50~100mL/株、中等的150~200mL/株、较差的以300~500mL/穴为宜。

3.5 追肥

移栽后7~10d，用2%的追肥液顺井壁淋施，每株顺井壁淋施100~150mL。移栽后20d左右，在距烟株10cm处打10cm左右深的追肥孔，将剩下的追肥对水施入，并用细土密封好追肥孔。

3.6 栽后管理

移栽后及时查苗补苗，发现病虫害损失缺窝要及时补上，并增施农药防止害虫继续危害，发现土压苗心时应及时将土移开。

附录 4 烤烟田间管理技术规程

1 范围

本标准规定了恩施烟区烤烟田间管理各项技术措施及操作方法。

本标准适用于恩施烤烟生产种植区。

2 规范性引用文件

下列文件对于本文件的应用是必不可少的。凡是注日期的引用文件，仅所注日期的版本适用于本文件。凡是不注日期的引用文件，其最新版本（包括所有的修改单）适用于本文件。

Q/EYK J19 烤烟田间管理技术规程

Q/EYK J22 烟草病害综合防治技术规程

YC/T 371 烟草田间农药合理使用规程

3 目标要求

大田烟株长势健壮，生长发育一致、成熟落黄一致、营养状态好、病虫危害轻。田间各个时期垄面及沟心无杂草、无渍水，底无脚叶，腰无烟杈、顶无烟花、无脱肥烟株。

4 生长期划分

移栽后 3~5d 为还苗期，30~35d 达到团棵期，35~40d 进入旺长期，55~60d 开始现蕾，65~70d 烟株基本定形，进入成熟期。

5 田间管理技术要求

5.1 查苗补苗

移栽结束后 3~5d，及时检查田间是否有缺苗、病苗、老苗、弱苗情况，若有缺苗则及时补栽同一品种的健壮烟苗，并偏重管理，以保证田间整齐度。在劳力、时间充裕情况下，提倡从移栽后次日起跟踪查苗补苗。

5.2 揭膜与中耕培土

5.2.1 揭膜

移栽后 30d 左右烟株进入旺长后，可见叶片数达 13~14 片，心叶长 15cm 即可实行揭膜培土追施钾肥，培土时应边揭膜边培土上厢，实行揭膜培土，培土高度 30cm，垄体充实饱满，垄间无渍水，烟田不板结，无杂草，揭掉的地膜要及时清出烟田，集中处理，以免污染土壤。遇严重干旱天气，如膜下尚存适量水分，宜晚揭膜；肥力过大或施肥过量的烟田，不宜早揭膜；脱肥烟田，需提前揭膜。海拔 1300m 以下的烟田、1300m 以上但起垄高度低于 20cm 或有僵苗、弱苗现象的烟田在栽后 30d 左右一律揭掉地膜，同时进行松蔸除草和中耕培土，培土高度必须达到 30cm 以上，且垄体饱满。揭膜必须培土，单纯揭膜而不培土没有任何作用，甚至适得其反。揭膜时应将地膜清理干净，消除污染。

5.2.2 培土

对半生育地膜栽培的烟叶必须实行揭膜中耕培土、在海拔 1300m 以上全生育期地膜栽培的烟叶必须实行扩膜培土，并要结合追肥、中耕、除草培土。当天揭膜当天培土。

5.2.3 覆盖

揭膜培土后，用麦草或稻草、秸秆、玉米秆对垄体进行秸秆覆盖，每亩秸秆用量麦草或稻草 350kg（干重），玉米秆 400kg（干重）。

5.3 揭膜时间

出现僵苗、脱肥的，应揭膜，并及时松土补充水分。

强降雨天气应根据情况灵活掌握是否揭膜，持续干旱且无浇水设施的烟田不宜揭膜。

6 合理灌溉

根据大田期烟草的生长发育特点和需水规律，移栽时水分要充足，促使烟苗还苗成活；伸根期要适当控制水分，促使烟株根系向纵深处发展；旺长期要有充足的水分供应，满足烟草旺盛生长对水分的需要；成熟期应适当供水，促使烟叶成熟和形成优良品质，防止水分过多而造成"返青"或"底烘"。

6.1　普施稳根水

移栽后 30d 内控制水分供应，保证田间土壤相对持水量 60%左右，促根系下扎。当土壤持水量低于 50%时，应及时灌水。对于地膜覆盖烟田，只要浇好移栽水和稳根水（0.5~1.0kg/株），一般即可满足移栽—团棵期间的水分需求。

6.2　重施旺长水

烟叶进入旺长之前要求土壤水分充足，土壤水分不足，进行浇水满足烟叶旺长的水分需求，促进上部叶开片，提高质量。一般在移栽后 35~40d 进入旺长期时灌水一次，1.5~2kg/株；如遇连续干旱 5~7d 需进行灌溉。

6.3　巧施圆顶水

烟叶打顶之前出现水分缺乏要进行浇水，促进上部烟叶叶片开片，促进内含物质的合成和转化，促进充分成熟，降低烟叶尤其是上部叶厚度和烟碱含量，提高内在质量。要求在打顶后 7d 进行一次灌溉，1.5~2kg/株。其后如无有效降雨，每采收一次补充一次水分。

7　适时打顶，合理留叶，化学抑芽

100%实行化学抑芽和刀削打顶技术。有效叶 20~24 片，如烟株营养过剩取留叶数的上限，但不得超过 24 片，不得低于 18 片。

7.1　打顶时间与方法

对肥力较高、氮肥过量、追肥较晚或旺长期遇干旱、肥料未能被烟株充分吸收而残留过多的烟田，实行盛花期打顶，当烟株中心花开放 50%时进行一次性打顶（大量花开放时将整个花序连同其下 2~3 片小叶一并摘除），打顶时将不能长到 35cm 的顶部叶片全部打掉。

对于烟株营养充足、土壤供肥能力强的烟田，实行初花打顶（当顶端花序伸出顶叶，有几朵花开放时，将整个花序连同其下 2~3 片小叶一并摘除）。

对土地肥力差或因降水过多，造成养分流失严重的烟地里营养不良的烟株，可实行现蕾打顶（当花蕾长到长 4~6cm 时，花蕾与幼叶已明显分开，此时将花蕾连同其下 2~3 片小叶一并摘除）。

用刀来打顶，刀口与烟茎夹角为 45°，向上削去花序和 2~3 片小叶。打顶后，烟株主茎的顶端要略高于顶叶的叶基部，以免伤口距顶叶太近。应及时把

花序和烟芽清除出烟田。

7.2　化学抑芽

化学抑芽剂可以采用杯淋法、涂抹法、喷雾法进行使用，目前推荐使用的化学抑芽剂有灭芽灵、烟净等，注意化学抑芽形成的僵芽不能抹掉。

打顶抹芽宜在晴天上午进行，有利于烟株伤口愈合，避免病菌侵入，引起病害的发生。雨天或晴天早上（露水未干之前）操作容易通过水分感染和传播空茎病。打顶后，烟株主茎的顶端要略高于顶叶的叶基部，以免伤口距顶叶太近，影响顶叶对水分的保持，导致顶叶萎蔫甚至死亡。应先处理健康烟株，再处理感病烟株，避免人为造成病害的传染。应及时把花序和烟芽清除出烟田，以消灭病原物和虫源，避免病害的进一步传播。

8　病虫害防治

按 Q/EYK J22 烟草病虫害综合防治技术规程和 Q/EYK J 烟草田间农药合理使用规程要求执行，统防统治。搞好田间卫生，抑制病虫害发生：

田管各项农事操作应遵循先健株后病株的原则，避免人为传染；

田管摘出的烟花、烟杈应及时集中清理出烟田，避免其传染病害；

黄烂脚叶及沟中杂草应及时清除，增强烟株的通风透光，防止底烘及根茎病的暴发流行；

中耕培土时，应尽量减少对根茎的伤害，减少病源物对伤口的侵入；

采收结束后，及时清除烟株残体，带出田间集中处理。

9　采收

烟叶成熟后，应适时采收，进行科学烘烤。并做好注意烟地防旱、防洪排涝。

附录 5　烤烟精准生产技术规程

1　范围

本规程规定了恩施烟区烤烟精准生产中精准施肥、精准灌溉和精准施药的主要方式和方法。

本规范适用于恩施烟区烤烟精准生产。

2　规范性引用文件

下列文件对于本文件的应用是必不可少的。凡是注日期的引用文件，仅所注日期的版本适用于本文件。凡是不注日期的引用文件，其最新版本（包括所有的修改单）适用于本文件。

GB/T 18314　全球定位系统（GPS）测量规范

GB/T 23221　烤烟栽培技术规程

GB/T 50363　节水灌溉工程技术规范

DD 2006-06　数字地质图空间数据库

NY 525　有机肥料

NY/T 1118　测土配方施肥技术规范

GB 23222—2008　烟草病虫害分级及调查方法

3　术语和定义

下列术语和定义适用于本文件。

3.1　精准施肥

实现在每一操作单元上因土因作物全面平衡施肥，大大提高肥料利用率和施肥经济效益，减少了对环境的不良影响。

3.2　精准灌溉

最低限度的用水量获得最大的产量或收益，最大限度地提高单位灌溉水量的烟叶产量和产值的灌溉措施。

3.3 精准施药

准确掌握病虫害的发生时间和发生地点，针对性使用高效低毒农药，选择合理施药器械，提高农药的使用效率，并达到保护环境的目的。

4 精准施肥

4.1 取样时间

当年烟叶收获后，11—12 月进行取样。

4.2 取样数量

以地块为单元，每（0.5~1.0）hm² 采集一个土壤样品。

4.3 取样方法

地块内按"梅花形"选择有代表性的（5~10）点为取样点，将从代表性取样点取得土壤样品混合，用四分法取 500g 左右土壤样品装入取样袋。在"梅花形"中心利用全球定位系统记录地理信息。全球定位系统精度需达到 GB/T 18314 中 D 级要求。

4.4 构建空间数据库

在天气晴朗时，利用全球定位系统实地勾出地块边界、机耕路、排水沟、农户住宅等主要地理信息，导入地理信息系统构建土地整治区空间数据库。空间数据库构建要求按照 DD2006-06 执行。

4.5 构建土壤养分数据库

分析土壤有机质，全氮，全磷，全钾，土壤碱解氮，土壤速效磷，土壤速效钾，土壤 pH 值及本区域内土壤中常见缺少的中、微量元素。分析方法按照 NY/T 1118 规定执行。结合地理信息构建土壤养分数据库。

4.6 土壤养分空间分布图

在土地整治区空间数据库的基础上，应用地理统计学方法分析土壤养分空间演变规律，编制土壤养分分布图。编制中，检测样本数占总样本数 30%且大于 15 个，检测样本相对平均误差<5%。

4.7 土壤养分分区评价图及分区

应用模糊综合评价方法评价整治区土壤养分，编制土壤养分分区综合评价图。根据土壤养分分区综合评价图，将各分区内土壤养分数值平均，建立烟田分区地理数据库。

4.8　施肥

4.8.1　肥料配比

将分区数据库导入《恩施州烟区土壤养分信息化管理系统》导出区域性纯氮（N）、纯磷（P_2O_5）和纯钾（K_2O）用量。有机肥质量符合 NY 525 的规定，用量按纯氮总量的 20%～30% 进行折算。化肥可使用的肥料种类包括烟草专用复合肥和复混肥，辅以硝磷铵、硝酸钾、过磷酸钙、钙镁磷肥、硫酸钾、硫酸镁、微肥等，用量为纯养分总量减有机肥中纯养分含量后进行折算所得。

4.8.2　施肥方法、施肥量

基肥：起垄时，100% 有机肥，70% 的氮肥、钾肥及 100% 的磷肥作底肥一次性条施。施肥方法：底肥实行平地条施后起垄，宽度为 15～20cm。

追肥：应在移栽后 10d 追施 20% 氮肥，团棵期前 5d 左右追施 10% 氮肥和 30% 钾肥。追肥方法：在烟株之间打孔施入，施肥深度为 10～15cm，及时用水淋注追肥孔以实现以水带肥，并用土将追肥孔填满。

5　精准灌溉

5.1　灌溉设施建设

精准灌溉烟地所建设的小型水利工程水池、管网、沟渠的设计和施工按照 GB/T 50363 规定执行。

5.2　精准灌溉需水指标

烟叶生长时期土壤墒情丰缺指标见表 1。

表 1　烟田土壤墒情丰缺指标

生育期	烟叶	
	适宜水分指标（%）	干旱指标（%）
伸根期	55～65	48～52
旺长期	72～80	67～72
成熟期	70～75	55～60

5.2.1　移栽水

移栽水也叫稳根水，在移栽时浇水，除供给烟株水分外，让土壤塌实，根土密接，进行穴浇，每穴 1~2kg。

5.2.2　伸根水

除在追肥后或严重干旱的情况下可轻浇一次外，一般土壤相对含水量在60%左右时可以不浇水，以利蹲苗，促进烟株根系发育。

5.2.3　旺长水

烟株旺长期气温高，土壤相对含水量应保持在72%~80%，6—7月烟叶进入旺长期，降水量少的时间和区域，应及时补水。旺长中期，特别是自下而上第16~17片叶长出叶时要浇大水，保足墒。

5.2.4　平顶水

干旱时打顶、圆顶各灌水一次。每次灌水使土壤含水量达到75%，可采用株灌，每株 1kg。

5.3　烟田墒情烟叶形态判断

5.3.1　烟株叶片白天轻度萎蔫，傍晚能恢复，属暂时性生理缺水，非土壤缺水，不需灌溉。

5.3.2　叶片白天萎蔫，傍晚不能恢复，夜晚恢复时，表示土壤水分不能满足烟株生长需要，如次日早晨不恢复，则属严重缺水。

5.3.3　团棵期生长不平衡，明显脱肥，根结线虫病、早花加剧，均可能缺水；成熟期只要地面发干，晴天上午9—10点，叶片让脸或手有温热感，即缺水。

5.4　烟田墒情田间判断

土壤墒情速判见表2，益可采取烘干法进行墒情量化测定。

表 2　土壤墒情判断表

土色	暗黑	黑-黑黄	黄	黄灰	黄灰-灰白
湿润程度（手捏）	湿润，手捏有水滴出	湿润，手捏成团，落地不散，手有湿印	湿润，手捏成团，落地即散，手微有湿印和凉爽感	潮干，半湿润，手捏不成团，手无湿印，有微暖温暖感	干，无湿润感，捏散成面
含水量%	>23	23~20	20~10	10~8	<8
相对持水量%	>100	100~70	70~45	45~30	<30
性状	水过多	水分稍多，氧气稍不足	水分、空气都适宜，最好墒情	水分不足	水分不足
措施	排水，耕作疏水	稍加疏水	注意保墒	灌溉补水	灌溉补水

5.5 灌水方法

5.5.1 灌溉水禁止用工业污水或农药超标水。

5.5.2 穴灌用于移栽和旺长期干旱缺水。灌水后用干细土封盖以免水分散失。

5.5.3 沟灌用于水源充足的地方，采用单沟灌水，一沟换一沟顺次浇灌。水源不足土壤缺水较轻，气温偏低时，可隔沟灌水。用草袋拦于垄中间，放水浸入垄体撤草袋重新抬高水位，均匀灌水，让水流到垄沟另一端，不能漫过垄顶。

5.5.4 浇灌是利用水窖、水井及水池，先在垄体打孔或浅锄后用水管浇灌。

5.5.5 灌水应在早晚或夜间，不得在高温晴天进行。

5.5.6 推行喷灌、微灌等现代灌溉方式。

5.5.7 烟区应防涝，整地必须挖排水沟，开设垄沟、腰沟、围沟及通向池塘的水沟。在多雨季节清理沟渠，防止淤塞。

6 精准施药

6.1 病虫害调查

根据 GB 23222-2008 烟草病虫害分级及调查方法进行烟草病虫害调查，准确掌握烟草病虫害发生的时间和地点。

6.2 农药选择

按照中国烟叶公司文件［2015］24 号"中国烟叶公司关于印发 2015 年度烟草农药使用推荐意见的通知"，合理选择农药种类，优先选择生物农药。

6.3 施药器械

按照中国烟叶公司推荐使用的农药器械，减少农药浪费，减少环境污染。

6.4 施药方法

准确掌握病虫害的发生特点，合理选择施药方法，尽量避免喷雾、熏蒸等大规模用药方法，优先选择穴施、淋根、浸种等方法。

附录 6 烤烟 GAP 生产管理规程

1 范围

本部分规定了恩施烟区烤烟生产 GAP 管理的术语和定义、总体目标、GAP 管理的内容和措施及管理考核等内容。

本部分适用于恩施烟区烤烟生产、收购、仓储及调拨。

2 规范性引用文件

下列文件对于本文件的应用是必不可少的。凡是注日期的引用文件，仅所注日期的版本适用于本文件。凡是不注日期的引用文件，其最新版本（包括所有的修改单）适用于本文件。

Q/EYK J09　烟地土壤改良技术规程

Q/EYK J10　烟叶漂湿育苗技术规程

Q/EYK J13　烟叶地膜覆盖技术规程

Q/EYK J16　烤烟移栽技术规程

Q/EYK J14　烤烟施肥技术规程

Q/EYK J18　烤烟大田灌溉和土壤水分管理规程

Q/EYK J19　烤烟田间管理技术规程

Q/EYK J25　烤烟烘烤技术规程

Q/EYK J26　特殊烟叶烘烤技术规程

Q/EYK J27　烤烟分级扎把技术规程

Q/EYK J28　烤烟预检技术及预检员管理规程

3 术语和定义

下列术语和定义使用于本文件

3.1　非烟物质

系指烟叶以外的一切影响烟叶产品质量的物质，即经过不同途径进入烟叶产品，造成烟叶污染或给烟叶带来异味，而影响烟叶产品质量的一切不安全因素。

3.2　非烟物质的种类

编织袋、化纤绳带、塑料制品；动物产生的杂物、皮毛、羽毛及小昆虫；塑料和泡沫塑料制品；各种油类、化妆品；金属、石块、玻璃等坚硬物质；各种草类、树枝、竹木制品；烟头、食物、衣物和各种纸类制品等。

4　总体目标

通过全面推行烟叶标准化生产，实施清洁烟草农业，注重生态环境保护，达到烟叶生产管理和烟叶质量水平的有效提升，实现汪营基地单元烟叶产业的可持续稳定健康发展。

5　GAP 管理的内容和措施

5.1　选择适宜烟叶品种

根据浙江中烟对恩施烟区品种布局需求建议，要求以云烟 87 为主栽品种。

5.2　全程推行烟叶标准化生产

5.2.1　烟田轮作与土壤改良。烟区布局要做到规模相对集中，并做到有效轮作。在不能做到有效轮作的前提下，实行绿肥种植和施用腐熟农家肥、有机肥、生石灰进行土壤改良，严格执行烟地土壤改良技术规程 Q/EYKJ09。

5.2.2　统一供种与漂湿育苗。确保 100% 的良种，100% 的漂湿育苗，98% 的壮苗标准。严格执行烟叶漂湿育苗技术规程 Q/EYK J10。

5.2.3　套餐供肥与平衡施肥

统一按套餐进行供肥，并发放"配方施肥通知单"，100% 的按标准进行平衡施肥，确保烟株营养均衡。严格执行烤烟施肥技术规程 Q/EYK J14。

5.2.4　起垄覆膜与规范移栽

移栽前 20d 左右，进行起垄、施肥、覆膜。移栽时按"三带一深"的操作要求移栽，每一农户或同一烤房在 3d 内栽完、同一区域在 5d 内栽完，保证烟叶长势均衡一致。严格执行烟叶地膜覆盖技术规程 Q/EYK J13、烤烟移栽技术规程 Q/EYK J16。

5.2.5 大田管理

重点进行查苗补苗、揭膜培土、中耕除草、水分管理、适时打顶、合理留叶、化学抑芽工作，要防止打顶过低、留叶过少的现象出现。留叶数 20～24 片。严格执行烤烟大田灌溉和土壤水分管理规程 Q/EYK J18、烤烟田间管理技术规程 Q/EYK J19。

5.2.6 采收烘烤与入户预检

烟叶采收实行"准采证"制，下部叶适时采收，中部叶成熟采收，顶部 4～6 片叶充分成熟集中一次采收。下部叶采收后，停 10d 左右采收中部叶，中部叶采收后停 10d 左右采收上二棚叶。严格执行烤烟烘烤技术规程 Q/EYK J25、特殊烟叶烘烤技术规程 Q/EYK J26、烤烟分级扎把技术规程 Q/EYK J27、烤烟预检技术及预检员管理规程 Q/EYK J28。

5.3 病虫害防治

5.3.1 防治原则

建立病虫害预测预报系统，实施病虫害综合监控措施，严格执行病虫害综合防治技术标准，施用国家局推荐农药，确保无重大病虫草灾害、农药残留符合国家要求。严格执行烤烟病虫害预测预报技术规程 Q/EYK J20、烟草主要虫害防治技术规程 Q/EYK J21、烟草病害综合防治技术规程 Q/EYK J22、烟草农药使用规则 Q/EYK J23、烟叶缺素症状诊断及防治技术规程 Q/EYK J24。

公司烟叶科技科负责烟草病虫害预测预报，对大田烟叶病虫发生情况进行预测预报，编制书面简报，发到各站组，必要时发到烟农，及时指导大田管理工作。

5.3.2 防治措施

5.3.2.1 病虫害的综合防治，针对易发病害，对症用药，做到统一供药、统防统治，并由技术员造册登记农户领药数量、喷药时间。同时，加强对周围农作物的监控与管理。

5.3.2.2 注意烟田卫生，建立烟株残体处理池，将烟花、烟杈和废弃烟叶统一堆放、集中处理。

5.3.2.3 所有选购使用的农药应符合当年中国烟叶公司公布的《全国烟草农药使用种类推荐使用意见》和《湖北省烟草农药招投标中标种类》中推荐的农

药种类，允许使用农药建立农残检测体系，对每年收购烟叶取样送检农残，并将检测结果进行通报，对农残超标的进行分类指导。

5.3.2.4 烟草收购站组保管员要严格农药存储保管和包装物回收，培训并提供烟农正确使用农药资料。

5.3.2.5 在允许施药时间内，必须由技术员根据病虫危害程度开具农药使用清单，由专业化植保服务队进行统防统治，并由技术员现场监督指导回收所有农药包装物。

5.4 高度重视农药安全

5.4.1 培训和强化烟农的安全意识教育，对烟农进行农药配对及打药方法的培训，提高施药的有效性。同时，尽量减少农药使用次数，降低生产成本。

5.4.2 在进行施药期间，要佩戴防护口罩和手套，不裸露身体，穿雨衣和雨靴，确保人身安全。

5.4.3 农户家中存储少量农药要进行木箱加锁单独保管，防止小孩误食中毒，不与食物混装一室，避免人体中毒伤害。

5.5 控制非烟草杂质，保证产品质量

5.5.1 分类

非烟草物质分为三类，一为有机物类，包括植物茎秆、杂草、树皮、秸秆、皮革、皮毛、动物昆虫、毛发等；二为无机物类，包括塑料绳类、纺织品、石头、金属（如螺丝、铁钉、针等）、玻璃（灯泡碎片、碎玻璃瓶等）；三为人工合成物类，包括聚已烯（如塑料薄膜、塑料包装物等）、聚丙烯（如化肥包装袋、尼龙、橡胶制品、香烟滤嘴、玻璃纤维、泡沫塑料等）。分类按恩施非烟物质管理规程 Q/EYK G21 规定执行。

5.5.2 宣传

加强对烟农清除非烟物质、杜绝使用违禁农药的宣传与引导，充分利用标语、标牌、电视、讲座、现场会、黑板报、广播等多种形式广泛深入宣传农药规范使用、烟农信誉等级评价、非烟物质控制、残膜清理、环境保护等内容，让烟叶生产可持续发展观念逐步深入烟农心中。使烟农转变观念，提高质量意识。

5.5.3 烟叶调制与分级现场，杜绝使用编织口袋和所有塑料化纤用品。不得

有金属、塑料制品、橡胶制品、动物皮毛，石块、茅草、绳类、纸屑等其他烟叶以外的物质。

5.5.4 存放烟叶场地要保持适当干燥，防止烟叶吸潮霉变，并保持干净整齐，不使用风化易碎的旧膜存放烟叶。

5.5.5 坚持收购预检制度，保持收购现场清洁卫生，并配备专用回收桶，拒收使用违禁农药喷洒的烟叶，拒收有油质污染的烟叶。

5.5.6 改革收购流程，改集中收购为分期收购，采取分部位收购，做到干烟适时下架，及时分级，收烟叶生产结束后，对烟田废旧薄膜进行彻底清除集中处理或回收，减少塑料杂质来源。

5.6 实行烟叶生产户籍化管理，建立烟叶质量追踪体系

5.6.1 建立烟农户籍化档案，实行烟农分类管理。根据烟农的烟叶种植面积、劳力状况、烟叶设施配套率、诚信度、亩均效益和农事考核确定的农事操作、技术执行水平，综合评定烟农星级水平，实行差异化技术服务。

5.6.2 实行过程管理，全程监控烟农农事操作和技术措施的落实，提高技术到位率。

5.6.3 建立烟叶质量追踪体系。公司根据各个产区对各个烟叶收购组进行编号，对烟农实行户籍编号、对烟农的烟叶进行预检编号分片、预约收购。建立烟叶收购台账，成件记录、调拨档案，可查出相应的烟农群体。

5.7 坚持烟叶生产的可持续性

坚持烟叶生产的可持续性，就是按照科学的方法种植烟叶和管理烟叶生产，包括保护生态环境，提倡植树造林，使用可再生替代燃料，将木材用于农业生产；坚持改良土壤，防止土壤板结，保持可用水质不会因土壤侵蚀或潜在的化学药剂流失或淋失而产生负面影响，使烟叶生产得以可持续发展。

6 管理考核

整个工作考核推行层级管理，即市公司对烟草站、烟草站对收购组与技术员、技术员对烟农三个层面进行考核管理。重点考核三个方面：标准化生产落实、农药使用与管理、非烟物质控制。

附录7 "利群"基地单元烟叶质量控制规程

1 范围

本标准规定了恩施烟区烟叶基础信息、烟叶质量控制原则、质量控制工作流程、烟叶质量控制重要环节等内容。

本标准适用于恩施烟区烤烟质量内控管理。

2 规范性引用文件

下列文件对于本文件的应用是必不可少的。凡是注日期的引用文件,仅所注日期的版本适用于本文件。凡是不注日期的引用文件,其最新版本(包括所有的修改单)适用于本文件。

Q/EYK G13 恩施"清江源"烤烟产品质量内控标准

Q/EYK G03 烟叶生产户籍化管理规程

Q/EYK G20 恩施烟叶质量控制工作规程

3 指导思想与目标

3.1 指导思想

依托浙江中烟"利群"基地单元建设,加强特色烟叶项目开发,建立特色烟叶质量标准,围绕"利群"品牌配方,确保特色优质烟叶的原料质量稳定性,建立烟叶质量管理信息档案,实行烟叶质量可追溯性。

3.2 目标

为加强烟叶质量管理,确保烟叶的外观质量、内在质量控制在一定范围内,努力提高烟叶质量的安全性、可用性和稳定性,满足利群品牌优质原料的供应。

4 基础信息

4.1 烟农基础信息

统计烟农的姓名、住址、身份证、人口、劳力、文化程度、常年种烟面积、海拔高度、基本烟田保护面积等信息资料。

4.2 基础设施建设信息

统计烟农的烟水配套、烘烤设施、机械配置、烟田机耕路等信息资料。

4.3 烟叶生产基础信息

统计烟农种烟田块土壤类型、肥力状况、种烟品种、施肥情况、病虫害防治情况、农药使用情况、标准化生产技术执行情况、田间管理农事操作记录等信息资料。

4.4 烟叶收购、调拨情况

烟叶收购打包成件编码及对应烟农信息资料、烟叶调拨编码记录等信息资料。

5 烟叶质量控制的原则

5.1 烟叶质量控制以市场导向为原则，烟叶质量目标随市场需求变化而变化。

5.2 烟叶质量实行过程控制，痕迹管理。

6 烟叶质量控制工作流程图

应按图1的流程进行。

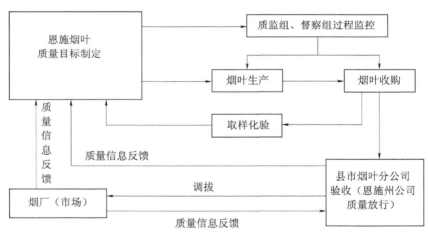

图1 烟叶质量控制工作流程图

7 烟叶质量控制几个主要环节

7.1 烟叶质量目标的制定

烟叶质量目标的依据来自三个方面：

——市场需求与工业企业的质量信息反馈；

——根据烟叶验收中发现的问题作出的信息反馈；

——烟叶取样化验的结果。

7.2 烟叶生产

各项生产技术的推广应用必须服从质量目标的需要。

烟叶生产全过程严格按照 Q/EYK Z01 烤烟生产实施规程执行。

7.3 烟叶收购

烟叶收购全过程严格按照 Q/EYK J 标准化收购组烟叶收购作业程序规程执行。

7.4 过程监控

烟草公司成立烟叶质量监控组和烟叶收购督察组，对烟叶生产、收购进行全程监控。

7.5 取样化验

取样按照 GB/T 19616—2004 要求执行，样品送国家有关部门审查资质合格的烟叶检验单位化验，同时注重应用联办基地工业企业的样品化验结果。

7.6 恩施烟区烤烟统一接收管理办法

7.6.1 总则

7.6.1.1 为保护烟叶种植者和烟草行业工商企业的合法权益，维护国家烟叶标准的严肃性，适应州公司统一经营的管理模式，紧随行业全面质量管理体系和"原收原调"改革步伐，适应"原料保障上水平"的工作要求，进一步优化全州烟叶资源配置，提高烟叶质量和结构，满足市场需求和服务大市场、大品牌的能力，提升烟叶工作规范管理水平，依据国家局有关烟叶种植、收购和购销的相关标准和管理规定，按照州局统一部署，实施全州烤烟统一接收，并制定本管理办法。

7.6.1.2 指导思想：提高纯度，坚持标准，公平规范，服务基层，服务市场，确保目标。

7.6.1.3 基本原则：坚持烟叶国家标准，实行统一接收；以质量管理为主线，坚持维护烟农、市场和企业利益；公平规范，物流和信息流通畅；统一经营、各司其职；绩效挂钩，责任追究。

7.6.1.4 管理目标

7.6.1.4.1 烟叶收购：实行入户预检，坚持分部位限时段收购，坚持合同收购，加强现场管理，严格规范经营，原收原调100%，按时完成全部烤烟收购。

7.6.1.4.2 质量管理：以提高纯度为突破口，严格执行烟叶质量管理"四个四"的工作要求。即：分级扎把坚持"四个一致"（部位一致、颜色一致、长短一致、扎把规格一致）；做到"四个严控"（严控青黄烟进入正组、严控水分超限、严控掺杂使假、严控非烟杂物）；确保"四个纯度（把头纯度、把内纯度、捆内纯度、包件纯度）；执行"四制管理"（烟叶收购巡检制、烟叶二级验收现场复检制、烟叶质量放行制、烟叶质量责任追踪制）。烟叶收购等级综合合格率80%以上，纯度允差不超过该等级要求；烟叶接收等级合格率达到80%以上；烟叶工商交接等级合格率达到本年度全国工商交接平均水平。

7.6.1.4.3 烟叶销售：完成年度烟叶销售计划，合同计划执行率和市场满意度达到100%。

7.6.1.4.4 财务核算：统一核算，完成年度利税指标。

7.6.1.4.5 仓储管理：符合安全生产管理目标要求，物流和信息流顺畅。

7.6.1.4.6 专卖管理：遵循《烟草专卖法》，所有出库烟叶必须开具集并证或准运证。

7.6.2 管理模式及组织机构

7.6.2.1 恩施州烟草公司成立以州局分管领导牵头，州烟叶中心仓库、烟叶质检科、烟叶生产科、烟叶销售科各司其职，又相互协作的营运管理机构，统一协调进、销、存管理。州公司生产科负责全州烟叶收购管理，现场管理，数据统计上报，与专卖办一起负责合同管理与边界协调。质检科负责全州烟叶质量管理、烟叶二次验收、烟叶挑选，处理工商交接质量。中心仓库负责烟叶集并协调、烟叶接收、数量确认、挑选现场管理、烟叶储运、备货。销售科负责烟叶销售和客户管理。专卖办负责集并证、准运证发放与监管及途中运输监管。财务科负责财务核算与账务监管。监察科负责收购纪律监控管理。审计科负责对站（点）的盈亏审计。信息中心负责全州收购、仓储、物流、销售等信息管理，建立信息查询和痕迹管理，构建统一信息平台。人劳科、督察考评科负责年终考核与绩效工资兑现。县（市）分公司组织收购和集并工作，其组织机构和工作监管流程应分别符合图2和图3的要求。

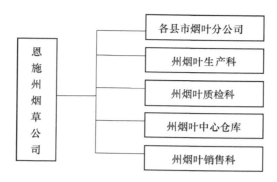

图2 恩施州烤烟统一接收组织机构

7.6.2.2 接收方式 恩施州烟草公司统一委派人员、分库接收,统一管理。上中等烟按单车全等级逐件检验,在高峰期对信誉度较好的站(点)和纯度较高的低次等烟叶可采取抽检,每等级抽检数量不低于总量的30%,并建立站(点)烟叶等级质量信誉档案。根据部分客户需要和烟叶质量状况,对部分烟叶挑选整理,以满足客户的需求。上等烟和客户指定的基地烟叶分县市分等级堆码。

市烟叶分公司收购的烟叶,由州烟草公司质检科对质量检验后实行放行制,或交州烟草公司验收后由州公司调拨到烟厂。市烟叶分公司必须主动地向州公司及烟厂征询质量反馈信息,作为制定下年度烟叶质量目标的依据。

8 纠正措施与责任追究

8.1 纠正措施

在烟叶生产、收购过程监控中发现的问题,除人力不可抗拒的自然灾害以外,都应及时予以纠正;收购的烟叶交州公司验收中发现的问题(当时还在收购),立即在收购中纠正;烟叶调拨到烟厂后发现的问题,一方面由州公司与烟厂按工商调拨合同处理,一方面纳入作为下年度制定质量目标的依据,提交技术研讨会交流,并相应修改生产、收购技术方案或过程监控工作方案。

8.2 责任追究

恩施烟叶注重诚信,敢于承担应该承担的责任,如果出现问题,一律按过程痕迹进行责任追究,根据企业有关纪律制度进行处理。

9 烟叶收购成件编码

9.1 以连片在 200 亩以上的生产小单元为单位，将 1 个或几个自然条件接近的生产小单元编为 1 组，设立编码，在烟叶收购时实行分片约时定点收购，单独打包成件，统计收购信息资料备查。

9.2 每个收购组由市烟叶分公司设立 3 个以上编码。

9.3 质量追溯管理（图 3）

9.3.1 将烟叶的生产、收购、调拨、使用、化验建立信息资料档案。

9.3.2 定期对特色烟叶生产区域的自然条件进行监测。

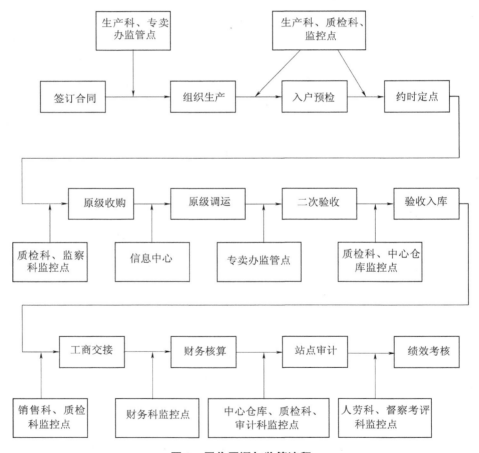

图 3 原收原调与监管流程

9.3.3 定期对烟叶质量进行综合评价。

9.3.4 根据烟叶质量评价报告,对烟叶质量存在问题的,调查烟叶生产源的监测基础信息,查找原因,调整烟叶生产技术方案。

9.3.5 根据小单元的质量状况,严格按照有针对性强的烟叶生产技术方案,加强烟叶生产、收购的过程监控与管理。